普通高等教育“十一五”国家级规划教材
北京高等教育精品教材

# 房屋建筑学

第 3 版

主　编　姜忆南
副主编　胡映东
参　编　陈　岚　李　玲　吕雪源　尹　硕　袁海贝贝

机械工业出版社

本书为普通高等教育“十一五”国家级规划教材、北京高等教育精品教材修订版。此次修订是依据教育部关于职业教育规划教材建设实施方案的相关文件精神编写的，遵循职业教育特点，着力培养学生的专业技能和技术应用能力，并结合我国建筑产业发展对人才的需求，构建全书的知识框架，突出全书内容的实用性和针对性。在第2版的基础上，本次修订扩展了装配式建筑方面的内容，以适应建筑行业未来发展的要求，更新了技术规范与技术进步方面的内容。全书借助新媒体手段在主要单元内容中插入相关视频或动画，采用更加直观、生动的形式帮助学生理解和掌握相关知识点。

本书共12单元，主要内容有：绪论、民用建筑构造设计概述、装配式建筑、建筑节能、基础和地下室、墙体、楼板与地坪、饰面装修、垂直交通设施、屋顶、门窗和变形缝。

本书可作为高等职业教育本科院校、高等职业教育专科院校、成人教育学院土建施工类专业的教材，也可作为工程施工技术人员的自学与参考用书。

为方便教学，本书配有电子课件和视频等教学资源，凡选用本书作为教材的教师均可登录机械工业出版社教育服务网 www.cmpedu.com 免费注册、下载。

**图书在版编目（CIP）数据**

房屋建筑学/姜忆南主编. —3版. —北京：机械工业出版社，2023.2（2024.11重印）

普通高等教育“十一五”国家级规划教材

ISBN 978-7-111-72435-3

Ⅰ.①房… Ⅱ.①姜… Ⅲ.①房屋建筑学-高等学校-教材 Ⅳ.①TU22

中国国家版本馆CIP数据核字（2023）第025688号

机械工业出版社（北京市百万庄大街22号 邮政编码100037）

策划编辑：陈紫青 责任编辑：陈紫青

责任校对：贾海霞 李宣敏 封面设计：马精明

责任印制：刘 媛

涿州市般润文化传播有限公司印刷

2024年11月第3版第3次印刷

184mm×260mm · 17.5印张 · 434千字

标准书号：ISBN 978-7-111-72435-3

定价：54.50元

电话服务 网络服务

客服电话：010-88361066 机 工 官 网：www.cmpbook.com

010-88379833 机 工 官 博：weibo.com/cmp1952

010-68326294 金 书 网：www.golden-book.com

 机工教育服务网：www.cmpedu.com

# 前　言

本书是普通高等教育“十一五”国家级规划教材、北京高等教育精品教材修订版。本书是以培养高等技术应用型人才为目标，以适应市场发展和技术进步对人才的需求、加强实用性为原则，在建筑学知识框架下，着重阐述民用建筑构造组成、原理、方法和做法，为学生从事工程施工现场技术工作打基础。因此，我们在总结近年来多种“房屋建筑学”课程教材的基础上编写了此书。作为适应21世纪高等职业技术教育的新教材，本书具有以下特点：

1. 本书以着重提高学生基本理论和现场工作能力为目标选择和组织全书的编写内容。

2. 本书增加了学生应了解的建筑法规和规范等知识内容，特别增加了装配式建筑、饰面装修以及建筑节能措施与构造等知识。

3. 本书突出新材料、新结构、新科技的运用，删除不适用的材料与构造做法。

4. 本书主要单元内容呈现动画或视频，帮助读者更好地理解建筑构造知识和做法。

5. 本书由姜忆南教授任主编，胡映东副教授任副主编，参加本书编写工作的还有陈岚、李玲、吕雪源、尹硕和袁海贝贝。

6. 书中凡是有比例的配方，未特别注明的均为质量比。

本书的编写工作，参考了多本国内相关教材及资料，在此特向有关作者致谢。

由于我们能力所限，书中难免存在错误和不足，敬请读者批评指正。

编　者

# 教材相关视频列表

| 序号 | 二维码 | 名称 | 序号 | 二维码 | 名称 |
|---|---|---|---|---|---|
| 1 | | 构件进场 | 6 | | 叠合板安装 |
| 2 | | 预制外墙安装 | 7 | | 预制柱安装 |
| 3 | | 预制混凝土模板安装 | 8 | | 预制阳台安装 |
| 4 | | 灌浆 | 9 | | 墙体拼缝打胶 |
| 5 | | 现浇区模板安装 | 10 | | 预制楼梯安装 |

# 目　录

# 单元1

# 绪　论

**综合素质目标**

1）回顾中外建筑发展的历程，增强民族自信心和自豪感。

2）认识中国建造技术的创新及行业发展前沿，感受同舟共济、坚不可摧的中国力量。坚定科技兴国的信念，激发专业自信。

## 1.1　建筑概述

### 1.1.1　建筑的产生

建造房屋是人类最早的生产活动之一。早在原始社会，人们为挡风雨、避寒暑、御兽袭，就开始用树枝、石块等天然材料构筑用于栖身的场所。随着社会的进步，建筑除了用来满足个人或家庭生活的需求外，还用来满足整个社会的各种物质生活及精神生活的需求，这些需求促使各类公共建筑类型不断产生。同时，随着生产技术水平的提高，人类的物质生活及精神生活也在由低级向高级不断发展，特别是现代生产力突飞猛进的发展，建筑类型的日益丰富，建筑规模的不断扩大，建筑功能的日趋完善，建筑的形象也发生了巨大的变化。建筑是一面镜子，它可以映射出社会的政治、经济、文化诸方面的状况。我国陕西西安境内的半坡遗址平面及其复原想象图如图 1-1 所示。从遗址的考古挖掘中，我们不仅可以了解到距今五千多年前原始人类的世俗生活和家族群居状态，还可以了解到当时人们的生产技术水平。

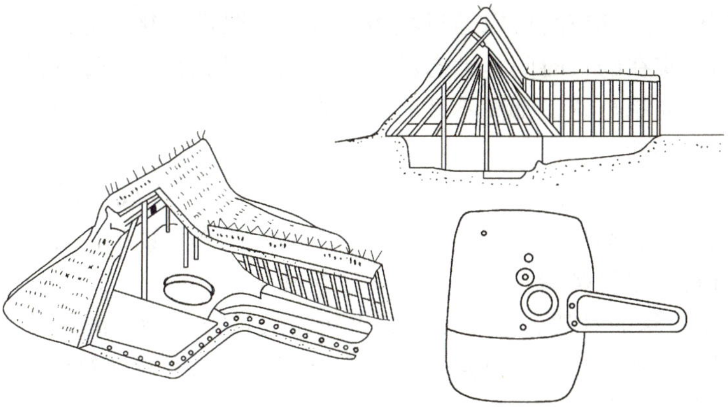

图 1-1　半坡遗址平面及其复原想象图

### 1.1.2 建筑的基本属性

建筑是用物质手段创造出的、供人们从事各种活动的场所。建筑是一种物质产品，它一方面能满足人们的物质需求，另一方面又需要以物质技术条件来保证；同时建筑又是一种艺术创造，可以满足人们的精神需求。建筑的基本属性是多方面的，具体来说，可以分为以下几方面。

1. 建筑的时空性　建筑是以空间形式存在的。中国古代哲学家老子认为：凿户牖以为室，当其无，有室之用。故有之以为利，无之以为用。意思是说：开凿门窗建造房屋，有了门窗、四壁中间的空间，才有了房屋的作用。对建筑空间的使用是人们建造房屋的目的（见图1-2）。

a) 联合国本部入口大厅　　b) 威尼斯圣马可广场

图1-2　内部空间与外部空间

以四壁及屋顶围合方式形成的空间称为室内空间；人们对建筑空间的使用除室内空间外，还包括了多种多样的外部空间，如体育场雨篷下的场地、广场上纪念碑的周围以及马路上的斑马线区域等处。外部空间可以通过覆盖、设立、肌理变化等方式来形成。

建筑是静态的、实在的；时间是动态的、概念的。就概念而言，建筑似乎与时间无关，事实上对建筑空间的使用与认识都离不开时间要素，所以，时间成为空间的第四维度。建筑具有时间与空间的统一性。

2. 建筑的工程技术性　现代建筑的发展主要表现在扩大空间、提高层数以及提高使用舒适度等方面，这些发展都是以建筑工程技术的不断发展来保证的。建筑工程技术一般包含建筑结构、建筑材料、建筑构造、建筑设备、建筑施工等。

1）建筑结构是建筑的骨架，它为建筑提供所需的各类可能空间，承受建筑物的全部荷载，并抵抗由于风雪、地震、土壤沉降、温度变化等自然因素对建筑引起的破坏，确保建筑使用的安全稳定和坚固耐久。

2）建筑材料对于结构的发展意义重大，如钢筋混凝土的出现促进了高层框架结构的发展；带有涂覆的膜材的出现使大跨度的帐篷结构成为可能。同时，建筑材料对建筑装修与构造也十分重要。

3）建筑使用过程中的给水、排水、照明、采暖、通风等设施提供了建筑的基本使用条件。除此之外，空调系统、监控系统、建筑智能化系统等进一步提高了建筑的使用品质。建筑设备的不断改进与完善是现代建筑发展的必然趋势。

4）施工环节使建筑物的设计变为现实。施工机械化、工厂化及装配化等手段不仅减小了建筑工人的劳动强度，也大大提高了建筑施工的速度。

5）建筑物是由各种材料制成的构、配件所组成。以建筑构件选型、选材、安装工艺为主要内容的建筑构造方法是建筑物安全与有效使用的可靠保障。

3. 建筑的艺术性　建筑是一种具有艺术性的实用对象。建筑艺术虽然区别于绘画、雕刻等纯艺术，但建筑艺术的许多表现形式，如色彩的和谐、恰当的比例、虚实、对比关系等，却要符合美学规律或法则。

1）建筑不但满足了人的各种物质活动需求，而且，建筑通过空间、造型、色彩、质感等表现形式给人以精神享受，因此，建筑还满足人的精神活动需求。

2）尽管古代建筑和现代建筑有很大的不同，世界各地的建筑形式各异，但它们的美学法则却是相近或相通的。

4. 建筑的社会文化性　建筑的社会文化性是建筑的一个重要属性，由它的民族与地域特征和历史与时代特征构成。

1）建筑的民族性指的是不同的民族，由于伦理、宗教、观念形象的不同，使建筑形式上的表现有明显差异，如碉楼、竹楼、毡包。而地域性则是指同一民族，因为所处的自然条件不同及生活方式、风俗习惯不同，建筑形态也不同。

如果说民族性与地域性是建筑在空间方面的属性，那么历史性与时代性则是建筑在时间方面的属性。

2）随着岁月的流逝，古代建筑也许不再适应我们今天的需要了，但它对当代建筑发展的影响仍将继续存在，建筑发展的这种连续性就是历史性。建筑的历史是不断向前发展的，科学技术的变革使建筑的内容和形式也发生了根本的变革。建筑的时代性是指由于新材料、新工艺的出现，建筑结构和样式也不断更新。

## 1.2　建筑发展简史

### 1.2.1　中国古代建筑发展概况

我国是一个幅员辽阔、历史悠久的多民族国家。中国古代建筑经历了原始社会、奴隶社会以及封建社会的发展，逐步形成了一个以木材为主要建筑材料的独特的建筑体系。中国古代建筑在世界建筑史上占有重要的位置，不同于其他建筑体系、建筑风格、建筑形式等。中国古代建筑是世界古代建筑中延续时间最久的建筑体系之一，其影响广及日本、朝鲜以及东南亚国家。

我国最早的原始人群居所是北京猿人居住的岩洞。随着生产力的发展和社会的进步，人类开始利用天然材料建造各种类型的房屋。在距今已有六七千年历史的浙江余姚河姆渡村遗址中发现的大量木制榫卯构件，说明了当时已有木结构建筑，而且达到了一定的技术水平

（见图1-3）。在河南安阳发掘出来的殷墟遗址中发现了夯土台基上排列整齐的卵石柱础和木柱的遗迹，可以看到我国传统木构架形式在那时已经初步形成。

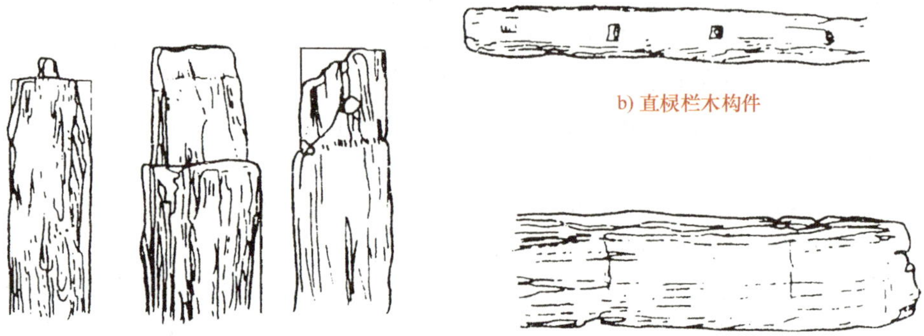

a) 大构件榫头　b) 直棂栏木构件　c) 企口板

图1-3　浙江余姚河姆渡村遗址出土的各种木构件

在春秋战国时期，我国建筑具有明显的等级特征。至秦汉以后，我国古代建筑有了进一步的发展，建筑的许多特征在这时已基本形成。从出土的秦汉时期文物中可以看到完整的廊院和楼阁，房屋由屋顶、屋身和台基三个部分组成，结构的做法（如梁柱交接、斗拱和平坐栏杆的形式）在以后的建筑形式中都能找到影子。

唐代是我国封建社会经济、文化发展的高潮时期，也是我国古代建筑发展的成熟时期。山西五台山佛光寺大殿就兴建于唐朝，它是我国现存最大的木构件建筑。佛光寺大殿的造型端庄深厚，反映了唐代木构架建筑的形象特征（见图1-4）。

图1-4　山西五台山佛光寺大殿

宋代时期，城市建设上的街市规划布局已相当成熟。宋代时编著的《营造法式》是我国历史上第一部建筑书籍。

明清两代，随着生产力的进一步发展，我国古代建筑又一次迎来了发展高潮，北京故宫就是代表之一，它规模宏伟、布局齐整、主次分明、色彩华丽（见图1-5）。明清时期的造园艺术更是达到了新的高潮，园林以人工山水为主题，运用借景、对景等构景手法创造出步移景异、小中见大的景观效果，如著名的皇家园林颐和园（见图1-6）。

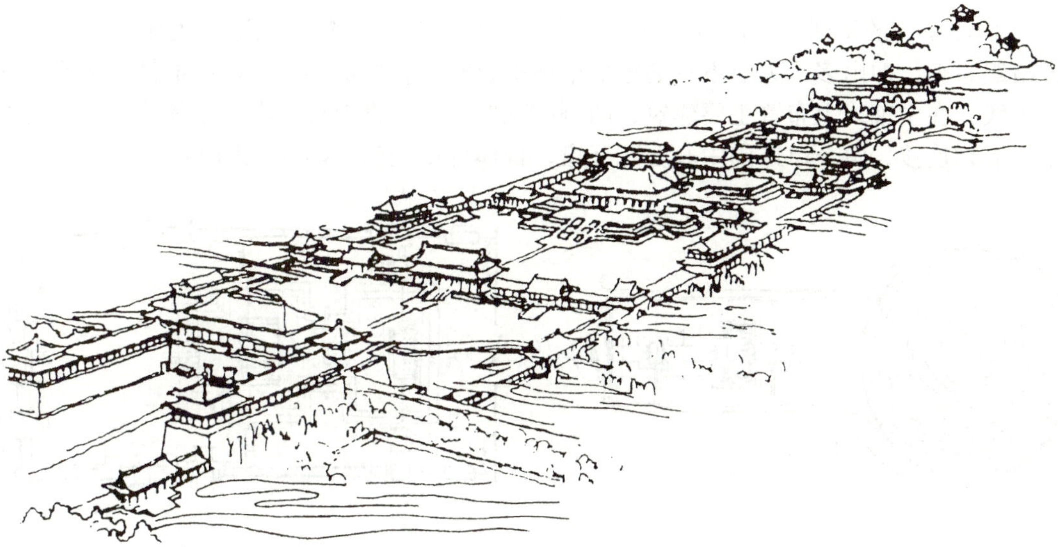

图 1-5 北京故宫鸟瞰

图 1-6 北京颐和园

从公元前5世纪末的战国时期到清代末的2400年左右的封建社会时期，是我国古代建筑不断发展、逐渐成熟的时期。除了城市规划、园林外，民居、建筑艺术等方面也取得很大的成就。

公元1840年鸦片战争后，中国沦为半殖民地半封建社会，中国建筑的发展非常缓慢。新中国成立后，尤其是改革开放以来，无论是城市还是村镇，新建筑已成为城镇的主要景观，为人民生活的不断改善提供可靠的物质保障。这些新建筑形式多样，不但技术先进，而且越来越注重挖掘文化内涵，保护生态环境。中国建筑又进入了一个新的发展时期。

### 1.2.2 中国古代建筑的基本特征

1. 群体布局的特征 中国古代建筑，无论宫廷建筑、宗教建筑还是民居，一般都有共同的组织原则，即由多个大小不一的矩形单体围合布置，构成群体。这种群体一般都有显著的中轴线，在中轴线上布置主要建筑，两侧的次要建筑多作对称排布，个体建筑之间有时用廊子或墙相连接，每个单体向中心庭院开窗，群体外围则较封闭（见图1-7）。

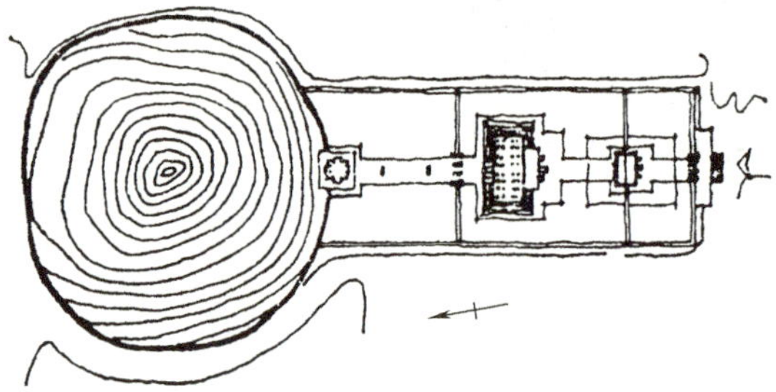

a) 明长陵平面

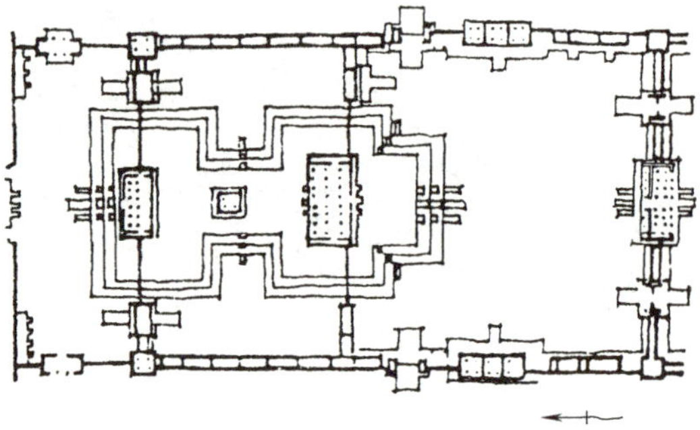

b) 故宫三大殿平面

图1-7 群体布局的特征

2. 建筑外形的特征 中国古代建筑一般都是由台基、屋身和屋顶三部分组成的，而这三部分都是功能、结构和艺术效果有机结合的产物。

1）屋顶部分在外形上占有突出的地位，其形式多样，而且屋面举折、屋角起翘、屋檐出挑等做法不仅有很高的艺术价值，而且还起着保护墙身和遮阳的作用（见图1-8）。

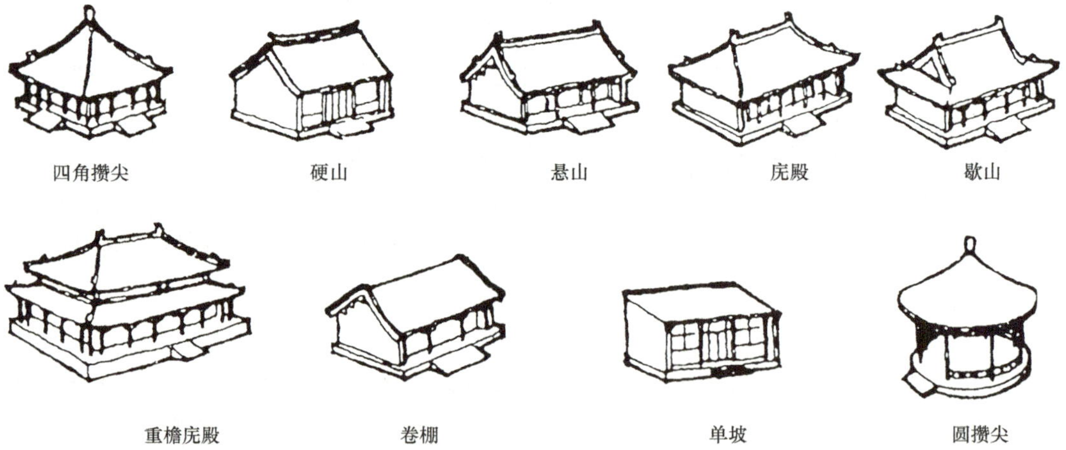


图1-8 屋顶部分特征

2）屋身部分为建筑主体，由木构架支承，柱子承重，横梁起联系作用。柱间门窗可以根据功能和艺术要求或开敞或封闭，做到墙倒屋不塌（见图1-9）。

3）台基部分是我国古代建筑不可缺少的部分，特别是在一些重要建筑中，两层或三层白石须弥座台基配以栏杆和踏步台阶，使建筑显得更雄伟、壮观（见图1-10）。

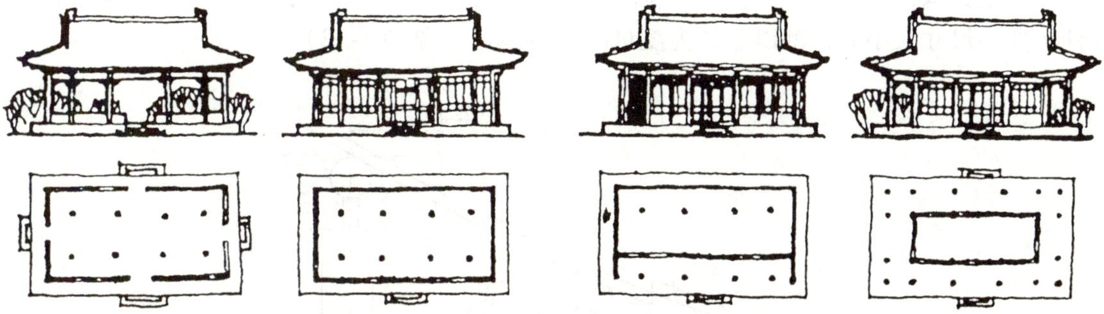

a) 全部开敞　　b) 三面墙、正门门窗　　c) 前廊或前后廊　　d) 围廊、中为隔扇

图 1-9　屋身部分特征

a) 普通石台基　　b) 须弥座台基　　c) 三层须弥座台基

图 1-10　台基部分特征

3. 建筑结构的特征　我国古代建筑结构是木构架，其基本做法一般是以立柱和横梁构成，四根柱子组成一间，一栋房子通常为奇数间。柱子立在台基上，柱子与台基之间一般有柱基，柱子与屋顶之间一般用额枋、斗拱过渡（见图 1-11）。

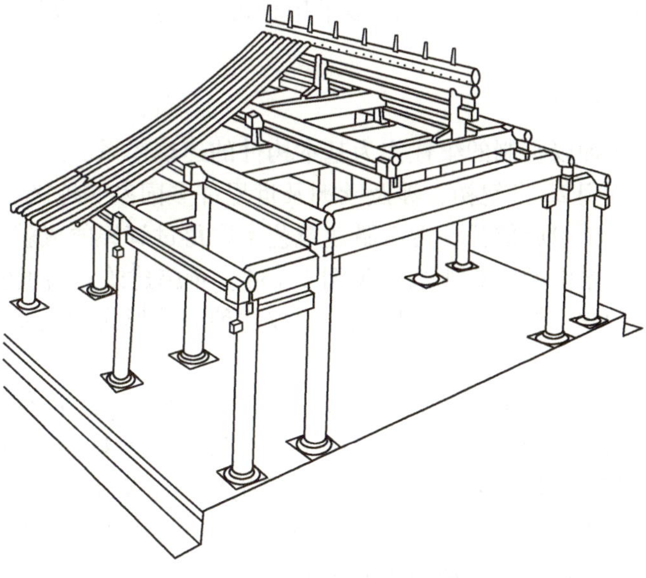

图 1-11　古代建筑的木构架

斗拱在我国古代建筑中不仅在结构和装饰方面起着重要作用，而且在制订建筑各部分和各种构件的尺寸大小时，都以它作为度量的基本单位（见图1-12）。

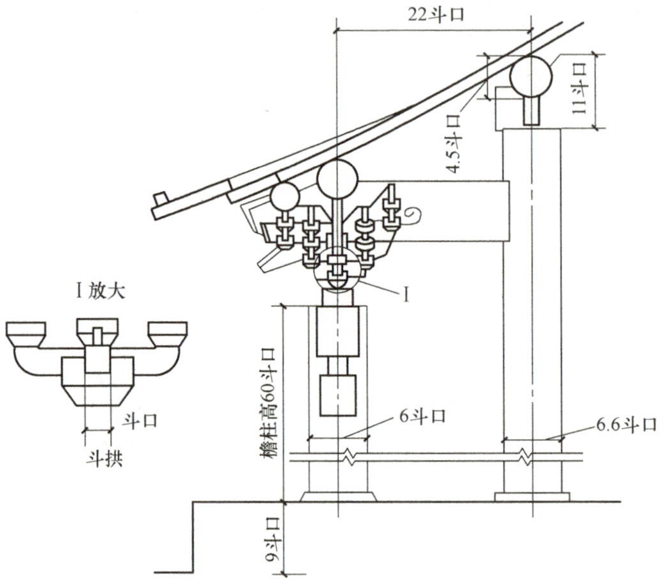


图1-12 斗拱

4. 建筑装饰及色彩的特征 中国古代建筑上的装饰细部，除了在梁枋、斗拱、檩椽等结构构件中经过艺术加工而发挥装饰作用外，还往往运用我国工艺美术以及绘画、雕刻、书法等作为建筑装饰。色彩的运用有明显特征：宫殿庙宇多采用黄色琉璃屋顶，朱红屋身，白色台基，显得吉祥如意、富丽堂皇；民居多采用粉墙，青瓦，梁枋和门框多采用黑色或木本色。

### 1.2.3 西方建筑发展概况

西方古典建筑是一种以石制的梁柱作为基本构件的建筑体系。这一体系的发展从古代希腊、罗马时期一直延续到20世纪初，涉及欧洲及世界许多国家和地区。

作为希腊文化的一个组成部分，古希腊建筑艺术取得过辉煌的成就。重建于公元前5世纪的雅典卫城被视为古希腊的建筑典范（见图1-13）。希腊建筑对后世影响最大的是其在庙宇建筑中所形成的一种非常完美的建筑形式，构成这种完美形式的主要要素——柱式对欧洲建筑有很大影响。

盛极一时的古罗马帝国在建筑空间处理以及结构、材料、施工等方面达到过很高的水平。罗马人运用当地出产的天然混凝土，发展了拱券和穹顶结构。罗马的万神庙拱顶直径达43m（见图1-14）。罗马大斗兽场（见图1-15）建筑平面呈椭圆形，长轴长188m，短轴长156m，立面高57m。这些建筑都证明古罗马建筑已发展到了相当成熟的地步。

中世纪的欧洲，宗教在人们生活中占有重要地位，这一时期建筑技术进一步发展，拱肋结构、飞扶壁结构、帆拱结构相继出现，使建筑内外空间更加丰富多彩。典型实例如巴黎圣母院（见图1-16）。

图 1-13 雅典卫城

图 1-14 罗马万神庙平、剖面图

图 1-15 罗马大斗兽场

文艺复兴时期，建筑师们在古希腊、古罗马的柱式基础上，结合当时的建造技术、材料和施工方法等，总结了一套以各种拱顶、券廊、柱式为构图手段的建筑立面形式（见

图 1-16 巴黎圣母院

图 1-17)。一直到 19 世纪，这种建筑形式在欧洲各国成为主流。这一时期代表性建筑有罗马圣彼得大教堂，这一建筑被称为意大利文艺复兴时期最伟大的纪念碑（见图 1-18)。

图 1-17 文艺复兴时期几种立面构图

19 世纪中叶开始，一批建筑师、工程师、艺术家纷纷提出了各自的见解，倡导“新建筑”运动。到 20 世纪 20 年代形成了一套完整的理论体系，在注重建筑的使用功能与建筑形

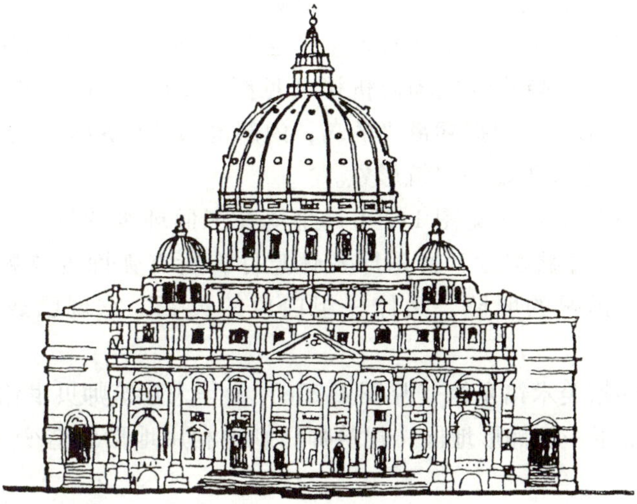

图 1-18　罗马圣彼得大教堂

式统一的同时，力求体现材料和结构特性，反对虚假、繁琐的装饰，强调建筑的经济性及规模建造。包豪斯校舍就是现代建筑的典型代表（见图 1-19）。

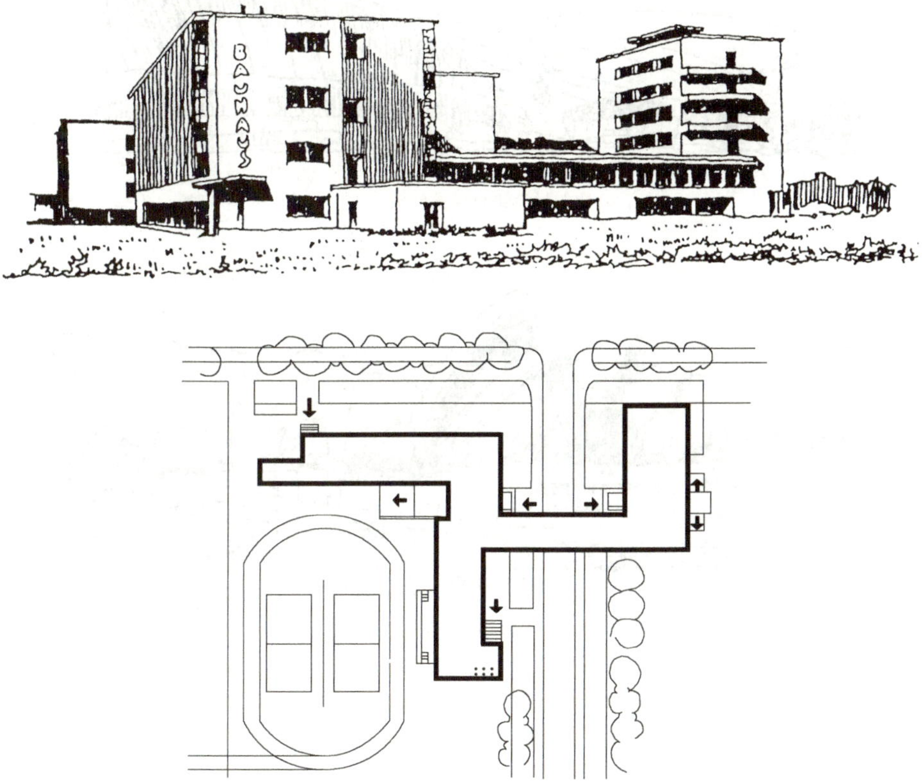


图 1-19　包豪斯校舍

第二次世界大战以后，建筑设计思潮非常活跃，设计进入多元化时代。工业和科学技术的高度发展使建筑无论是功能还是形式都发生了巨大的变化，如图1-20所示。

1）1962年建成的纽约曼哈顿机场候机楼（见图1-20a），是用四片薄的钢筋混凝土曲壳塑造而成的，它的外形如一只振翅欲飞的鸟，内部也都是些曲线及曲面。建筑师利用混凝土的可塑性创造了一个令人激动的建筑形象。

2）澳大利亚悉尼歌剧院（见图1-20b）坐落在三面环水的贝尼朗半岛上，由几对弧面组成屋顶，分别覆盖着歌剧厅、音乐厅及休息厅，所有弧面外均贴白色瓷砖。整个建筑远观既像一只迎风扬帆的船队，又像一组白色的贝壳，它现已成为悉尼城的标志性建筑。

3）美国华盛顿国家美术馆东馆（见图1-20c）由华人建筑师贝聿铭设计，建造于20世纪70年代。建筑坐落于一块梯形地段，建筑师巧妙地利用地形创造变化丰富的室内外空间环境。

4）美国芝加哥西尔斯大厦（见图1-20d）建成于1974年，共有110层，其中地下3层。建筑总高为442.3m。建筑采用束筒式结构，外形逐层上收，高矗挺拔。

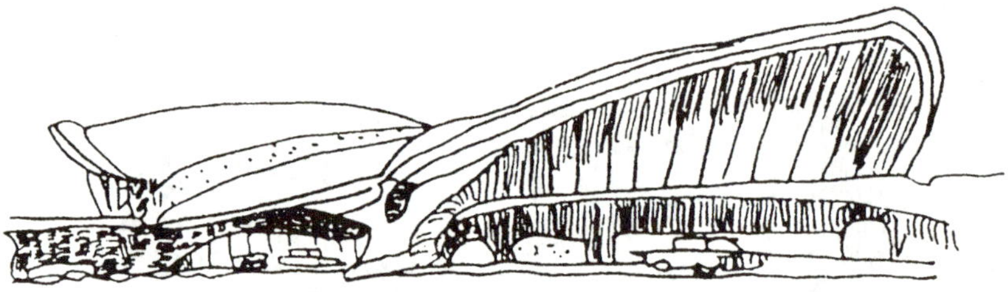

a) 纽约曼哈顿机场候机楼

b) 澳大利亚悉尼歌剧院

图1-20　20世纪新建筑

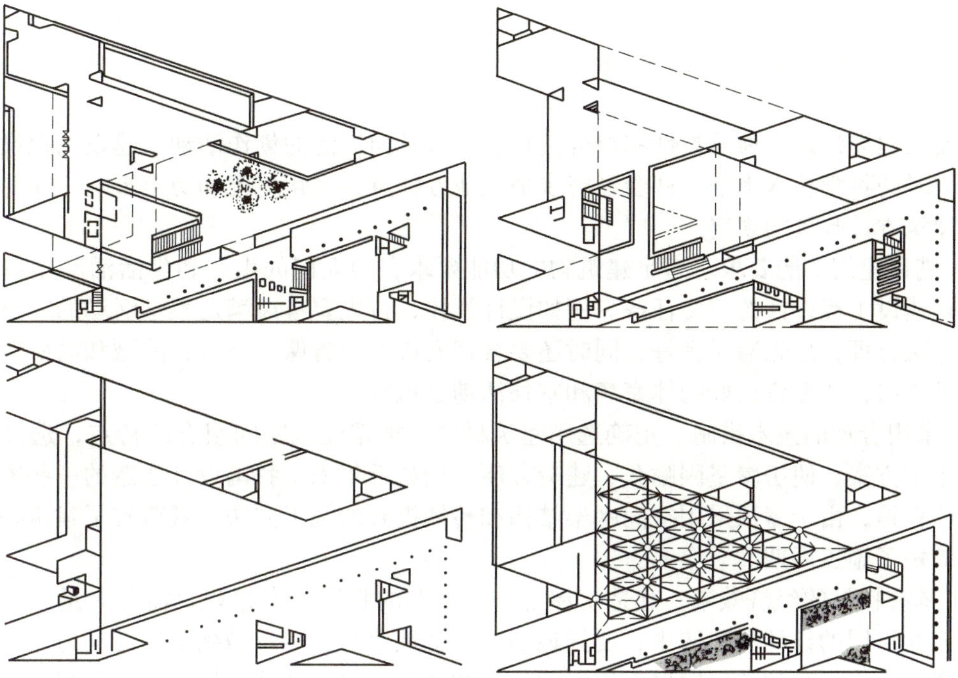

c) 美国华盛顿国家美术馆东馆

d) 美国芝加哥西尔斯大厦

图 1-20　20 世纪新建筑（续）

## 1.3 建设工程设计的要求

建设工程设计是一项政策性和综合性较强、涉及面广泛的创作活动。建设工程设计不仅要体现当时的科学技术水平、社会经济水平、地方特点、文化传统和历史影响，还要符合当时有关建筑方针政策的规定。

1）满足建筑功能要求。满足建筑物的功能要求，为人们的生产和生活活动创造良好的环境，是建设工程设计的首要任务。例如设计学校，首先要考虑满足教学活动的需要，教室设置应分班合理，采光通风良好，同时还要合理安排教师备课、办公、贮藏和厕所等行政管理和辅助用房，并配置良好的体育场和室外活动场地等。

2）采用合理的技术措施。正确选用建筑材料，根据建筑空间组合的特点，选择合理的结构、施工方案，使房屋坚固耐久、建造方便。例如近年来，我国设计建造的一些覆盖面积较大的体育馆，由于屋顶采用空间网架结构和整体提升的施工方法，既节省了建筑物的用钢量，也缩短了施工周期。

3）具有良好的经济效果。建造房屋是一个复杂的物质生产过程，需要大量人力、物力和资金，在房屋的设计和建造中，要因地制宜、就地取材，尽量做到节省劳动力，节约建筑材料和资金。设计和建造房屋要有周密的计划和核算，重视经济领域的客观规律，讲究经济效果。房屋设计的使用要求和技术措施要和相应的造价、建筑标准统一起来。

4）考虑建筑美观要求。建筑物是社会的物质和文化财富，它在满足使用要求的同时，还要符合人们对美观方面的要求。

5）符合总体规划要求。单体建筑是总体规划中的组成部分，单体建筑应符合总体规划提出的要求。建筑物的设计，还要充分考虑和周围环境的关系，例如原有建筑的状况、道路的走向、基地面积大小以及绿化等方面和拟建建筑物的关系。新设计的单体建筑，应使所在基地形成协调的室外空间组合、良好的室外环境。

## 1.4 建设工程设计的内容和程序

### 1.4.1 建设工程设计内容

建造房屋，通常有编制和审批计划任务书、选址及勘察、征用基地、设计、施工以及交付使用后的回访总结等几个阶段。设计工作（即建设工程设计）是其中比较关键的环节，通过这个环节，可以把计划任务书中的文字资料编制成或表达成一套完整的施工图设计文件，作为施工的依据。

建设工程设计是指设计一个建筑物或一个建筑群体所要做的全部工作，它包括建筑设计、结构设计、设备设计三个方面的内容。

1. 建筑设计　建筑设计主要是根据建设单位提供的设计任务书，综合考虑建筑、结构、设备等工种的要求以及这些工种的相互联系与制约，在此基础上提出建筑设计方案，再进一步深化成为施工图设计。建筑设计还和城市规划、建筑施工、材料供应以及环境保护等部门密切配合。建筑设计工作是由建筑师来完成的。

2. 结构设计　结构设计是在建筑设计的基础上选择结构方案，确定结构类型，进行结构计算与构件设计，完成建筑工程的“骨架”设计，最后绘制出结构施工图。结构设计工作由结构工程师来完成。

3. 设备设计　设备设计包括给水排水、采暖通风、电气照明、通信、燃气、动力等专业的设计，确定其方案、设备选型，并完成相应的施工图设计。设备设计工作由相应专业的工程师完成。

对于小型或技术要求简单的建筑，建设工程设计通常只包括初步设计和施工图设计两部分内容，也称二阶段设计。而对于大型或较复杂的公共建筑，在两阶段设计之间还有一个技术设计阶段，以深入协调各工种之间的技术问题，因此，又称三阶段设计。

### 1.4.2 建设工程设计前的准备工作

1. 接受任务，核实设计任务的必要文件

1）主管部门的批文。上级主管部门的正式批文应明确建设任务的使用要求、建筑面积、单方造价、投资总额等问题。

2）城市建设部门同意设计的批文。城市建设部门的正式批文应明确同意设计的用地范围（常用红线划定），标明该地段周围道路等的规划意图，提出城镇建设对该建筑的设计要求以及其他有关问题等。

2. 熟悉设计任务书　设计任务书一般由建设单位或开发商提供，具体内容一般应包括以下方面。

1）建设项目总要求和建造目的的说明。

2）建筑物的具体使用要求、建筑面积以及各类用途房间之间的面积分配。

3）建筑项目的总投资和单方造价，并说明土建费用、房屋设备费用以及道路等室外的设施费用情况。

4）建筑基地范围、大小、周围原有建筑、道路、地段环境的描述，并附有地形测量图。

5）供电、供水、采暖、空调等设备方面的要求，并附有水源、电源接用许可文件。

6）设计期限和项目的建设进度要求。

3. 收集必要的设计原始数据

1）气象资料。建筑项目所在地区的温度、湿度、日照、雨雪、风向、风速以及冻土深度等。

2）基地地形及地质水文资料。基地地形标高，土壤种类及承载力，地下水位及地震烈度等。

3）水电等设备管线资料。基地地下的给水、排水、电缆等管线布置以及基地上的架空线的供电线路情况。

4）设计项目的有关定额指标。

4. 设计前的调查研究

1）建筑物的使用要求。在了解建设单位对建筑物使用要求的基础上，走访、参观、查阅同类已建房屋的实际使用情况，通过分析、研究、总结并吸取经验，接受教训，使设计更加合理与完善。

2）建筑材料供应和结构施工等技术条件。了解当地建筑材料的特性、价格、品种、规格和施工单位的技术力量及起重运输条件等。

3）基地踏勘。根据城建部门划定的设计项目所在地的位置，进行现场踏勘，深入了解基地和周围环境的现状及历史沿革，核对已有资料与基地现状是否符合。通过踏勘建设基地的形状、方位、面积以及周围建筑道路、绿化等多方面的因素，考虑建筑的位置和总平面布局的可能性。

4）当地传统的风格习惯。了解当地的建筑形式、文化传统、生活习惯、风土人情，以及建筑上的习惯做法，作为建设工程设计的参考和借鉴，创造出当地群众喜闻乐见的建筑形式。

### 1.4.3 初步设计

初步设计是建设工程设计的最初形式，用以征求建设单位意见，并报建设管理部门审查批准，批准通过后方为实施方案。

初步设计成果包括设计图样资料及文字资料。

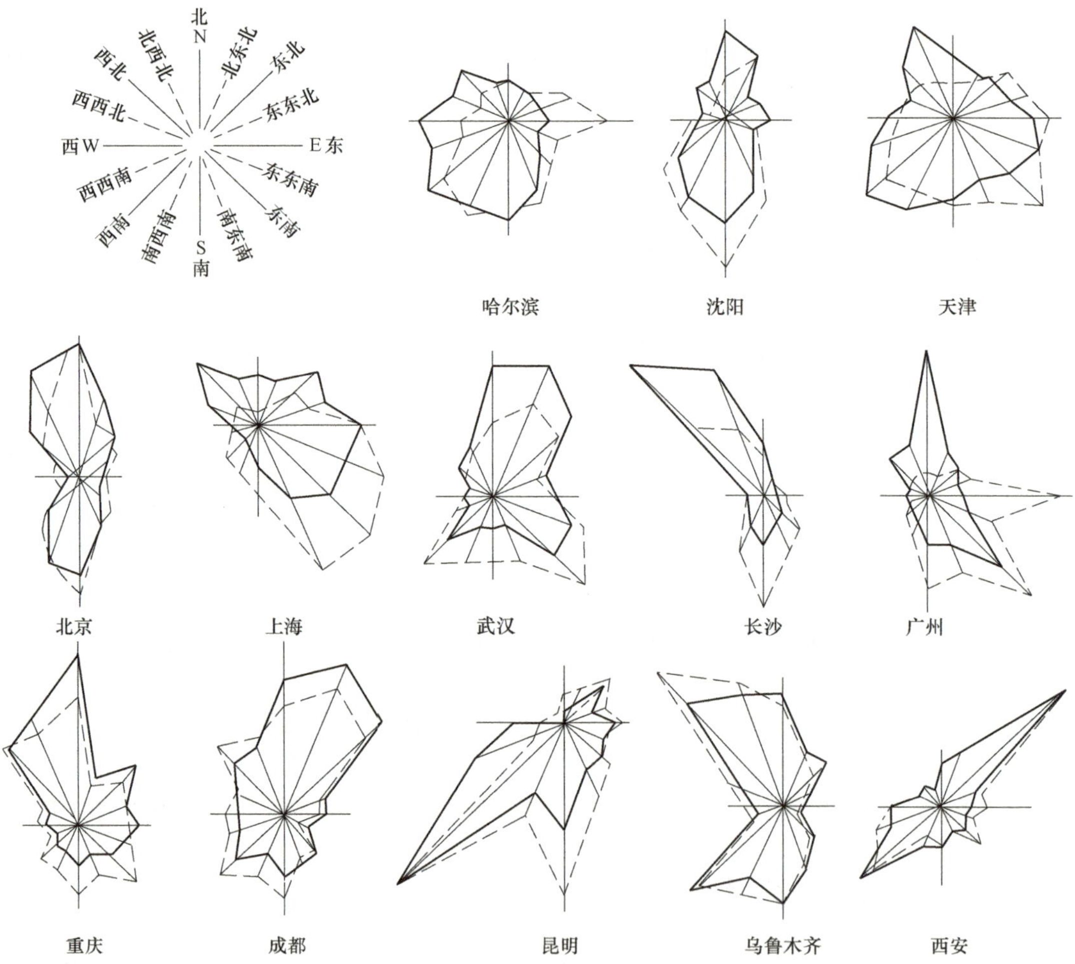


图 1-21 国内部分城市风向频率玫瑰图

1. 建筑总平面图 建筑总平面图应确定建筑物或建筑群总体布局及各出入口，规划基地范围的绿地及道路，标出层数及设计标高，绘出指北针及风向频率玫瑰图（见图 1-21）。

常用比例为1:500、1:1000。

2. 建筑各层平面图　建筑各层平面图应确定房间的大小和形状，确定房间与房间、室内与室外空间之间的分隔、联系方式和平面布局，标注建筑物各主要控制尺寸，注明房间的名称。常用比例为 1:100。

3. 建筑剖面图　建筑剖面图应确定房间各部分高度和空间比例，考虑垂直方向空间组合和利用，选择适当的剖面形式，进行垂直交通和采光通风等方面的设计。其比例同平面图。

4. 建筑立面图　建筑立面图应综合考虑建筑物内部空间形象、外部体形组合、立面构图以及材料质感、色彩的处理等。其比例同平面图。

5. 效果图　大型民用建筑及重要工程，还需绘制和制作彩色透视图、鸟瞰图或模型。

6. 设计说明书　设计说明书的内容包括工程设计的依据与要求、方案构思与特点、各项指标(占地面积、总建筑面积、总用地面积、使用面积、使用系数等)、建筑装修、建筑防火、节能等。

7. 主要材料及设备表。

8. 工程概算书。

### 1.4.4 施工图设计

施工图设计是建设工程设计的最后阶段，它是在上级主管部门审批同意后的初步设计基础上进行的。施工图设计原则是满足施工要求，解决施工中的技术措施、用料及具体做法。要求设计图样全面具体、准确无误。建筑施工图设计成果包括以下内容。

1. 设计说明书　设计说明书的内容包括建设地点、建筑面积、建筑用地、主要结构选型、抗震设防烈度、相对标高、绝对标高、室内外装饰做法以及用料等。

2. 总平面图　总平面图标明测量坐标网、坐标值，详细标明建筑物、建筑物的定位坐标和相互关系尺寸，室内设计标高及层数、道路、绿化等位置与尺寸，标明指北针及风向频率玫瑰图。常用比例为 1:500。

3. 各层平面图　各层平面图详细标注各部位的详细尺寸，固定设备的位置与尺寸，标注门窗位置及编号，门的开启方向、房间名称、室内外地面标高、楼层标高、剖切线及编号(一般只注在底层平面)，节点详图或详图索引号、指北针。常用比例为 1:100。

4. 剖面图　选择层高不同或层数不同的部位进行剖视，要求注明墙柱轴线及编号，剖视方向可见的所有建筑配件的内容，标明建筑物配件的高度尺寸及相应标高、室内外设计标高。其比例同平面图。

5. 立面图　一般各个方向的立面均应绘出立面图。标出建筑物两端轴线的编号，建筑物各部位材料做法与色彩或节点详图索引，标注剖面图上表示不出的各部位的标高。其比例同平面图。

6. 详图　上述图样中未能表示清楚的一些局部构造、建筑装饰做法应专门绘制详图，标注该构件细部尺寸以及详细做法。常用比例为 1:1、1:5、1:10、1:20。

7. 各专业施工图及相关的说明书、计算书。

8. 工程预算书。

# 1.5 建筑设计的依据

## 1.5.1 使用功能的要求

建筑可以按不同的使用要求进行分类，但各种类型的建筑在设计时，首先应该满足以下基本功能的要求。

1. 人体尺度及人体活动所需的空间尺度 人在建筑所形成的空间里活动，人体及各种活动所需尺度与建筑空间具有十分密切的关系（见图1-22）。为了满足人在使用活动中的需求，除了要了解人体尺度及人体活动所需的空间尺度外，还要了解人在各种活动中所需的心理空间尺度（见图1-23）。

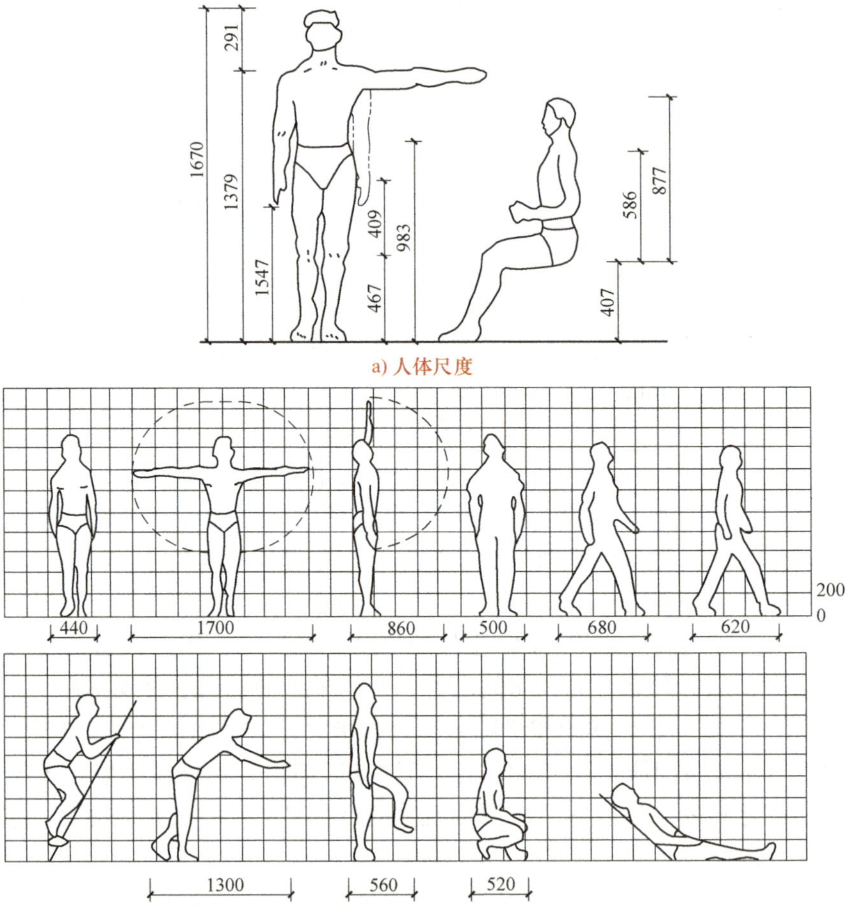


a) 人体尺度

b) 人体活动所需的空间尺度

图1-22 人体尺度及人体活动所需的空间尺度

2. 人的生理需求 人的生理需求主要包括对建筑物的朝向、保温、防潮、隔热、隔声、通风、采光、照明等方面的要求，设计要满足人们在生产和生活中的这些生理需求。

随着物质技术水平的提高，满足人的生理需求的可能性将会日益增大。

3. 使用过程和特点的要求　各类建筑在使用上常具有不同的特点，因此，设计要充分考虑这些特点，使建筑符合功能使用要求，如影剧院的设计必须要解决的视线及音响问题；火车站的设计则要处理好各种流线的关系等。

## 1.5.2　自然条件的影响

建筑物处于自然界中，自然条件对建筑物设计有着很大的影响，进行建筑设计时必须对自然条件有充分的考虑。

1. 气候条件　气候条件包括建筑物所在地区的温度、湿度、日照、雨雪、风向、风速等内容。在设计前，需先收集当地有关的气象资料，作为设计依据。日照是决定建筑物间距的主要因素；降雨量是决定屋面形式和屋面构造设计的主要因素；风向是城市总体规划和总平面设计的重要依据。

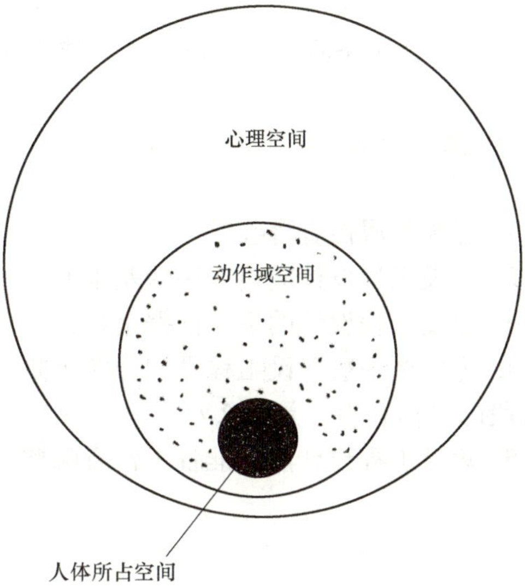

图 1-23　人体活动所需的心理空间尺度示意

2. 地形、地质及地震烈度　基地地形的平缓或起伏对建筑平面、建筑体形都有很大影响。

基地的地质构成、土壤特性和地耐力大小制约着建筑结构布置和基础的类型。

地震烈度表示地面及房屋建筑遭受地震破坏的程度，因此，在基地的选择、单体体形的确定上应考虑地震烈度的影响。采取合理的构造措施，可以减小地震对建筑造成的破坏。

3. 水文　水文指地下水的性质和地下水位的高低，它直接影响到建筑物的基础和地下室的结构和构造。一般根据地下水的性质决定基础是否作防腐处理；地下水位的高低是决定基础埋深的因素之一，同时决定基础防潮与防水的构造措施。

## 1.5.3　建筑规范与技术水平要求

建筑设计规范、规程和通则是建筑设计必须遵守的准则和依据，它反映了我国现行政策和经济技术水平。在选择建筑材料、设备、施工等方案时都不能忽视造价、成本等经济因素。

# 单元小结

1. 房屋是用来满足人及社会的各种物质生活及精神生活的需要。建筑可以映射出社会、经济、文化诸多方面的状况。

2. 建筑的基本属性：时空性、工程技术性、艺术性、社会文化性。

3. 中国古代建筑是以木材为主要建筑材料的建筑体系，具有不同于其他建筑体系的独特风格和形式。西方古典建筑是以石制梁柱为基本构件的建筑体系，以古希腊、古罗马时期建筑为代表。近代西方建筑设计思潮活跃，工业和技术的发展使建筑在功能和形式上均发生了巨大的变化。

4. 建筑设计通常要受到各种因素的制约。建筑工程设计一般包括三个方面的内容。设计最终以一套完整的设计文件表达，作为施工的依据。

## 复习思考题

1. 建筑的属性有哪些？
2. 建设工程设计应遵守哪些基本原则？
3. 建设工程设计的主要依据是什么？
4. 为什么一般建设工程设计分两个阶段进行，而有的建设工程设计要分三个阶段进行？各阶段的名称和内容是什么？
5. 建设工程设计前的准备工作有哪些？建设工程设计前为什么要进行调查研究？

# 单元2

## 民用建筑构造设计概述

**综合素质目标**

1）在注重工程性、科学性的同时，培养中国文化精神，树立文化自信，承担起文化传承的责任。

2）惜时、敬业，把自己的人生与国家的发展结合起来，把个人的拼搏和努力融入时代发展的洪流中。

### 2.1　民用建筑构造概述

一幢建筑物是由许许多多部件构成的。我们通常称墙、柱、梁、楼梯、楼板、屋顶等部件为构件，而称屋面、地面、门窗、栏杆及细部装修等部件为配件。建筑构造就是研究构成建筑物的构件、配件的组合原理及构造方法的科学。具体来说，建筑构造原理就是以选型、选材、工艺、安装为依据，研究各种构件、配件及其细部构造的合理性以及能更有效地满足建筑使用功能的理论；而构造方法则是在构造理论指导下，进一步研究如何运用各种材料，有机地组合各种构件、配件，使构件、配件之间牢固结合的具体办法。

#### 2.1.1　建筑的构件组成与作用

学习建筑构造，首先应该了解建筑的构件及其各自的作用（见图2-1）。

1. 基础　基础是墙或柱下面的承重结构，埋在自然地面以下。基础承受建筑物的全部荷载，并将这些荷载传给地基。基础必须有足够的强度和稳定性，并能抵御地下水、冰冻等各种有害因素的侵蚀。

2. 墙（柱）　墙（柱）承受楼板和屋顶传递的荷载。在墙承重的房屋中，墙既是承重构件，又是围护构件；在框架承重的房屋中，柱是承重构件，而墙只是围护构件或分隔构件。作为承重构件，墙（柱）应具有足够的强度和稳定性；作为围护及分隔构件，外墙应抵御自然界各种因素对室内的侵袭。内墙则应隔声、保温、隔热、防火、防水等。

3. 楼板和楼地面　楼板是水平方向的承重构件，它将所承受的荷载传给墙或柱。同时楼板支撑在墙体上，对墙体起着水平支撑作用，增强建筑的刚度和整体性，并用来分隔楼层之间的空间。因此，楼板除应具有足够的强度和刚度外，还应具有隔声及防潮、防水等性能。

楼地面又称地坪，它是底层空间与土壤之间的分隔构件，承受底层房间的使用荷载，应具有防潮、防水和保温能力。

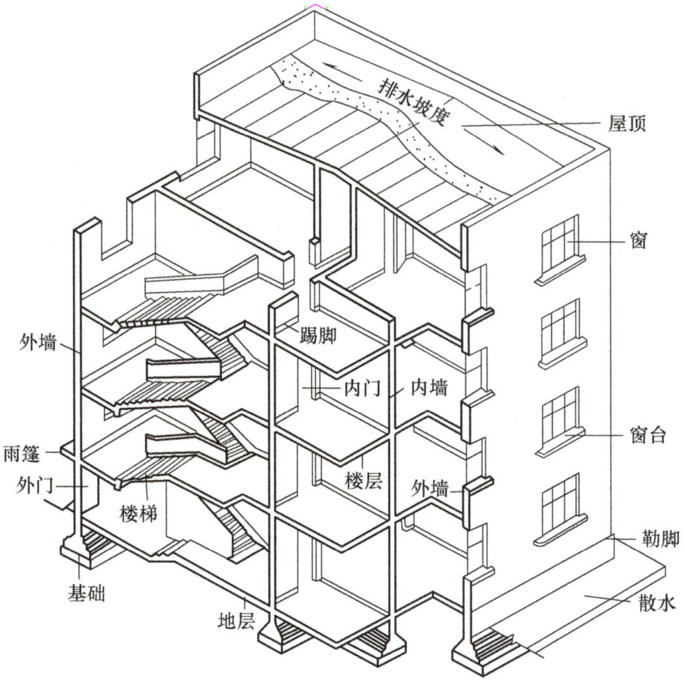


图 2-1 民用建筑构件组成

4. 楼（电）梯 楼（电）梯是楼房上、下层之间的垂直交通设施，它们应有适当的坡度，足够的通行宽度和疏散能力。

5. 屋顶 屋顶是建筑物顶部构件，它既是承重构件，又是围护构件。屋顶应具有足够的强度和刚度，并要有防水、保温、隔热等能力。

6. 门窗 门主要是供联系内外交通用，有的门也兼有采光、通风作用。窗的作用主要是采光、通风及眺望。门窗对建筑物也有一定的围护作用。根据建筑使用空间的要求不同，门和窗还应有一定的保温、隔声、防火、防风沙等能力。

除了上述六大基本组成构件外，对不同使用功能的建筑，还有各种不同的构件和配件，如阳台、雨篷、台阶、散水、垃圾井、烟道等。

### 2.1.2 影响构造设计的因素

为了提高建筑物对外界各种影响的抵御能力，满足建筑物使用功能的要求，在进行建筑物构造设计时，应充分考虑到各种因素的影响。影响构造设计的因素很多，归纳起来大致可分为以下几个方面。

1. 外界作用力的影响 外界作用力称为荷载，分为静荷载和动荷载。静荷载，如人、设备、结构的自重等；动荷载，如风载、地震力等。无论是静荷载还是动荷载，对选择结构类型和构造方案以及进行细部构造设计都是非常重要的。在荷载中，风载往往是高层建筑水平荷载的主要因素；地震力是目前自然界中对建筑物影响最大，也最严重的一种破坏因素，因此，必须引起重视，采取合理的构造措施，予以设防。

2. 人为因素的影响 人们在使用建筑物时，往往会产生诸如机械振动、噪声、火灾、化学腐蚀等破坏，因此，在建筑构造上需采取相应的防振、隔声、防火、防腐等措施，以避免对建筑物使用功能的影响和损害。

3. 气候条件的影响　自然界中的气温变化，太阳的热辐射以及风、霜、雨、雪等均对建筑物使用功能和建筑构件使用质量有不利影响。对于这些影响，在构造上必须考虑相应的防护措施，如防潮防水、保温隔热、防温度变形、防蒸汽渗透等。

4. 建筑标准的影响　影响建筑构造的建筑标准主要是建设投资标准及建筑等级标准。一般来说，对于大量性建筑，构造方法往往是常规做法；而对于大型的公共建筑，构造做法的标准要求就高，构造做法上对美观的考虑也更多。

5. 建筑技术条件的影响　建筑技术条件指的是结构、材料、施工等方面。因为建筑构造具有较强的技术综合性，所以建筑的结构形式、所采用的材料以及施工方法等均影响建筑构造的设计。

### 2.1.3 建筑构造的设计原则

建筑构造设计是建筑初步设计的继续和深入，根据使用功能、材料性能、荷载情况、施工工艺及建筑艺术等，本着坚固适用、技术先进、经济合理、美观大方的基本原则，选择合理的构造方案，才能保证建筑的使用安全及建筑整体性。

1. 坚固适用　除根据荷载的大小、结构的要求确定构件的必需尺度外，对构件、配件的连接等必须在构造上采取必要的措施，确保房屋的整体刚度，使其安全可靠、经久耐用。

2. 技术先进　构造设计时应大力推广先进技术，选用新型建筑材料，采用标准设计和定型构件，以提高建设速度，改善劳动条件，保证施工质量。

3. 经济合理　构造设计中，既要注意降低建筑造价，减少材料、能源消耗，又要有利于降低经常运行、维修和管理的费用，考虑其综合的经济效益。如窗扇采用中空玻璃，虽然一次性投资增大了，但却节省了以后的采暖费用。

4. 美观大方　构造设计在现有经济条件下要充分考虑其造型、尺度、质感、色彩等艺术和美观问题。值得注意的是构造处理的艺术效果往往不与经济条件存在必然联系。

## 2.2 民用建筑的分类

### 2.2.1 按建筑物的使用功能分类

1. 居住建筑　居住建筑主要是指供家庭和集体生活起居用的建筑物，如住宅、宿舍、别墅、公寓等。

2. 公共建筑　公共建筑主要是指供人们进行各种社会活动的建筑物。

（1）行政办公建筑：机关、学校、厂矿单位的行政办公楼等。

（2）文教建筑：学校的教学楼、图书馆、实验室、少年宫、科技馆等。

（3）集会及观演建筑：会堂、影剧院、音乐厅、杂技场等。

（4）生活福利及服务性建筑：托儿所、幼儿园、菜场、浴室、餐馆、粮店等。

（5）广播、通信、邮电建筑：电信局、电话局、广播电视台、卫星地面转播站等。

（6）医疗卫生建筑：卫生站、门诊所、专科医院、综合医院、疗养院等。

（7）展览建筑：展览馆、博物馆、美术馆、民俗馆等。

（8）旅馆建筑：旅馆、宾馆、招待所等。

（9）交通建筑：汽车站、火车站、地下铁道站、轻轨站、航空港、船码头等。

（10）商业建筑：商场、购物中心等。

（11）园林建筑：公园游廊、植物园、动物园、亭台楼榭等。

（12）纪念建筑：纪念碑、纪念堂、陵园等。

随着社会和科学技术的发展，建筑的类型也正在发生变化，有的建筑类型正在消失，有的建筑类型正在转化，如原居住区内配套的粮店正在失去使用需求，逐渐转化为便民店或小超市等。而更多新的建筑类型正在产生，如新型居住社会中的会所、社区服务中心、托老所等。

建筑类型的变化呈现的另一趋势是功能综合化、规模大型化，如深圳火车站便是一个集车站、商场、餐饮、办公等于一体的大型综合建筑，又如北京 apm 购物中心是集商场、餐饮、娱乐、办公等于一体的大型商业中心。

### 2.2.2 按承重结构的材料分类

1. 砖木结构建筑　砖木结构建筑是砖砌墙体、木楼板、木屋架的建筑。砖木结构建筑是新中国成立初期民用建筑常用的结构形式。由于木材易腐、不防火，再加之我国森林资源较少，因此这种类型结构的建筑现在已很少采用。

2. 砖混结构建筑　砖混结构建筑是砖砌墙体、钢筋混凝土楼板和屋顶的建筑。由于这种结构形式较好地发挥了材料的力学性能，造价又相对较低，因此在大量性建造的多层住宅中应用广泛。

3. 钢筋混凝土结构建筑　钢筋混凝土结构建筑是钢筋混凝土柱、梁、板承重的建筑，具有坚固耐久，防火和可塑性强等优点，在当今建筑领域中应用广泛，而且发展前景较好。

4. 钢结构建筑　钢结构建筑是采用钢柱、钢梁组成承重骨架的建筑。钢结构力学性能好，便于制作和安装，结构自重轻，钢结构建筑在超高层和大跨度建筑中的应用越来越广。

5. 其他结构建筑　其他结构建筑有生土建筑、充气建筑、塑料建筑、覆膜建筑等。

### 2.2.3 按地上建筑高度或层数分类

1）建筑高度不大于 27.0m 的住宅建筑、建筑高度不大于 21.0m 的公共建筑及建筑高度大于 24.0m 的单层公共建筑为低层或多层民用建筑。

2）建筑高度大于 27.0m 的住宅建筑和建筑高度大于 24.0m 的非单层公共建筑，且高度不大于 100.0m 的，为高层民用建筑。

3）建筑高度大于 100.0m 为超高层建筑。

### 2.2.4 按数量和规模分类

（1）大量性建筑：大量性建筑指规模不大但修建数量众多的建筑物，如住宅、办公楼、教学楼、医院等，这一类是人们日常接触最多、分布最广的建筑。

（2）大型性建筑：大型性建筑指规模大、耗资多、影响大但修建数量有限的建筑物，如大型体育馆、歌剧院、国家级会堂、航空港等，这些建筑物虽然为数不多，但由于其重要性和功能复杂性，因此对设计和施工要求都比一般建筑物高。

### 2.2.5 按设计使用年限分类

根据《民用建筑设计统一标准》（GB 50352—2019）中的规定，设计使用年限可分为四个等级，见表 2-1。

**表 2-1 设计使用年限分类**

| 类别 | 设计使用年限/年 | 示例 |
|---|---|---|
| 1 | 5 | 临时性建筑 |
| 2 | 25 | 易于替换结构构件的建筑 |
| 3 | 50 | 普通建筑和构筑物 |
| 4 | 100 | 纪念性建筑和特别重要的建筑 |

### 2.2.6 按建筑物的耐火等级分类

《建筑设计防火规范》(2018 年版)（GB 50016—2014）把建筑物的耐火等级划分成四级(见表 2-2)。建筑物的耐火等级是由其组成构件的耐火极限和燃烧性能这两个因素确定的。

**表 2-2 建筑物构件的燃烧性能** （单位：h）

<table>
<tr><th colspan="2" rowspan="2">建筑构件</th><th colspan="4">耐火等级</th></tr>
<tr><th>一级</th><th>二级</th><th>三级</th><th>四级</th></tr>
<tr><td rowspan="6">墙</td><td>防火墙</td><td>不燃烧体<br>3.00</td><td>不燃烧体<br>3.00</td><td>不燃烧体<br>3.00</td><td>不燃烧体<br>3.00</td></tr>
<tr><td>承重墙</td><td>不燃烧体<br>3.00</td><td>不燃烧体<br>2.50</td><td>不燃烧体<br>2.00</td><td>难燃烧体<br>0.50</td></tr>
<tr><td>非承重外墙</td><td>不燃烧体<br>1.00</td><td>不燃烧体<br>1.00</td><td>不燃烧体<br>0.50</td><td>燃烧体</td></tr>
<tr><td>楼梯间的墙<br>电梯井的墙<br>住宅单元之间的墙<br>住宅分户墙</td><td>不燃烧体<br>2.00</td><td>不燃烧体<br>2.00</td><td>不燃烧体<br>1.50</td><td>难燃烧体<br>0.50</td></tr>
<tr><td>疏散走道两侧的墙</td><td>不燃烧体<br>1.00</td><td>不燃烧体<br>1.00</td><td>不燃烧体<br>0.50</td><td>难燃烧体<br>0.25</td></tr>
<tr><td>房间隔墙</td><td>不燃烧体<br>0.75</td><td>不燃烧体<br>0.50</td><td>难燃烧体<br>0.50</td><td>难燃烧体<br>0.25</td></tr>
<tr><td colspan="2">柱</td><td>不燃烧体<br>3.00</td><td>不燃烧体<br>2.50</td><td>不燃烧体<br>2.00</td><td>难燃烧体<br>0.50</td></tr>
<tr><td colspan="2">梁</td><td>不燃烧体<br>2.00</td><td>不燃烧体<br>1.50</td><td>不燃烧体<br>1.00</td><td>难燃烧体<br>0.50</td></tr>
<tr><td colspan="2">楼板</td><td>不燃烧体<br>1.50</td><td>不燃烧体<br>1.00</td><td>不燃烧体<br>0.50</td><td>燃烧体</td></tr>
</table>

（续）

| 建筑构件 | 耐火等级 | | | |
|---|---|---|---|---|
| | 一级 | 二级 | 三级 | 四级 |
| 屋顶承重构件 | 不燃烧体<br>1.50 | 不燃烧体<br>1.00 | 不燃烧体<br>0.50 | 燃烧体 |
| 疏散楼梯 | 不燃烧体<br>1.50 | 不燃烧体<br>1.00 | 不燃烧体<br>0.50 | 燃烧体 |
| 吊顶（包括吊顶搁栅） | 不燃烧体<br>0.25 | 难燃烧体<br>0.25 | 难燃烧体<br>0.15 | 燃烧体 |

1. 构件的耐火极限　对建筑构件进行耐火试验，从受到火的作用起，到构件失去支持能力或完整性被破坏或背火一面温度升高到220℃所需要的时间，用小时（h）表示。

2. 构件的燃烧性能　根据构件的燃烧性能将构件分为以下三类。

1）不燃烧体，即用不燃烧材料制成的构件。此类构件在空气中受到火烧或高温作用时，不起火、不碳化、不微燃，如砖石材料、钢筋混凝土材料。

2）难燃烧体，即用难燃材料做成的构件，或用燃烧材料做成而用非燃烧材料做保护层的构件。此类材料在空气中受到火烧或高温作用时难燃烧、难碳化，离开火源后微燃立即停止，如水泥石棉板、板条抹灰、钢丝网抹灰等。

3）燃烧体，即用燃烧材料做成的构件。此类材料在空气中受到火烧或高温作用时，立即起火或燃烧，离开火源继续燃烧或微燃，如木材、胶合板、纤维板等。

从表2-2中不难看出，一级的房屋构件都应是不燃烧体；二、三级除吊顶为难燃烧体外，其他都是不燃烧体；性质重要、规模宏大或具有代表性的建筑，按一、二级耐火等级进行设计；大量性建筑或一般建筑按二、三级耐火等级设计；次要的建筑或临时建筑按四级耐火等级设计。

## 2.3　建筑模数制

为了实现建筑制品、建筑构配件的定型化、工厂化，应尽量减少构配件的类型，简化其规格尺寸，提高通用性和互换性，使建筑物及其各部分的尺寸统一协调，同时加快建设速度，提高施工质量和效率，降低建筑造价。为此，我国颁布了《建筑模数协调标准》(GB/T 50002—2013)。标准中规定了模数数列、几种几何尺寸间的关系和定位线。

### 2.3.1　模数数列

1. 基本模数　为了使建筑物及其各部分的尺寸统一协调，首先要选定一个标准尺度单位，作为建筑制品、建筑构配件以及有关设备尺寸相互协调的基础，这个标准尺度单位就称为基本模数，其数值为100mm，用符号M表示，即1M＝100mm。

2. 导出模数

（1）扩大模数：是指基本模数的倍数，其基数为3M、6M、12M、15M、30M、60M，共6个，相应的尺寸分别为300mm、600mm、1200mm、1500mm、3000mm、6000mm。

扩大模数主要用于建筑物中的较大尺寸处，如跨度、柱距、开间、进深等处。

（2）分模数：是指整数除基本模数的数值，其基数为1/10M、1/5M、1/2M，共3个，相应尺寸分别为 10mm、20mm、50mm。

分模数主要用于尺寸较小的缝隙、构造节点和构配件截面等处。

(3) 模数数列：是以基本模数、扩大模数、分模数为基础扩展成的一个数值系统。在应用中，其尺寸的统一与协调应减少尺寸的范围，但又应使尺寸的叠加和分割有较大的灵活性。

### 2.3.2 定位线

1. 定位线　确定主要结构或构件的位置及标志尺寸的基线，用于平面时称平面定位线（即定位轴线）；用于竖向时称竖向定位线。

定位线之间的距离（如跨度、柱距、层高等）应符合模数数列的规定。规定定位轴线的布置以及结构构件与定位线联系的原则，是为了统一与简化结构或构件尺寸和节点构造，减少规格类型，提高互换性和通用性，满足建筑工业化生产要求。

2. 平面定位线（定位轴线）　施工中定位、放线的重要依据。凡承重墙、柱子、大梁或屋架等主要承重构件，均应有定位轴线以确定其位置。非承重的隔墙、次要承重构件或建筑配件的位置，则由定位轴线与附近轴线间的尺寸确定。

3. 定位线与构件的关系

1）定位线通过构件的中心，这种做法适用于框架承重体系。

2）定位线通过构件的一个界面，这种做法适用于墙承重体系及大模大板等。

3）承重构件与定位线相距一定尺寸，这种做法一般用于框架体系中在悬臂端设填充墙的情况。

4）竖向定位线如采用与平面定位线同样的模数网，可以使竖向构件与水平构件之间协调。竖向定位线不涉及与水平构件之间协调，一般可采用 1M 的基本模数。

### 2.3.3 几种尺寸及其关系

1. 标志尺寸　用以标注建筑物定位线之间（开间、进深）的距离以及建筑构配件、建筑制品与有关设备等界限之间的尺寸。

2. 构造尺寸　是建筑构配件、建筑制品的设计尺寸。一般情况下，标志尺寸减去缝隙为构造尺寸。

3. 实际尺寸　指建筑构配件、建筑制品生产制作的实际尺寸，实际尺寸与构造尺寸间的差数应由允许偏差值加以限制。

在确定定位轴线时，为保证构件与轴线尺寸协调，使设计、构件预制、施工安装各阶段既能协调配合，又能独立工作，还应正确处理标志尺寸、构造尺寸和实际尺寸之间的关系，如图 2-2 所示。

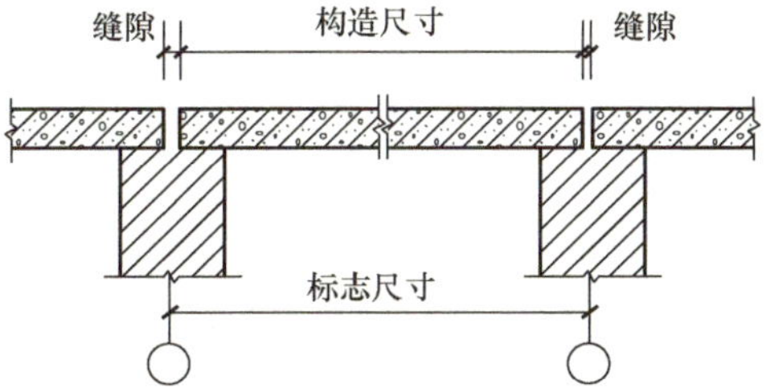


a) 房屋开间尺寸

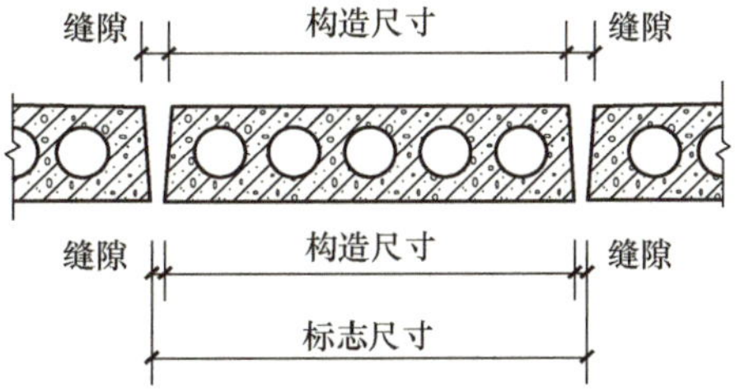


b) 预制构件尺寸

图 2-2　承重内墙定位轴线

## 单元小结

1. 建筑构造是研究构成建筑物的构件、配件的组合原理及构造方法的科学。

2. 构成建筑物的六大主要部件是基础、墙（柱）、楼板和楼地面、楼（电）梯、屋顶及门窗。

3. 建筑构造设计不仅要坚固适用、技术先进、经济合理，而且应美观大方。

## 复习思考题

1. 民用房屋是由哪些主要部分组成的？各部分的作用是什么？
2. 房屋构造设计必须遵循哪些原则？
3. 建筑的类别是根据什么划分的？为什么要分类？
4. 建筑按使用性质分为哪几类？其中民用建筑分为哪两大类？
5. 建筑按主要承重结构的材料分为哪几类？当前采用量最大的是哪一类？
6. 建筑按耐久年限分为几级？各适用于哪些建筑？
7. 为什么要制定《建筑模数协调标准》？什么是模数？什么是基本模数？什么是扩大模数？
8. 定位线的作用是什么？
9. 在建筑模数协调中规定了哪几种尺寸？它们相互间的关系如何？

# 单元3

# 装配式建筑

## 综合素质目标

1）装配式建筑的设计与建造都不同于传统的混凝土建筑，它具有更高的科技含量，包括材料应用、工厂预制以及现场安装等环节。这就需要建筑行业人员努力学习，勇于探索，为我国从制造大国向制造强国迈进作出自己应有的贡献。

2）装配式建筑在我国正迎来全面爆发的阶段，发展装配式建筑是促进建筑行业节能减排降耗的有力抓手。只有学习、了解和掌握相关知识与技术，才能跟上时代发展的步伐。

## 3.1 装配式建筑概述

### 3.1.1 装配式建筑的概念

建筑工业化是指通过现代化的制造、运输、安装和科学管理的生产方式，代替传统建筑业分散、低水平、低效率的手工生产方式。建筑工业化是新时代我国建筑业从高速增长阶段向高质量发展阶段转变的必然要求，是推进供给侧结构性改革、培育新产业新动能、促进建筑业转型升级的重要举措。我国虽已成为建造大国，但建筑业生产方式仍较粗放，兴建了大量以现浇混凝土施工方式为主的“毛坯房”半成品，工程品质不高、资源消耗量大、建造速度慢、环境污染严重、生产效益低等痛点拉大了与世界先进水平的差距。据统计，我国每年产生建筑垃圾超20亿t，再利用量不足1亿t。科技进步和人口红利缩减将迫使建筑业从粗放式发展转向智能建造、绿色制造与装配式建筑的协同发展。

装配式建筑是实现建筑工业化的重要手段，是用工业化方式在工厂预制生产建筑的构配件（如楼板、墙板、楼梯、阳台等），运送至施工现场，通过可靠的连接方式装配安装而成的建筑。装配式建筑是未来建筑业的发展方向，钢结构和木结构本身就是装配式建筑，实现我国主流建筑形式——混凝土建筑的工业化成为转型关键。

当前，装配式建筑的目标是：节约资源、能源，减少环境污染；提升劳动生产效率和质量安全水平，改变落后的手工操作，减少现场作业，实现绿色施工；形成生产上下游的产业链，将“进城务工人员”转变为“产业工人”。装配式建筑与传统建造方式的区别见表3-1。

表 3-1 装配式建筑与传统建造方式的区别

| 内容 | 传统建造方式 | 装配式建筑 |
|---|---|---|
| 设计阶段 | 不注重一体化设计<br>设计专业协同性差<br>设计与施工相脱节 | 标准化、一体化设计<br>信息化技术协同设计<br>设计与施工紧密结合 |
| 施工阶段 | 现场施工以湿作业、手工操作为主<br>工人综合素质低、专业化程度低 | 设计施工一体化、构件生产工厂化<br>现场施工装配化、施工队伍专业化 |
| 装修阶段 | 以毛坯房为主<br>采用二次装修 | 集成定制化部品、现场快捷安装<br>装修与主体结构一体化设计、施工 |
| 验收阶段 | 竣工分部、分项抽检 | 全过程质量检验、验收 |
| 管理阶段 | 以包代管、专业化协同弱<br>依赖农民工劳务市场分包<br>追求设计与施工各自效益 | 工程总承包管理模式<br>全过程的信息化管理<br>项目整体效益最大化 |

### 3.1.2 装配式建筑的分类与构成

装配式建筑按材料分装装配式混凝土结构、配式钢结构、装配式木结构、装配式模块化结构；按结构形式分框架、框支、框剪、墙板等结构；按装配化程度分为预制装配式建筑、装配整体式建筑和 3D 打印建筑。装配整体式建筑是现浇与预制相结合的建筑。3D 打印建筑是将数字化设计模型输入建筑打印机，机器依照打印指令将特殊建材以层堆叠方式来建造的实体建筑，也被称为“具有第四次工业革命意义的制造技术”。

按照系统工程学理论，可将装配式建筑视为若干子系统“集成”的“复杂”系统，包括主体结构系统、外围护系统、内装修系统、机电设备系统（见图 3-1）。

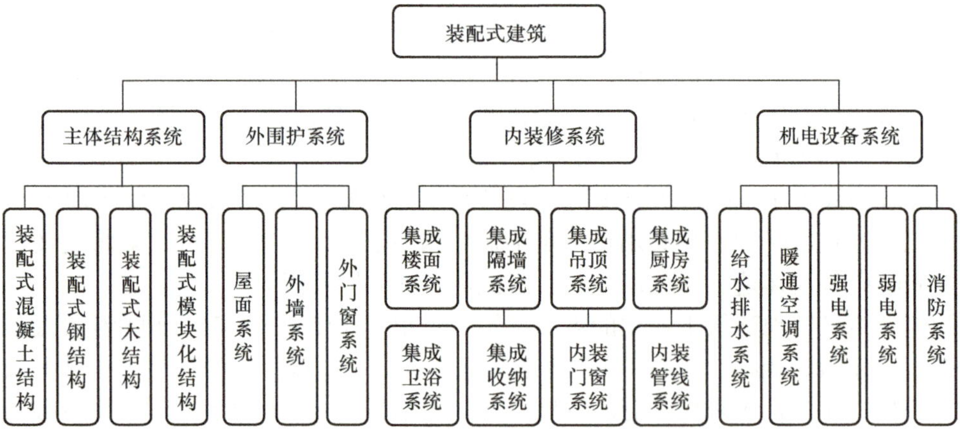


图 3-1 装配式建筑的系统构成及子系统分类

### 3.1.3 装配式建筑的特征

装配式建筑在生产资料、生产技术、组织管理、信息资源等生产要素上充分体现了专业化、集约化和社会化，包括五个特征。

（1）标准化设计：标准化是装配式建筑的基础，采用统一的模数协调和模块化组合方式，使得建筑单元、构配件具有通用性和互换性，满足“少规格、多组合”原则，符合适用、经济、高效的要求。

（2）工业化生产：采用现代工业化手段，实现施工现场作业向工厂生产作业的转化，形成标准化、系列化的预制构件和部品，完成预制构件、部品精细制造的过程。

（3）装配化施工：在现场施工过程中，使用现代机具和设备，以构件、部品装配施工代替传统现浇或手工作业，实现工程建设装配化施工的过程。

（4）一体化装修：建筑室内外装修工程与主体结构工程一体化设计，采用定制化部品部件实现技术集成化、施工装配化，施工组织穿插作业。

（5）信息化管理：建筑信息化管理是建筑业实现技术升级、生产方式转变和管理模式变革的有效手段。BIM信息化模型和信息化技术为设计、生产、施工、运营各环节的信息畅通和协同提供了保障（见图3-2）。

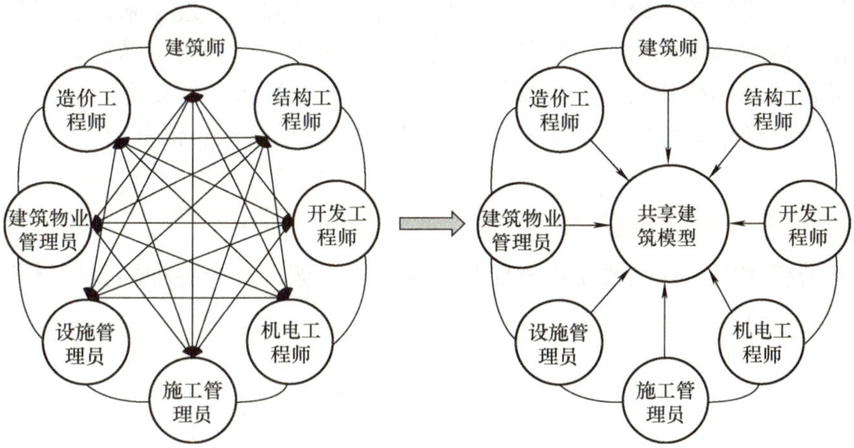


图3-2　传统设计工作关系与BIM支持下设计工作关系对比

### 3.1.4　名词释义

1. 装配率　装配式建筑中预制构件、建筑部品的数量（或面积）占同类构件或部品总数量（或面积）的比率，用于表征装配式建筑的主体结构、围护结构和室内装修的构件部品装配化程度。

2. 预制率　装配式建筑±0.000标高以上主体结构中预制部分的混凝土用量占对应构件混凝土用量的体积比，用于表征装配式建筑主体结构的装配化程度。

3. 部品　由工厂生产，构成外围护系统、机电设备系统、内装修系统的建筑单一产品或复合产品组装而成的功能单元的统称。

4. 部件　在工厂或现场预先生产制作完成，构成建筑结构系统的结构构件及其他构件的统称。

5. 模数　选定的尺寸单位，作为尺度协调中的增值单位。

6. 模数协调　模数是装配式建筑实现标准化的基础，用于建造过程的各个环节。设计应按建筑模数制要求，采用基本模数或扩大模数的设计方法实现建筑构配件、建筑组合件、建筑制品等的尺寸的协调。模数协调有助于在预制构件的构成要素（如钢筋网、预埋管线、点位等）之间形成合理的空间关系，避免交叉和碰撞。通过模数协调可以优化部品部件的尺寸，使设计、制造、安装等环节的配合趋于简单、精确，使得土建、机电设备和装修的“一体化集成”和装修部品部件的工厂化制造成为可能。

## 3.2 装配式钢结构建筑

### 3.2.1 装配式钢结构建筑的定义、特点和适用范围

装配式钢结构建筑是指结构系统由钢构（部）件构成的装配式建筑。其钢构（部）件在工厂生产制作，在工地现场通过可靠的连接方式组成结构承重系统。装配式钢结构建筑具有安全、高效、绿色、环保、可重复利用、抗震性能好、装配化程度高、施工安装速度快、施工精度高、布局灵活、使用率高等优势。钢结构建筑早已广泛应用于机场、会展等大跨度建筑、超高层公共建筑及大跨度厂房、单多层厂房等工业建筑。近年来，随着我国建筑工业化的发展，钢结构越来越多地应用到各类型的住宅建筑中，以助力钢结构更广泛地应用。

根据《装配式钢结构建筑技术标准》（GB/T 51232—2016）的规定，装配式钢结构体系分为：低层冷弯薄壁型钢结构、钢框架结构、钢框架-支承结构、钢框架-延性墙板结构等几大类。

### 3.2.2 低层冷弯薄壁型钢结构

低层冷弯薄壁型钢结构主要是以密肋型钢为支承骨架、复合各种轻型板材所建成的龙骨体系房屋（见图3-3）。

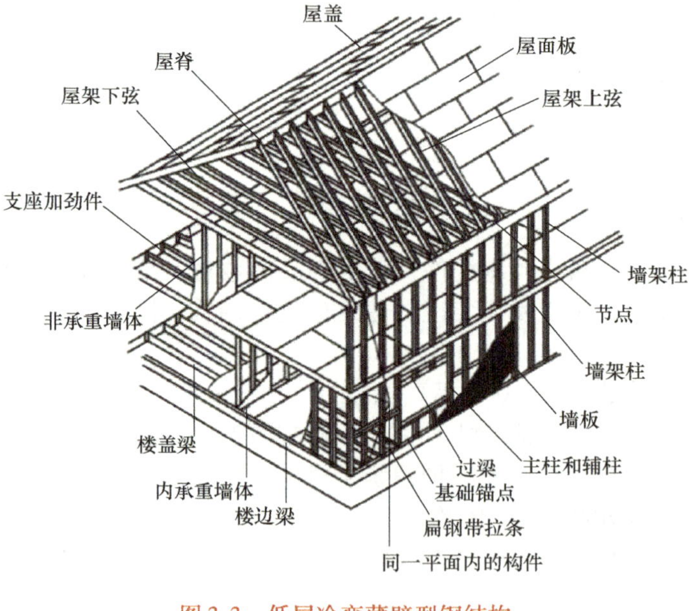


图3-3 低层冷弯薄壁型钢结构

该体系构件尺寸较小，可将其隐藏在墙体内部，有利于建筑布置和室内美观；结构自重

轻，地基费用较为节省；受力墙体可在工厂整体拼装，易于实现工厂化生产；易于装卸，加快施工进度；墙体、楼板及屋面均可采用轻钢龙骨体系，上覆木基结构板材及石膏板等，既便于管线穿行，又满足隔声要求。

低层冷弯薄壁型钢结构的构造要点如下。

1）骨架。该体系使用薄壁型钢为密肋骨架，用钢量少，可以形成较大跨度，内部空间使用较为灵活。

2）覆面板。墙体、楼板及屋面均为复合板，其中不同的材料层具有不同的功能，如保温、防水、隔气等。复合板可大幅提升建筑的防水、热工等综合性能。

3）组装。密肋龙骨可与结构板等在现场拼装成类似“板”的形式，或在工厂预制现场组装，或与结构梁组合等。

### 3.2.3 钢框架结构

钢框架结构体系是一种竖向承载体系与水平承载体系均由钢构件组成的柔性结构体系（见图3-4）。该体系开间大、使用灵活，能充分满足建筑布置的要求；受力明确，建筑物整体刚度及抗震性能较好；框架杆件类型少，可大量采用型材，制作安装简单，施工速度较快。但与混凝土框架体系相同，该体系抗侧移刚度仅由框架提供，因此在强震作用下，抵抗侧向力所需梁柱截面较大，导致其用钢量大；此外，相比于围护结构，梁柱截面积较大，导致室内凸柱露梁，易影响内部美观和建筑功能。

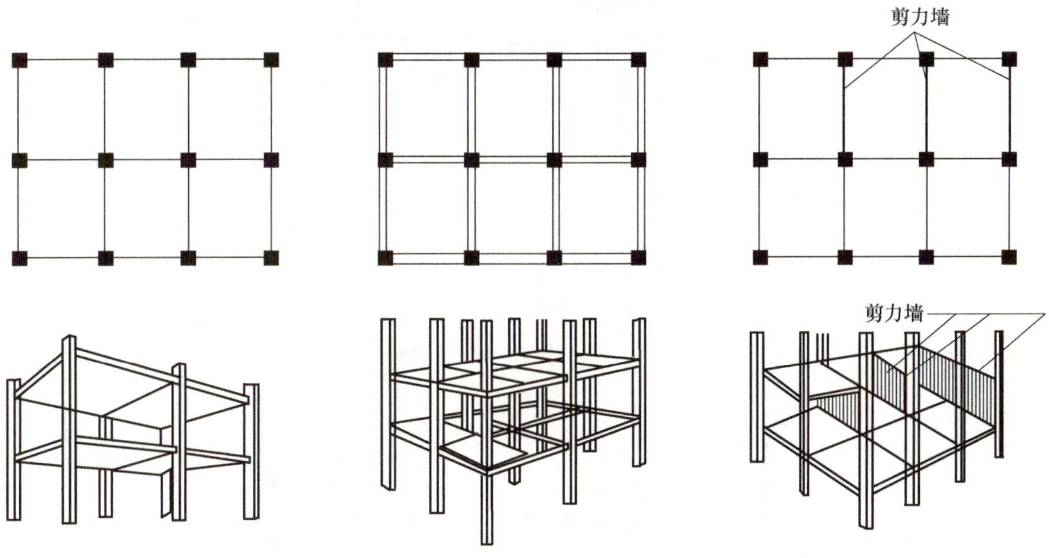


a) 板柱框架系统　b) 梁板柱框架系统　c) 剪力墙框架系统

图3-4　钢框架结构类型图

钢框架结构主要构件包括钢柱（见图3-5）、钢管柱、钢梁、钢-混凝土组合梁、钢桁架、预制叠合楼板（见图3-6）、外挂墙板（见图3-7和图3-8）。以钢筋桁架叠合楼板为例，预制板60mm厚，现浇70mm厚钢筋混凝土，与钢桁架梁共同形成钢和混凝土组合楼盖系统。结构楼盖之上为50mm建筑垫层+地砖。

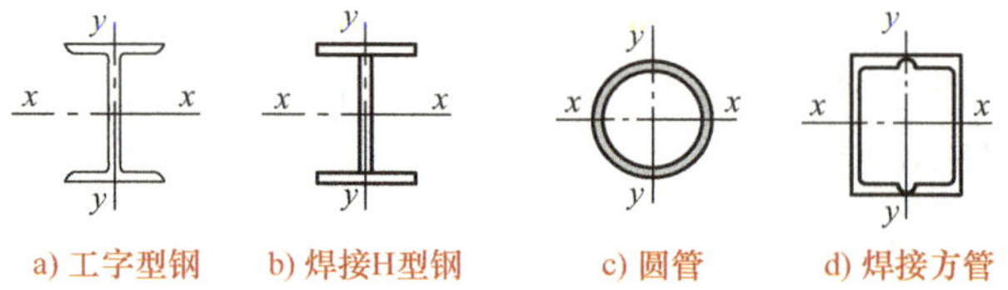


图3-5 轴心受压实腹柱常用截面

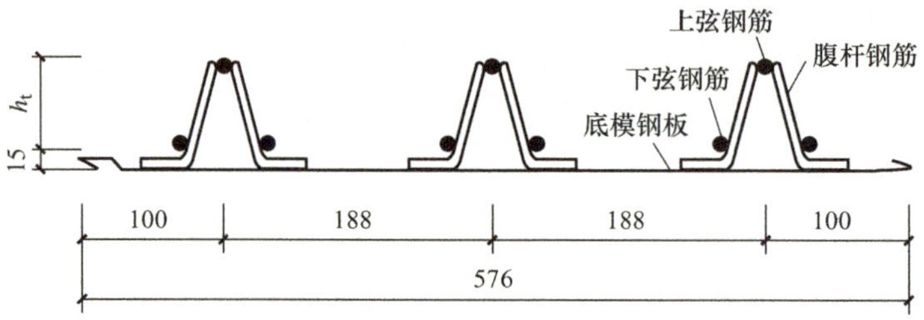


图3-6 钢筋桁架叠合楼板、楼承板大样图

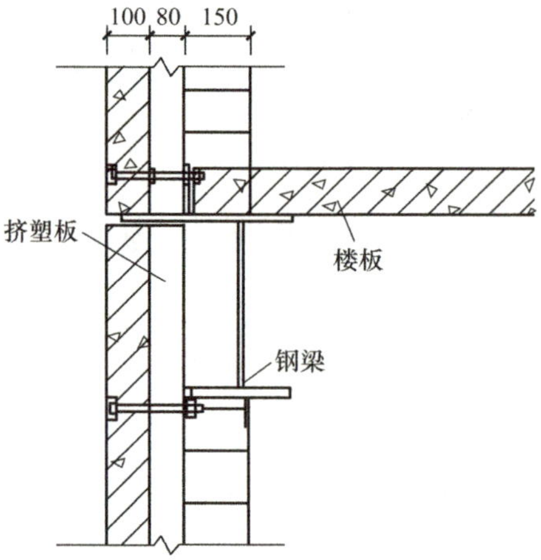


图3-7 钢结构外墙构造示意图

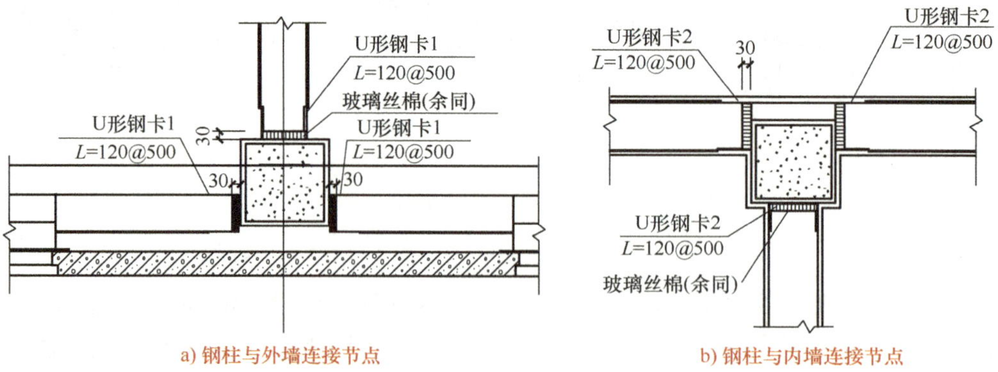


图3-8 钢柱与墙体连接节点示意图

钢框架结构的构造要点如下。

1）连接。装配式钢结构建筑连接节点宜采用（高强度）螺栓连接，尽量避免或减少现场焊接。但由于螺栓连接方式的接头尺寸较大，因此用钢量较焊接稍高。（见图3-9～图3-11）。

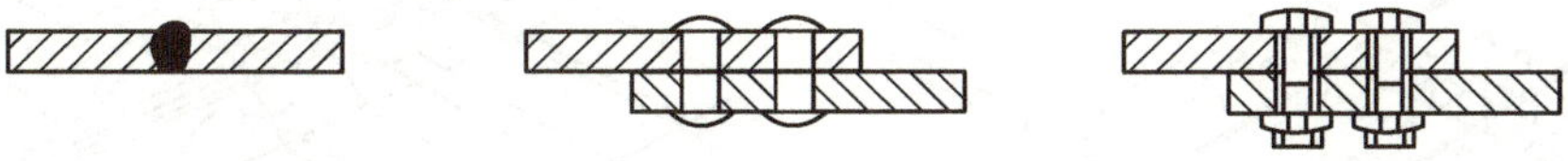

a) 焊缝连接　b) 铆钉连接　c) 螺栓连接

图3-9　钢结构的连接方式

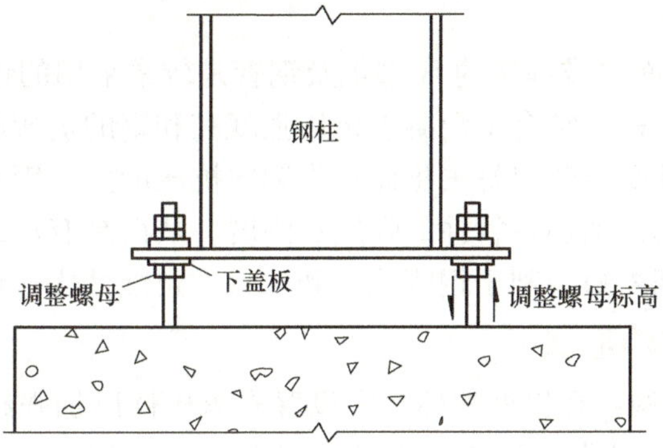


图3-10　通过调整螺母控制钢柱的垂直度示例

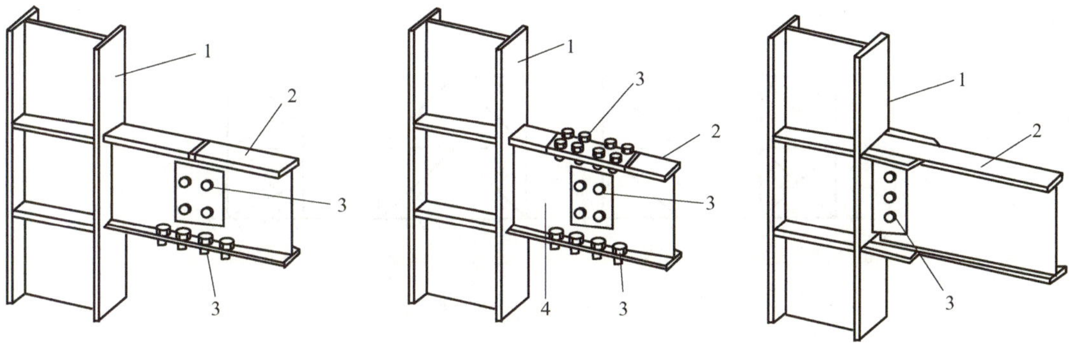


a) 带悬臂梁端的栓焊连接　b) 带悬臂梁端的螺栓连接　c) 梁翼缘局部加宽式连接

图3-11　H型钢梁柱连接节点

1—柱　2—梁　3—高强度螺栓　4—悬臂段

2）叠合梁。钢-混凝土组合梁是通过在型钢梁顶设置栓钉或其他抗剪键，使得混凝土楼板和钢梁协同工作的梁。由于充分利用钢梁的抗拉性能和混凝土楼板的抗压性能，因此梁的承载力更高，结构整体性更好（见图3-12）。组合梁的优势在于：比同跨度、同荷载情况下混凝土梁截面积更小、自重更轻；与混凝土梁同梁高情况下，组合梁跨度更大；工厂化生产，制作加工方便，现场施工效率高（见图3-13）。

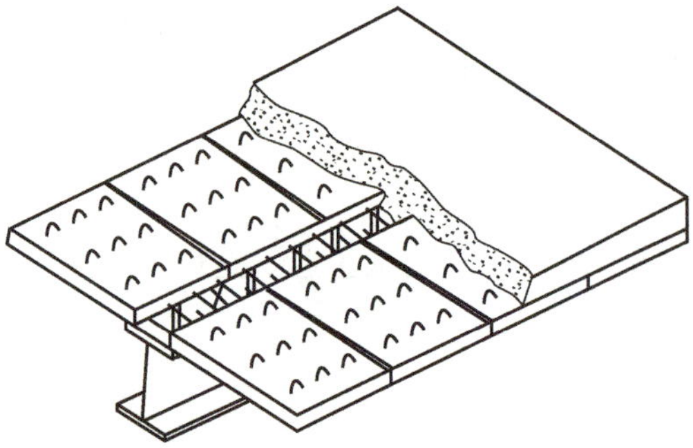

图 3-12 钢-混凝土组合梁板

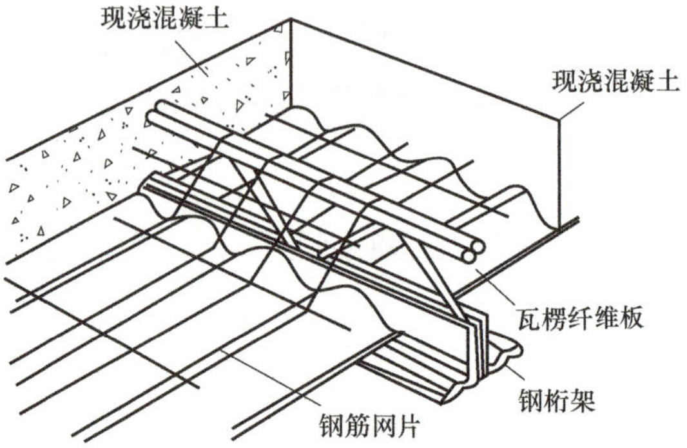


图 3-13 压型钢板叠合混凝土梁板

3）钢管柱。箱形截面柱或焊接的 H 型钢及钢管是较常采用的钢柱，但钢管内部灌注混凝土后构成的钢管混凝土柱，结合了混凝土抗压强度高和钢的抗弯能力强以及良好的弹塑性的优势，因为单纯的钢柱受压时容易失稳而丧失轴向抗压能力。钢管混凝土柱在结构上能够将二者的优点结合在一起，增加钢管柱的强度和刚度，从而具有承载力高且延性好、抗震性能优越、施工方便、工期缩短、利于钢管抗火和防火、耐蚀性优于钢结构等优点。

### 3.2.4 其他高层钢结构形式

（1）钢框架-支承结构：在钢框架体系中设置支承构件以加强结构的抗侧移刚度，形成钢框架-支承结构。支承形式分为中心支承（见图 3-14）和偏心支承（见图 3-15）。中心支承根据斜杆的布置形式可分为十字交叉斜杆、单斜杆、人字形斜杆、K 形斜杆体系。与剪力墙结构相比，偏心支承框架在达到同样的刚度时的重量要轻，用于高层建筑结构的经济性好。

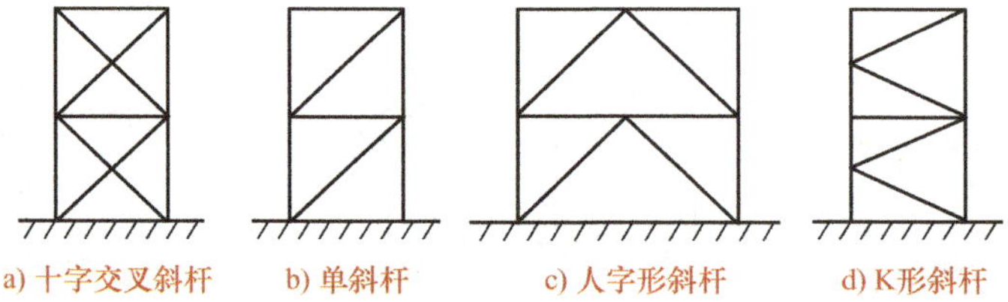


图 3-14 中心支承框架类型示意图

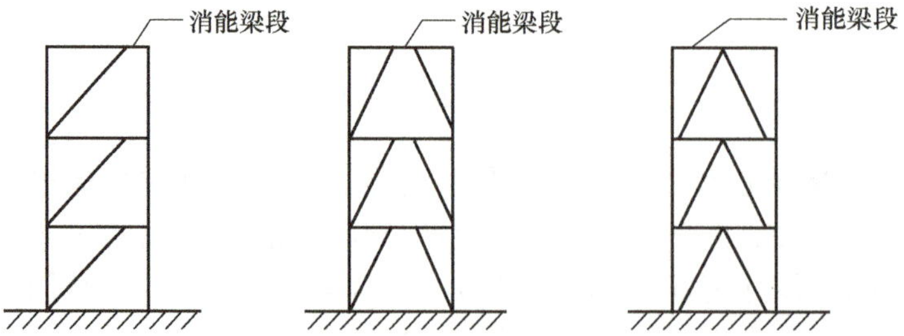


图 3-15 偏心支撑框架类型示意图

（2）钢框架-剪力墙结构：钢框架-剪力墙体系可分为钢框架-混凝土剪力墙体系、钢框架-钢板剪力墙体系。剪力墙体系常在楼梯间、分户墙等适当部位采用剪力墙作为结构主要抗侧力体系，因为剪力墙抗侧移刚度较强，可以减小钢柱的截面尺寸，降低用钢量。该体系将钢材强度高、重量轻、施工速度快与混凝土抗压强度高、防火性能好、抗侧刚度大的特点相结合，适合用于高层办公类和住宅。

（3）钢框架-核心筒结构：钢框架-核心筒体系是由外侧的钢框架和混凝土核心构成。核心筒内部布置电梯、楼梯等公用设施，以扩大核心筒的平面尺寸，减小核心筒的高宽比，增大核心筒的侧向刚度。钢框架柱可采用箱形截面柱或焊接的 H 型钢，钢梁可采用热轧 H 型钢或焊接 H 型钢。钢框架核心筒体系的主要优点有：侧向刚度大于钢框架结构；结构造价介于钢结构和钢筋混凝土结构之间；施工速度比钢筋混凝土结构有所加快，结构面积小于钢筋混凝土结构。

## 3.3 装配式混凝土结构建筑

### 3.3.1 装配式混凝土结构的定义、特点及分类

装配式混凝土结构包括两大类：全装配式混凝土结构和装配整体式混凝土结构。两者连接方式不同，前者是由预制混凝土构件通过可靠的连接方式装配而成的混凝土结构；后者由混凝土构件通过可靠的连接方式进行连接并在现场后浇混凝土、水泥基灌浆料等形成整体。我国属于多地震国家，对螺栓、焊接等“干式”连接节点的研究尚不充分，对于高层建筑的应用以装配整体式混凝土结构为主。装配整体式混凝土结构的可靠性、耐久性和整体性等性能要求等同现浇混凝土结构，也称为“等同现浇”的设计方法。对于高层建筑混凝土结构，一般要设置现浇混凝土的地下室，且底部加强部位宜采用现浇混凝土。

装配式混凝土结构体系通过工厂化预制，减少了混凝土的现场浇筑量，节约能源资源，减少人工投入，缩短施工周期，优化施工质量；提高了施工精度，为各建筑部品部件的产业化运用创造条件；提高了建筑的保温、隔热、安全、防火、防水等性能。

根据《装配式混凝土建筑技术标准》（GB/T 51231—2016），装配式混凝土建筑主要包括装配整体式混凝土框架结构、装配整体式混凝土剪力墙结构、装配整体式框架-现浇剪力墙结构和装配整体式框架-现浇核心筒结构等类型，不同结构类型的最大适用高度见表 3-2。

**表 3-2 装配整体式混凝土结构房屋的最大适用高度** （单位：m）

| 结构类型 | 抗震设防烈度 | | | |
|---|---|---|---|---|
| | 6 度 | 7 度 | 8 度（0.20$g$） | 8 度（0.30$g$） |
| 装配整体式框架结构 | 60 | 50 | 40 | 30 |
| 装配整体式框架-现浇剪力墙结构 | 130 | 120 | 100 | 80 |
| 装配整体式框架-现浇核心筒结构 | 150 | 130 | 100 | 90 |
| 装配整体式剪力墙结构 | 130（120） | 110（100） | 90（80） | 70（60） |
| 装配整体式部分框支剪力墙结构 | 110（100） | 90（80） | 70（60） | 40（30） |

注：1. 房屋高度指室外地面到主要屋面的高度，不包括局部凸出屋顶的部分。

2. 部分框支剪力墙结构指地面以上有部分框支剪力墙的剪力墙结构，不包括仅个别框支墙的情况。

### 3.3.2 装配整体式混凝土框架结构体系

装配整体式混凝土框架结构（简称装配式框架结构）是指全部或部分框架梁、柱采用预制构件建成的装配整体式混凝土结构，主要用于学校、办公、物流、仓储等公共建筑，在大跨度及居住建筑中也有应用（见图3-16）。

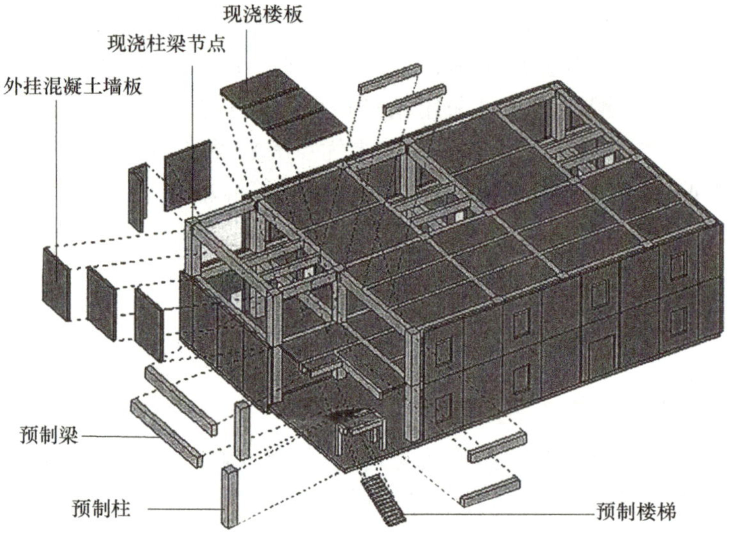


图3-16 装配整体式混凝土框架结构体系

1. 主要构件 装配式框架结构中的构件类型包括预制柱、预制梁、预制叠合板、预制楼梯等（见图3-17）。

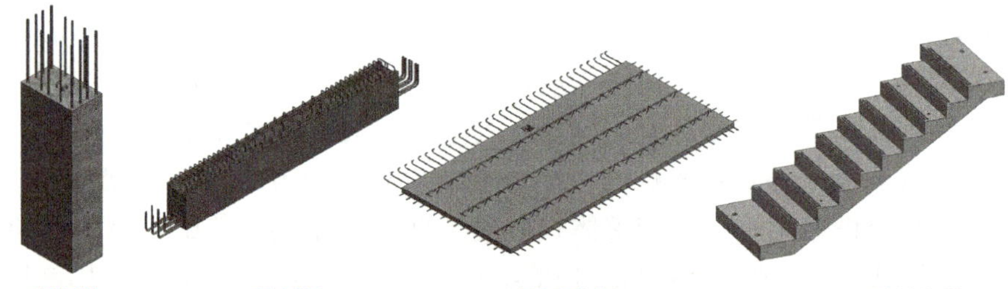

a) 预制柱 b) 预制梁 c) 预制叠合板 d) 预制楼梯

图3-17 预制构件

1）预制柱。预制混凝土柱是在工厂进行钢筋绑扎和混凝土浇筑的结构柱。柱底部通过预留孔洞与楼板上预留钢筋进行灌浆连接，顶部预留钢筋与板、梁等构件进行灌浆连接或叠合连接。预制柱分为预制实心柱、预制空心柱。其安装施工流程为：进场验收→定位放样→标高找平→竖向预留钢筋校正→预制柱吊装→安装及校正→灌浆施工。

2）预制梁。预制梁是采用工厂预制，再运至施工现场按设计要求位置进行安装固定的梁，分为预制实心梁、预制叠合梁、预制U形梁。在装配整体式框架结构中，常将预制梁做成T形截面，以减小结构所占的高度，增大建筑净空高度。预制叠合梁是分两次浇捣混凝土的梁，第一次在工厂加工成预制梁；第二次在施工现场预制梁吊装安放、预制板安装就位后，再浇捣上部的混凝土，使其连成整体，成为叠合梁（见图3-18）。预制梁的安装施工流程为：进场验收→按图放线→设置梁底支撑→预制梁起吊→预制梁就位微调→接头连接。

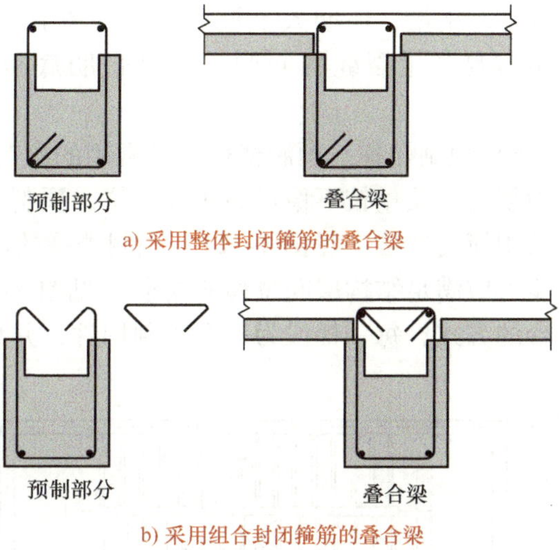


图3-18　叠合梁箍筋构造示意

3）预制叠合板（见图3-19）和预应力叠合肋板（见图3-20）。叠合板是由预制混凝土板在现场后浇混凝土叠合而成的整体受弯构件。预制混凝土板既是楼板结构的组成部分之一，又是现浇钢筋混凝土叠合层的永久性模板，现浇叠合层内可敷设水平设备管线。因此，叠合板整体性好、刚度大，板的上下表面平整，便于饰面层装修。使用预制的预应力薄板作为预制板，即为预应力薄板叠合楼板，可大幅增大其跨度和承重荷载。叠合板的安装施工流程为：进场验收→定位放样→顶板支撑体系施工→叠合板吊装→安装及校正→机电线盒、管线安装→梁、板钢筋绑扎、验收→灌浆施工。

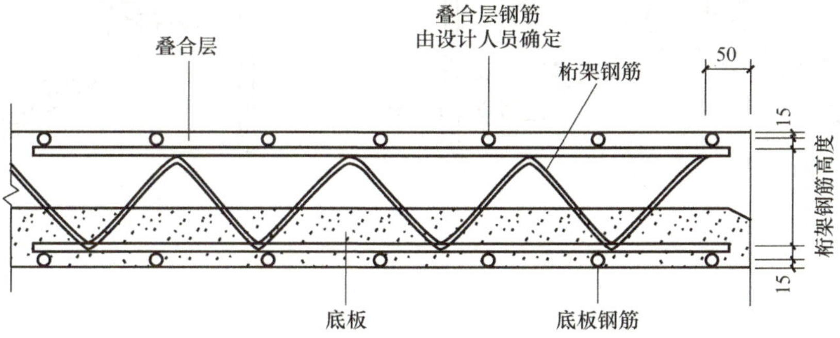


图3-19　预制叠合板

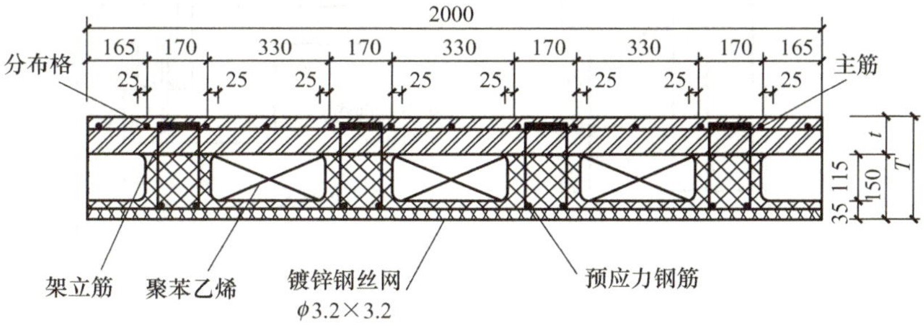


图3-20　预应力叠合肋板

预应力叠合肋板是指采用先张法工艺生产的预制预应力混凝土带肋底板，与现浇钢筋混凝土层叠合而成的装配整体式楼板。预应力叠合肋板不仅增大了板的承载能力及使用跨度，减少了用钢量，还增大了板的刚度，更宜控制反拱值，有效解决生产、运输、安装过程中板容易产生裂缝的问题。预制带肋底板可为单肋或多肋，板肋通常为矩形、T形或楔形。

4）预制楼梯。预制楼梯也是常用的预制构件。现浇楼梯是现浇钢筋混凝土结构中工艺较为复杂、质量较不稳定的建筑部位，预制楼梯能规避上述弊端。预制楼梯与支承构件之间宜采用简支连接（见图3-21）。预制楼梯的两端中，上端固定，下端铰接，其转动及滑动变形能力应满足结构层间位移的要求（见图3-22）。预制楼梯通常采用预制楼梯段＋现浇休息平台的方式，每一梯段为一个预制构件，并预留扶手栏杆的安装接口。

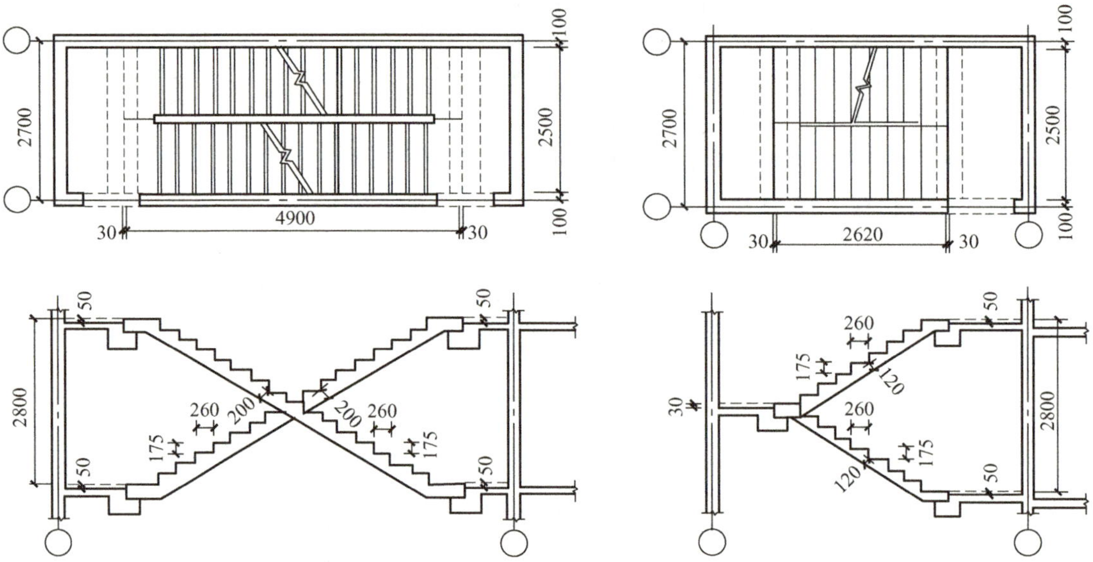


a) 剪刀楼梯 b) 双跑楼梯

图3-21 剪刀楼梯、双跑楼梯

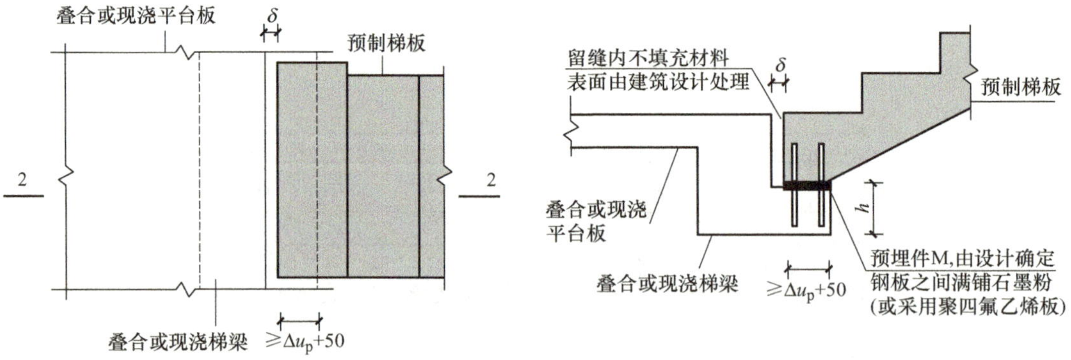


图3-22 滑动支座节点构造图

2. 节点连接

（1）梁柱节点连接方式：装配整体式框架结构的关键技术。装配整体式框架可分为框架节点后浇混凝土和框架节点预制两大类。

1）框架节点后浇混凝土的连接方式，主要用于预制构件为一字形的情况下，预制柱竖向受力钢筋采用套筒灌浆连接，梁采用预制叠合梁。梁柱节点处的钢筋构造与现浇框架结构的要求相同，通过后浇混凝土连接，实现节点设计强接缝、弱构件的原则，使装配整体式混凝土结构的整体性、稳定性和延性等结构性能等同现浇混凝土结构（见图 3-23 和图 3-24）。

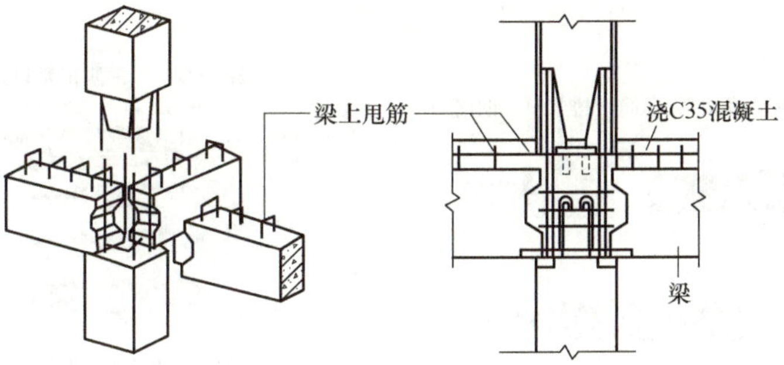


图 3-23　梁和柱的连接

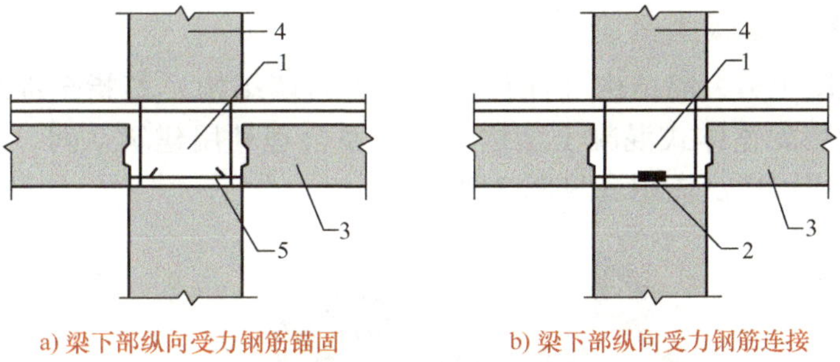


图 3-24　预制柱与叠合梁框架中间层节点构造示意

1—后浇区　2—下部纵向受力钢筋连接　3—预制梁　4—预制柱　5—梁下部纵向受力钢筋锚固

2）框架节点预制方式：主要用于十字形、T 形、一字形等预制构件，连接节点位于框架柱、梁中部，预制柱、梁受力钢筋采用套筒灌浆连接，在梁、柱的连接节点处通过后浇混凝土的连接，形成整体的装配式结构。预制框架节点是多维构件，虽然在工厂制作质量可控，但制作、运输、现场安装难度较大，施工技术要求高，现阶段工程较少采用。

（2）钢筋连接及锚固：连接设计的关键技术。节点和接缝处的纵向钢筋连接宜根据接头受力、施工工艺等要求选用机械连接、套筒灌浆连接、浆锚搭接连接、焊接连接、绑扎搭接连接等连接方式，并应符合有关现行国家标准。套筒灌浆连接是预制构件竖向连接的主要形式（见图 3-25 和图 3-26）。上述连接技术在装配整体式剪力墙结构体系中多有应用，后文不再赘述。

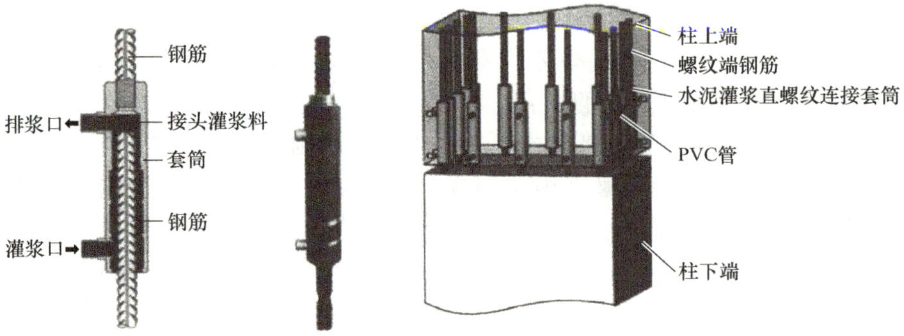


图3-25 半套筒灌浆接头及应用示意图

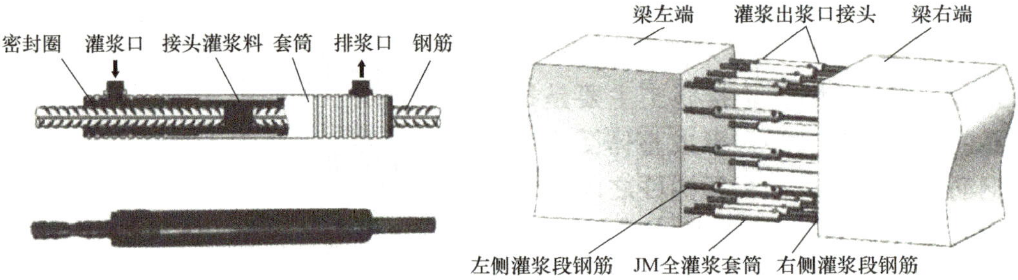


图3-26 全套筒灌浆接头及应用示意图

### 3.3.3 装配整体式混凝土剪力墙结构体系

装配整体式混凝土剪力墙结构（简称装配式剪力墙结构）是指全部或部分剪力墙采用预制墙板构建成的装配整体式混凝土结构。该体系合理利用建筑空间，具有较好的抗震性能，在居住建筑中得以广泛应用（见图3-27）。

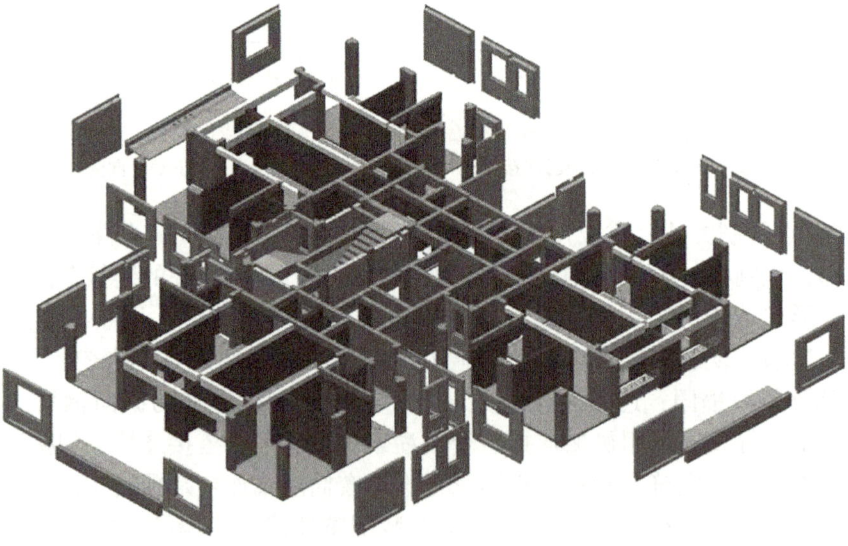

图3-27 装配整体式混凝土剪力墙结构体系示意图

装配式剪力墙结构中的主要预制构件类型包括：预制外墙板、预制内墙板、预制内隔墙板、叠合梁、钢筋桁架叠合板、预制楼梯等（见图 3-28）。

图 3-28 装配式剪力墙结构构件类型

（1）剪力墙结构预制外墙：大部分预制混凝土外墙构件采用钢筋的胶锚方式和暗柱现浇的方式，通过在水平和垂直方向节点部位外伸钢筋的有效连接，与现浇的混凝土墙有效连成一体，等同于现浇的工作原理。为了加工和运输的便利，预制剪力墙板宜采用一字形；当有可靠的设计、生产和施工经验时，也可采用 L 形、T 形或 U 形等形状的构件（见图 3-29 和图 3-30）。

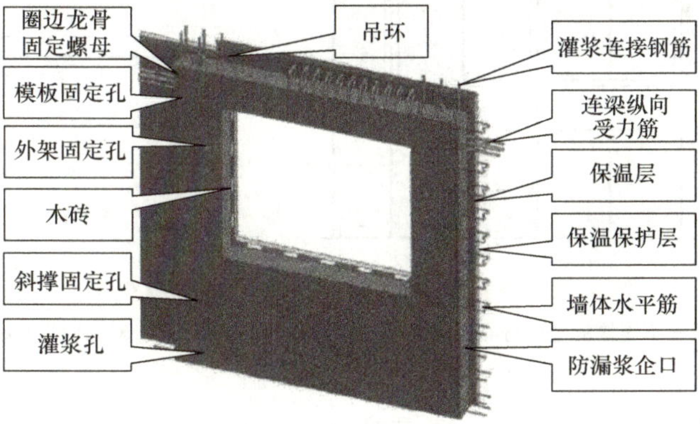


图 3-29 预制外墙板

预制外墙板主要包括预制混凝土剪力墙板、预制混凝土外挂墙板、蒸压轻质混凝土墙板（ALC 板）、玻璃纤维增强水泥轻质复合板（GRC 板）以及各种夹芯板等。各类墙板都需要进行模数化、标准化的设计。

当剪力墙外墙板采用夹芯墙板时，内叶墙板应按剪力墙进行设计，外叶墙板厚度不应小于 50mm，保温层的厚度不宜大于 120mm，外叶墙板与内叶墙板应通过拉结件可靠连接。

梁、板、楼梯构件设计同装配式框架结构，但应注意框架梁楼面梁在构造上与剪力墙结构连梁的区别。

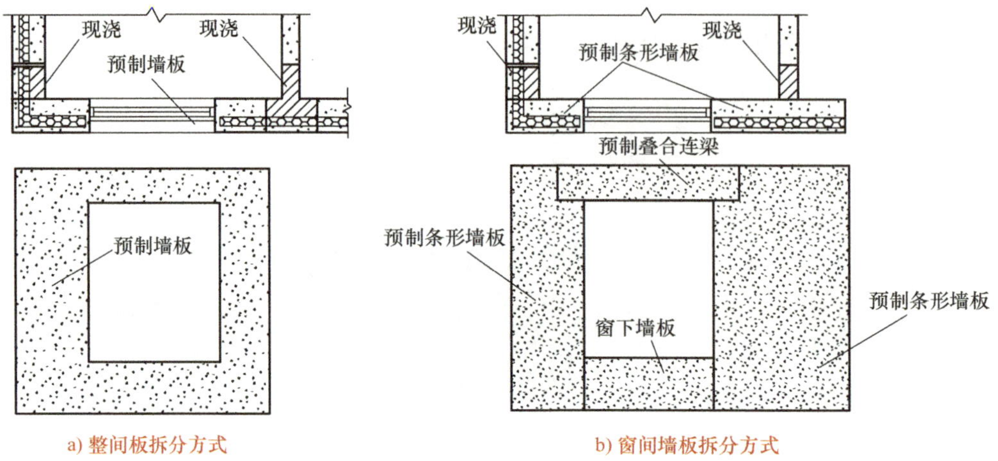


图3-30 墙板拆分图

（2）剪力墙布置：装配式剪力墙结构应沿两个方向（即开间、进深）布置剪力墙，剪力墙的截面宜简单、规则，预制墙的门窗洞口宜上下对齐。

（3）节点连接方式：预制剪力墙构件之间水平与竖向接缝的连接技术是装配式剪力墙结构最重要的内容。其中竖向接缝的构造与现浇剪力墙结构相同，而水平接缝主要采用钢筋套筒灌浆连接或浆锚搭接连接（见图3-31～图3-33）。

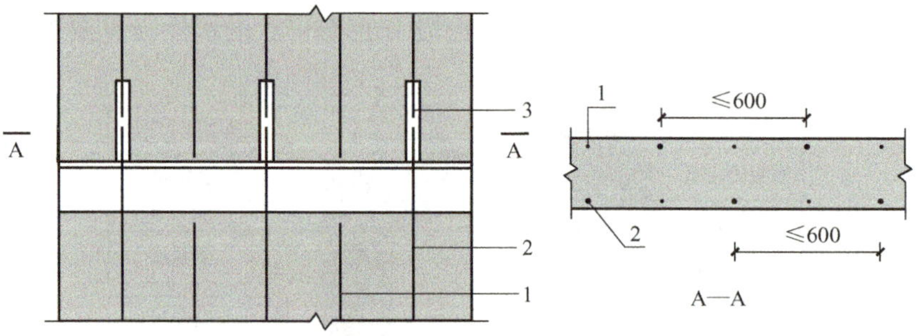


图3-31 预制剪力墙竖向分布钢筋连接构造示意

1—不连接的竖向分布钢筋 2—连接的竖向分布钢筋 3—连接接头

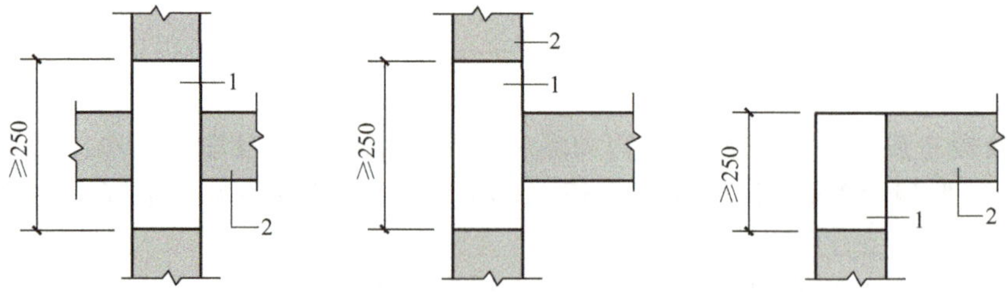


图3-32 多层装配式剪力墙结构后浇混凝土暗柱示意

1—后浇段 2—预制剪力墙

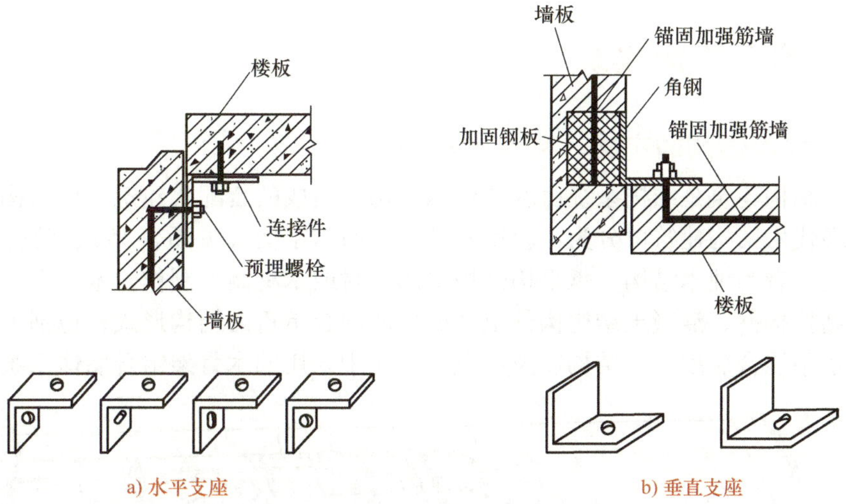


图 3-33　外挂墙板支座的固定节点与活动节点示意

（4）节点防水：预制外墙防水对于建筑品质至关重要。板缝等处应采取构造 + 材料的双重措施进行封堵。例如，水平缝采用“反槛构造防水、空腔构造防水和硅酮胶材料防水”三道防水，垂直缝采用“现浇钢筋混凝土结构自防水、空腔构造防水和硅酮胶材料防水”三道防水（见图 3-34）。

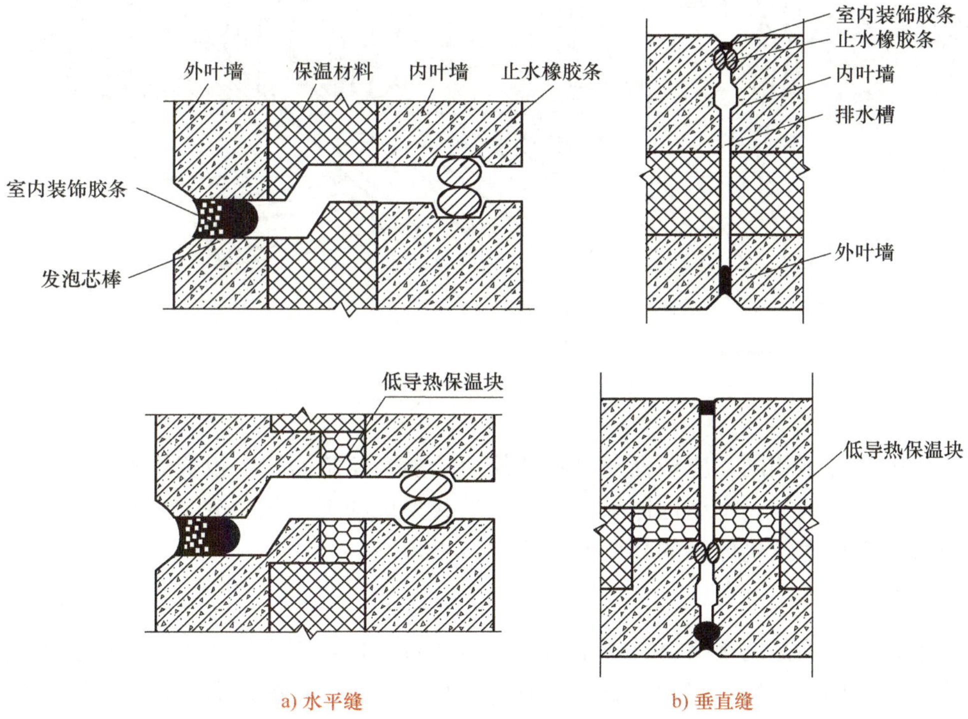


图 3-34　夹芯保温墙板接缝构造

# 3.4 装配式木结构建筑

## 3.4.1 装配式木结构的定义、特点和类型

装配式木结构建筑是结构系统由木结构承重构件组成的装配式建筑。按结构构件采用的材料类型，现代木结构建筑可分为：轻型木结构、原木结构（见图3-35）、胶合木结构和木混合结构。前三者为纯木结构，承重构件均采用木材或木材制品制作。木混合结构是由木结构构件与钢结构构件、混凝土结构构件组合而成的混合承重的结构形式，包括上下混合装配式木结构、水平混合装配式木结构以及混凝土结构中采用的木骨架组合墙体系统。

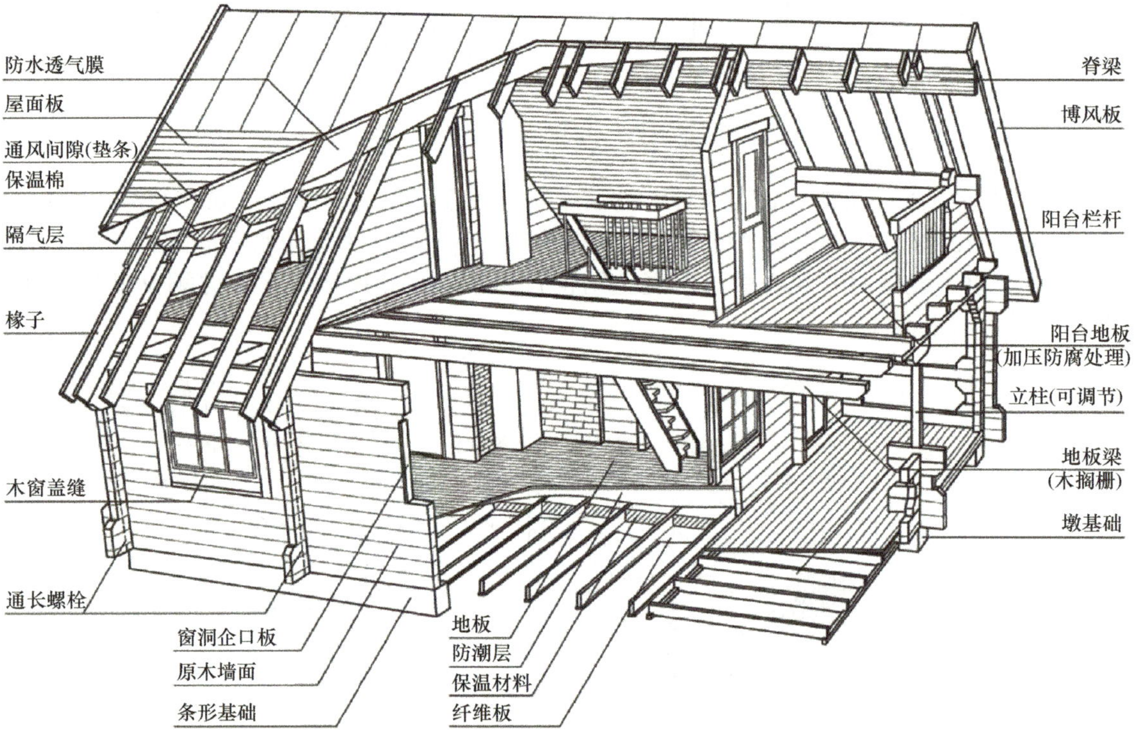


图3-35 原木结构房屋体系

木结构体系各不相同，应根据建筑物的使用功能、建筑面积、投资规模、现场环境和施工技术条件等综合确定。木结构体系常用于低层或多层的现代化住宅、商业、工业设施，近年来也有采用重型木结构体系的高层木结构建筑出现。

## 3.4.2 轻型木结构

轻型木结构体系是用规格材、木基结构板材及石膏板等制作的木构架墙体、楼板和屋盖系统构成的低层建筑结构。轻型木结构体系并非只能承受较小的荷载，而是以断面较小的规格材构件均匀密布连接组成，因而其结构整体上自重较轻。由于结构的承载力、刚度和整体性是通过主要骨架结构构件和次要结构构件（墙面板、楼面板和屋面板）共同作用得到的，因此具有经济、安全、保温节能、结构布置灵活、建造快速等特点。

轻型木结构适用于三层及以下的低层住宅（包括独立住宅、联体住宅和多层公寓等）、低层商业建筑、小型公共建筑。

1. 轻型框架和平台框架　轻型木结构（见图3-36）包括轻型框架和平台框架两种类型。前者是早期较常用的类型，是将墙骨从一层直通屋盖。后者是上一层结构的施工作业直接置于下一层的楼盖上，将其作为工作平台建造房屋。平台框架结构隔热性良好且居住舒适，已成为常规做法。

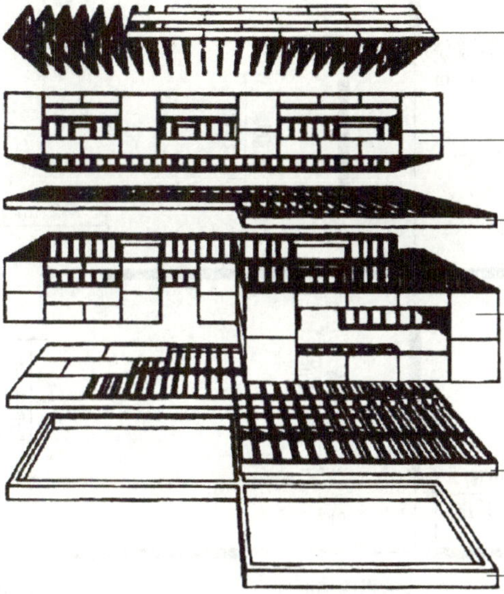


图3-36　轻型木结构房屋的结构构件及体系

2. 保温和铺设管线　轻型木的墙体和楼层结构厚度虽小，但为安装保温隔热层、穿越暗埋各种管线提供了空间，不仅管道布置灵活，更增加使用面积；结构自重和外部荷载是由小尺寸密置的楼面搁栅和墙骨柱共同承担，既是主要受力体系，也是内、外墙面和楼屋面面层的支撑构架，施工简便、材料成本低，且适宜局部拆改和重新组合。

3. 横纵向受力特点　轻型木结构房屋通常由屋盖、楼盖与墙体组成。墙体除了将屋盖、楼盖传来的竖向荷载传递至基础外，还可部分承受风荷载或水平地震作用（见图3-37）。

### 3.4.3 胶合木结构

胶合木结构是承重构件主要采用层板胶合木制作的单层或多层建筑结构，也称层板胶合木结构（见图3-38）。现代胶合木结构是现代木结构建筑中的主要结构形式，它克服了轻型木结构在建筑跨度和高度上的使用限制，把木结构的应用拓展到更广阔的领域，充分体现出木结构建筑的独特美感。胶合木结构不仅构件适合工业化生产，而且结构形式多种多样、适用范围广，能满足不同使用功能的要求，具有建造大型建筑的优势。

1. 胶合木特性　胶合木也称集成材，是由较小规格的天然实木锯材，按照实际用板的要求重新黏结而成的一种工程木（见图3-39）。胶合木具有以下优势：第一，相对于传统木结构，胶合木构件加工对木材材性和尺寸的要求较低，克服天然木材无法控制的缺陷影响，大幅提高了木材利用效率及循环利用率；第二，成品规格尺寸及形状灵活，能直接加工成曲线、异形构件；第三，胶合木自重轻、导热系数低、变形小、强度高、韧性弹性好、耐火性

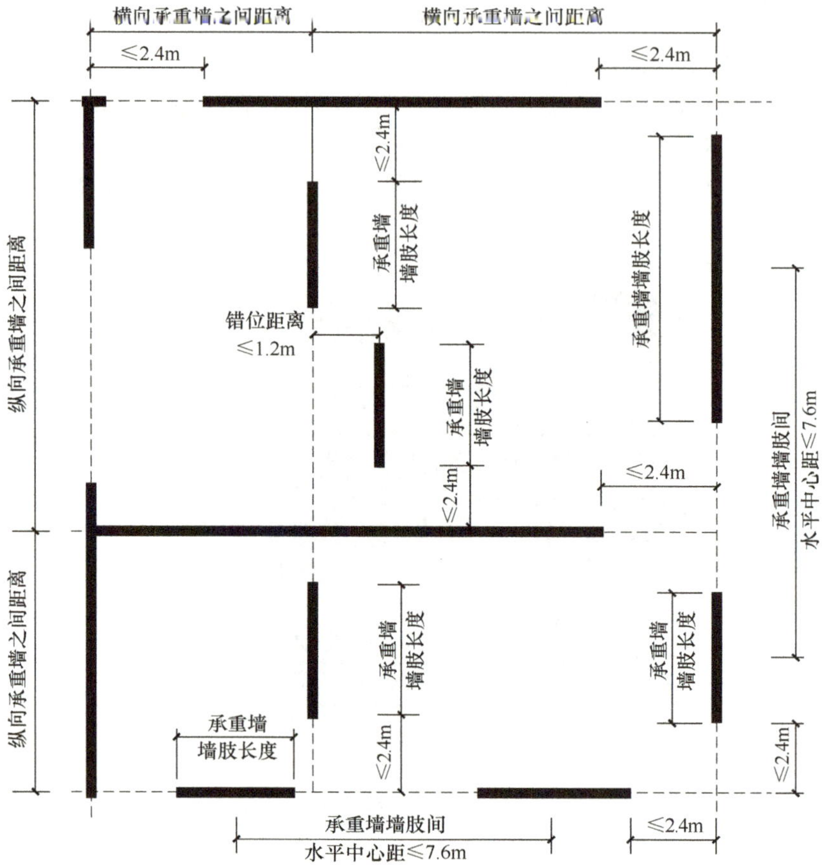


图 3-37 剪力墙平面布置示意图

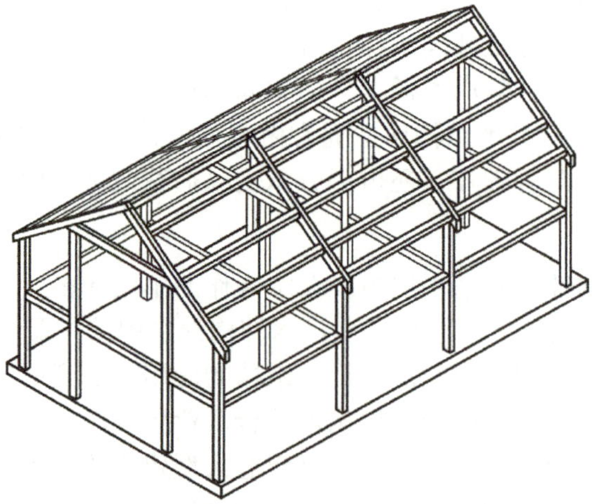

图 3-38 胶合木房屋结构体系

能好，性能远超原木；第四，克服原木横纹顺纹等各向异性缺陷，提高木材承压和抗剪强度。

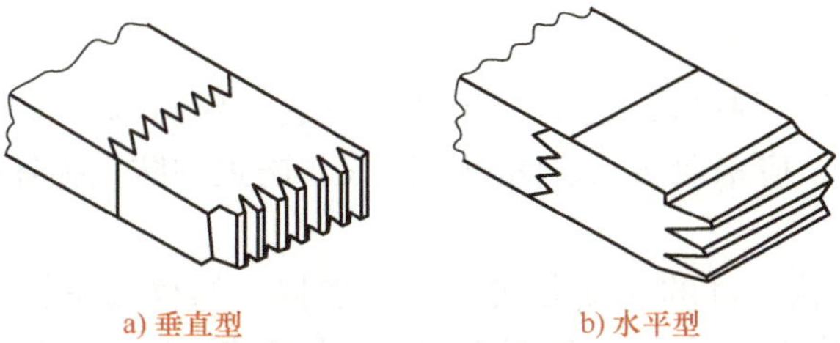


图3-39 胶合木

2. 胶合木结构的形式与适用跨度 胶合木结构主要包括梁柱式结构、空间桁架、拱、门架和空间网壳等结构形式。胶合木直线梁、单坡和双坡变截面梁适用于跨度30m以下的简支梁或多跨连续梁；胶合木拱适用范围比较广，跨度为20～80m；钢木桁架适用于75m以下的跨度（见图3-40）。受拉杆为高强度钢拉杆，受压杆为胶合木构件；胶合木空间网壳结构适用于跨度大、空间高的木结构建筑。

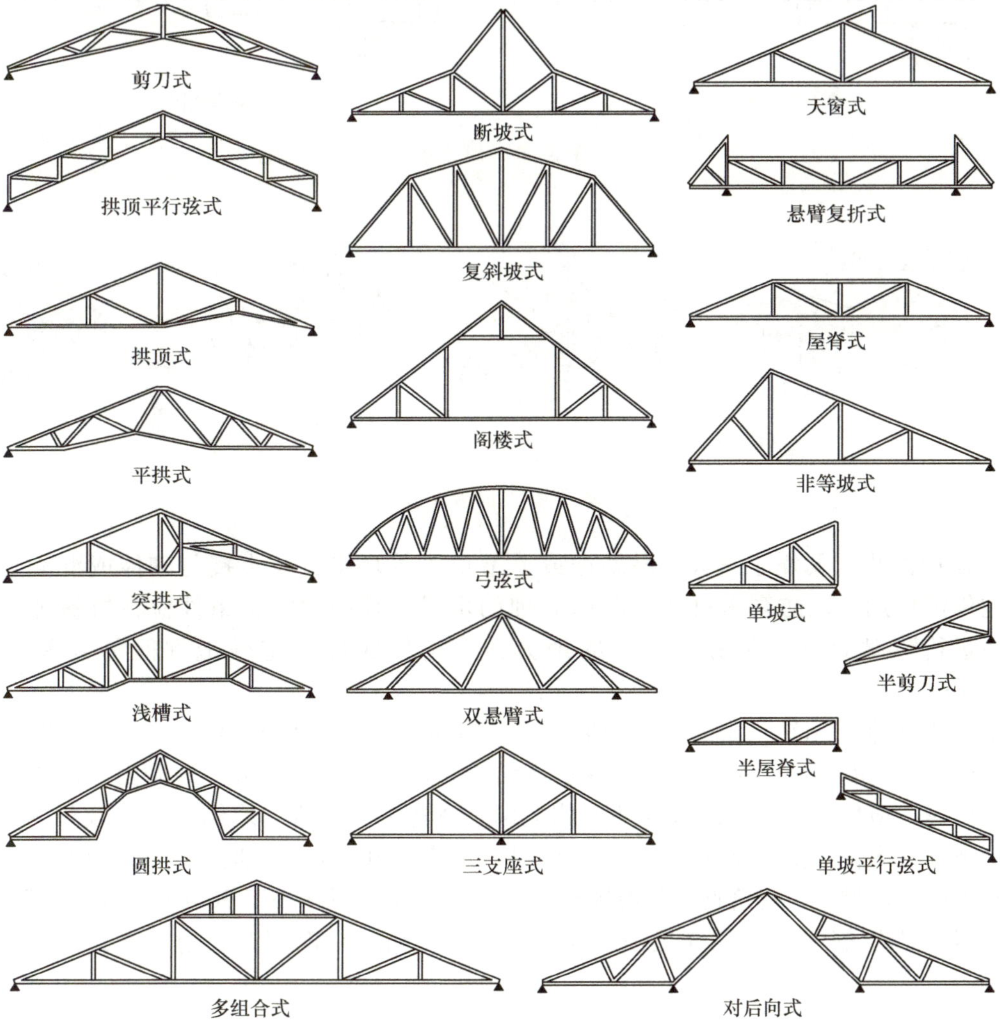


图3-40 常见钢木或木桁架形式

### 3.4.4 木结构建筑技术要点

全部木构件均可在工厂制作，运至工地进行组装。预制木结构组件和部品在制作、运输、储存和施工过程中，应采取防水、防潮、防火、防虫和防止损坏的保护措施，应在干作业环境下施工。

1. 连接方式　木结构构件的连接方式分为齿连接、螺栓或销钉连接、齿板连接。齿连接是传统的木桁架节点的连接方式（见图3-41）；螺栓或销钉连接目前被广泛使用；齿板连接主要用于轻型木结构中桁架节点的连接或受拉杆件的加长（见图3-42）。各类连接节点应通过计算设计。

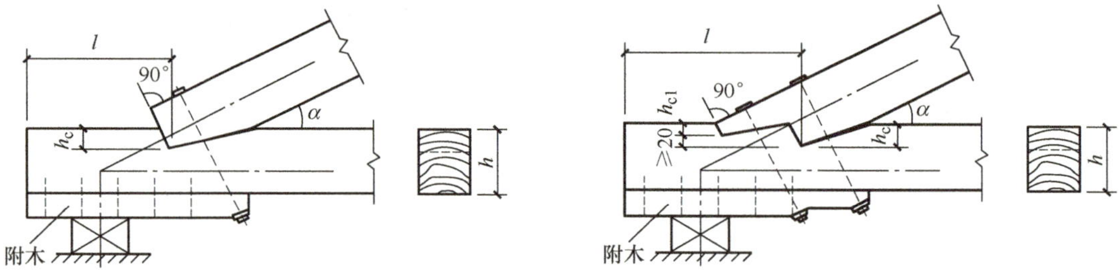


a) 单齿连接　　b) 双齿连接

图3-41　齿连接

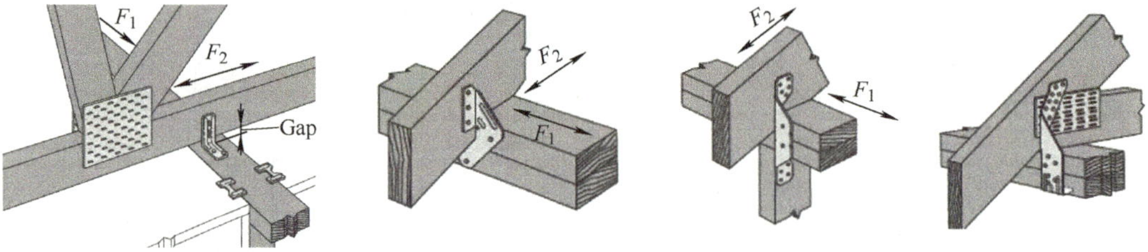


图3-42　齿板连接

2. 防腐防虫　暴露于露天、易腐蚀或易遭虫害等环境，及直接与砌体或混凝土接触的木构件需使用天然防腐木材或经防腐处理的木材。预制木结构组件应在机械加工工序完成后进行防腐处理，在易遭虫害的地方，木构件底部与室外地坪间的高差不得小于450mm。

3. 防潮防水　木结构房屋应采用坡屋面。屋面坡度宜为1∶3～1∶4，防水等级为Ⅱ级。屋檐四周出挑宽度不小于400mm，以保护木结构墙体免受雨水侵袭。外墙面凸出物（如窗台、阳台等）应做好泛水，以减少外墙体上雨水渗透的可能性。木结构基础及外围护结构的设计须使其木骨架得到充分干燥（见图3-43）。建筑地下部分（地下室或基础）应采用钢筋混凝土或砌体材料，建筑物室外地坪至木构件底部高差不得小于300mm，并设置防潮层、防水层或隔汽层等构造层次（见图3-44），基础（勒脚）四周开设通风洞，屋面设置通风层等。

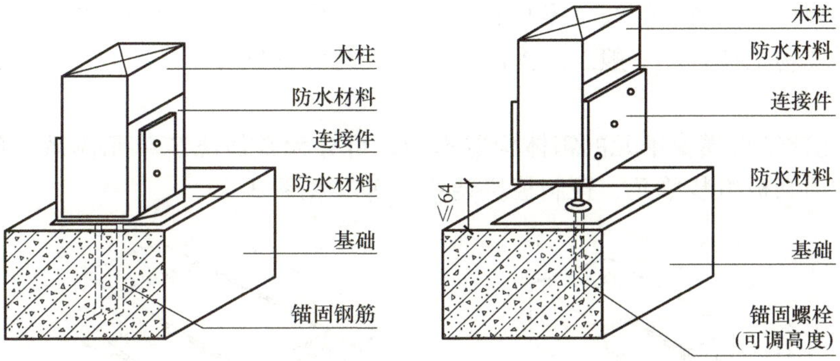


a) 锚固钢筋　　b) 锚固螺栓

图 3-43　基础与木柱连接

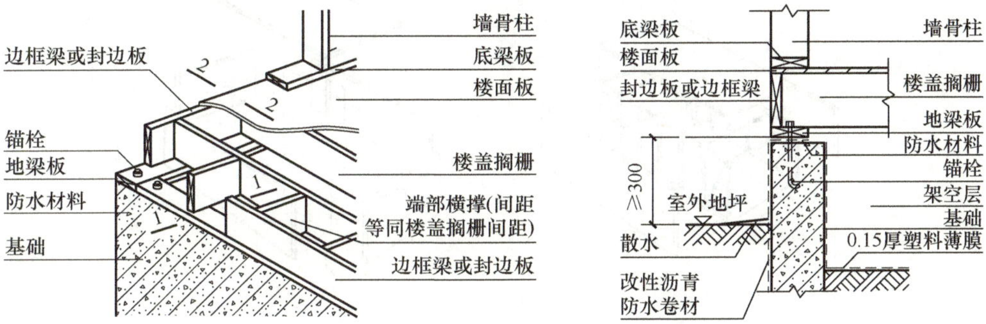


a) 有架空层

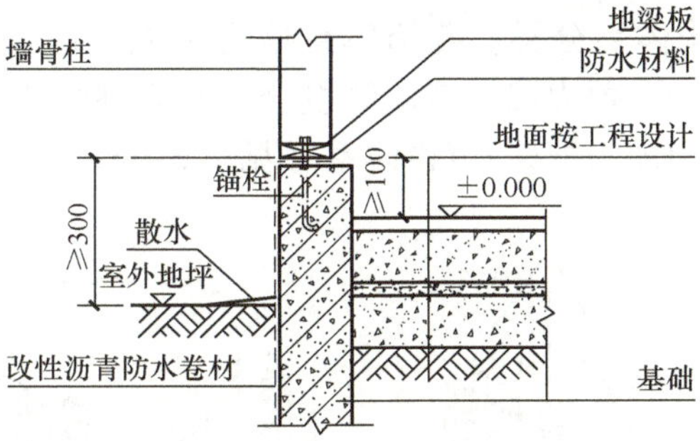


b) 无架空层

图 3-44　基础与上部结构连接

## 3.5　装配式模块化建筑

### 3.5.1　装配式模块化建筑的定义、特点和类型

模块化建筑是指采用工厂预制的集成模块在施工现场组合而成的装配式建筑。其中的集成模块是指在工厂预制完成，由主体结构、楼板、吊顶、设备管线、内装部品组合而成的具有建筑集成功能的三维空间体单元，并满足各项建筑性能要求和吊装运输的性能要求。模块化建筑是装配率极高的装配式建筑，可以做到厂内精装修程度，不仅是结构部分和围护部

分，而且内部装饰、设备、管线、家具和外部装修等均可在工厂生产完成，以提高工厂化生产程度，降低现场工作量。一般工厂内的工程量大约可占80%。

1. 类型

1）模块化建筑按模块单元的箱体构造不同，可分为整体浇筑单元体系、预制板材组装单元、骨架和预制板组装单元、预制板拼装单元等（见图3-45）。

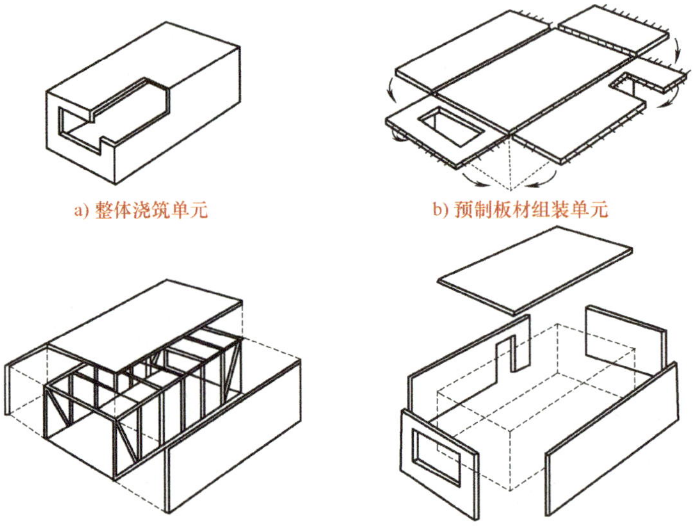

a) 整体浇筑单元　b) 预制板材组装单元　c) 骨架和预制板组装单元　d) 预制板拼装单元

图3-45　模块化单元的类型

2）模块化建筑按结构体系分类。叠箱体系最为常见，是全部采用模块搭接而成的建筑。箱体与传统的框架结构、剪力墙、筒体等组合而成箱-框、箱-筒、箱-筒（剪力墙）等体系。将箱体嵌入到框架中即为框架-填箱体系（见图3-46）。

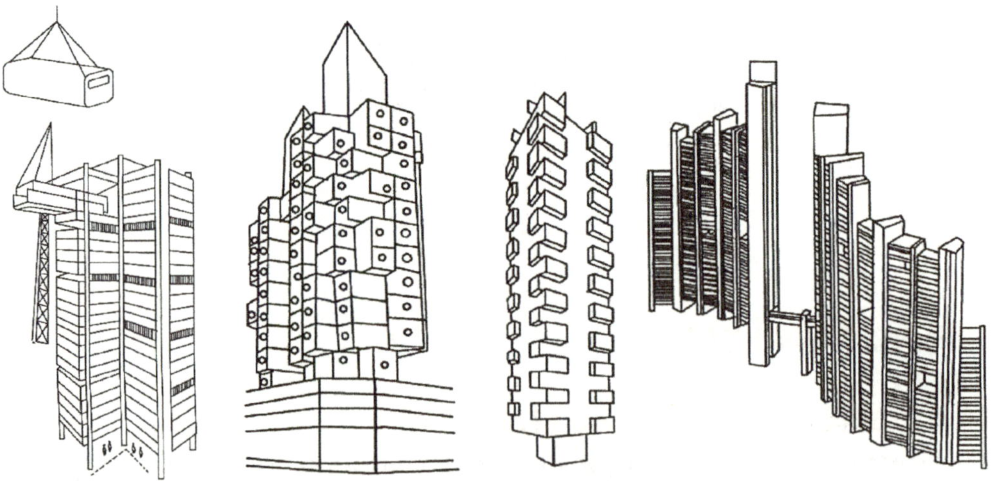

a) 箱-框体系　b) 箱-筒体系（筒体悬臂支撑）　c) 箱-筒体系（筒体与桁架悬挂支撑）　d) 箱-筒(剪力墙)体系

图3-46　不同支撑形式的模块化建筑

2. 案例 1983年建成的北京丽都假日酒店一期是我国最早的模块化钢结构建筑，5层共500间客房，采用新加坡预制的钢木拼装盒子结构，每个单元重约8t，在工厂已预制完成模块化钢结构客房的装修和设备的安装，运至现场进行拼装。

3. 技术要点

1）集成化设计：相比于预制混凝土结构里的预制构件拆分，模块建筑在做空间模块化拆分时更需要考虑集成化设计，不仅要考虑建筑功能，还要考虑设备系统设置、运输条件限制、现场吊装的场地限制、吊装顺序、吊装装置、防水抗渗措施等多种因素。由于模块化建筑的单元尺寸相对统一和标准，因此后期的建造速度、成本节约更易控制。

2）模块组合：模块化建筑组合的形式有多种，如叠合式、错开叠合式、模块-板材组合式、双向交错叠合式等（见图3-47）。

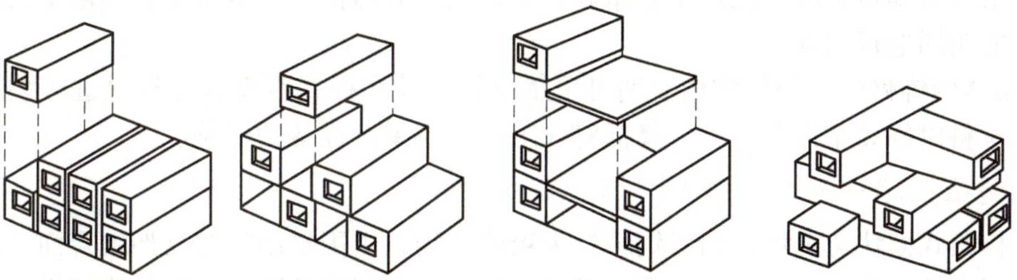

a) 叠合式　b) 错开叠合式　c) 模块-板材组合式　d) 双向交错叠合式

图3-47 叠合式模块化建筑的组合方式

3）模块连接：连接有两个方面。一方面是模块与地下室和交通核等现场作业的结构体系之间的连接，需要整体考虑现场的精度如何满足模块的安装精度；低层装配式模块化建筑的基础较为简单，地基浇筑混凝土条形基础，与房屋模块采用膨胀螺钉连接。另一方面是模块之间的连接，综合考虑受力性能对抗震性能的影响的同时，又保证建造速度和建造质量。另外，连接构造还需考虑后期的维修、检查，甚至更换、拆除的便捷性。

### 3.5.2 集装箱式模块化房屋

集装箱建筑是以具有建筑使用功能的集装箱箱体作为一个建筑单元模块，组合构成的房屋。它是二次利用废弃集装箱的建筑形式，能够快速组装和拆除，适合作为组织临时性活动的载体。根据《集装箱模块化组合房屋技术规程》（CECS 334—2013），集装箱组合房屋适用于非地震区或抗震设防烈度为8度及以下的地区，其层数不宜超过6层，高度不超过24m。

1. 模块单元构成 国际海运对集装箱尺寸有统一的要求。常见的国际标准普通箱为20GP和40GP，其外尺寸分别为：6.096m×2.438m×2.591m、12.192m×2.438m×2.591m。

集装箱的主体框架都是采用耐候钢，而箱体材料有四种：钢制、铝合金、不锈钢及玻璃。其中钢制集装箱强度大、结构稳，但存在自重大易腐蚀的弊端，使用年限约10年，是目前在运输中应用最多的类型，在集装箱建筑中也应用广泛。

2. 组合方式

1）箱体堆叠。组合方式包括：廊式组合、错位组合、不同箱型组合、局部悬挑、支撑体组合等。在堆叠集装箱的时候，箱体组合会形成半围合空间，丰富了集装箱建筑的空间形式和造型，形成的“建筑场”通过不同的空间感受给人以精神上的暗示或启发。

2）箱体 + 支撑构件。当集装箱房屋首层或局部有较大空间需要时，可采用集装箱模块与框架组合，实现局部大空间，满足建筑的连续性、整体性和功能需求。

3. 技术要点

1）连接方式。集装箱主体结构为钢结构，可采用焊接、角件连接、高强螺栓等建筑节点的连接方式。螺栓连接便于装配和拆卸。

2）组合方式。集装箱组合应考虑结构合理性，其抗侧力构件的平面布置宜规则对称，侧向刚度沿竖向宜均匀变化。箱体板壁有开孔并引起箱体刚度有较大削弱时，宜采用有孔箱与无孔箱错列对称布置等措施。集装箱表面可切割形成门窗，甚至大面积的落地窗，但应对较大洞口的四周进行加固。

3）箱体内饰做法。箱体室内空间可采用龙骨 + 胶合板、石膏板等板材进行装饰，间隙填充保温材料以提高室内舒适性，降低对人工制冷或采暖设备的依赖。

### 3.5.3 钢结构箱式模块化房屋

钢结构箱式模块化房屋是指以钢结构为箱体结构，由围护结构与框架组合而成的箱式建筑。所有模块构件均在工厂进行标准化设计及制作，房屋构件通过标准化连接件在现场进行快速安装，完成房屋的建造（见图 3-48）。该模块框架受力，墙板可任意拆卸。因此，这种模块化组合房屋工程的设计与建造符合通用化、模块化、工业化和优化集成的原则，主要用于三层及三层以下的酒店、住宅、学校、营地、医院、办公等临时性、有移动要求及永久性建筑，设计使用年限可达 50 年。其特点是模数化标准设计、工厂流水线生产、折叠运输、现场模块化组装、螺栓连接可拆卸，可多次周转使用。

模块化打包箱式房屋可以认为是钢结构箱式模块化房屋的简配版，常用于临时建筑，允许做不超过 3 层、高度不超过 12m 的建筑，可以整体运输、打包运输或者散装运输。打包箱多用于工地临时房屋，可反复组装 10 次以上，使用年限为 20 年。

1. 模块单元构成（见图 3-49）

1）立柱。由角柱、L 角、立柱中间件、保温材料等构件组成。

2）外墙体。有两种可选，一种是金属面绝热夹芯板，标准墙板的厚度有 75mm、100mm 可选；另一种是采用轻质条板与保温材料组合成的保温墙体，采用 50mm 和 75mm 两种板组合。图 3-50 为墙体构造图。

3）内隔墙。有两种可选，一种是金属面绝热夹芯板，标准墙板的厚度有 75mm、100m 可选；另一种是采用轻质条板组合成的墙体。

4）门窗。根据需要，门可选钢质门、断桥铝合金门、塑钢门、铝镁合金门、木门，窗可选塑钢窗、断桥铝合金窗。

5）箱顶。有金属面绝热夹芯板坡箱顶和瓦箱顶（见图 3-51）。

6）配套附件。包括：室外楼梯、走道、护栏、雨篷等构件。

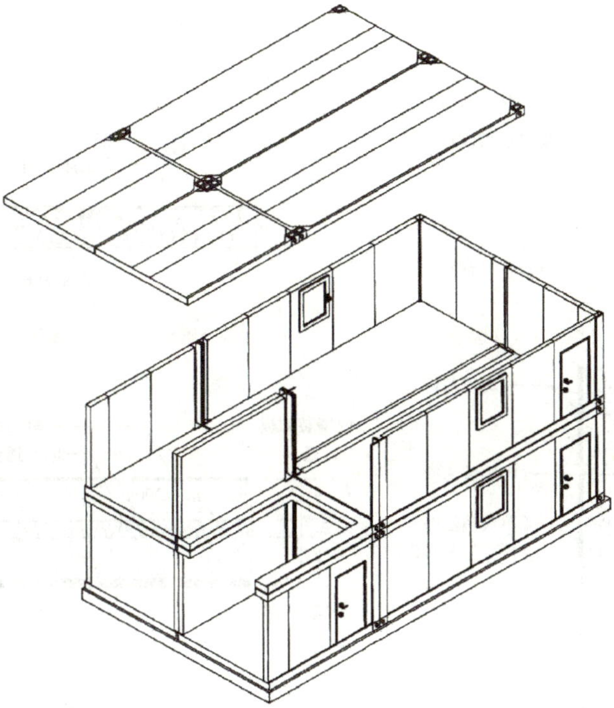

图 3-48　标准模块拼接图

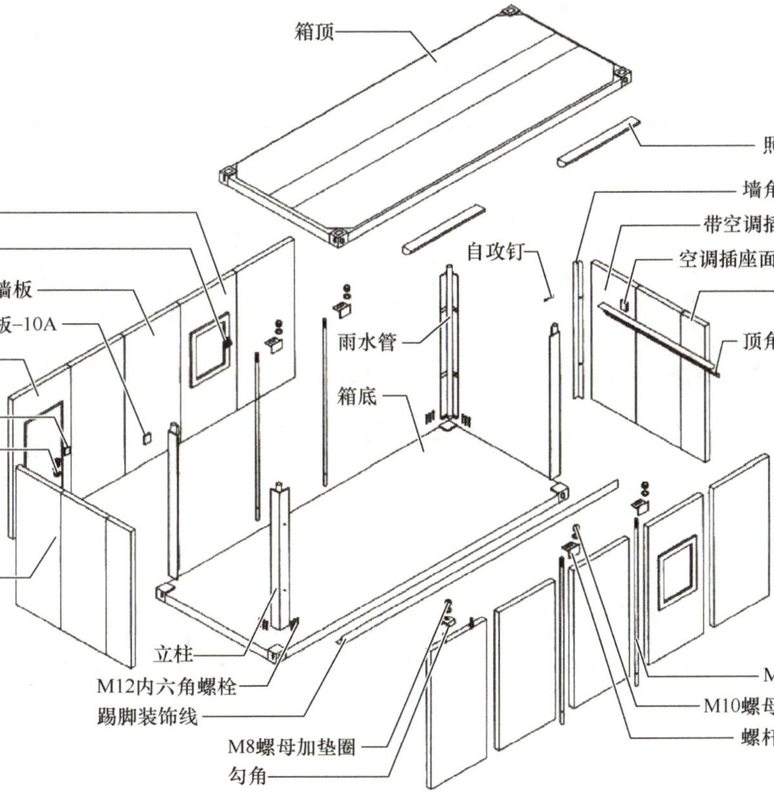


图 3-49　标准模块分解图

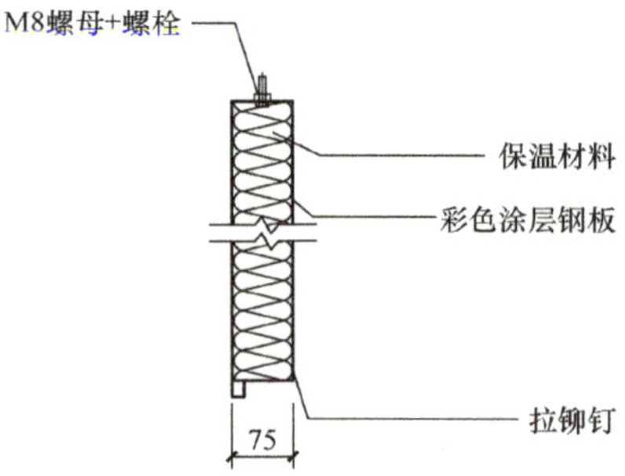


a) 金属面绝热夹芯板墙体构造图

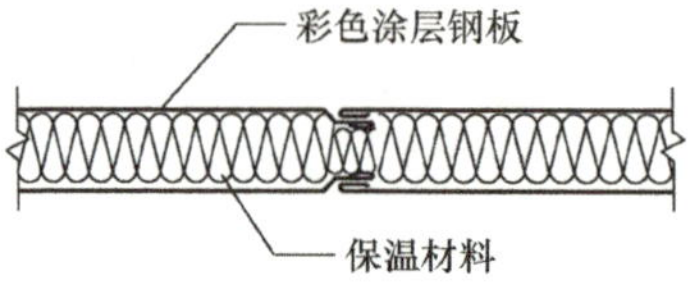


b) 金属面绝热夹芯板墙体插接方式

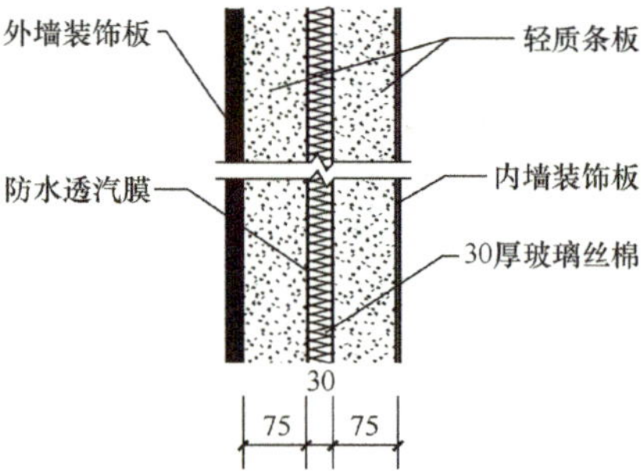


c) 轻质条板组合墙体构造图

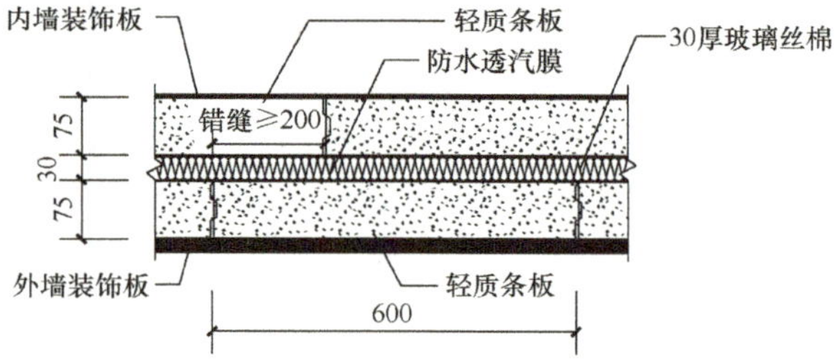


d) 轻质条板组合墙体平面图

图 3-50 墙体构造图

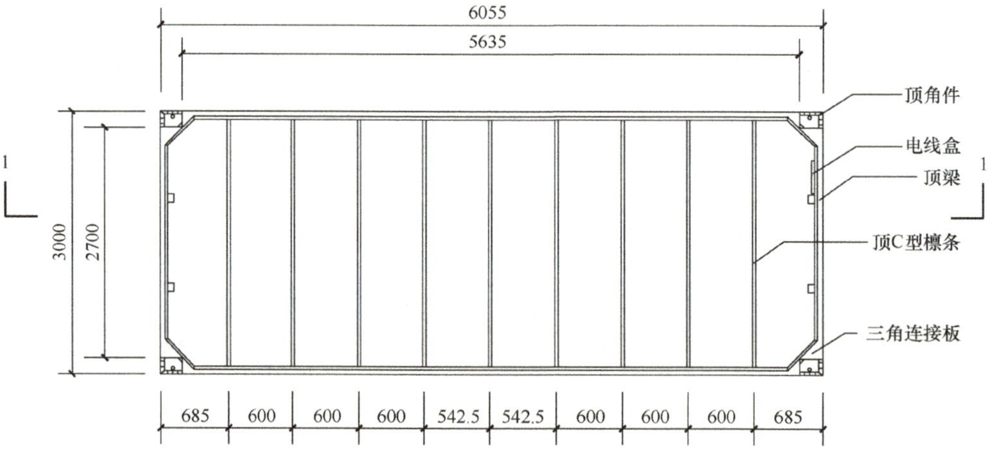


a) 平面布置图

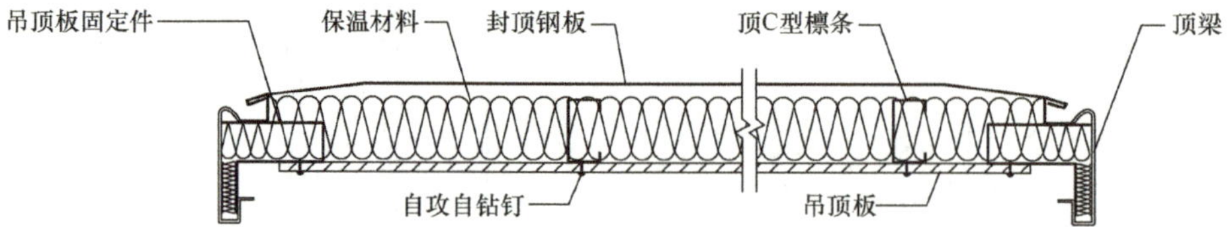


1—1

b) 剖面图

图 3-51 标准模块箱顶构造图

7）其他零配件。包括：电气配件、装饰线、组箱配件、拼箱配件等。

2. 技术要点

1）钢结构箱式模块化房屋的空间划分灵活。除横向与竖向的连接外，钢结构箱式模块化房屋还可重叠放置，并设置楼顶平台等，连接后的内部空间也可灵活设置室内隔断、隔墙。

2）钢结构箱式模块化房屋的建筑设计应与结构设计相协调。壁板开孔或箱体的大悬臂布置，应符合结构安全性的要求。对组合箱体可能经历的多种工况，如吊装、运输、堆放等，应进行结构验算，并对各种构件可能产生的相对变形采取措施。

3）设备、管线宜利用金属箱体吊挂与固定，模块内部的设备和管线宜连同装修工程预设预装，并在现场完成系统拼接。

## 3.6 装配式内装

### 3.6.1 定义与特点

装配式内装是指将制造业的工厂化生产方式引入建筑内装，将工厂生产的装修部品部件、设备和管线等在现场进行干式工法组合安装的一种装修方式。以装配式装修为代表的内装工业化是建筑内装行业的必然趋势，并将与现代工业、现代信息化实现深度融合。

支撑体-填充体分离体系（SI 体系）是当前内装工业化的重要体系，该技术体系将支撑体和填充体分离，并强调内装系统的部品化设计。内墙、吊顶和地面系统是实现主体与内装、管线分离的重要载体，目前常用树脂螺栓贴面墙系统、轻钢龙骨吊顶系统和地脚螺栓架空地板系统。

1. 装配式内装的构成与协同　装配式装修的部品系统包括装配式隔墙子系统、装配式吊顶子系统、装配式楼地面子系统、集成厨房卫系统、集成内门窗子系统。在住宅装配式内装中，机电管线子系统常被集成在内装中。

2. 装配式内装的特点　装配式内装是与装配式建筑相配合。以钢结构为例，装配式装修与主体钢结构均较多采用螺栓连接，有效避免了抹灰为基层的传统装修中的裂缝；装配式装修中，板材墙体、架空地板、吊顶内空腔填充岩棉，能改善装饰包裹的钢结构的耐火、隔声性能。区别于传统现场湿作业的装修方式，装配式装修应综合考虑与结构、外围护、机电设备等系统进行一体设计与同步施工。装配式内装强调管线与结构分离、干式工法施工、部品部件工厂化定制等原则，体现装配式内装工程质量易控、提升工效、节能减排、易于维护等优势。

### 3.6.2 隔墙

装配式隔墙系统由内隔墙及墙体饰面材料两部分组成，两者宜在工厂整体集成加工，施工现场一次安装。内隔墙又可分为轻质条板隔墙系统、隔墙大板系统、轻钢骨架夹芯隔墙板三类。隔墙板的共同特征是墙板内均有空腔，利于在空腔内敷设给水、电气的分支管线及线盒。

1. 分类

（1）骨架隔墙：如轻钢骨架夹芯隔墙板系统，具有轻量化、通用性强、耐火性能好、干法连接、施工简便等优势，适合各种环境和区域。

（2）条板隔墙：轻质条板隔墙（见图3-52）是应用广泛的一类隔墙，包括玻璃纤维增强水泥条板、玻璃纤维增强石膏空心条板、钢丝（钢丝网）增强水泥条板、轻混凝土条板、复合夹芯轻质条板等。

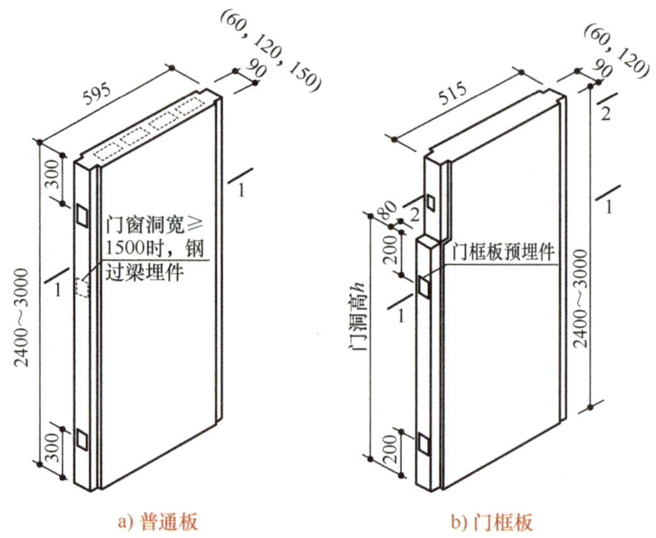


图3-52 轻质条板隔墙

2. 技术要点

1）防火隔声。在装配式钢结构建筑中，由于不宜采用重质的混凝土墙或简单增加墙体厚度来提高隔墙隔声性能，因此可采用双层或多层复合墙体构造。例如，酒店建筑需达到房间隔墙隔声量不小于50dB的设计目标，仅靠单一材料很难完成，可采取以下两个措施：两层墙板间留出20mm的空气间层；板两侧用空腔饰面材料装修，空腔中填充岩棉。

2）重物吊挂。对于有空腔的墙体需采取专用配件、加强背板、在竖向龙骨上预设固定挂点等可靠的固定措施。

3）墙板之间预留构造缝，或通过专用连接构造实现精细密拼。

### 3.6.3 吊顶

装配式吊顶是在结构楼板之下，通过与楼板吊挂或墙体支撑的方式预留顶部架空层，以便于敷设管线的吊顶施工方式。常用的吊顶连接构造有明、暗龙骨两种，常用的顶板有穿孔石膏板、矿棉吸声板、硅酸钙复合顶板、铝合金吸声板、铝合金格栅及玻璃等。

装配式吊顶的技术要点如下。

1）装配式吊顶宜集成灯具、浴霸、排风扇等设备设施。

2）在顶板符合标准规格模块的前提下，尽量减少顶板数量，以便减少拼缝。

3）优先采用免吊杆、吊件的装配式吊顶支撑构造。确需安装吊杆时，应提前在楼板（梁）内预埋孔洞或埋件。

### 3.6.4 楼地面

装配式楼地面系统是指采用工厂预制部品部件进行现场组装的楼地面系统，摒弃抹灰找平的干式工法地面，实现地面找平与装饰功能。根据支撑构造不同，装配式楼地面有型钢复合架空模块体系、树脂螺栓整板架空体系、抗静电地板体系和非架空自流平等形式。

架空地面系统由地板、支座、防震垫、螺钉组成。地板放置在带有防震垫、自身高度可调的支座上，并用螺钉穿过地板四周的角锁孔进行连接。架空地面系统安装简单，便于水电布线的检修和调整，适合办公、会展等空间功能需要调整的大空间或机房等防静电用房，在架空地面系统内加装地暖模块后可作为采暖地面使用（见图3-53）。

装配式楼地面的技术要点如下。

1）装饰材料应具有阻燃、耐脏、防滑、耐磨、耐压、耐冲击、耐化学腐蚀品等特点，材料底部采用麻塑喷底，能防止底面生锈，延长寿命。

2）地面架空层的高度应根据管线路由、管线交叉等情况进行综合计算，并充分考虑未来智能家居的变化需求，同时宜设置架空层检修口。

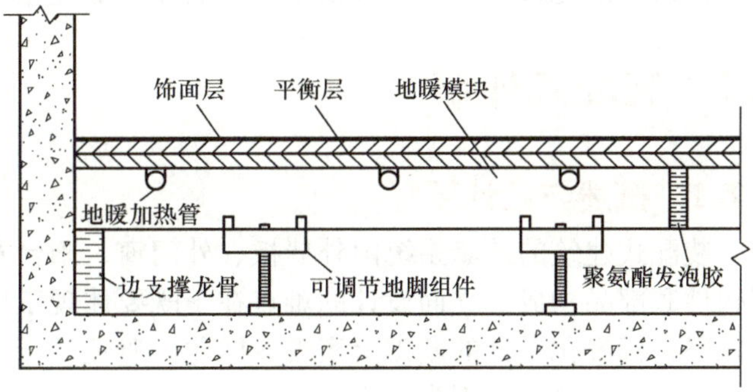


图3-53 架空地面构造做法

3）对有采暖需求的空间，宜采用干式工法实施的地面辐射供暖方式；地面辐射供暖宜与装配式楼地面的连接构造集成。

## 3.6.5 厨卫

集成厨卫系统是指楼地面、吊顶、墙面（板）、厨卫设备及管线等部品通过设计集成和工厂生产，在现场主要采用干式工法装配而成的厨房和卫生间。装配式装修提倡采用集成式卫生间、集成式厨房等高集成度的内装部品，通过工厂化制作和加工实现现场模块化拼装，以实现集成化建造（见图3-54）。集成式厨卫与整体厨卫的概念是不同的。集成式厨卫不受限于具体的长度、宽度，任意规格、形状的平面都可集成定制。

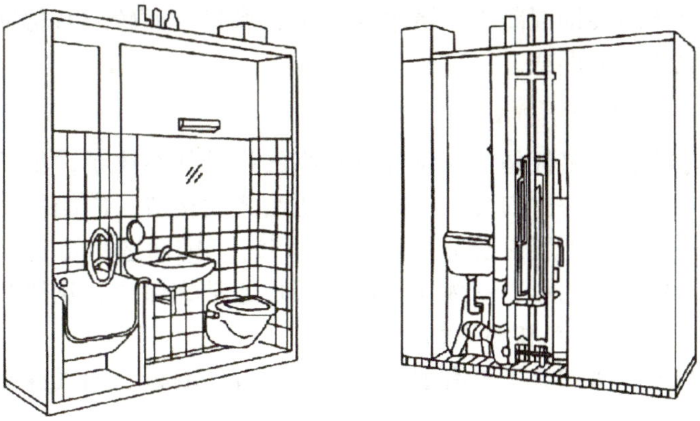

a) 内部　　b) 背面管道

图3-54 集成式卫生间

集成厨卫系统的技术要点如下。

1）集成式卫生间具有可靠的防水设计，楼地面采用可定制尺寸规格整体防水底盘，门口处应有阻止积水外溢的措施。集成式卫生间的整体防水底盘，有热塑复合、热固复合等不同材质。

2）集成式厨卫的各类水、电、暖等设备管线设置在架空层内，并设置检修口。

3）集成式厨卫应该与建筑同步设计，协调预留净空尺寸、设备及管线的安装位置，特别是预留标准化接口；集成式橱柜应与墙体可靠连接。

## 3.7 装配式外墙

### 3.7.1 概述与设计原则

装配式建筑的外墙系统由外墙板、外门窗、阳台及装饰柱、空调百叶、栏杆、遮阳等预制构件和部品构成。立面设计的难点在于既要体现工厂化生产和装配式施工的典型特征，也要在坚持标准化设计的基础上实现多样化，避免“千楼一面”。

装配式建筑不应因为构件工厂预制而限制外立面的多样化表达，“少规格，多组合”是装配式外墙设计的基本原则，应兼顾建筑设计的创造性、美观及经济节约的要求。立面设计是总体，预制构件和部品是局部，立面构成是总体和局部的集成和统一。“少规格”是通过减少构件种类来提高构件重复使用率，“多组合”则是通过构件的组合形式，实现外立面多样化要求。具体包括如下几点。

1）利用标准化、模块化、系列化的平面组合特点，控制单元的类型与数量。预制外墙板应减少构件种类，提高构件的重复使用率。

2）立面形式多样化的途径包括以下几个。

① 模块组合多样。通过标准模块多样化组合，实现建筑形体和空间的变化。

② 构件种类多样。通过预制外墙、预制阳台及空调板、预制外挂墙板、预制女儿墙、预制屋顶及入口构件、外门窗、护栏、遮阳、空调栏板等要素种类，丰富立面构成。

③ 材质组合多样。预制构件和部品外表面的色彩、质感、纹理、凹凸、构件组合和前后顺序组合变化。可选用装饰混凝土、清水混凝土、涂料、面砖或石材反打、不同色彩的外墙饰面等实现多样化的立面形式。

### 3.7.2 保温装饰一体化外墙板

保温装饰一体化预制外墙板是工业化程度较高的一种外墙体系，集承重、保温、装饰于一体，在工厂预制，在现场一次安装。一般为三明治式的构造，内侧是受力层，中间是带阻热性能的保温层，外层为保护层兼装饰层（见图3-55）。饰面选用轻质、耐久和不易污染的材料，提供多样化的材质和色彩，一体化预制外墙板通常集保温、隔热及抗风、抗震、美观等优良性能于一体（见图3-56和图3-57）。

目前，国内装配式外墙种类主要有混凝土保温复合外墙板、加气混凝土外墙板与真空挤压成型纤维水泥板（简称ECP）。

保温装饰一体化外墙板的技术要点如下。

1）门窗洞口构造。预制外墙板精度误差控制在2mm以内，解决门窗洞口与工厂生产的门窗部品尺寸匹配的问题，提升外门窗的气密性和防渗漏性能。

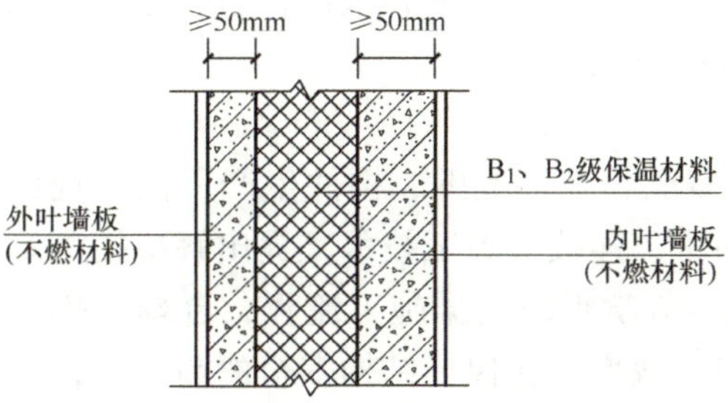


图 3-55 预制钢筋混凝土夹芯保温外墙示意图

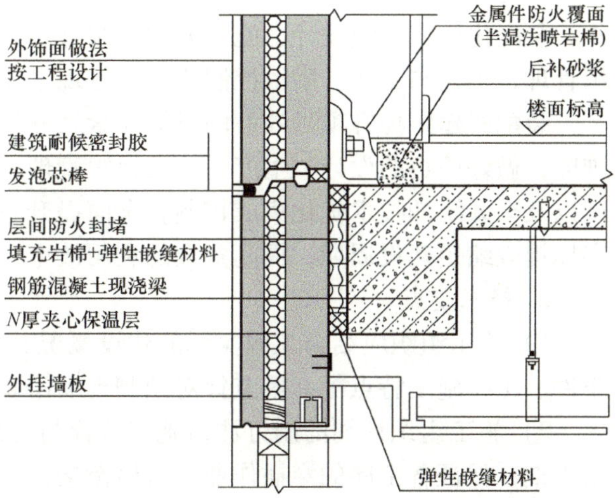


图 3-56 外挂墙板层间防火封堵构造示意图

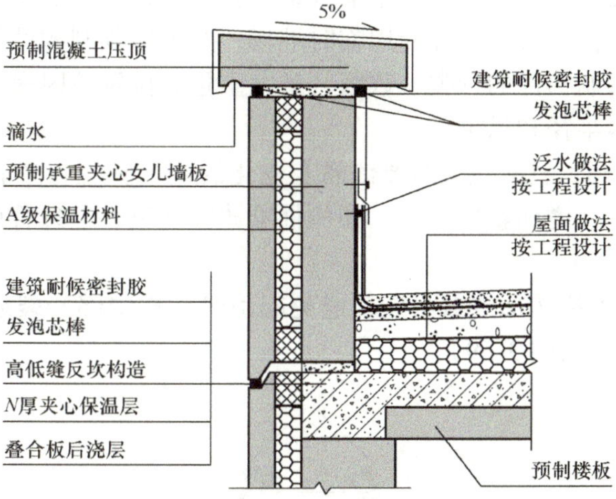


图 3-57 预制承重夹芯女儿墙板构造示意图

2）复合构造。加气混凝土外墙板具有技术工艺较成熟、轻质、高强、节能、防火、隔声、可加工性好等优点，满足不同气候区建筑节能的需要。加气混凝土墙板可在工厂中拼成装配式模块，经表面处理和装饰处理制备节能装饰一体化外墙板；也可以现场复合内外装饰面层以及其他功能层次。

3）饰面做法。为了提高外饰面耐久性，面砖饰面、石材饰面外墙板采用反打一次成型工艺制作，确保饰面材料的质量和粘接（连接）性能。

## 3.8 装配式建造的技术要点

1. 概述和原则 装配式建筑的施工环节相当于工业制造的总装阶段，是按照建筑设计的要求，将各种建筑构件部品在工地装配成整体建筑的施工过程。其安装施工流程为：进场验收→构件吊装准备→引导就位→校正→临时支撑→构件之间或构件与主体之间等安装工作。装配化施工组织设计、施工方案的制订要重点围绕装配化施工技术和方法进行。施工组织管理、工艺与工法、质量控制要充分体现工业化建造方式的特点。

装配式建筑提升项目效益的目标要素之一是缩短项目建设期。通过标准化设计降低实施难度，做好项目的设计、生产、施工组织管理，提高协同效率；通过全过程的高度组织化管理以及全系统的技术优化集成控制，全面提升施工阶段的质量、效率和效益；通过施工组织穿插提效缩短建设周期，提高资金的利用效率，提升项目效益。

2. 技术要点

1）施工组织应结合工程实际的建设概况、设计概况、施工范围、构件生产厂商、现场条件、工程施工特点等，重点针对预制现场吊装、测量、连接等施工技术，提出解决措施。

2）施工组织计划的制订注重施工流程与易建性。科学组织安排施工流程，合理安排施工工期，保证各工序的穿插作业和有序衔接，提高施工效率。在保证结构安全的前提下，首先服从施工的便利性，充分考虑施工的易建性，优化结构的合理性。

3）施工总平面布置要综合考虑运输、存放和吊装条件。要有适宜构件运输的交通条件，构件运输道路应能够满足构件运输车辆载重、转弯半径、车辆交汇等要求；要考虑预制构件的现场临时存放条件，设置构件专用临时堆场；要考虑预制构件吊装设施的安全、经济和合理布置等。根据预制构件的种类、数量、最大重量、位置等因素，综合考虑施工便利性及垂直运输设备的吊运半径和吊重。

4）劳动力组织管理。装配式建筑要依靠专业化的施工队伍和产业工人，在组织管理方式上减少一些施工工种，增加新的工种，如构件堆放管理员、信息管理员、构件安装工、灌浆工等工种。

5）吊装构件。须严格按吊点数吊装，避免起吊时构件中部开裂或吊点出劈裂，危害施工人员安全（见图 3-58 和图 3-59）。

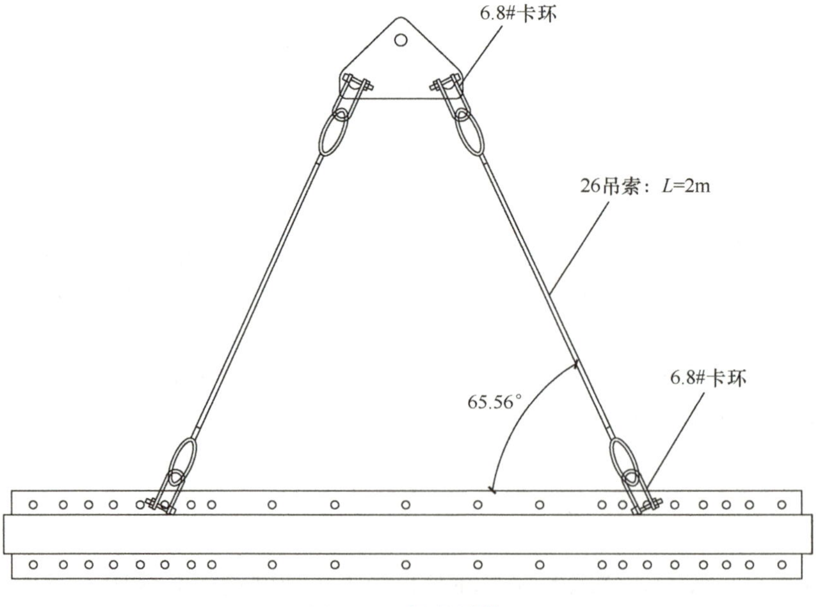


图 3-58 梁的吊装

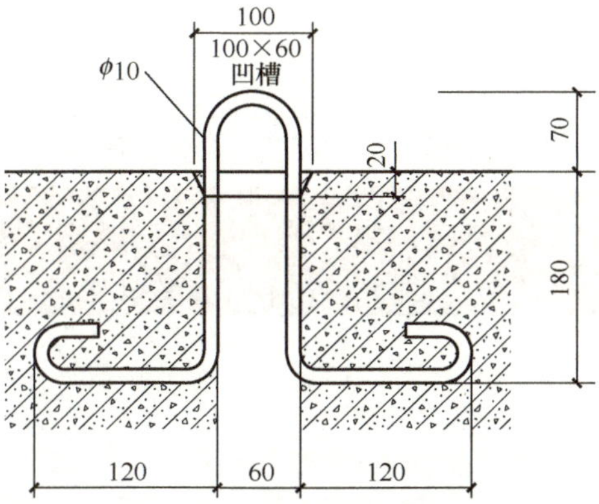


图 3-59 预制构件的吊环

6）灌浆套筒技术。无论现浇还是预制，都需要进行钢筋的连接。传统工地习惯于采用螺纹连接（包括锥螺纹和直螺纹等），全灌浆套筒属于无损的机械连接且安全系数大，依靠工具简单套接即可，对技工拧螺钉的力道火候等技术要求较低，便于操作。

## 单元小结

1. 装配式建筑是实现建筑工业化的重要手段，是用工业化方式在工厂预制生产建筑的构配件（如楼板、墙板、楼梯、阳台等），运送至施工现场，通过可靠的连接方式装配安装而成的建筑。

2. 装配式建筑依材料不同可分为装配式钢结构、装配式混凝土结构、装配式木结构、装配式模块化结构；按结构形式可分为框架、框支、框剪、墙板等结构；按装配化程度可分为装配整体式建筑、预制装配式建筑和 3D 打印建筑。

3. 装配式建筑的施工环节相当于工业制造的总装阶段，施工组织管理、工艺与工法、质量控制要充分体现工业化建造方式的特点。

## 复习思考题

1. 什么是装配式建筑？装配式建筑的基本特征是什么？
2. 装配式建筑由哪几个体系构成？
3. 什么是装配式混凝土结构？它包括哪些结构类型？
4. 装配式剪力墙结构的竖向缝和水平缝应如何连接？
5. 装配式钢结构的集成设计与方法有哪些？
6. 现代木结构建筑的分类与特点有哪些？
7. 装配式内装与传统装修的区别是什么？
8. 装配式外墙有哪几种类型？

# 单元4

# 建筑节能

综合素质目标

1）学习建筑节能先进技术，培养自主创新意识。
2）培养环保、健康和安全意识，遵守国家及行业规范标准。

## 4.1 概述

### 4.1.1 建筑节能的含义

建筑节能是指在建筑材料生产、房屋建筑施工及使用过程中，合理有效地利用能源，以便在满足同等需要或达到相同目的的条件下，尽可能降低能耗，以达到提高建筑舒适性和节省能源的目标。

### 4.1.2 我国建筑能耗及状况

建筑能耗是指建筑在使用过程中的能耗，主要包括采暖、通风、空调、照明、炊事燃料、家用电器和热水供应等能耗，其中以采暖和空调能耗为主。由于我国地域广阔，与同纬度其他国家相比，冬寒夏热十分突出，而我国早期建筑物的保温隔热和气密性能较差，采暖系统热效率低，单位住宅建筑面积采暖能耗约为发达国家的3倍。在一些严寒地区城镇建筑能耗则高达当地社会总能耗的一半以上。随着人民生活的不断改善，人们对于建筑环境舒适性的要求日益迫切。过去作为“非采暖区”的我国中部地区城镇以及农村房屋正越来越广泛地使用采暖设施。全国范围内的“空调热”日见高涨，且都在用电高峰期间使用，空调已成为导致当地电力短缺的主要因素。因此，我国建筑能耗的总量也逐年上升，在能源总消费量中所占的比例已从20世纪70年代末的10%，上升到近年来的27.45%。而国际上发达国家的建筑能耗一般占全国总能耗的33%左右。随着城市化进程的加快和人民生活质量的改善，我国建筑耗能比重最终还将上升至35%左右。能源供应将更加紧张，并影响经济的可持续发展。

### 4.1.3 建筑节能的意义

1. 建筑节能是改善空间环境的重要途径　二氧化碳造成的地球大气外层的“温室效应”，严重危害人类生存环境；烟尘、二氧化硫是呼吸道疾病、肺癌等许多疾病的根源，也使环境酸化，酸雨还是破坏森林、损坏建筑物的罪魁祸首。显然，降低建筑能耗，提高建筑节能效果对于改善大气环境具有重要意义。

建筑节能可改善室内热环境。室内热环境是室内温度、空气湿度、气流速度和环境热辐射的总称，它是影响人体冷热感觉的环境因素。适宜的室内热环境，可使人体的冷热易于保持平衡，从而使人产生舒适感。建筑节能则可改善室内环境，做到冬暖夏凉。对符合节能要求的采暖居住建筑，屋顶的保温能力约为一般非节能建筑的1.5~2.6倍；外墙的保温能力约为非节能建筑的2.0~3.0倍；窗户的保温能力约为非节能建筑的1.3~1.6倍。节能建筑的采暖能耗仅为非节能建筑的一半左右，且冬季室内温度可保持在18℃左右，并使围护结构内表面保持较高的温度，从而避免其结露、长霉，显著改善冬季室内热环境。由于节能建筑围护结构热绝缘系数较大，因此对夏季隔热也极为有利。

2. 建筑节能是发展国民经济的需要　我国能源生产的增长速度长期滞后于国内生产总值的增长速度。能源短缺是制约国民经济发展的根本性因素。因此，节约能源是发展国民经济的客观需要。

我国建筑数量巨大，加之居住人口众多，建筑能耗占全国总能耗的1/4以上，特别是高能耗建筑的大量建造，使建筑能耗的增长远高于能源生产的增长速度，尤其是电力、燃气、热力等优质能源的需求急剧增加。鉴于建筑用能的严重浪费，抓紧建筑节能工作是国民经济可持续发展的重大课题。

建筑节能是提高经济效益的重要措施。建筑节能需要投入一定的资金，但要做到投入少、产出多。实践证明，只要选择适合当地条件的节能技术，若使用4%~7%的建筑造价，就可达到30%的节能指标。建筑节能的回收期一般为3~6年，与建筑物使用周期60~100年相比，其经济效益是非常突出的。可见，节能建筑在一次投资后可在短期内回收，并能长期受益。

## 4.2 建筑节能的基本原理

### 4.2.1 建筑得热与失热的途径

冬季采暖房屋的正常温度是依靠采暖设备的供暖和围护结构的保温之间的相互配合以及建筑的得热量与失热量的平衡得以实现的。建筑物总得热可用下式表示：

采暖设备散热＋建筑内部得热＝建筑物总得热

建筑的得热和失热的途径及其影响因素是研究建筑采暖和节能的基础。其基本原理如图4-1所示。

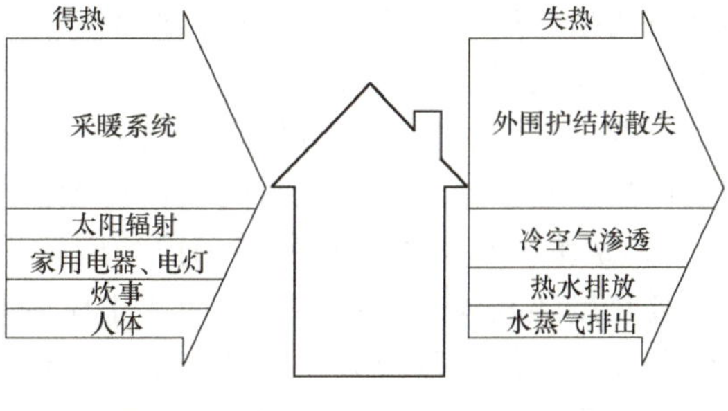

图4-1　建筑得热与失热因素示意图

### 4.2.2 建筑传热的方式

建筑物内外热流的传递状况是随发热体（热源）的种类、受热体（房屋）部位，及其媒介（介质）围护结构的不同情况而变化的。传热的方式可分为辐射、对流和导热三种。

1. 辐射传热　辐射传热是指以电磁波的形式把热能由一个物体（发热体）传递给另一个物体（受热体）的现象。

2. 对流传热　对流传热是指具有热能的气体或液体在移动过程中进行热交换的传热现象。对于采暖建筑，当围护结构保温能力较差时，其室外温度越低，则窗与外墙内表面温度也越低，邻近的热空气迅速变冷下沉，散失热量。这种房间只在采暖设备附近及其上部较暖，外围（特别是下部）则很冷；当围护结构保温能力较好时，其内表面温度较高，室温分布较为均匀，无急剧的对流换热现象产生，保温节能效果较好。

3. 导热　导热是指物体内部的热量由一高温物体直接向另一低温物体转移的现象。这种传热现象是由两个直接接触的物体质点的热运动所引起的热能传递。一般来说，密实的重质材料，导热性能好，而保温性能差；反之，疏松的轻质材料，导热性能差，而保温性能好。材料的导热性能以热导率表示。热导率与材料的组成结构、密度、含水率、温度等因素有关。通常把热导率较低的材料称为保温材料，把热导率在0.05W/（m·K）以下的材料称为高效保温材料。普通混凝土的热导率为1.75W/（m·K），普通黏土砖砌体的热导率为0.81W/（m·K），玻璃棉、岩棉和聚苯乙烯的热导率为0.04～0.05W/（m·K）。

综上所述，由于建筑物室内外存在温差，室内热量通常以辐射、对流、导热三种方式，通过外围护结构向室外散失。室内外温差越大，散失的热量越多，所以为了节能必须对围护结构采取相应的保温措施。建筑物围护结构的热量传递需经过吸热、传热和放热三个过程（见图4-2）。吸热是外围护结构的内表面从室内空气中吸收热量的过程；传热是指热量在围护结构内部由高温向低温的一侧传递的过程；放热则是指由围护结构的外表面向低温的空间散发热量的过程。

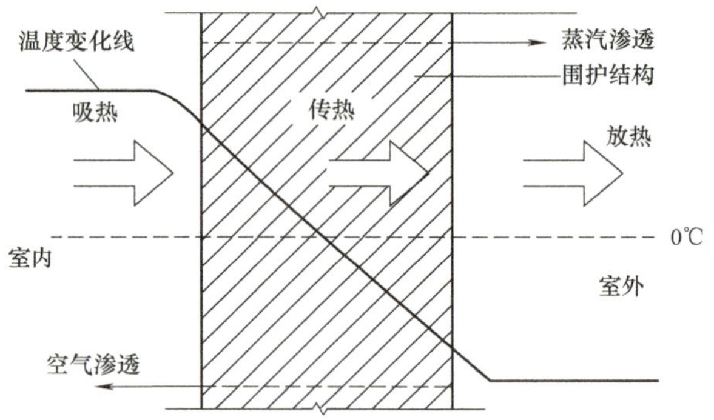


图4-2　围护结构的热量传递

### 4.2.3　建筑保温

建筑保温通常指围护结构在冬季阻止室内向室外传热，从而保持室内适当温度的能力。保温针对的是冬季的传热过程，通常按稳定传热考虑，同时考虑不稳定传热的一些影响。工程实践中常采用以下构造做法来达到建筑围护结构的保温效果。

1）围护结构材料热导率越小，室内外表面的传热系数越小。围护结构厚度越大，则围护结构传热系数也越小，单位时间内通过围护结构的热量值就越小，建筑保温效果越好。

2）建筑围护结构的传热量与围护结构的面积成正比，因此，在其他条件相同时，建筑物采暖耗热量随其体形系数的增大而成正比例升高。可见，体积小、体形复杂的建筑以及平房和低层建筑体形系数较大，对节能不利；体积大、体形简单的建筑以及多层和高层建筑，体形系数较小，对节能较为有利。

3）要提高建筑的保温性能，必须控制围护结构的传热系数或热绝缘系数，即应选择传热系数较小、热绝缘系数较大的围护结构材料。对于外墙和屋面，可采用多孔、轻质且具有一定强度的加气混凝土单一材料，或由保温材料和结构材料组成的复合材料；对于窗户和阳台门，可采用不同等级的保温性能和气密性的材料。

4）传热异常部位的保温构造：钢筋混凝土柱、梁、垫块、圈梁和过梁等热导率较高的构件嵌入外围护结构，局部热量损失大，容易出现凝结水。这些部位称为围护结构的“热桥”，如图 4-3 所示，这些部位传热能力强、热流密集、内表面温度较低、向外界散热较快。为防止热桥部分内表面出现结露现象，应采取局部保温措施：一是避免在围护结构中嵌入构件的内外贯通，如图 4-4a 所示；二是在局部进行构造处理，如图 4-4b 所示。

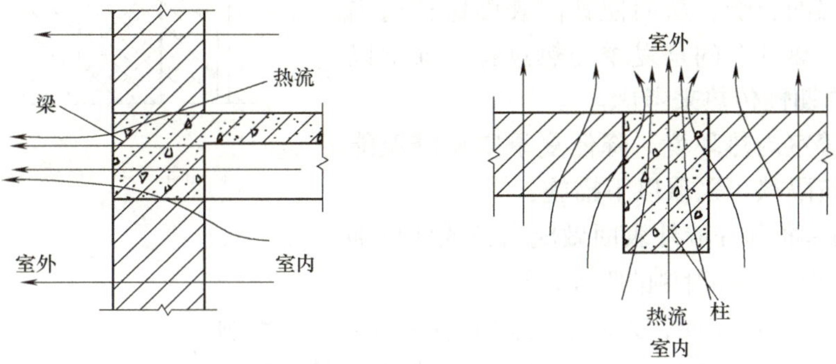


图 4-3 “热桥”现象

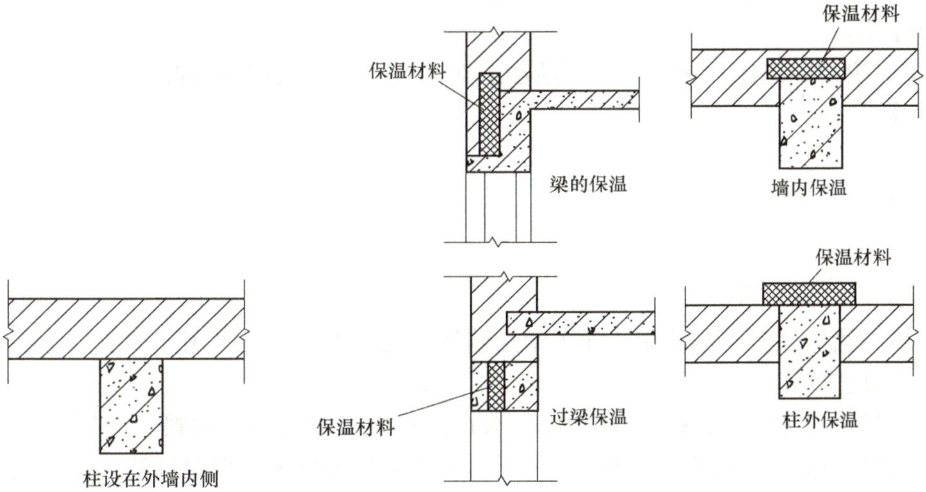


a) 避免在围护结构中嵌入构件的内外贯通　　b) 在局部进行构造处理

图 4-4 “热桥”局部保温处理

5）防止围护结构的蒸汽渗透：空气中水蒸气含量与温度成正比，空气温度越高，水蒸气分压力越大。冬季，由于室内外存在较大的温差，室内水蒸气分压力大，水蒸气会通过围护结构向室外渗透，这种现象称为蒸汽渗透。水蒸气在围护结构渗透过程中，遇到露点温度形成凝结水，使围护结构表面或内部受潮。当围护结构出现表面凝结水时，将使室内表面装修脱皮、粉化甚至生霉，当凝结水产生在围护结构的保温层内时，会使保温材料内的空隙中充满水分，降低保温材料的保温能力。为防止在保温围护结构的内部产生凝结水，目前常采用的构造措施是在围护结构保温层靠高温的一侧设一道隔蒸汽层（见图4-5）。隔蒸汽层所用的是防水、防潮材料，如沥青、卷材、隔蒸汽涂料以及铝箔等。

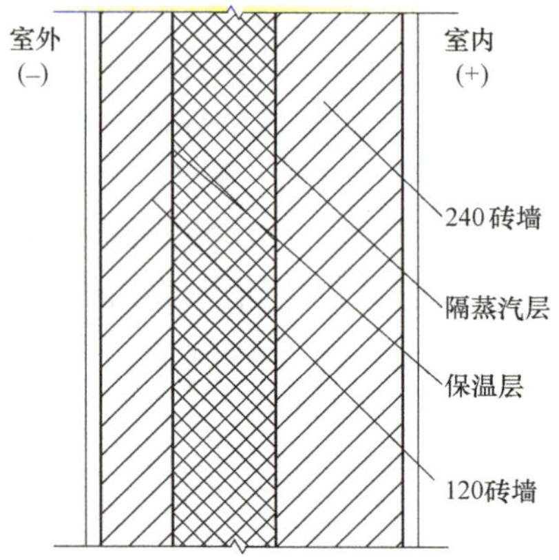


图4-5 隔蒸汽措施

### 4.2.4 建筑隔热

建筑隔热通常是指围护结构在夏天隔离太阳辐射热和室外高温的影响，从而使其内表面保持适当温度的能力。隔热针对的是夏季传热过程，通常以24h为周期的周期性传热来考虑。

为达到改善室内热环境，降低夏季空调降温能耗的目的，建筑隔热可采取以下措施：

1）建筑物屋面和外墙外表面做成白色或浅色饰面，以降低表面对太阳辐射热的吸收系数。

2）采用架空通风屋面，以减弱太阳辐射热对屋面的影响。

3）屋面采用挤塑型聚苯板倒置屋面，能长期保持良好的绝热性能，且能保护防水层免于受损。

4）外墙采用重质材料与轻型高效保温材料的复合墙体，能提高热绝缘系数，以便节约空调降温能耗。

5）提高窗户的遮阳性能。如采用活动式遮阳篷、可调式浅色百叶窗帘、可反射阳光的镀膜玻璃等。

## 4.3 建筑节能技术

### 4.3.1 墙体节能技术

为了提高墙体保温隔热性能，除了增加墙体厚度以外，还可采用导热系数小的材料与结构墙体构成复合墙体。

现今一般把导热系数 $\lambda \leqslant 0.29\mathrm{W/(m \cdot K)}$ 的材料认为是保温材料。选择导热系数小的保温材料与砌块墙或钢筋混凝土墙体组合，可有效地提高墙体的保温性能。复合墙体的保温性能可用 $K$ 值（墙体的传热系数）来衡量。外墙传热系数用 $K_m$ 表示，单位为 $\mathrm{W/(m^2 \cdot K)}$，含义是在单位时间单位面积内温度相差1热力学温度单位所传递的热量，$K$ 值越低，墙体保温性能越好。

复合材料节能墙体构造如下。

（1）夹心保温墙体的构造（见图4-6）：夹心保温墙由普通黏土砖和保温材料组成，分为围护墙、保温层和承重墙三层。围护墙和承重墙的位置和保温层的材料及厚度由设计确定。常用的保温材料有岩棉板、聚苯板、玻璃棉板、珍珠岩芯板等。夹心保温的方法对保温材料有防护作用，但保温材料将墙体分为内、外“两层皮”为保证建筑的整体性，必须采取有效的拉结措施。因外墙增设拉结件，故施工难度和工程造价均有所提高。

（2）内保温墙体的构造（见图 4-7 ~ 图 4-10）：外墙内保温构造是在外墙结构的内部加做保温层。内保温墙体施工速度快，操作方便灵活，可以保证施工进度。内保温应用时间较长，技术成熟，施工技术及检验标准比较完善。被大面积推广的内保温技术有：增强石膏复合聚苯保温板、聚合物砂浆复合聚苯保温板、增强水泥复合聚苯保温板、内墙贴聚苯板抹粉刷石膏及抹聚苯颗粒保温料浆加抗裂砂浆压入网格布的做法。

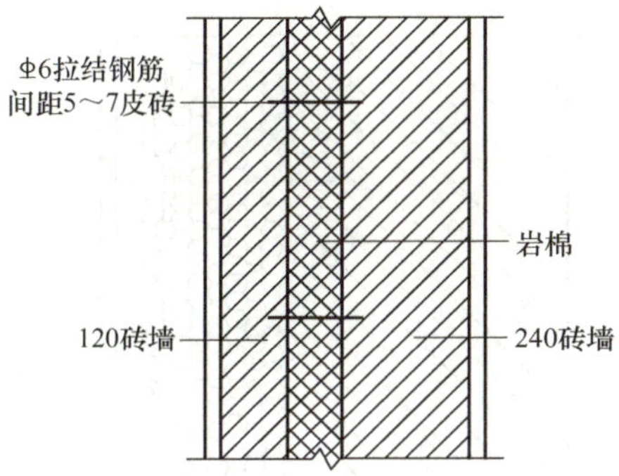


图 4-6 夹心保温墙体的构造

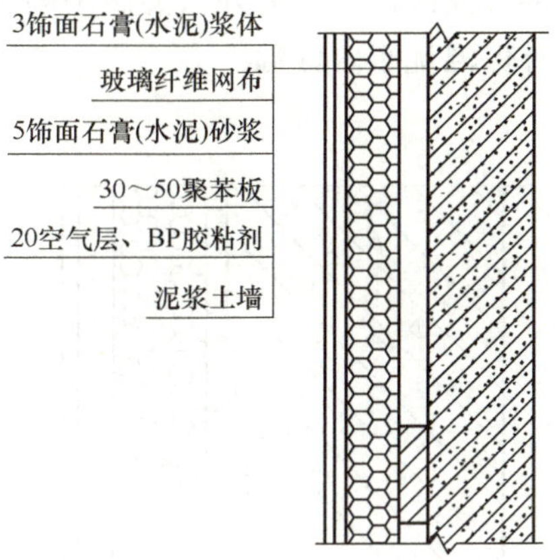


图 4-7 饰面聚苯保温板墙体的构造

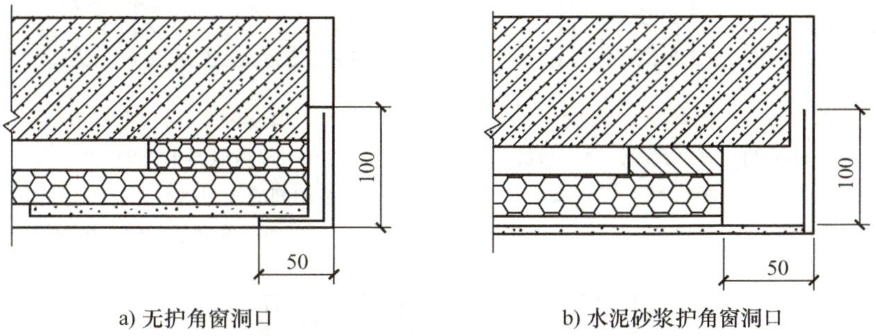


图 4-8 饰面聚苯保温板墙体窗洞口处的构造

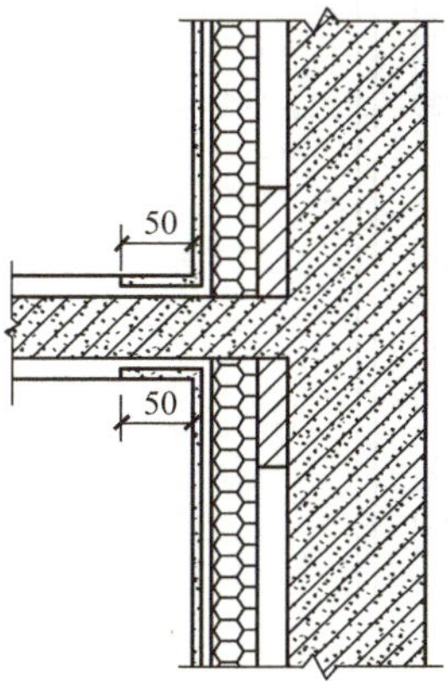


图 4-9 保温板墙体内外墙相接处的构造

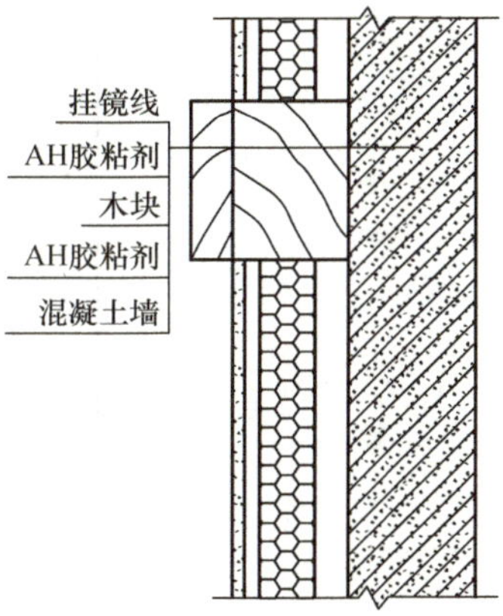


图 4-10 保温板挂镜线的构造

（3）外保温墙体的构造（见图4-11～图4-15）：内保温做法存在几点问题，一是热功效率低，外墙有些部位（如丁字墙、圈梁处）易形成“热桥”，使保温性能有所降低；二是保温层做在室内，给二次装修、增设吊挂件设施带来麻烦，一旦出现问题，维修时对住户影响较大；三是内保温占室内空间，使用面积有所减少。外保温恰恰在这些方面有较多的优势，薄弱环节少，热功效率高，不占室内空间，对保护结构有利，既适用于新建房屋，更适合既有建筑的节能改造。目前外保温做法的工程造价要略高于内保温的做法，但若以性能价格比衡量，外保温优于内保温。

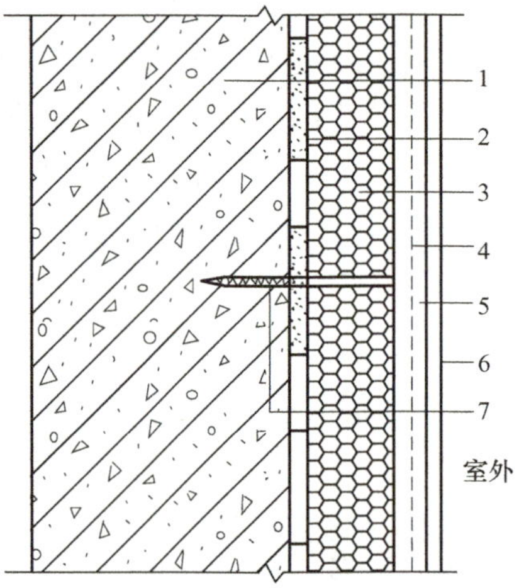


图4-11 EPS板薄抹灰系统

1—基层 2—黏结剂 3—EPS板 4—玻纤网 5—薄抹成层 6—饰面涂层 7—锚栓

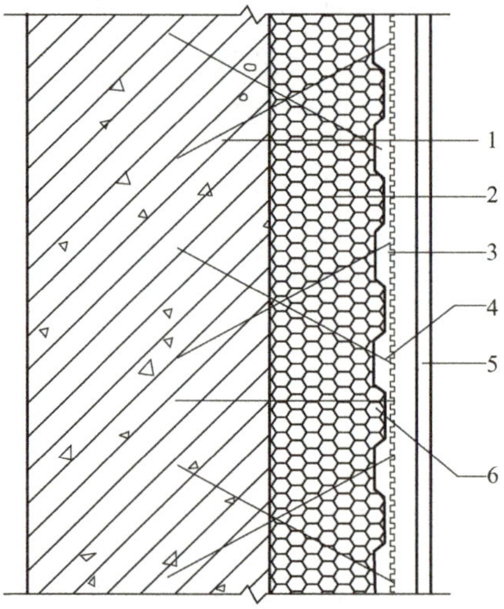


图4-12 有网现浇系统

1—现浇混凝土外墙 2—EPS板 3—掺外加剂的水泥砂浆厚抹面层 4—钢丝网架 5—饰面层 6—$\phi$6钢筋

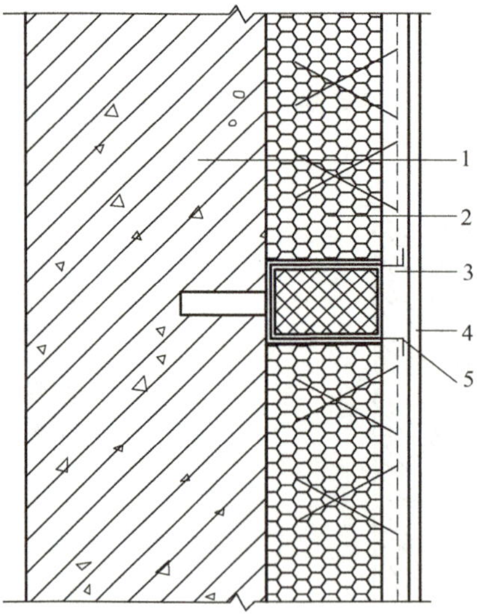


图4-13 机械固定系统

1—基层 2—EPS板 3—掺外加剂的水泥砂浆厚抹面层 4—饰面层 5—机械固定装置

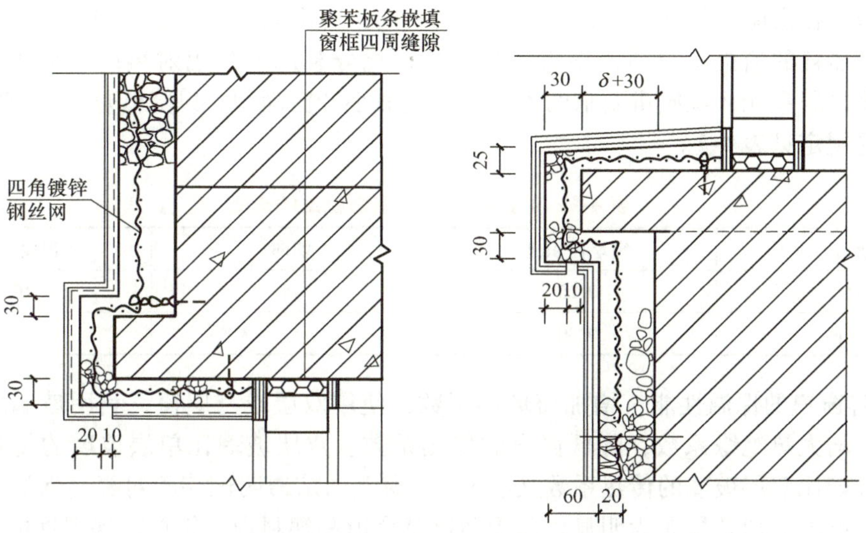


图 4-14 外墙保温砂浆外粉刷

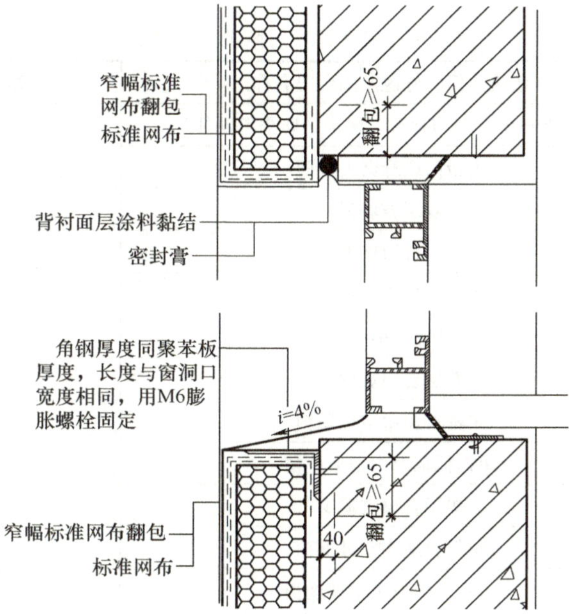


图 4-15 外墙硬质保温板外贴

## 4.3.2 门窗节能技术

在建筑外围护结构中，门窗的保温隔热能力较差，门窗缝隙是冷风渗透的主要通道。改善门窗的保温隔热性能是节约能源、提高热舒适性的一个技术重点。

1. 采用适当的窗墙面积比 窗墙面积比是指窗户洞口面积与房间立面单元面积的比值。房间立面单元面积为房屋层高与开间定位线围成的面积。窗墙面积比反映房间开窗的面积大小。窗户的传热系数大于同朝向的外墙传热系数，因此，采暖热耗量随窗墙面积比的增大而增大。在采光允许的条件下，控制窗墙面积比以及夜间设置保温窗帘、窗板是建筑节能的一个重要措施。在窗墙比的选择上，应区别不同朝向：对南向窗户，在选择合适层数及采取有效措施减少热耗的前提下可适当增大窗户面积，充分利用太阳辐射热；而对其他朝向的窗户，应在满足居室光环境质量要求的条件下适当减小开窗面积，以降低热耗。节能标准对窗墙面积比的规定见表4-1。

**表4-1 节能标准对窗墙面积比的规定**

| 朝向 | 窗墙面积比 | 朝向 | 窗墙面积比 |
|---|---|---|---|
| 北 | 0.25 | 南 | 0.35 |
| 东、西 | 0.30 | | |

2. 改善窗户的保温性能 增加窗玻璃层数，使用双层或三层窗，利用玻璃之间的密闭空气间层，增大热绝缘系数，降低窗户的传热系数。双层玻璃比单层玻璃的传热系数小一半，三层玻璃比双层玻璃的传热系数又小1/3，窗上加贴透明聚酯膜对提高保温性能也很有效。采用节能玻璃窗效果尤为明显。采用塑钢复合窗和塑料窗较钢窗在保温性能上均有较大改善，各种类型窗户的传热系数见表4-2。节能玻璃包括中空玻璃、吸热玻璃、热反射玻璃、泡沫玻璃及太阳能玻璃等。

**表4-2 建筑外门窗的传热系数**

| 类型 | | 建筑户门、外窗及阳台门名称 | 传热系数 $K$/[W/(m$^2$·K)] |
|---|---|---|---|
| 门 | | 多功能户门（具有保温、隔声、防盗等功能） | 1.5 |
| | | 夹板门或蜂窝夹板门 | 2.5 |
| | | 双层玻璃门 | 2.5 |
| 窗 | 铝合金 | 单层普通玻璃窗 | 6.0～6.5 |
| | | 单框普通中空玻璃窗 | 3.6～4.2 |
| | | 单框低辐射中空玻璃窗 | 2.7～3.4 |
| | | 双层普通玻璃窗 | 3.0 |
| | 断热铝合金 | 单框普通中空玻璃窗 | 3.3～3.5 |
| | | 单框低辐射中空玻璃窗 | 2.3～3.0 |
| | 塑料 | 单层普通玻璃窗 | 4.5～4.9 |
| | | 单框普通中空玻璃窗 | 2.7～3.0 |
| | | 单框低辐射中空玻璃窗 | 2.0～2.4 |
| | | 双层普通玻璃窗 | 2.3 |

3. 提高门窗的气密性，减少冷风渗透 改进门窗设计，提高制作安装质量，采用自粘型密封条，是提高门窗气密性的重要措施。

4. 提高户门、阳台门的保温性能 发展保温门，采用夹层内填充保温材料的户门；在门芯板上加贴保温材料的阳台门；增加窗帘或窗板。这些都是提高户门、阳台门等保温性能的有效措施。楼梯间应设置门窗并加采暖设备。

5. 建筑遮阳　对南方炎热地区，在强烈的太阳辐射条件下，阳光直射室内，将严重影响建筑室内热环境，外窗应采取适当遮阳措施，以降低建筑空调能耗。外窗的遮阳效果用综合遮阳系数（SC）来衡量，其影响因素有外窗本身的遮阳性能和外遮阳的遮阳性能，具体数值见表4-2。

## 4.3.3　屋顶和地面的节能技术

1. 平顶屋面　为加强屋顶保温，可采用厚度为50~100mm的加气混凝土块，或架空设置的加气混凝土块；采用散铺浮石砂作保温层；在架空层填充袋装膨胀珍珠岩、岩棉或矿棉等效果更好；还可采用防水层在下、聚苯板在上的倒铺法，保暖效果尤佳。

2. 坡顶屋面　坡顶屋面可顺坡顶内铺钉玻璃棉毡或岩棉毡，也可在顶棚上铺设玻璃棉毡或岩棉毡；还可喷、铺玻璃棉、岩棉、膨胀珍珠岩等松散材料。坡顶屋面便于铺设保温层，其保温隔热和防水效果好，发展较快。

3. 地面　房间下部土壤温度变化不大，但与室内空气相邻的边缘地下温度变化却相当大。冬季将有较多热量由此散失，夏季高温高湿的空气与低温的地面接触，则会结露。故应沿首层地面外墙周围边缘设置一定宽度的节能地面。在严寒和寒冷地区，建筑底层室内如果采用实铺地面构造，则对于直接接触土壤的周边地区，即从外墙内侧算起2.0m的范围之内，应当作保温处理。节能地面构造及热工指标见表4-3及图4-16。

**表4-3　节能地面构造及热工指标**

| 编号 | 地面构造 | | 保温材料厚度 δ/mm | 地面总厚度/mm | 热阻 $R$/ $(m^2 \cdot K \cdot W^{-1})$ | 传热系数 $K$/ $[W \cdot (m^2 \cdot K)^{-1}]$ |
|---|---|---|---|---|---|---|
| | 构造简图 | 构造做法 | | | | |
| 1 | 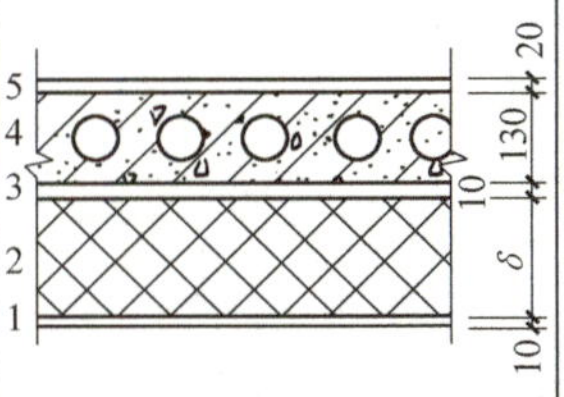 | 1. 纤维增强层<br>2. 聚苯板<br>[$\rho_0$ = 20kg/m³，$\lambda_c$ = 0.05W/（m·K）]<br>3. 粘接层<br>4. 钢筋混凝土圆孔板<br>5. 水泥砂浆 | 60<br>70<br>80<br>90<br>100<br>120<br>140<br>160 | 230<br>240<br>250<br>260<br>270<br>290<br>310<br>320 | 1.44<br>1.64<br>1.84<br>2.04<br>2.24<br>2.64<br>3.04<br>3.44 | 0.63<br>0.56<br>0.50<br>0.46<br>0.42<br>0.36<br>0.31<br>0.28 |
| 2 | 地面构造同1，地板为180mm厚钢筋混凝土圆孔板 | 1. 纤维增强层<br>2. 聚苯板<br>[$\rho_0$ = 20kg/m³，$\lambda_c$ = 0.05W/（m·K）]<br>3. 粘接层<br>4. 180mm厚钢筋混凝土圆孔板<br>5. 水泥砂浆 | 60<br>70<br>80<br>90<br>100<br>120<br>140<br>160 | 280<br>290<br>300<br>310<br>320<br>340<br>360<br>380 | 1.49<br>1.69<br>1.89<br>2.09<br>2.29<br>2.69<br>3.09<br>3.49 | 0.61<br>0.54<br>0.49<br>0.45<br>0.41<br>0.35<br>0.31<br>0.27 |

（续）

| 编号 | 地面构造 | | 保温材料厚度 $\delta$/mm | 地面总厚度/mm | 热阻 $R$/ $(m^2 \cdot K \cdot W^{-1})$ | 传热系数 $K$/ $[W \cdot (m^2 \cdot K)^{-1}]$ |
|---|---|---|---|---|---|---|
| | 构造简图 | 构造做法 | | | | |
| 3 | 地面构造同1，地板为110mm厚钢筋混凝土圆孔板 | 1. 纤维增强层 | 60 | 210 | 1.39 | 0.65 |
| | | 2. 聚苯板 | 70 | 220 | 1.59 | 0.57 |
| | | $[\rho_0=20kg/m^3$，$\lambda_c=$ | 80 | 230 | 1.79 | 0.52 |
| | | $0.05W/(m \cdot K)]$ | 90 | 240 | 1.99 | 0.47 |
| | | 3. 粘接层 | 100 | 250 | 2.19 | 0.43 |
| | | 4. 110mm厚钢筋混 | 120 | 270 | 2.59 | 0.36 |
| | | 凝土圆孔板 | 140 | 290 | 2.99 | 0.32 |
| | | 5. 水泥砂浆 | 160 | 310 | 3.39 | 0.28 |

注：$\rho_0$—密度；$\lambda_c$—热导率。

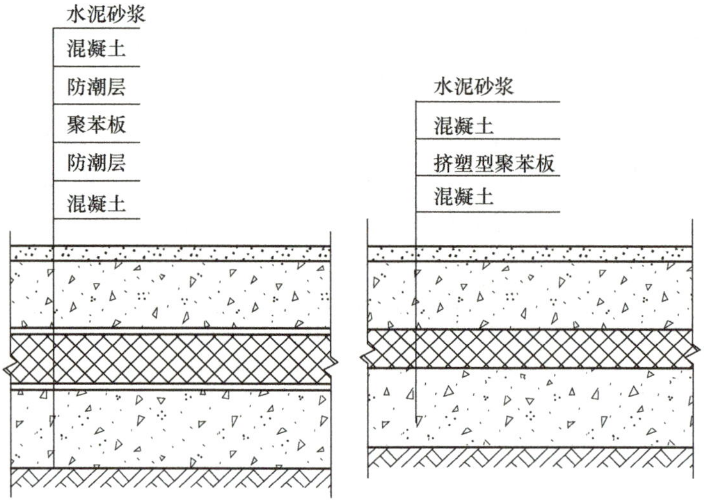


图4-16 地面保温构造示意

### 4.3.4 太阳能利用

太阳能是地球最主要的天然能量的源泉。太阳辐射能是地球大气层的基本热源，是气候形成的决定性因素，也是建筑外部热环境的主要条件。

1. 太阳能利用原理 建筑中太阳能的利用原理可分为主动式、被动式和混合式三种。

（1）主动式采暖系统：主动式采暖系统主要由集热器、管道、储热物质以及散热器等组成。主动式系统要有专用的设备，一次性投资较大。主动式太阳能采暖系统多用于供应热水。

（2）被动式采暖系统：被动式太阳采暖系统的特点是将建筑物的全部或一部分作为集热器，同时又作为储热器和散热器，因而，既不要连接管道，也不需要水泵或风机，一般由双层玻璃窗、集热储热墙、活动隔热保温装置等组成。双层玻璃窗直接收集南向射入室内的太阳能。集热储热墙是一种附有玻璃或透明塑料薄片形成空间层的墙体，白天太阳光加热空气间层，并通过墙顶和窗底部通风口形成对流向室内供暖；夜间主要靠储热墙体释放热量向室内供暖。

2. 太阳能利用方式

（1）集热：集热是指将密度较低的太阳能收集起来加以利用。一般采用南窗直接接收太阳热量。目前，多采用被动式太阳房集热。有些建筑采用太阳能热水器，供居民使用热水。

（2）蓄热：蓄热是指白天时利用主体结构将多余热量蓄存起来，夜晚时逐渐将热量释放到室内，用以调节室内温度。设置屋顶水池、外壁水墙或蓄热管网、卵石蓄热床等也可取得一定的蓄热效果。

### 4.3.5 建筑节能新技术

1. 采用红外热反射技术　人和物体的散热，常温下主要以远红外线辐射传热的方式进行。一般建筑材料的热辐射发射率高达90%以上，故对热量的吸收能力极强，反射回去的热量很少。它们将吸收的辐射热又以导热方式从另一面散发，对保温隔热极为不利。若在建筑物内外表面或外围护结构内的空气间层中，采用高效热反射材料，即可将大部分红外线辐射热反射回去，达到保温隔热效果。

2. 采用高效节能玻璃　为了改善普通玻璃太阳辐射透过率和传热系数高，夏天吸热多，冬日散热快的状况，研制和采用高效节能玻璃已成为建筑节能技术发展的新方向。目前，高效节能玻璃主要有吸热玻璃、热反射玻璃、中空玻璃和低辐射玻璃等。

3. 利用硅气凝胶　硅气凝胶是一种硅氧聚合物，是一种轻质透明的坚硬物质，类似有机玻璃，其保温效能可比同厚度的泡沫塑料大4倍。该材料有望在今后建筑节能领域发挥重要作用。

4. 热回收装置的开发　将排出的湿热空气中的部分热量回收二次利用是建筑节能的一个新方向。常用的热交换器有板式热回收装置、热泵等。

5. 发展生态节能建筑　发展生态节能建筑是近年来关注的一个方向。利用自然规律和周围自然环境条件，改善区域环境微气候，节约建筑能耗。

（1）太阳能建筑：建筑中经过良好设计，达到优化利用太阳能的建筑称为太阳能建筑。

（2）掩土建筑：掩土建筑有地下建筑和覆土建筑两种类型。掩土建筑可提供冬暖夏凉的稳定温度条件。

（3）绿化建筑：绿化建筑除美化环境外，还可改善局部热环境。这种建筑的绿化方式可分为入口绿化、围墙绿化、墙面绿化、窗台绿化、阳台绿化、屋顶绿化和屋角绿化等类型。建筑绿化温室化是目前的一种研究倾向，它是将农业和种植业的温室技术应用到建筑绿化的一种方法。建筑绿化温室化可更有效地实现生态建筑节能的效益，现有主要类型包括平屋顶温室、毗连温室和下沉式温室等类型。

（4）自然空调式建筑：建筑物中由设在地下的底部铺有卵石储热层的蓄热库和一条掩入土中的双套管组成自然空调系统。室内空气受热升温后由排气管迅速排出室外，而室外新鲜空气经蓄热库降温后升入室内形成良好的有组织的通风换气循环系统，并起到调节温度、湿度的作用。

## 单元小结

1. 在我国，现在通称的建筑节能，其含义是在建筑中合理、有效地利用能源，不断提高能源利用效率。建筑节能是改善空间环境的重要途径，是发展国民经济的需要。

2. 建筑保温通常是指围护结构在冬季阻止室内向室外传热，从而保持室内舒适温度的能力。建筑隔热通常是指围护结构在夏天隔离太阳辐射热和室外高温的影响，从而使其内表面保持适当温度的能力。

3. 建筑节能技术包括墙体节能技术、门窗节能技术、屋顶和地面的节能技术以及采用红外热反射技术、采用高效节能玻璃、利用硅气凝胶、太阳能利用技术、热回收装置的开发和发展生态节能建筑。

4. 建筑节能墙体的构造主要有两种：第一种是单一材料外墙，即选用保温、隔热性能较好的能满足建筑节能设计标准的墙体材料作外墙；第二种是采用复合材料的墙体，即在主体外墙上增加保温材料，形成复合墙体。复合外墙又可分为内保温、夹芯保温、外保温三种。

5. 门窗节能构造一是通过窗户加层，改用传热系数较小的框料以及阻断热桥等措施，减小窗户的传热系数，增强保温性能；二是通过改善窗户制作安装精度、加装密封条等办法，减少空气渗透和冷风渗透。

## 复习思考题

1. 什么是建筑节能？建筑节能的意义是什么？

2. 建筑传热的方式有哪些？

3. 什么是建筑的保温与隔热？工程实践中常采用哪些构造做法来达到建筑围护结构的保温效果？

4. 墙体、门窗、屋面、地面的节能技术各有哪些？建筑节能的新技术有哪些？

# 单元5

# 基础和地下室

**综合素质目标**

营造良性学习和工作氛围，培养团队合作意识，提高工作效率。

## 5.1 概述

### 5.1.1 基础与地基

在建筑工程上，把建筑物最下面与土壤直接接触的扩大构件称为基础。支承建筑物上部荷载的土层称为地基。

基础是建筑物的组成部分，它承受着建筑物的全部荷载并将这些荷载传给地基。

地基不是建筑物的组成部分，它只是承受建筑物荷载而产生应力和应变的土壤层。其中具有一定的地耐力、直接支承基础、需要进行计算的土层称为持力层。持力层以下的土层称为下卧层。地基土层在荷载作用下产生应力和应变。应力和应变随土层深度的增加而减少，到了一定深度则可忽略不计（见图5-1）。

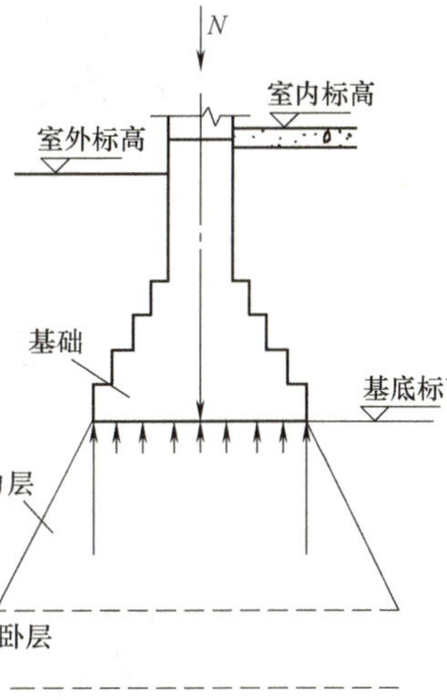

图5-1　基础与地基

1. 地基的分类　地基按土层性质和承载力的不同，分为天然地基和人工地基两大类。

（1）天然地基：天然土层具有足够的承载力，不需经人工改善或加固便可作为建筑物的地基称为天然地基。一般呈连续整体状的岩层或由岩石风化破碎成的松散颗粒状土层可作为天然地基。天然地基根据土质不同可分为岩石、碎石土、砂土、粉土、黏性土和人工填土五大类。

（2）人工地基：当建筑物上部的荷载较大或地基的承载力较差时，如淤泥、充填土、杂填土或其他高压缩性土层，需预先对土壤进行人工加工或加固处理后才能承受建筑物的荷载，这种经过人工处理的土层称为人工地基。人工地基常采用压实法、换土法、打桩法（见图5-2～图5-4），另外还有化学加固法等。

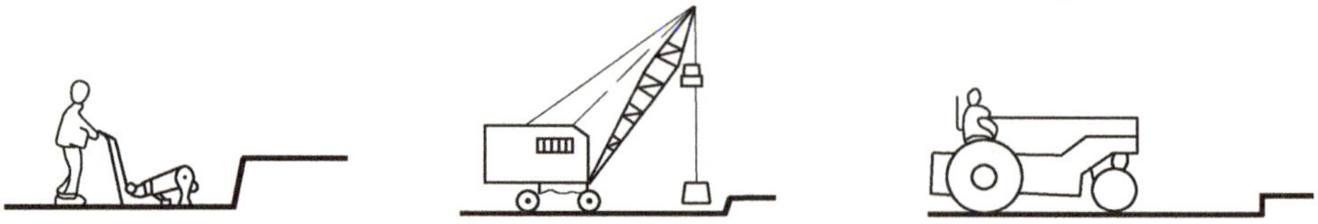

a) 夯实法　　b) 重锤夯实法　　c) 机械碾压法

图 5-2　压实法加固地基

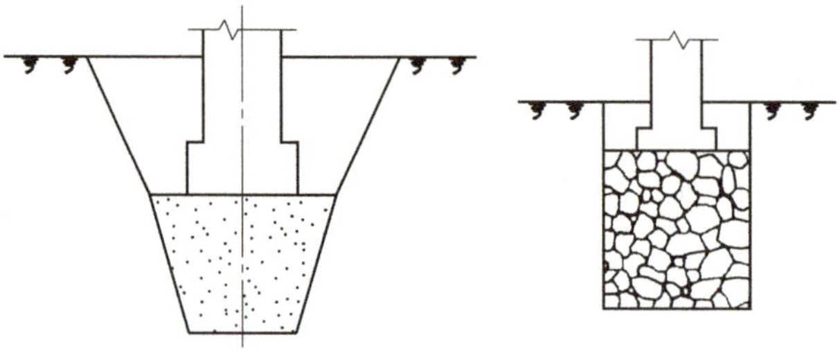

a) 砂垫层　　b) 砂层垫层

图 5-3　换土法加固地基

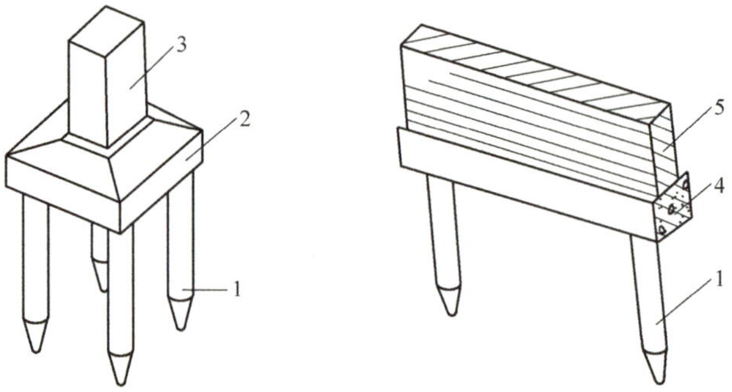


图 5-4　桩基的组成

1—桩柱　2—承台板　3—柱　4—承台梁　5—墙

2. 地基应满足的要求

（1）强度：地基要有足够的承载力，基本要求是建筑物作用在基础底面单位面积上的压力小于地基的容许承载力。当建筑物荷载与地基容许承载力一定时，要满足上述要求只有调节基础底面积，这一要求是选择基础类型的依据。

（2）刚度：地基要有均匀的压缩量，以保证建筑物在许可的范围内均匀下沉，避免因不均匀沉降而导致建筑物产生开裂变形。

（3）稳定：要求地基具有抵抗产生滑坡、倾斜的能力，这一点对那些经常受水平荷载或位于斜坡上的建筑尤为重要。当地基高差较大时，应加设挡土墙，防止滑坡变形的出现。

3. 基础的埋置深度　室外设计地面至基础底面的垂直距离称为基础的埋置深度，简称为基础的埋深（见图 5-5）。埋深大于等于 5m 的称为深基础，不超过 5m 的称为浅基础，直接做在地表面上的基础称为不埋基础。从经济和施工角度考虑，在保证安全使用的前提下，应优先选用浅基础。但当基础埋深过小时，有可能在地基受到压力后，会把基础四周的土挤出，使基础产生滑移而失去稳定，同时易受自然因素的侵蚀和影响，使基础破坏。所以一般情况下，基础埋深不要小于 0.5cm。

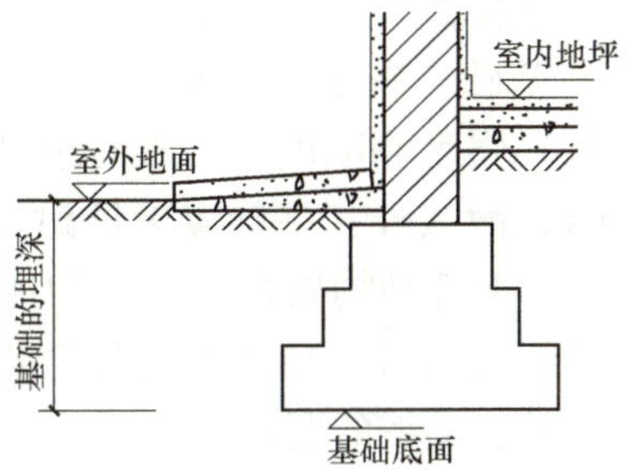

图 5-5　基础的埋深

4. 影响基础埋深的因素　影响基础埋深的因素很多，主要有以下几点：

（1）地基土层构造的影响：在接近地表面的土层内，常带有大量植物根茎的腐殖质或垃圾等，不宜选作地基。基础底面应尽量选在常年未经扰动而且坚实平坦的土层或岩石上（俗称“老土层”）。

（2）地下水位的影响：由于地下水位的上升和下降会影响建筑物的沉降，一般情况下为避免地下水位的变化影响地基承载力和减少基础施工的困难，应将基础埋在最高地下水位以上。在地下水位较高的地区，宜将基础埋在当地的最低地下水位以下 200mm（见图 5-6a）。这种情况下基础应采用耐水材料，如混凝土、钢筋混凝土等。

（3）冰冻深度的影响：冻结土与非冻结土的分界线称为冰冻线。冻结土的厚度（即冰冻线至地表的垂直距离）称为冰冻深度。各地气候不同，低温持续时间不同，冰冻深度也不相同，如哈尔滨地区为 2m，北京地区为 0.8～1.0m，武汉地区基本上无冻结土。

地基土冻结和解冻的过程会对建筑物产生不良影响。冻胀时，将使建筑物向上拱起；解冻后，基础又下沉，使建筑物反复变形甚至遭到破坏。一般要求基础埋置在冰冻线以下 200mm（见图 5-6b）。

（4）相邻建筑物基础的影响：为保证原有建筑物的安全和正常使用，新建建筑物的基础不宜深于原有建筑物的基础。当新建基础深于原有基础时，两基础之间的水平距离一般应控制在两基础底面高差的 1～2 倍（见图 5-7）。

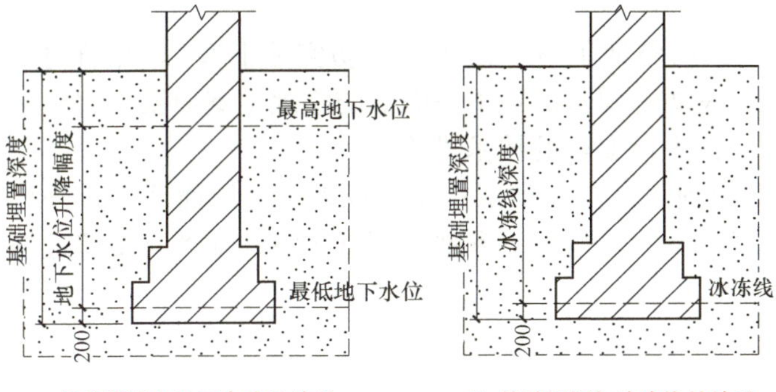

a) 基础埋深与地下水位的关系　b) 基础埋深与冰冻线的关系

图 5-6　基础埋深与地下水位和冰冻线的关系

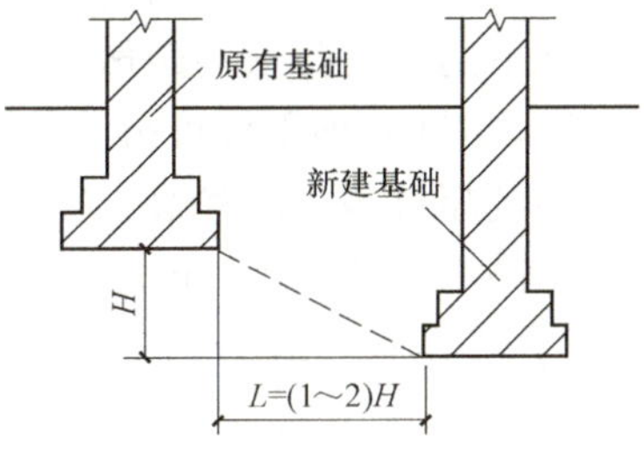

图 5-7　基础埋深与相邻建筑物基础的关系

（5）其他因素：除以上因素外，建筑物使用性质、有无地下室（设备基础）和地下设施、基础的形式和构造、作用在地基上的荷载大小和性质等都会影响基础的埋深，另外，基础埋深还取决于建筑设计和结构设计。

5. 基础应满足的要求

（1）强度和刚度：基础必须具有足够的强度和刚度才能保证建筑物的安全和正常使用。

（2）耐久性：基础应满足耐久性要求，具有较高的防潮、防冻和耐腐蚀的能力。如果基础先于上部结构破坏，检查和加固都十分困难，将严重影响建筑物寿命。

（3）经济性：应尽量选择合理的基础形式和构造方案，尽量减少材料的消耗，满足安全、合理、经济的要求。

## 5.1.2 地下室

1. 地下室的概念　建筑物底层地面以下的空间叫地下室。设置地下室可提高土地的利用率，地下室适用于地下商场、车库、餐厅、库房、设备用房以及战备防空等多种用途。地下室一般由墙体、底板、顶板、门、窗和采光井等部分组成（见图5-8）。

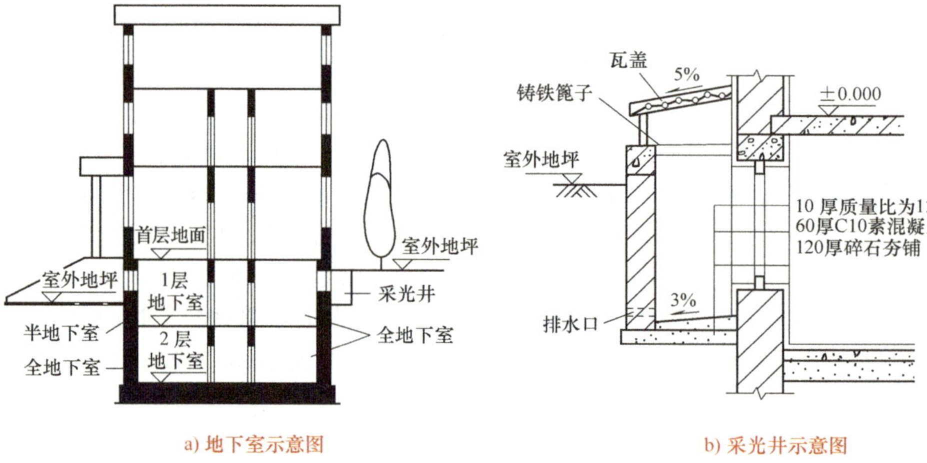


图5-8　地下室和采光井示意图

2. 地下室的分类

1）按使用性质分为普通地下室和人民防空地下室（以下简称防空地下室）。普通地下室指普通的地下空间；防空地下室指有人民防空要求的地下空间。防空地下室应妥善解决紧急状态下的人员隐蔽与疏散问题，应有保证人员安全的技术措施。

2）按埋入地下深度分为全地下室和半地下室。全地下室是指地下室地坪面低于室外地坪的高度超过该房间净高1/2的情况；半地下室是指地下室地坪面低于室外地坪高度超过该房间净高的1/3，且不超过1/2的情况。

3）按结构材料分为砖墙地下室和混凝土墙地下室。

## 5.1.3 防空地下室

防空地下室是防空工程的重要组成部分，是为保障人民防空指挥、通信、掩蔽等需要，具有预定战时防护功能的地下室。

防空地下室分为甲、乙两类。甲类防空地下室战时需防核武器、常规武器和生化武器；乙类防空地下室不考虑防核武器，只防常规武器和生化武器。

防空地下室的结构选型，应根据防护要求、使用要求、上部建筑结构类型、工程地质和水文地质条件、材料供应和施工条件等综合分析确定。其设计使用年限应按 50 年采用，当上部建筑结构的使用年限大于 50 年时，应与上部建筑结构相同。

## 5.2　基础的类型

基础的类型较多，按基础所用材料及受力特点分为刚性基础和非刚性基础；按构造形式分为条形基础、单独基础、片筏基础、箱形基础和桩基础等。

### 5.2.1　刚性基础

用刚性材料制作的基础称为刚性基础。刚性材料一般是指抗压强度高，而抗拉和抗剪强度低的材料。常用的砖、石、混凝土等均属刚性材料。

由于土壤单位面积的承载力很小，因此上部结构通过基础将其荷载传给地基时，只有将基础底面积不断扩大，才能适应地基受力的要求。根据试验得知，上部结构在基础中压力的传递是沿一定角度分布的，这个传力角度称压力分布角，或称刚性角，即基础放宽的引线与墙体垂直线之间的夹角，以 $\alpha$ 表示（见图 5-9a）。

由于刚性材料抗压强度高、抗拉强度低，因此压力分布角只能控制在材料的抗压范围内。如果基础底面宽度超过控制范围，这时基础会因受拉而遭到破坏（见图 5-9b）。所以，刚性基础底面宽度的增大要受到刚性角的限制。

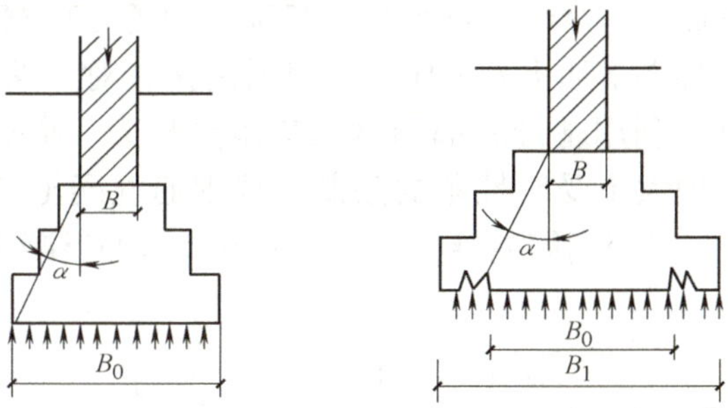


a) 基础受力在刚性角范围以内　b) 基础宽度超过刚性角范围而破坏

图 5-9　刚性基础的受力和传力特点

$B$—墙体宽　$B_0$—刚性基础底宽

$B_1$—超过刚性基础底宽

刚性角用基础的级宽与级高的比值表示，不同材料和不同基底压力应选用不同的宽高比（见表 5-1）。

表 5-1　刚性基础台阶宽高比的允许值

| 基础材料 | 质量要求 | 荷载 $P$ 为下列值时的台阶宽高比的允许值 | | |
|---|---|---|---|---|
| | | $P \leq 100$kN | 100kN < $P \leq 200$kN | 200kN < $P \leq 300$kN |
| 混凝土基础 | C10 混凝土 | 1:1.00 | 1:1.00 | 1:1.00 |
| | C7.5 混凝土 | 1:1.00 | 1:1.25 | 1:1.50 |
| 毛石混凝土基础 | C7.5 ~ C10 混凝土 | 1:1.00 | 1:1.25 | 1:1.50 |

（续）

| 基础材料 | 质量要求 | | 荷载 $P$ 为下列值时的台阶宽高比的允许值 | | |
|---|---|---|---|---|---|
| | | | $P \leqslant 100\text{kN}$ | $100\text{kN} < P \leqslant 200\text{kN}$ | $200\text{kN} < P \leqslant 300\text{kN}$ |
| 砖基础 | 砖不低于 MU7.5 | M5 砂浆 | 1:1.50 | 1:1.50 | 1:1.50 |
| | | M2.5 砂浆 | 1:1.50 | 1:1.50 | — |
| 毛石基础 | M2.5～M5 砂浆 | | 1:1.25 | 1:1.50 | — |
| | M1 砂浆 | | 1:1.50 | — | — |
| 灰土基础 | 体积比为 3:7 或 2:8 的灰土，其最小干密度为<br>粉土：$5\text{kg/m}^3$<br>粉质黏土：$15.0\text{kg/m}^3$<br>黏土：$14.5\text{kg/m}^3$ | | 1:1.25 | 1:1.50 | — |
| 三合土基础 | 体积比 1:2:4～1:3:6（石灰:沙:集料），每层约虚铺 220mm，夯至 150mm | | 1:1.50 | 1:2.00 | — |

刚性基础常用于地基承载力较好、压缩性较小的中小型民用建筑。

### 5.2.2 非刚性基础

当建筑物的荷载较大而地基承载力较小时，基础底面随之加宽，如按刚性角逐步放宽，则需要很大的基础埋深，势必增加土方工作量和材料用量，对工期和节约造价都十分不利。如果采用钢筋混凝土基础，利用基础底部的钢筋来承受拉力，使基础底部能够承受较大弯矩，这样基础底面宽度的加大不受刚性角的限制，故钢筋混凝土基础也称为柔性基础（见图 5-10）。在同样条件下，采用钢筋混凝土基础可节省大量的混凝土材料和土方工作量。

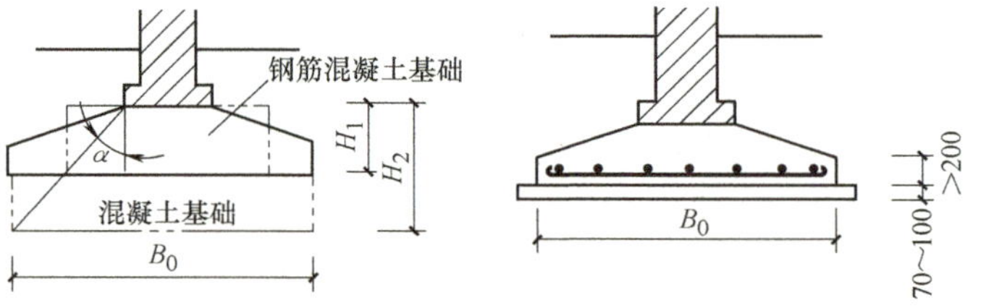


a) 混凝土与钢筋混凝土基础比较　　b) 柔性基础配筋

图 5-10　钢筋混凝土基础

$B_0$—柔性基础底宽　$H_1$—柔性基础高　$H_2$—混凝土基础高

钢筋混凝土基础相当于一个受均布荷载的悬臂梁，它的截面可做成梯形或阶梯形。若为梯形，截面最薄处不应小于 200mm 厚；若为阶梯形，每步高度为 300～500mm。基础中受力钢筋的直径不宜小于 8mm，数量应通过计算确定；混凝土的强度等级不宜低于 C15。

钢筋混凝土基础施工时，为了保证钢筋不致陷入泥土中，同时使基础底面均匀传递对地基的压力，常需在基础与地基之间设置强度等级为 C7.5 或 C10 的混凝土垫层，其厚度宜为 60～100mm（见图 5-11）。此时钢筋距基础底面的保护层厚度不宜小于 35mm。

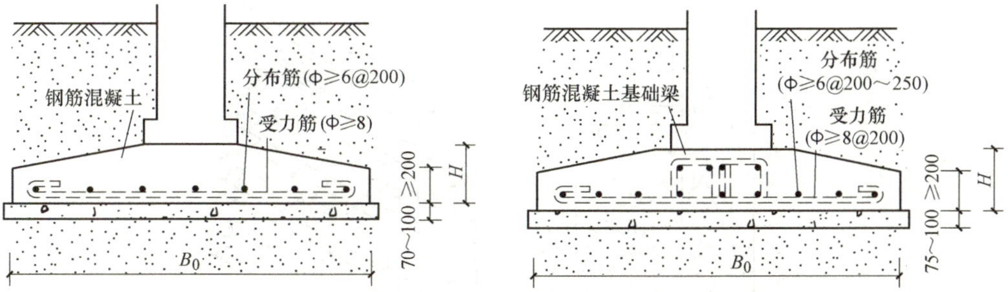


a) 板式基础　　b) 梁板式基础

图 5-11　钢筋混凝土基础构造

## 5.2.3　各种刚性基础的材料与特点

刚性基础常采用砖、石、素混凝土等材料，应按照各种材料的刚性角进行设计。

1. 砖基础　砖基础具有造价低、制作方便的优点，但为了保护土地资源，目前采用各种工业废渣砖和砌块来代替。砖基础多用于地基土质好、地下水位较低的多层砖混结构建筑。

2. 毛石基础　毛石基础由石材和砂浆砌筑而成，石材抗压强度高，抗冻、耐水和耐腐蚀性都较好，砂浆也是耐水材料，所以毛石基础常用于受地下水侵蚀和冰冻作用的多层民用建筑。

3. 混凝土基础　混凝土基础具有坚固耐久、可塑性强、耐腐蚀、耐水、刚性角较大等特点，可用于地下水位较高和有冰冻作用的地方。

## 5.2.4　各种刚性基础构造

1. 砖基础　砖基础常采用台阶式逐级向下放大的做法，称为大放脚。为满足刚性角的限制，其台阶的宽高比应不小于 1∶1.5，一般采用每两皮砖挑出 1/4 砖或每两皮砖与每一皮砖挑出 1/4 砖相间的砌筑方法（见图 5-12）。砌筑砖基础前基槽底面要铺 20mm 厚砂垫层。

2. 毛石基础　剖面形式多为阶梯形，基础顶面要比墙或柱每边宽出 100mm，每个台阶挑出的宽度不应大于 200mm，高度不宜小于 400mm，以确保符合高宽比不大于 1∶1.5 或1∶1.25刚性角的要求（见图 5-13）。当基础底面宽度小于 700mm 时，毛石基础应做成矩形截面。

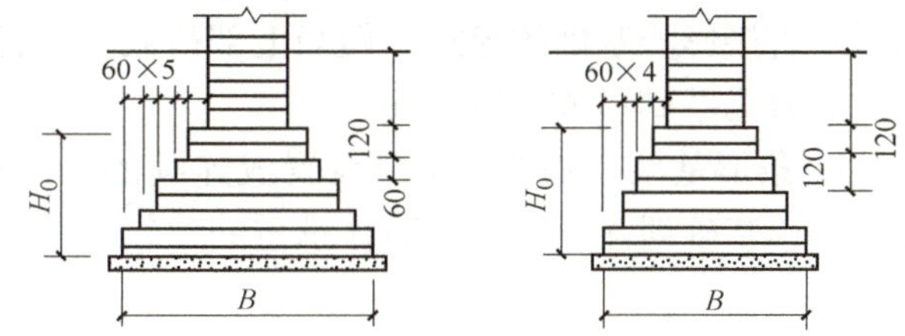


a) 每两皮砖与每一皮砖间隔挑出1/4砖　　b) 每两皮砖挑出1/4砖

图 5-12　砖基础构造

3. 混凝土基础　断面可以做成矩形、梯形和台阶形。为方便施工，当基础宽度小于 350mm 时，多做成矩形；大于 350mm 时，多做成台阶形；当底面宽度大于 2000mm 时，为节省混凝土，减轻基础自重，可做成梯形。混凝土基础的刚性角 $\alpha$ 为 45°，台阶形断面台阶宽（$b$）高（$h$）比应为 1∶1 或 1∶1.5，而梯形断面的斜面与水平面的夹角应大于 45°（见图 5-14）。

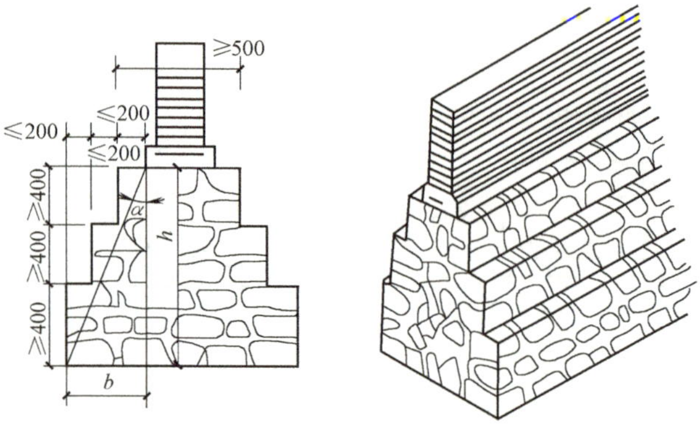


a) 毛石基础构造　　b) 毛石基础示意

图 5-13　毛石基础构造

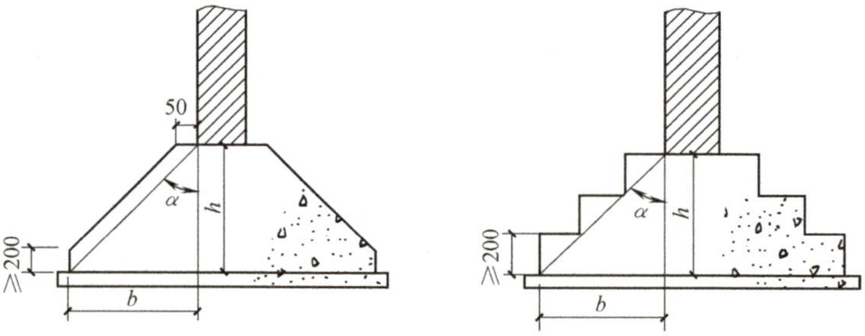


a) 梯形　　b) 台阶形

图 5-14　混凝土基础构造

## 5.3　基础的形式

确定基础的形式应考虑上部结构形式、荷载大小及地基土质情况。一般情况下，上部结构形式直接影响基础的形式；但当上部荷载增大且地基承载能力有变化时，基础形式也随之变化。常见基础形式有以下几种：

1. 条形基础　基础沿墙身设置成连续的长条形叫条形基础，也叫带形基础。当地基条件较好，基础埋深较浅时，墙体承重的建筑多采用条形基础（见图 5-15）。条形基础常采用

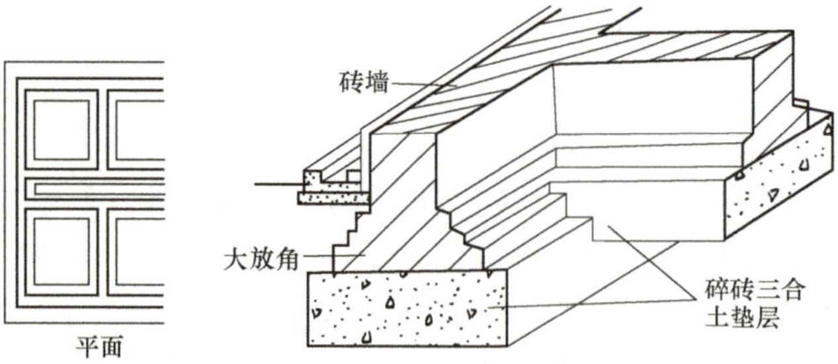


图 5-15　条形基础

砖、石、混凝土等材料建造。当地基承载力较小，荷载较大时，承重墙下也可采用钢筋混凝土条形基础。

2. 独立式基础 独立式基础呈独立的块状，形式有台阶形、锥形、杯形等（见图 5-16）。独立式基础主要用于柱下，故框架结构和单层排架及门架结构的建筑常采用独立基础。

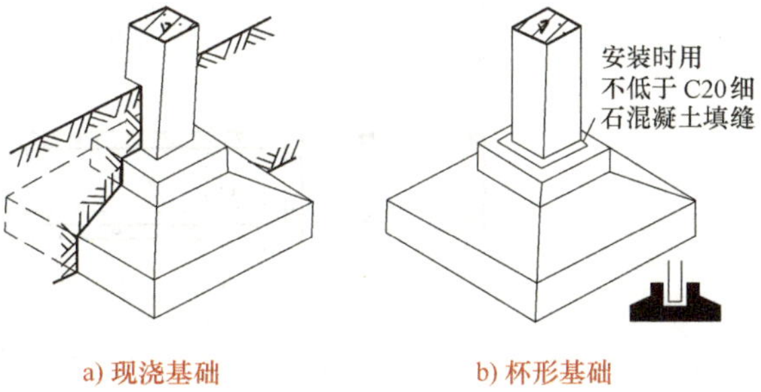


图 5-16 独立式基础

3. 联合基础 联合基础的类型较多，常见的有柱下条形基础、柱下十字交叉基础（井格式基础）、片筏式基础和箱形基础。

当独立基础置于较弱地基上时，为了提高建筑物的整体性，避免各柱子之间产生不均匀沉降，这时常把基础连起来，形成柱下条形基础和柱下十字交叉基础（见图 5-17）。

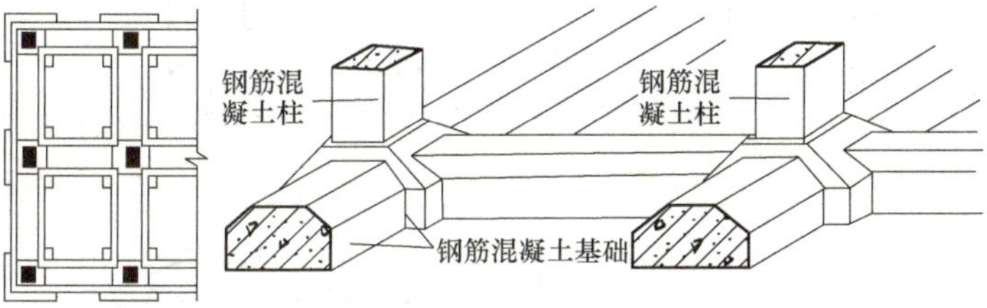


图 5-17 柱下十字交叉基础（井格式基础）

当地基特别弱而上部结构荷载又很大，即使做成联合条形基础或十字交叉基础，地基的承载力仍不能满足要求时，可将基础做成一整块钢筋混凝土梁或板，形成片筏式基础。片筏式基础整体性好，可跨越基础下的局部软弱土。片筏式基础根据使用条件和断面形式，又可分为板式和梁板式两种。梁板式筏形基础如图 5-18 所示。

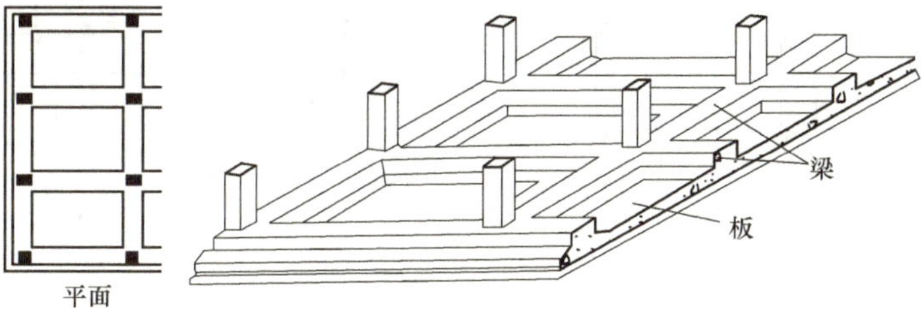


图 5-18 梁板式筏形基础

当建筑物设有地下室，且基础埋深较大时，可将地下室做成整浇的钢筋混凝土箱形基础，它能承受很大的弯矩，可用于特大荷载的建筑物（见图 5-19）。箱形基础由钢筋混凝土的底板、顶板和若干纵横墙体组成，它整体空间刚度大，对抵抗地基的不均匀沉降有利，一般适用于高层建筑或在软弱地基上建造的重型建筑物。

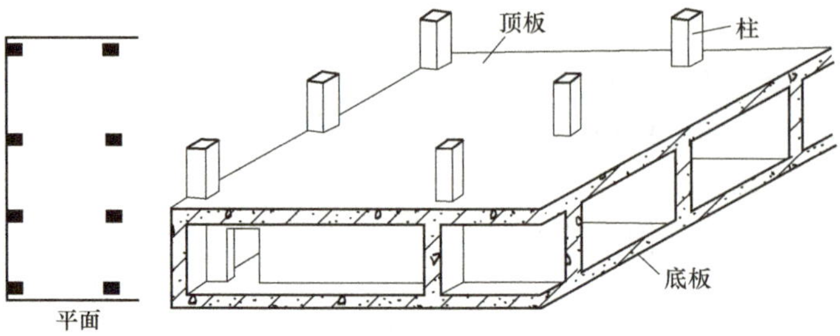


图 5-19 箱形基础

4. 桩基础 当建筑物上部荷载较大，地基的软弱土层较厚，一般人工地基不具备条件或不经济时，可采用桩基础（见图 5-20），使基础上的荷载通过桩柱传给地基土层，以保证建筑物的安全使用和均匀沉降。

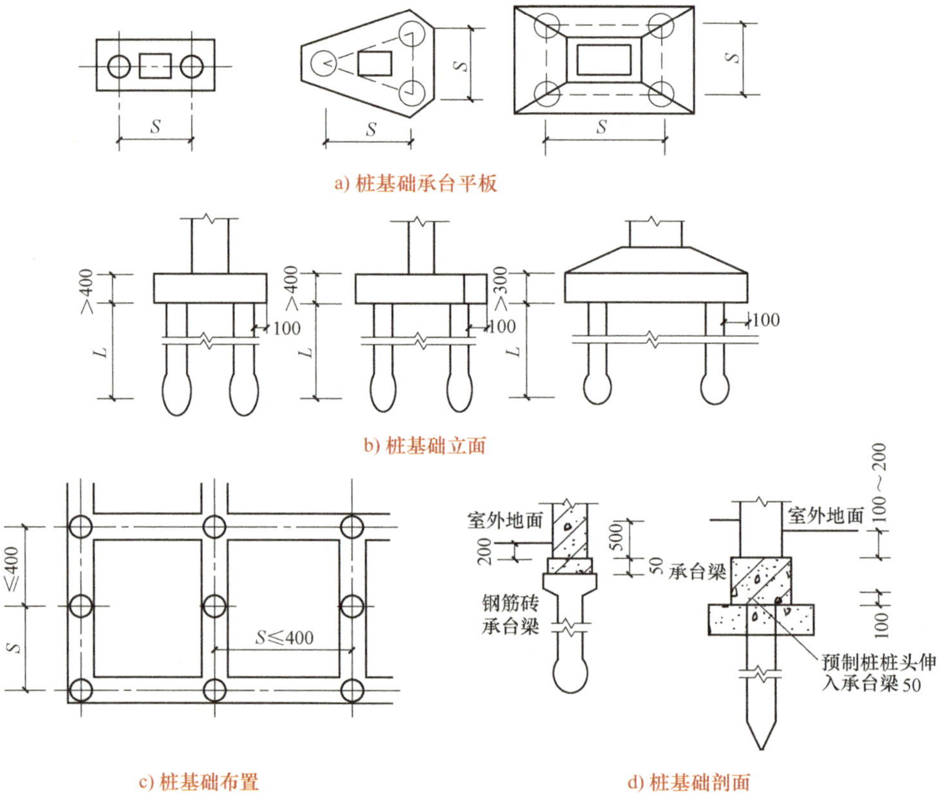


图 5-20 桩基础

*S*—桩距 *L*—桩深

桩基础由承台和桩柱两部分组成：

（1）承台：承台是在桩柱顶现浇的钢筋混凝土板或梁，上部支承柱的为承台板，上部支承墙的为承台梁。

（2）桩柱：桩柱按材料不同可分为木桩、土桩、砂桩、混凝土桩、钢筋混凝土桩等，目前采用较多的是钢筋混凝土桩；按施工方法不同可分为灌注桩、预制桩和爆扩桩三种。

1）灌注桩是直接在桩位上开圆形孔，在孔内放钢筋骨架，然后浇灌混凝土而成的。灌注桩具有施工快、造价低、施工占地面积小等优点。

2）预制桩是先把桩预制好，然后用打桩机打入地基土层中而成。预制桩的质量易于保证，不受地基其他条件影响，但钢材用量较大，造价较高，施工时产生较大噪声污染。

3）爆扩桩是用机械或爆扩等方法成孔，然后用炸药扩大孔底再浇灌混凝土而成。爆扩桩具有施工速度快、造价低、投资少等优点；缺点是易受施工和基础条件的限制，不易保证质量。

## 5.4 地下室的防潮与防水

由于地下室的墙身、底板长期受到地潮或地下水的侵蚀，轻则引起室内墙面抹灰脱落、墙面生霉，影响人体健康，重则进水，使地下室不能使用或影响建筑物的耐久性，因此应根据地下水的情况和工程的要求，对地下室设计采取相应的防潮、防水措施。

### 5.4.1 地下室防潮

当地下水的常年水位和最高水位都在地下室地面标高以下，且地下室周围土层为强透水性土时，地下室仅受到土层地潮的影响，须做防潮处理。

1. 墙体防潮　防潮构造要求地下室的所有墙体都必须设两道水平防潮层：一道设在地下室地坪附近；另一道设在室外地面散水以上150～200mm的位置，以防地下潮气沿地下墙身或勒脚处侵入室内。凡在外墙穿管、接缝等处，均应嵌入油膏防潮。

当地下室的墙体为砖墙时，垂直防潮的构造要求是：墙体必须采用水泥砂浆砌筑，灰缝要饱满；在墙面外侧设垂直防潮层。垂直防潮的做法是在墙体外表面先抹一层20mm厚的水泥砂浆找平层，再涂一道冷底子油和两道热沥青，然后在防潮层外侧回填低渗透性土壤，如黏土、灰土等，并逐层夯实。土层宽500mm左右，以防受到地面雨水或其他地表水的影响（见图5-21a）。

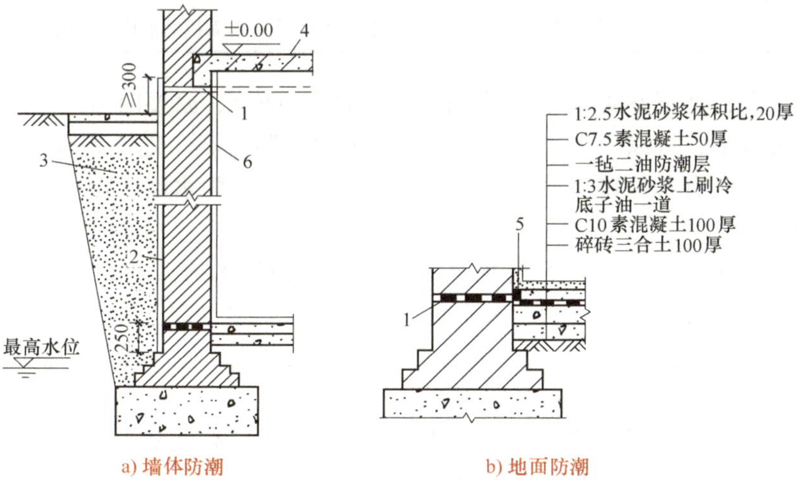

a）墙体防潮　　b）地面防潮

图5-21　地下室防潮处理

1—水平防潮层　2—密实水泥砂浆（冷底子油一道，热沥青两道）　3—回填黏土　4—楼板　5—嵌油膏　6—抹灰层

2. 地面防潮 对于地下室地面，一般主要借助混凝土材料的憎水性能来防潮，但当地下室的防潮要求较高时，其地层也应做防潮处理。防潮层一般设在垫层与地层面层之间，且与墙身水平防潮层在同一水平地面上（见图5-21b）。

当地下室使用要求较高时，可在围护结构内侧加涂防潮涂料，以消除或减少潮气渗入。

### 5.4.2 地下室防水

当地下室地面在设计最高地下水位以下时，地下室的底板和部分外墙将浸在水中。在水的作用下，地下室的外墙受到地下水的侧压力，底板则受到浮力作用，侧压力和浮力越大，渗水也越严重。因此，地下室外墙与底板应做好防水处理。地下室防水工程设计方案，应该遵循以防为主、以排为辅的基本原则，并按地下室防水工程设防的要求进行设计，见表5-2。

地下室设防标高的确定：根据勘测资料提供的最高水位标高，再加上500mm为设防标高，上部可以做防潮处理，有地表水按全防水地下室设计。单建式的地下工程应采用全封闭、部分封闭防排水设计；附建式的全地下或半地下工程的防水设防高度，应高出室外地坪高程500mm以上。

表5-2 地下工程防水等级标准（GB 50108—2008）

| 防水等级 | 标准 |
|---|---|
| 一级 | 不允许渗水，结构表面无湿渍 |
| 二级 | 不允许渗水，结构表面可有少量湿渍<br>工业与民用建筑：总湿渍面积不应大于总防水面积（包括顶板、墙面、地面）的1/1000；任意 $100m^2$ 防水面积上的湿渍不应超过2处，单个湿渍的最大面积不大于 $0.1m^2$<br>其他地下工程：总湿渍面积不应大于总防水面积的2/1000；任意 $100m^2$ 防水面积上的湿渍不超过3处，单个湿渍的最大面积不大于 $0.2m^2$ |
| 三级 | 有少量漏水点，不得有线流和漏泥沙<br>任意 $100m^2$ 防水面积上的漏水点数不超过7处，单个漏水点的最大漏水量不大于 $2.5L/(m^2 \cdot d)$，单个湿渍的最大面积不大于 $0.3m^2$ |
| 四级 | 有漏水点，不得有线流和漏泥沙<br>整个工程平均漏水量不大于 $2L/(m^2 \cdot d)$；任意 $100m^2$ 防水面积的平均漏水量不大于 $4L/(m^2 \cdot d)$ |

根据实际情况，地下室防水可采用柔性防水或刚性防水，必要时可以采用刚柔结合防水方案。在特殊要求下，可以采用架空、夹壁墙等多道设防方案。地下室外防水无工作面时，可采用外防内贴法，有条件转为外防外贴法施工。地下室外防水层的保护，可以采取软保护层，如聚苯板等。

1. 混凝土自防水 又称为刚性防水，为满足结构和防水的需要，地下室的底板与墙体材料一般多采用钢筋混凝土，这时可采用防水混凝土。防水混凝土是借助不同的集料级配，以提高混凝土的密实性；或在混凝土内掺入一定量的外加剂，以提高混凝土自身的防水性能。

集料级配主要是采用不同粒径的集料进行配料，同时提高混凝土中水泥砂浆的含量，堵塞因集料间直接接触而出现的渗水毛细通道，达到防水目的。

掺外加剂是在混凝土中掺入加气剂或密实剂以提高其抗渗性能。外加剂掺入混凝土中能与水泥水化过程中的氢氧化钙反应生成不溶于水的胶体和晶体，这些胶体与晶体填充于混凝土的孔隙内从而提高其密实性，使混凝土具有良好的防水性能。掺外加剂防水混凝土外墙厚度一般为 200mm 以上，底板厚应在 150mm 以上，否则会影响抗渗效果。为防止地下水对混凝土的侵蚀，在墙外侧应抹水泥砂浆，然后涂刷沥青（见图 5-22）。

2. 材料防水　又称为柔性防水，材料防水是在外墙和底板表面铺设防水材料，如防水卷材、防水水泥砂浆和防水涂料等。按防水材料的铺贴位置不同，分外包防水和内包防水两大类。外包防水是将防水材料贴在迎水面，即外墙的外侧和底板的下面，防水效果好，采用较多；但维修困难，漏水处难于查找。内包防水是将防水材料贴于背水一面，优点是施工简便，便于维修；但防水效果较差，多用于修缮工程（见图 5-23）。

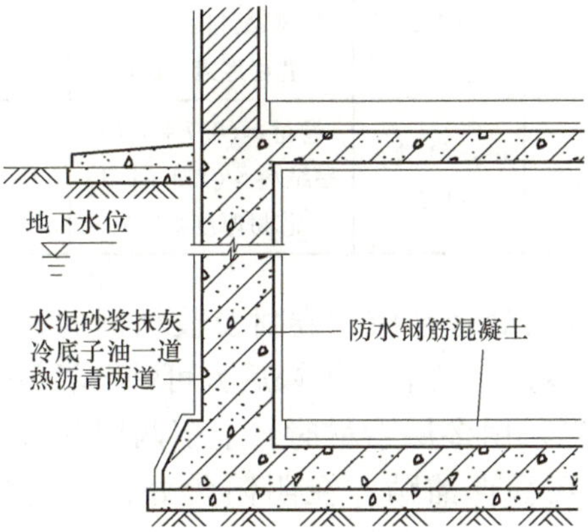


图 5-22　防水混凝土构造处理

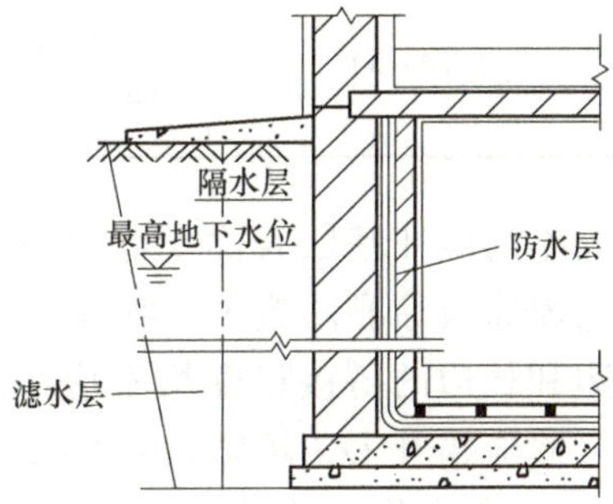


图 5-23　地下室卷材内包防水

（1）卷材防水：卷材防水能适应结构的微量变形和抵抗地下水的一般化学侵蚀，是一种传统的防水做法。防水卷材一般用沥青油毡卷材和高分子卷材，各自采用与卷材相适应的胶结材料胶合而成（见图 5-24）。

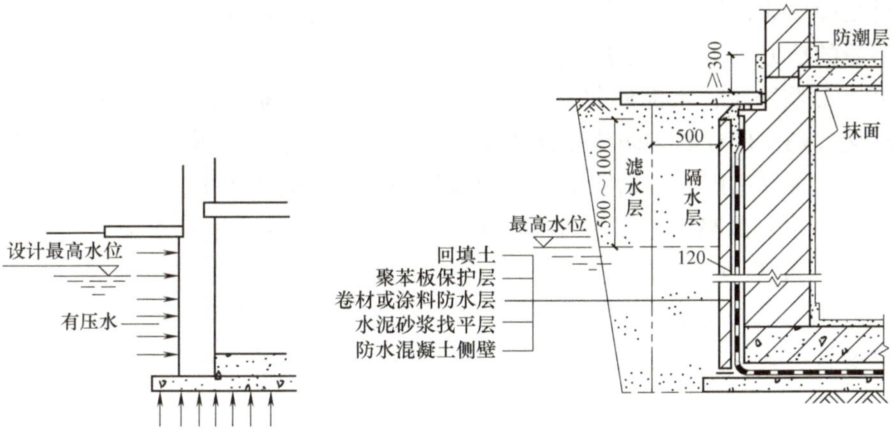


a) 水压情况　　b) 防水层构造

图 5-24　地下室卷材外包防水

卷材防水构造适用于受侵蚀性介质或受振动作用的地下工程。卷材应铺设在地下室混凝土结构主体的迎水面上。铺设位置是自底板垫层至墙体顶端的基面上，同时应在外围形成封闭的防水层。防水卷材厚度的选用应符合表 5-3 的规定。

**表 5-3 防水卷材厚度**

| 卷材品种 | 高聚物改性沥青防水卷材 | | | 合成分子防水卷材 | | | |
|---|---|---|---|---|---|---|---|
| | 弹性体改性沥青防水卷材、改性沥青聚乙烯胎防水卷材 | 自粘聚合物改性沥青防水卷材 | | 三元乙丙橡胶防水卷材 | 聚氯乙烯防水卷材 | 聚乙烯丙纶复合防水卷材 | 高分子自粘胶膜防水卷材 |
| | | 聚酯毡胎体 | 无胎体 | | | | |
| 单层厚度/mm | ≥4 | ≥3 | ≥1.5 | ≥1.5 | ≥1.5 | 卷材≥0.9<br>黏结料≥1.3<br>芯材厚度≥0.6 | ≥1.2 |
| 双层总厚度/mm | ≥(4+3) | ≥(3+3) | ≥(1.5+1.5) | ≥(1.2+1.2) | ≥(1.2+1.2) | 卷材≥(0.7+0.7)<br>黏结料>(1.3+1.3)<br>芯材厚度≥0.5 | — |

卷材铺贴前应在基层表面上涂刷基层处理剂，基层处理剂应与卷材及胶粘剂的材料相容，可采用喷涂或涂刷法施工，喷涂应均匀一致、不露底，待表面干燥后方可铺贴卷材。两幅卷材短边和长边的搭接宽度均不应小于 100mm。当采用多层卷材时，上下两层和相邻两幅卷材的接缝应错开 1/3 幅宽，且两层卷材不得相互垂直铺贴。在阴阳角处，卷材应做成圆弧，而且应当像在有女儿墙处的卷材防水屋面做法一样加铺一道相同的卷材，宽度≥500mm。

沥青油毡卷材是一种传统的防水材料，有一定的抗拉强度和伸长率，价格较低，但属热作业，操作不便且污染环境，易老化，一般为多层做法。卷材的层数根据水压，即地下水的最大计算水头大小而定。

高分子卷材具有质量轻、使用范围广、抗拉强度高、伸长率大、对基层变形的适应强等特点，而且是冷作业，施工操作简便，不污染环境；但价格偏高，且不宜用于地下水含矿物油或有机溶液的地方，一般为单层做法。

（2）水泥砂浆防水：水泥砂浆防水是掺入适量的防水剂，以提高砂浆的密实性，通过严格多层次交替操作形成的多防线整体防水层。但是目前水泥砂浆手工操作质量难以控制，砂浆干缩性大，故仅适用于结构刚度大、建筑物变形小、面积小的工程。

（3）涂料防水：涂料防水系指在施工现场以刷涂、刮涂、滚涂等方法将无定型液态冷涂料在常温下涂敷于地下室结构表面的一种防水做法，一般为多层铺设，厚度以 0.3～0.5mm 为宜。为增强防水效果，可夹铺 1～2 层纤维制品（如玻璃纤维、玻璃丝网格布）。因涂料的防水质量、耐老化性能均较沥青油毡防水层好，故目前应用广泛。

## 单元小结

1. 基础是建筑物的组成部分，它承受着建筑物的全部荷载并将这些荷载传给地基。地基不是建筑物的组成部分，它只是承受建筑物荷载而产生应力和应变的土壤层。

地基按土层性质和承载力的不同，分为天然地基和人工地基两大类。人工加固地基常采用压实法、换土法、打桩法、化学加固法等。

2. 室外设计地面至基础底面的垂直距离称为基础的埋置深度，简称为基础的埋深。

影响基础埋深的因素主要有地基土层构造、地下水位、冰冻深度、相邻建筑物基础以及建筑物使用性质、地下室（设备基础）和地下设施、基础的形式和构造、荷载大小和性质等建筑设计和结构设计因素。

3. 地基和基础设计应满足强度、刚度、稳定性、耐久性和经济性等方面的要求。

4. 基础按所用材料及受力特点可分为刚性基础和非刚性基础。由砖、石、混凝土等抗压强度高而抗拉和抗剪强度低的材料构成的刚性基础放脚要受刚性角控制。

基础按构造形式可分为条形基础、独立式基础、片筏式基础、箱形基础和桩基础等。确定基础的构造形式应考虑上部建筑物的结构形式、荷载大小及地基土质情况等。

5. 建筑物底层地面以下的空间叫地下室。地下室一般由墙体、底板、顶板、门、窗和采光井等部分组成。

防空地下室按指挥所的性质及其重要性分为六级。防空地下室应有防护室、防毒通道（前室）、通风滤毒室、洗消间及卫生间等。

6. 由于地下室的墙身、底板长期受到地潮或地下水的侵蚀，因此必须根据地下水的情况和工程的要求，对地下室设计采取相应的防潮、防水措施。

当地下水的常年水位和最高水位都在地下室地面标高以下且地下室周围土层为强透水性时，地下室只需做防潮处理。当地下室地面在设计最高地下水位以下时，地下室外墙与底板应做好防水处理。

地下室防水工程应以防为主、以排为辅，并按地下室防水工程设防的要求进行设计。常用的防水方案有构件自防水和材料防水两大类。

## 复习思考题

1. 什么是地基、基础、天然地基和人工地基？人工加固地基的方法有哪些？
2. 什么叫基础的埋深？影响它的因素有哪些？
3. 什么叫刚性基础和刚性角？刚性基础为什么要考虑刚性角？
4. 简述基础的构造类型及其与上层结构形式的关系。
5. 绘图示意常见刚性基础和钢筋混凝土基础的构造。
6. 地下室为什么要做防潮、防水处理？
7. 简述地下室防潮的构造要点。
8. 何种情况下地下室须做防水处理？
9. 提高混凝土防水性的措施有哪些？
10. 地下室材料防水有哪些做法？各有何特点？

# 单元6

# 墙　　体

**综合素质目标**

鼓励学生走进现场和工地参与实践，向工程技术人员学习，提高工程意识，培养求真务实的精神。

## 6.1　概述

### 6.1.1　墙体的类型

墙体是建筑物的重要组成部分之一，它起承重、围护和分隔的作用。

1. 按墙体所在位置分类　按墙在平面上所处位置不同，可分为外墙和内墙；纵墙和横墙。位于房屋周边的墙统称为外墙，它起着挡风、阻雨、保温、隔热等围护作用；凡位于房屋内部的墙统称为内墙，它起分隔室内空间、隔声、防火等作用。沿建筑物短轴方向布置的墙称为横墙，包括内横墙和外横墙，外横墙位于房屋两端，也叫山墙。沿建筑物长轴方向布置的墙称为纵墙，纵墙又有内纵墙和外纵墙之分。对于单片墙来说，窗与窗之间的墙称为窗间墙，窗台下面的墙称为窗下墙。墙体各部分名称如图 6-1 所示。

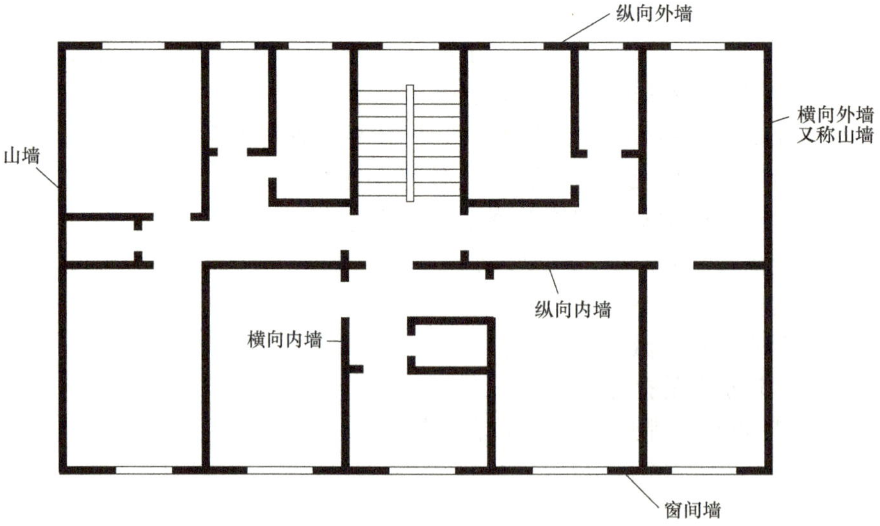


图 6-1　墙体各部分名称图

2. 按墙体受力状况分类　有承重墙和非承重墙之分。凡直接承受楼板、屋顶等上部结构传来荷载的墙均称为承重墙；不承受上部传来荷载的墙称为非承重墙。非承重墙又分为两种：一是自承重墙，不承受外来荷载，仅承受自身重量并将其传至基础，在建筑底部起分隔空间的作用；二是除自承重墙以外的其他非承重墙，如隔墙、填充墙、建筑幕墙等。这些墙体不承受外来荷载，将自身重量传给梁或楼板。隔墙是指房间内部起分隔作用而不承重的墙；填充墙是指框架结构中，填充在框架间的墙；建筑幕墙是指悬挂在建筑物外部的轻质墙，包括金属幕墙和玻璃幕墙等。

3. 按墙体构造方式分类　按照构造方式不同，墙体可以分为实体墙、空体墙和组合墙三种。实体墙由单一材料组成，如砖墙、砌块墙等。空体墙可由单一材料砌成内部空腔，也可用本身带孔的材料组合而成，如空心砌块墙等，用于隔声等功能方面的要求。组合墙是由两种以上材料组合而成的多功能墙体，如混凝土、加气混凝土复合板材墙，其中混凝土起承重作用，加气混凝土起保温隔热作用。

4. 按墙体施工方法分类　按施工方法不同，墙体可以分为块材墙、板筑墙及板材墙三种。块材墙是用砂浆等胶结材料将砖、石、混凝土砌块等组砌而成，如砖墙、石墙及各种砌块墙等。板筑墙是在现场立模板，现浇而成的墙体，如现浇混凝土墙等。板材墙是预先制成墙板，施工时安装而成的墙，如预制混凝土大板墙、各种轻质条板内隔墙等。

5. 按墙体材料分类　有砖墙、石墙、土墙、混凝土墙、轻质板材墙以及各种砌块墙等。

### 6.1.2　墙体的设计要求

1. 结构要求　对以墙体承重为主的低层或多层砌体结构，从结构上考虑，常要求各层的承重墙上、下对齐；各层的门、窗洞孔也以上、下对齐为佳；此外，还需考虑以下两方面的要求。

（1）合理选择墙体结构布置方案：墙体在结构布置上有横墙承重、纵墙承重、混合承重和部分框架承重等几种结构方案（见图 6-2）。

（2）足够的强度和稳定性：强度是指墙体承受荷载的能力，它与所采用的材料种类、材料的强度等级及砌筑质量、墙体尺寸、构造和施工方法有关。墙体的稳定性与墙的高度、长度和厚度以及纵、横向墙体间的距离有关。这里的高度、长度是指楼层之间和房间的开间、进深的尺寸。在设计墙体时，必须根据层高和房间尺度，经计算确定其厚度。当设计的墙厚不能满足要求时，常通过提高材料强度等级，增设墙垛、壁柱或圈梁等措施，提高墙体的稳定性。墙体的稳定性是通过高厚比控制的。

2. 保温、隔热及节能要求

（1）墙体保温要求：在严寒的冬季，热量通过外墙由室内高温一侧向室外低温一侧传递的过程中，既产生热损失，又会遇到各种阻力，使热量不致突然消失，这种阻力称为热阻。热阻越大，则通过墙体所传出的热量就越小，这说明墙体的保温性能好，反之则差。因此，可采取增加墙体厚度、选择热导率小的墙体材料、采用复合墙体等措施来提高墙体的保温性能。

（2）墙体隔热要求：我国南方地区、长江流域分别属于夏热冬暖和夏热冬冷地区，夏季气温高，湿度大，属于典型的湿热气候，在这些地区，建筑物的防热能力直接影响到室内的舒适程度。外墙长时间受到太阳辐射，使外墙内表面温度升高，给人以烘烤感。一般可采

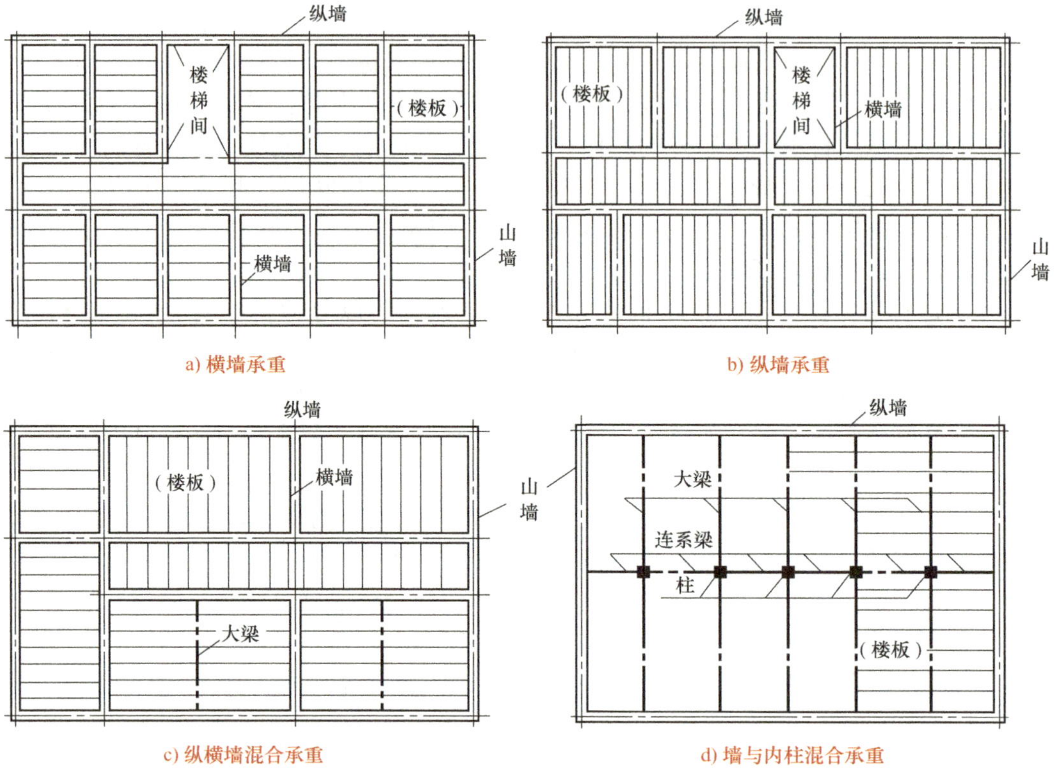


图 6-2　墙体结构布置方案

取选择热导率小的墙体材料、中空墙以及采用浅色而平滑的外墙饰面、窗口外设遮阳等措施增强隔热效果。

（3）墙体节能要求：解决我国能源短缺问题的根本途径就是开源节流。能源建设总方针中规定："能源的开发和节约并重，要把节能放在优先地位，大力开展以节能为中心的技术改造和结构改革"。为贯彻国家的节能政策，改善严寒和寒冷地区居住建筑采暖能耗大、热工效率差的状况，必须通过建筑设计和构造措施来节约能耗。一般可采取选择良好的朝向、设计有利于节能的平面和体形、改善围护构件的保温性能以及改进门窗设计的措施来提高节能效果。而炎热地区夏季太阳辐射强烈，室内热量通过外墙传入室内，使室内温度升高，产生过热现象，影响人们的工作和生活，甚至损害人的健康，因此，提高外墙的隔热能力也可大大减少空调的使用，达到建筑节能的效果。

3. 隔声要求　为获得安静的工作和休息环境，人们不希望有外界的噪声干扰，要求墙体有良好的隔声性能。声音的大小可用分贝表示。墙体主要隔离由空气直接传播的噪声。由空气直接传播的噪声在墙体中传播途径有两种：一是通过墙体的缝隙和微孔传播；二是在声波作用下墙体受到振动，声音透过墙体而传播，为减少说话声、家用电器声、汽车声、喧闹声等噪声对人们的干扰，一般采取加强墙体缝隙的填堵处理、增加墙厚和墙体密实性、采用有空气间层以及多孔性材料的夹层墙，以及尽量利用垂直绿化等措施降低噪声。

4. 其他要求　墙体材料应向节能、利废、隔热、高强、空心、大块方向发展。发展以粉煤灰、页岩、炉渣、煤矸石为主要材料的空心砌块及板材，墙体的材料、尺寸标准应适应建筑工业化的要求。此外，还应注意墙体的防水、防潮处理，在面积较大的房屋中，还应设置防火墙，以防止火灾蔓延。

## 6.2 砖墙

### 6.2.1 砖墙材料

砖墙是用砂浆等胶凝材料将一块块砖按一定技术要求砌筑而成的砌体，砖和砂浆是砖墙的两种主要材料。

1. 砖　砖按材料不同分为普通黏土砖、页岩砖、粉煤灰砖、灰砂砖、炉渣砖等；按形状分为实心砖、多孔砖和空心砖；按制作工艺又可分为烧结砖和非烧结砖。常用砌墙砖的规格及强度等级见表6-1。

表6-1　常用砌墙砖的规格及强度等级

| 名称 | 主要规格<br>（长/mm）×（宽/mm）×（高/mm） | 强度等级/MPa |
|---|---|---|
| 烧结普通黏土砖 | 240×115×53 | MU7.5～MU20 |
| 烧结多孔砖 | 190×240×90<br>190×190×90<br>190×140×90<br>190×90×90<br>190×90×40<br>240×115×90<br>178×115×90 | MU10～MU30 |
| 烧结空心砖 | 290×190×90<br>240×180×115<br>290×140×90 | MU2.0～MU5.0 |
| 蒸压实心灰砂砖 | 240×115×53<br>240×180×53<br>400×115×53 | MU10～MU25 |
| 蒸压实心粉煤灰砖 | 240×115×53 | MU10～MU30 |
| 蒸压实心煤渣砖 | 240×115×53 | MU10～MU20 |

注：1. 烧结普通砖是指以黏土、页岩、粉煤灰、煤矸石等为主要原料，经焙烧制成的孔洞率小于15%的砖（烧结普通黏土砖至2005年已在全国范围内禁止生产）；烧结多孔砖是指以黏土、页岩、粉煤灰、煤矸石等为主要原料，经混料、制坯、干燥、焙烧而制成的孔洞率大于15%并小于35%的，且孔洞数量多，尺寸小，可用作承重墙体的砖；烧结空心砖是指以黏土、页岩、粉煤灰、煤矸石等为主要原料，经混料、制坯、抽心、干燥、焙烧而制成的孔洞率大于或等于35%，且孔洞数量少，尺寸大，主要用作填充墙和隔断墙的砖；蒸压砖是指用蒸压或蒸汽养护制成的砖。

2. 砖的强度：烧结砖是按抗压强度来划分的；非烧结砖是按抗压强度和抗折强度来划分的。

2. 砂浆　砂浆是砌块的胶结材料。常用的砂浆有水泥砂浆、石灰砂浆、混合砂浆等。

（1）水泥砂浆：由水泥、砂加水拌和而成，属水硬性材料，强度高，但可塑性和保水性较差，适应砌筑湿环境下的砌体，如地下室、砖基础等。

（2）石灰砂浆：由石灰膏、砂加水拌和而成。由于石灰膏为塑性掺和料，所以石灰砂浆的可塑性很好，但它的强度较低，且属于气硬性材料，遇水强度即降低，所以适宜砌筑次要民用建筑的地上砌体。

（3）混合砂浆：由水泥、石灰膏、砂加水拌和而成，既有较高的强度，又有良好的可塑性和保水性，故民用建筑地上砌体中被广泛采用。混合砂浆的配合比取决于结构要求的强度。

砌筑砂浆按抗压强度不同一般分为 M15、M10、M7.5、M5.0、M2.5 五个强度等级。

### 6.2.2 砖墙组砌方式及厚度

为了保证墙体的强度，砖砌体的砖缝必须横平竖直，错缝搭接，避免通缝。同时砖缝砂浆必须饱满，厚薄均匀。砖墙组砌名称及错缝如图 6-3 所示。常用的错缝方法是将顶砖和顺砖上下皮交错砌筑，每排列一层砖称为一皮。常见的砖墙砌式有全顺式、一顺（或多顺）一丁式、每皮丁顺相间式、两平一侧式等。砖墙的厚度除了有标准砖按图 6-4 所示组砌的 120 墙、180 墙、240 墙、370 墙、490 墙几种以外，还有由多孔砖组砌的以 50mm 为级差的 100 墙、150 墙、200 墙、250 墙、300 墙及 350 墙等。

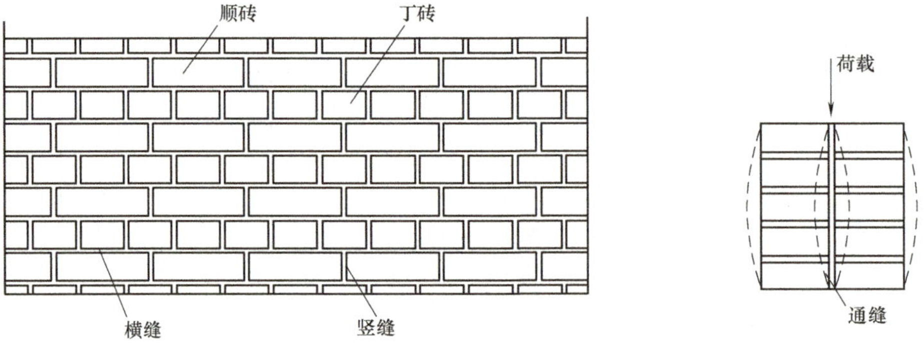


图 6-3 砖墙组砌名称及错缝

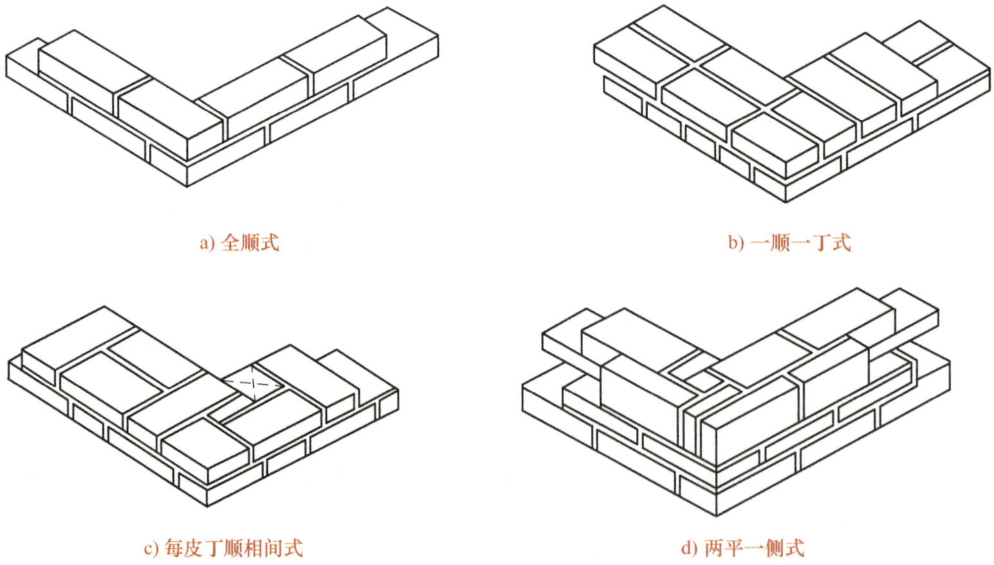


图 6-4 砖墙的砌筑方式

### 6.2.3 砖墙细部构造

墙身的细部构造包括墙身的防潮、散水、明沟、勒脚、窗台、门窗过梁、窗套、腰线、变形缝、壁柱、门垛、圈梁、构造柱和防火墙等。

1. 墙身防潮层 在墙身中设防潮层的目的是为了防止土壤中的水分沿基础墙上升和位于勒脚处的地面水渗入墙内，使墙身受潮。因此必须在内外墙的墙脚部位连续设置防潮层，构造形式上有水平防潮和垂直防潮两种。

防潮层的位置：当室内地面垫层为混凝土等密实材料时，防潮层的位置应设在垫层范围内，低于室内地坪60mm处，同时还应至少高于室外地面150mm，防止雨水溅湿墙面；当室内地面垫层为透水材料时（如炉渣、碎石等），水平防潮层的位置应平齐或高于室内地面60mm处；当内墙两侧地面出现高差时，应在墙身内设高低两道水平防潮层，并在较高一侧设垂直防潮层，墙身防潮层的设置位置如图6-5所示。

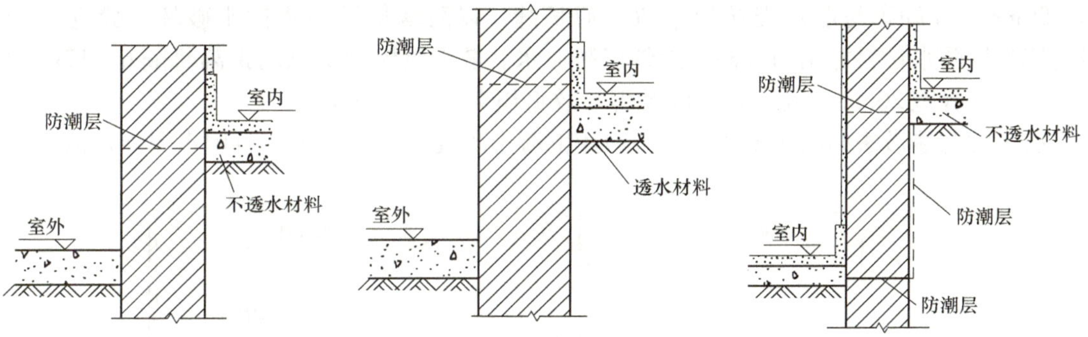


a) 地面垫层为不透水材料　　b) 地面垫层为透水材料　　c) 室内地面有高差

图6-5 墙身防潮层的设置位置

墙身水平防潮层的构造做法常用的有以下两种。

（1）防水砂浆防潮层：采用质量比为1∶2水泥砂浆加3%~5%防水剂，厚度为20~25mm或用防水砂浆砌三皮砖作防潮层（见图6-6）。此种做法构造简单，但砂浆开裂或不饱满时影响防潮效果。

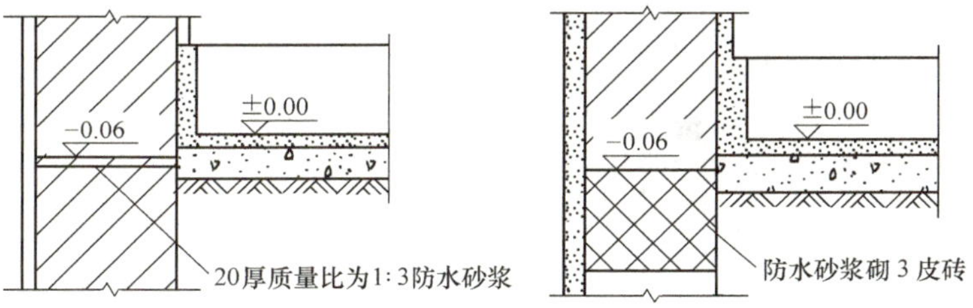


图6-6 防水砂浆防潮层

（2）细石混凝土防潮层：采用60mm厚的细石混凝土带，内配3 ϕ6 钢筋、分布筋ϕ4@250的钢筋网，由于其抗裂性能好，且能与砌体结合在一起，故多用于整体刚度要求较高的建筑中（见图6-7）。如果墙脚采用不透水的材料，或设有钢筋混凝土地圈梁时，可以不设

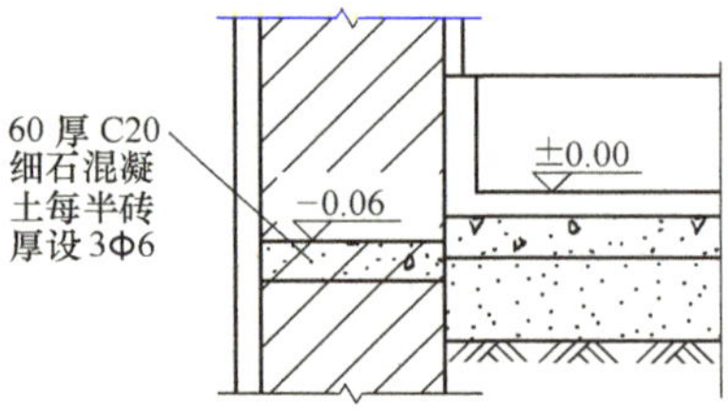


图6-7 细石混凝土防潮层

防潮层。垂直防潮层的构造做法常有：防水砂浆抹面；用热沥青在水泥砂浆抹面上刷两道。

2. 散水与明沟 为防止屋顶落水或地表水下渗侵蚀基础，常在外墙四周将地面做成向外倾斜的坡面，以便将建筑物周围的水及时排离，这一坡面称为散水。散水的坡度通常为3%~5%，宽度为600~1000mm，且要比屋顶挑出檐口宽出200mm，一般外缘高出室外地坪30~50mm。在勒脚与散水交接处应留有通长缝，以防墙体沉降将散水破坏，缝宽10mm，缝内填弹性防水材料并用沥青砂浆封缝以防渗水。散水整体面层纵向距离每隔6~12m做一道伸缩缝，缝宽20mm，缝内处理同勒脚与散水相交处做法一样。

散水的构造做法如图6-8所示，一般用混凝土现浇，或用砖砌，再用水泥砂浆抹面。

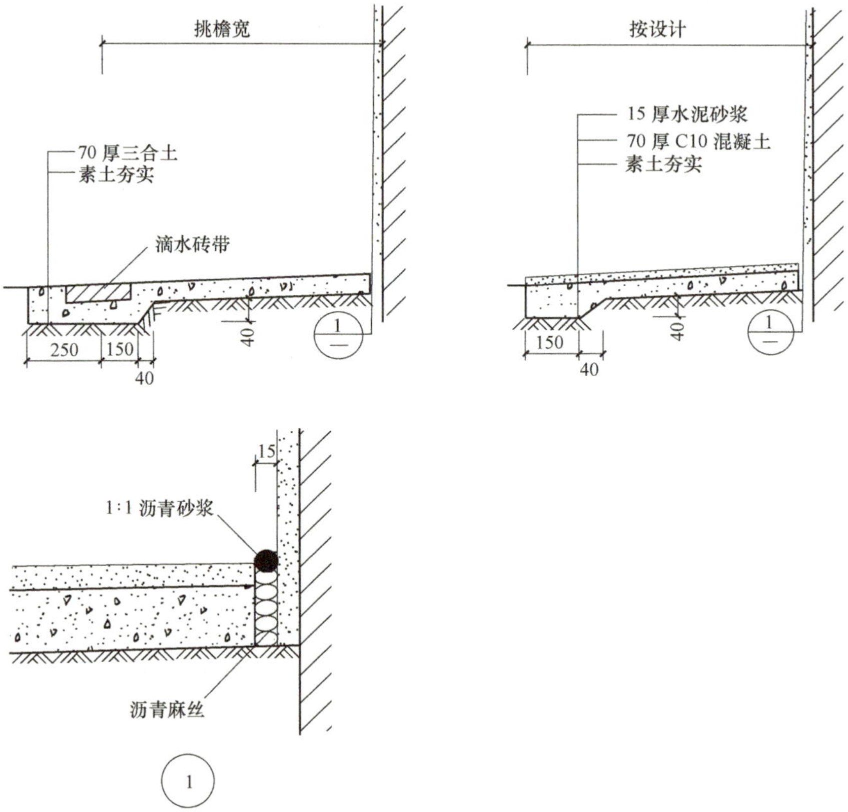


图6-8 散水的构造做法

明沟的作用与散水相同，它有组织地将雨水导入地下排水管网。明沟的构造做法如图6-9所示，可用砖砌、石砌、混凝土现浇，沟底应做纵坡，坡度为0.5%~1%，坡向排污口，外墙与明沟之间应做散水。

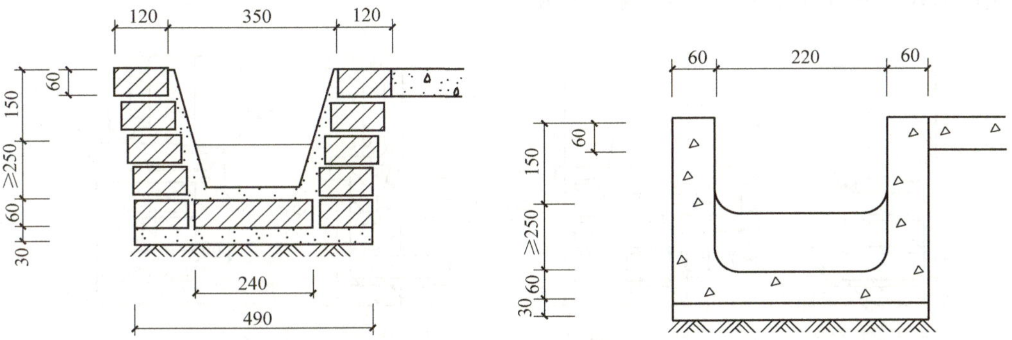


a) 砖砌明沟　　b) 混凝土明沟

图6-9　明沟的构造做法

3. 勒脚　外墙墙体下部靠近室外地坪的部分称为勒脚。勒脚的作用是防止雨水上溅墙身，防止地面水对外墙的侵蚀，避免外界的碰撞，提高建筑物的耐久性，美化建筑等。勒脚的做法、高矮、色彩等应结合建筑造型，选用耐久性高的材料或防水性能好的外墙饰面，一般采用以下几种构造做法（见图6-10）。

（1）表面抹灰勒脚：可采用20厚质量比为1∶3水泥砂浆抹面，质量比为1∶2水泥白石子浆、水刷石或斩假石抹面，此法多用于一般建筑。

（2）贴面勒脚：可采用天然石材或人工石材，如花岗石、水磨石板等。贴面勒脚耐久性强，装饰效果好，用于高标准建筑。

（3）石材砌筑勒脚：可采用石材，如条石等砌筑，耐久坚固，常用于生产天然石材的地区。

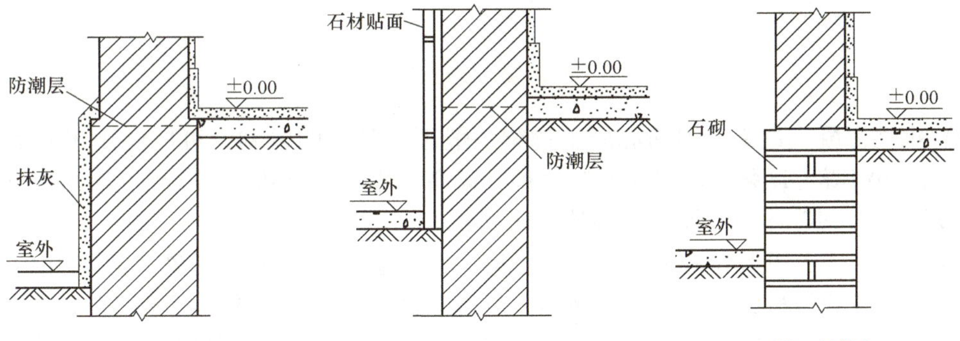


a) 表面抹灰勒脚　　b) 贴面勒脚　　c) 石材砌筑勒脚

图6-10　勒脚

4. 窗台　当室外雨水沿窗向下流淌时，为避免雨水渗入墙身或沿窗缝渗入室内，同时避免雨水污染外墙面，常在窗洞下部靠室外一侧设置窗台，窗台应向外形成10%左右的坡度。

窗台有悬挑窗台和不悬挑窗台两种（见图6-11）。悬挑窗台常采用丁砌一皮砖或将一砖侧砌并悬挑60mm。由于墙外饰面材料的改进，当今大部分建筑物都设计为不悬挑窗台形式，外墙为贴面砖，墙面易被雨水冲刷干净。处于内墙或阳台等处的窗，不受雨水冲刷，内窗台一般为水平方向，可结合室内装修选择木板或贴面砖等饰面形式。当内窗台下设暖气片时，往往采用预制水磨石板、水泥板或木板装修。

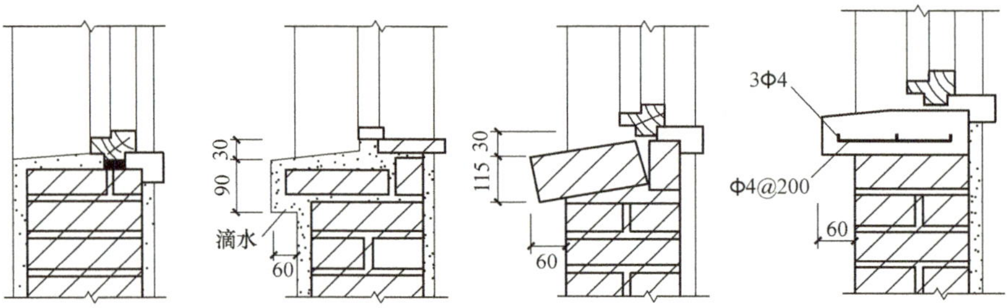


a) 不悬挑窗台　b) 粉滴水槽窗台　c) 斜砌砖窗台　d) 混凝土窗台

图6-11　窗台的形式

5. 门窗过梁　当墙体上开设门窗洞口时，为了承受洞口上部砌体传来的各种荷载，并把这些荷载传给洞口两侧的墙体，门窗沿上设置横梁，即门窗过梁。

过梁的形式较多，传统的有砖拱过梁或钢筋砖过梁，目前多采用钢筋混凝土过梁。

（1）砖拱过梁：砖砌平拱是传统做法，如图6-12所示。砖砌平拱过梁净跨宜小于1.2m，不应超过1.8m。当过梁上部有集中荷载或振动荷载时不宜采用。

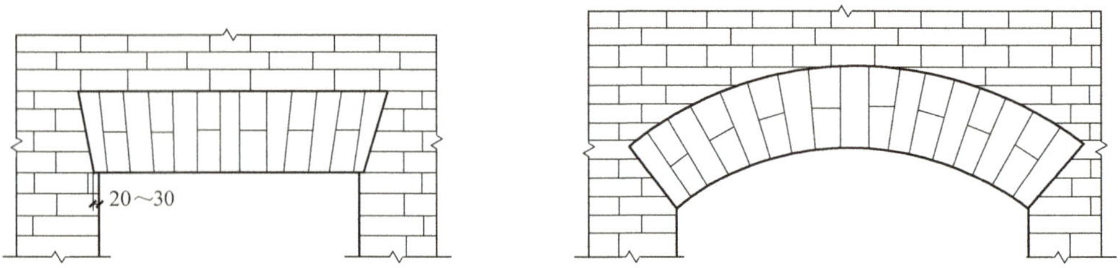


a) 平拱过梁　b) 弧拱过梁

图6-12　砖拱过梁

（2）钢筋混凝土过梁：钢筋混凝土过梁一般不受跨度的限制，可广泛用于各类砌体墙建筑中。钢筋混凝土过梁有现浇和预制两种，梁高一般不小于跨度的1/5。梁两端支承在墙上的长度不少于240mm，以保证足够的承压面积。

过梁断面形式有矩形和L形。在寒冷地区，为了避免“冷桥”现象，常采用L形过梁。为简化构造，节约材料，可将过梁与圈梁、悬挑雨篷、窗楣板或遮阳板等结合起来设计。如在南方炎热多雨地区，常从过梁上挑出300～500mm宽的窗楣板，既保护窗户不淋雨，又可遮挡部分直射太阳光（见图6-13）。

6. 檐口　檐口的形式有挑檐和不挑檐两种。挑檐一般是钢筋混凝土挑檐板，挑出尺寸不宜过大，一般不大于500mm。不挑檐是由外墙向上延伸凸出屋面形成的，凸出屋面的这部分墙体称为女儿墙。女儿墙的高度取决于屋面上人或不上人，不上人时高度不小于800mm，上人时高度应不小于1300mm，同时还应注意符合抗震设计的要求。

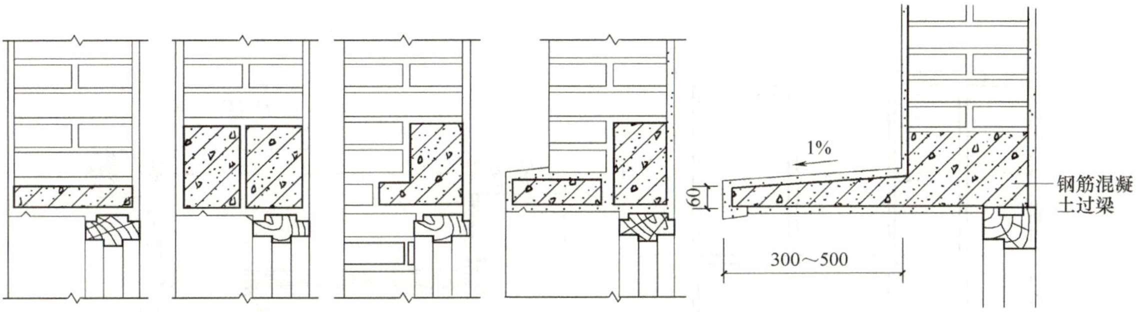


图 6-13 钢筋混凝土过梁

随着人们生活水平的不断提高和现代住宅建筑设计的多样化，在窗的构造上也做了一些改进。如将窗户整体向外推出，形成飘窗（也称凸窗），这样可以增大采光面积。窗户的窗间墙或窗下墙的空间可以放置分体式空调的室外机，为美观起见，设置铝合金百叶加以遮蔽，使外墙整齐、美观、大方。飘窗构造如图 6-14 所示。

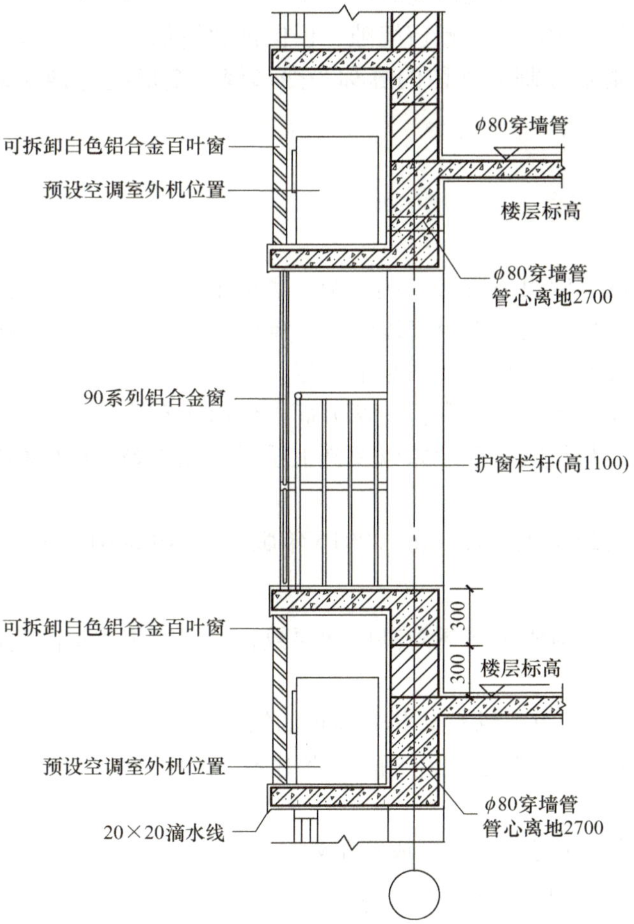


图 6-14 飘窗构造

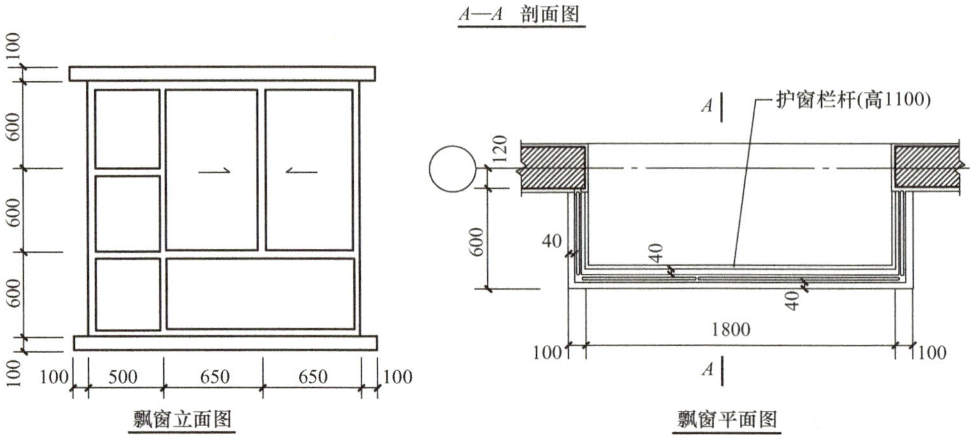


图6-14 飘窗构造（续）

7. 变形缝 建筑物由于受温度变化、地基不均匀沉降以及地震等因素的影响，使结构内部产生附加应力和变形，易使建筑物破坏产生裂缝甚至倒塌。为减少对建筑物的损坏，预先在变形敏感的部位将结构断开，预留缝隙，以保证建筑物有足够的变形宽度而不使建筑物破损，这种将建筑物垂直分割而预留的缝称为变形缝。变形缝有伸缩缝、沉降缝、防震缝三种。

## 6.3 墙体抗震构造

多层砌体房屋的震害取决于震级、震中距、场地土的卓越周期、结构方案的抗震合理性和施工质量。多层砌体房屋由多道纵横墙组成，砌体的抗剪和抗拉的强度太差，因而在地震作用下，房屋很容易开裂、局部倒塌或全部倒塌。

砌体结构的抗震设计包括结构和构造两方面。但由于砌体结构的整体性弱，抗拉、抗剪强度低等固有的弱点，材料的匀质性差以及施工质量难控制等，所以构造措施显得比结构措施更为重要。

构造措施参照《建筑抗震设计规范（2016年版)》（GB 50011—2010）的有关规定。

### 6.3.1 结构体系

对于砌体结构建筑，应限制房屋总高度和层数，限制建筑体型高宽比。除此之外，房屋墙体还应满足以下要求：

1）应优先采用横墙承重或纵横墙共同承重的结构体系。

2）纵横墙的布置宜均匀对称，沿平面内宜对齐，沿竖向应上下连续，同一轴线的窗间墙宜均匀。

3）楼梯间不宜设置在房屋的尽端或转角处。

4）不宜采用无锚固的钢筋混凝土预制挑檐。

### 6.3.2 设置防震缝

防震缝是为了防止建筑物各部分在地震时相互撞击引起破坏而设置的缝隙。

### 6.3.3 限制横墙最大间距

砌体结构横墙最大间距应符合表6-2的规定。

**表6-2 横墙抗震间距** （单位：m）

| 楼盖或屋盖类别 | 烈度 | | | |
|---|---|---|---|---|
| | 6度 | 7度 | 8度 | 9度 |
| 现浇和装配式钢筋混凝土 | 15 | 15 | 11 | 7 |
| 装配式钢筋混凝土 | 11 | 11 | 9 | 4 |
| 木结构 | 9 | 9 | 4 | — |

### 6.3.4 限制房屋的细部尺寸

砌体结构房屋的细部尺寸应符合表6-3的有关规定。

**表6-3 房屋的细部尺寸限值**

| 部位 | 烈度 | | | |
|---|---|---|---|---|
| | 6度 | 7度 | 8度 | 9度 |
| 承重窗间墙最小宽度/m | 1.0 | 1.0 | 1.2 | 1.5 |
| 承重外墙尽端至门窗洞边的最小距离/m | 1.0 | 1.0 | 1.2 | 1.5 |
| 非承重外墙尽端至门窗洞边的最小距离/m | 1.0 | 1.0 | 1.0 | 1.0 |
| 内墙阳角至门窗洞边的最小距离/m | 1.0 | 1.0 | 1.5 | 2.0 |
| 无锚固女儿墙（非出入口）的最大距离/m | 0.5 | 0.5 | 0.5 | 0.0 |

### 6.3.5 增设圈梁

圈梁是沿外墙四周及部分内墙设置在同一水平面上的连续闭合的梁，起着墙体配筋的作用。圈梁配合楼板共同作用可提高建筑物的空间刚度及整体性，提高墙体的稳定性，减少由于地震及地基不均匀沉降等原因引起的墙身开裂或倒塌。

圈梁有钢筋混凝土圈梁和钢筋砖圈梁两种。钢筋混凝土圈梁的设置原则见表6-4。钢筋混凝土圈梁宽度同墙厚，当墙厚为240mm以上时其宽度可为墙厚的2/3，高度应为砖厚的

**表6-4 钢筋混凝土圈梁的设置原则**

| 圈梁设置及配筋 | | 设计烈度 | | |
|---|---|---|---|---|
| | | 6度、7度 | 8度 | 9度 |
| 圈梁设置 | 沿外墙及内纵墙 | 屋盖处及每层楼盖处 | 屋盖处及每层楼盖处 | 屋盖处及每层楼盖处 |
| 圈梁设置 | 沿内横墙 | 屋盖处及隔层楼盖处设置，屋盖处间距不大于4.5m，楼盖处间距不大于7.2m，构造柱对应的部位 | 屋盖处及隔层楼盖处设置，横墙间距不大于4.5m，楼盖处间距不大于4.5m，构造柱对应的部位 | 屋盖处及每层楼盖处设置，各层所有横墙 |
| 配筋 | | 受力筋4Φ10<br>箍筋Φ6@250 | 受力筋4Φ12<br>箍筋Φ6@200 | 受力筋4Φ14<br>箍筋Φ6@150 |

整数倍，并且不小于120mm（见图6-15）。钢筋砖圈梁多用于非抗震区，结合钢筋砖过梁沿外墙形成。这种圈梁是在楼层标高的墙身上，在砌体灰缝中加入钢筋，其设置原则是：梁高为4~6皮砖，钢筋不宜少于6Φ6，箍筋水平间距不宜大于120mm，砂浆强度等级不宜低于M5，钢筋分上下两层布置。

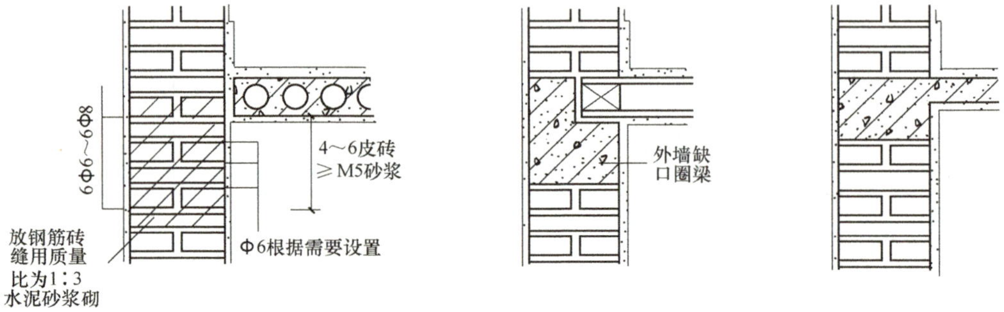


a) 钢筋砖圈梁　　b) 楼板底的圈梁　　c) 圈梁与楼板标高相平

图6-15　圈梁构造

当圈梁被门窗洞口截断时，应在洞口上部增设相同截面的附加圈梁，其配筋和混凝土强度等级均不变（见图6-16）。但对于有抗震要求的建筑物，圈梁应完全闭合，不得被洞口所截断。

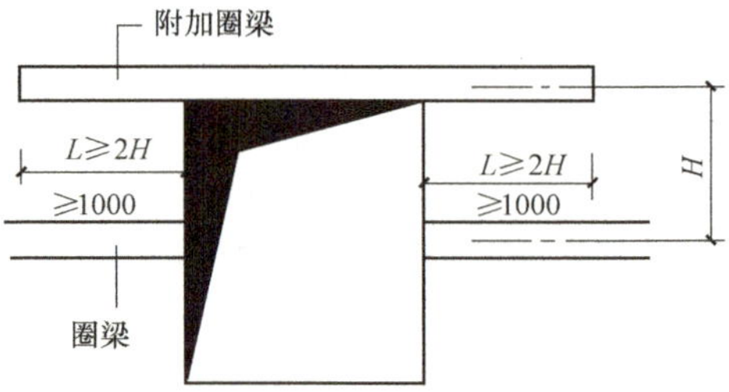


图6-16　附加圈梁

## 6.3.6　增设构造柱

钢筋混凝土构造柱是为了加强砌块建筑的整体刚度、提高抗震能力而从构造角度考虑设置的。构造柱的设置要求见表6-5。

表6-5　构造柱设置要求

| 房屋层数 | | | | 各种层数和烈度均设置的部位 | 随层数和烈度变化而增设的部位 |
|---|---|---|---|---|---|
| 6度 | 7度 | 8度 | 9度 | | |
| 4、5 | 3、4 | 2、3 | — | 外墙四角；错层部位横墙与外纵墙交接处；较大洞口两侧；大房间内外墙交接处 | 7~9度时，楼、电梯间的横墙与外墙交接处 |
| 6 | 5 | 4 | 2 | | 隔开间横墙与外墙交接处；山墙与外墙交接处；7~9度时，楼、电梯间的横墙与外墙交接处 |
| 7 | ≥6 | ≥5 | ≥3 | | 内墙与外墙交接处；内墙局部较小墙垛处；7~9度时，楼、电梯间的横墙与外墙交接处；9度时，内横墙与横墙交接处 |

由于建筑物的层数和地震烈度不同，构造柱的设置要求也不相同。构造柱下端应锚固于钢筋混凝土条形基础或基础梁内，或伸入室外地面下500mm处，上端锚固于顶层圈梁或女儿墙压顶内，竖向钢筋一般用4Φ12，箍筋为Φ6，间距不大于250mm。随地震烈度加大和层数增加，房屋角部的构造柱可适当加大截面及配筋，构造柱最小截面为240mm×240mm。施工时先砌墙并留出马牙槎，随着墙体的上升，逐段浇筑钢筋混凝土构造柱，构造柱混凝土

强度等级一般为 C20。柱内沿墙高每 500mm，伸出 2 Φ6 拉结钢筋和墙体连接，每边伸入墙内不少于 1m。构造柱必须与圈梁及墙体紧密连接，对整个建筑物形成空间骨架（见图 6-17）。

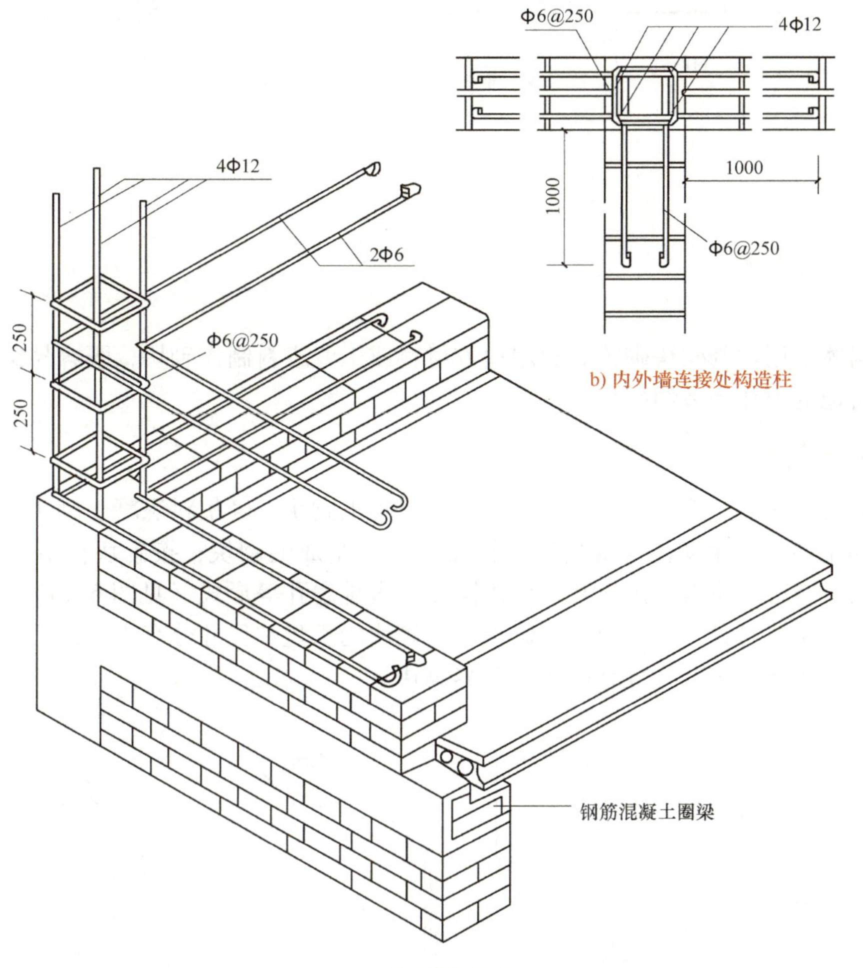


b) 内外墙连接处构造柱

a) 外墙转角构造柱

图 6-17　构造柱

## 6.3.7　增加壁柱和门垛

当墙体的窗间墙上出现集中荷载，而墙厚又不足以承担其荷载，或当墙体的长度和高度超过一定限度并影响到墙体稳定性时，常在墙局部适当位置增设凸出墙面的壁柱以提高墙体的强度和刚度。壁柱凸出墙面的尺寸一般为 120mm × 370mm、240mm × 240mm、340mm × 490mm 或根据结构计算确定。

当在较薄的墙体上开设门洞时，为便于门框的安置和保证墙体的稳定，须在门靠墙转角处或丁字接头墙体的一边设置门垛。门垛凸出墙面不少于 120mm，宽度同墙厚（见图 6-18）。

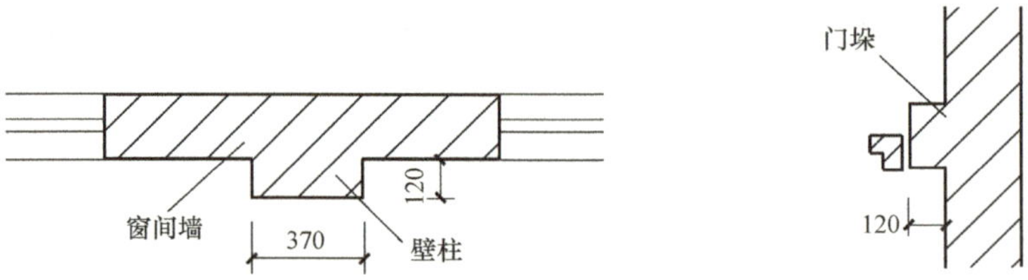


图6-18 壁柱和门垛

# 6.4 砌块墙体

砌块墙体采用预制砌块砌筑。利用地方材料或工业废料制作砌块，既容易组织生产，又能减少对耕地的破坏和节约能源。

## 6.4.1 砌块的材料与类型

砌块的类型很多，按主要原材料分有普通混凝土砌块、轻集料混凝土砌块、加气混凝土砌块以及利用各种工业废料（如炉渣、粉煤灰等）制成的砌块；按砌块构造分有空心砌块和实心砌块，空心砌块有单排方孔、单排圆孔和多排扁孔等形式（见图6-19）；按砌块在组砌中的作用和位置可分为主砌块和辅砌块；按砌块的重量和尺寸分有小型砌块、中型砌块和大型砌块；按生产工艺分为烧结砌块和蒸养砌块。

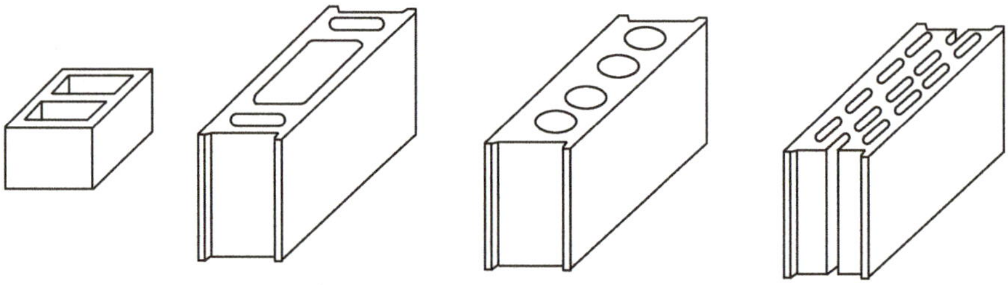

图6-19 空心砌块的形式

## 6.4.2 砌块墙的组砌

用砌块砌筑墙体时，必须将砌块彼此交错搭接进行砌筑，以保证建筑物有一定的整体性。但砌块不能像砖那样只用一种规格并可任意砍断，为满足砌筑的需要，必须在多种规格间进行砌块的排列设计（见图6-20），即设计砌块墙时需要在建筑平面图和立面图上进行砌块的排列，并注明每一砌块的型号，以便施工时按排列图进料和砌筑。砌块排列设计应满足以下要求：

1）上下皮砌块应错缝搭接，尽量减少通缝。

2）内外墙和转角处砌块应彼此搭接，以加强其整体性。

3）优先采用大规格的砌块，使主砌块的总数量在70%以上，以利加快施工进度。

4）尽量减少砌块规格，在砌块中允许用极少量的普通砖来镶砌填缝，以方便施工。

5）空心砌块上下皮之间应孔对孔，肋对肋，以保证有足够的受压面积。

### 6.4.3 砌块墙构造要点

砌块尺寸较大，垂直缝砂浆不易灌实，相互粘接较差。因此，砌块建筑需采取加固措施，以提高房屋的整体性，砌块建筑构造要点如下：

1）砌块建筑每层楼应加设圈梁，用以加强砌块墙的整体性。圈梁通常与过梁统一考虑，有现浇和预制钢筋混凝土圈梁两种做法。现浇圈梁整体性强，对加固墙身有利，但施工较麻烦。为减少现场支模板的工序，可采用U形预制构件，在槽内配置钢筋，现浇混凝土形成圈梁。采用预制圈梁砌块时，预制构件端部伸出钢筋，拼装时将梁端钢筋绑扎在一起，然后局部现浇成为整体（见图6-21）。

2）砌块墙的拼缝。砌块墙的水平灰缝、垂直灰缝一般为15～20mm。当垂直灰缝大于30mm时，须用C20细石混凝土灌实。当上下皮砌块出现通缝或错缝距离不足150mm时，应在通缝处水平缝中加钢筋网片，使之拉结成整体（见图6-22）。

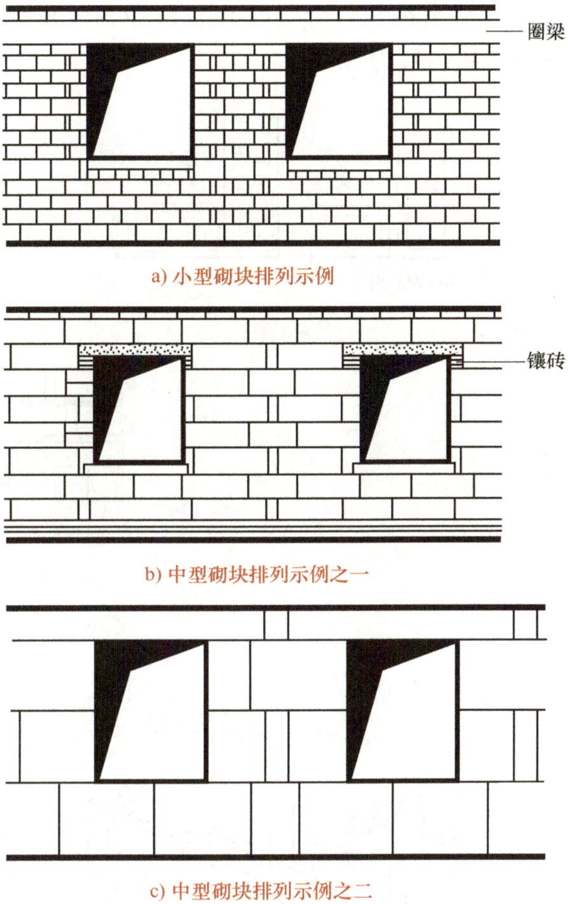


图6-20 砌块排列示意

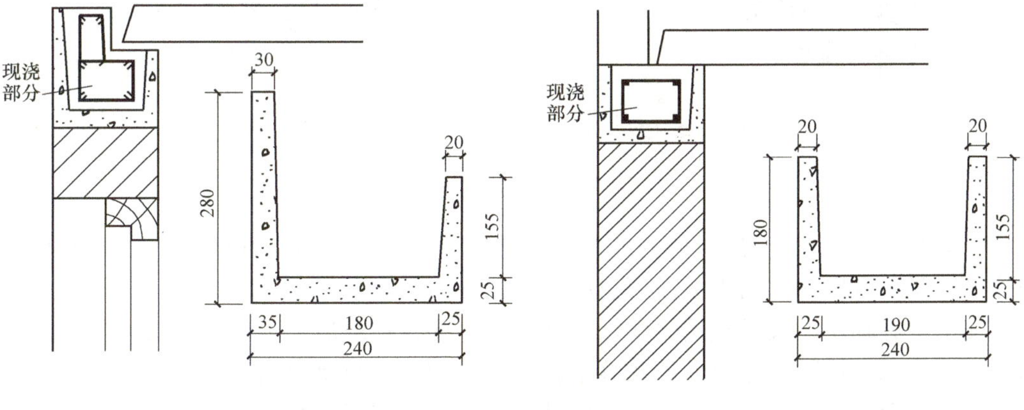


图6-21 现浇砌块圈梁

3）砌块墙芯柱。采用混凝土空心砌块时，应在房屋的四大角、外墙转角、楼梯间四角设芯柱（见图6-23）。芯柱内配2Φ12钢筋从基础到屋顶通长。细石混凝土填入砌块孔中，其强度等级一般为C20。

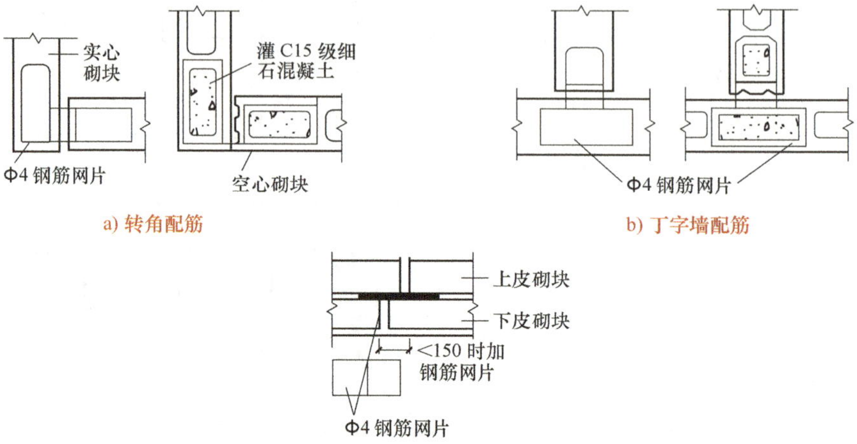


a) 转角配筋　b) 丁字墙配筋　c) 错缝配筋

图6-22　通缝处理

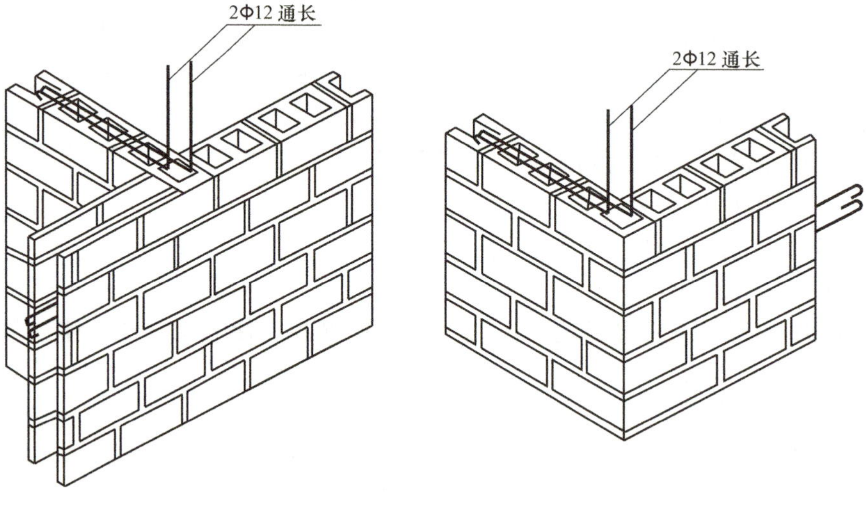


a) 内外墙交接处构造柱　b) 外墙转角处构造柱

图6-23　砌块墙构造柱

4）砌块墙的外墙面。砌块墙的外墙面宜做饰面，也可做带饰面的砌块。为了改善砌块墙的热工性能，可以在外墙面铺设保温层后再做饰面。

其实，空心砌块的最适宜用途是做配筋砌体，即在错缝后上下仍保持对齐的孔洞中插入钢筋，同时在每皮或隔皮砌块间的灰缝中置入钢筋网片，每砌筑若干皮砌块后就在所有的孔洞中灌入细石混凝土。这样空心砌块可以被认为同时充当了混凝土模板。像这样的配筋砌体虽不及现浇钢筋混凝土剪力墙的水平抗剪能力，但整体刚度大大优于普通的砌体墙，可以使砌体墙承重的建筑物高度得到较大的提高（见图6-24）。

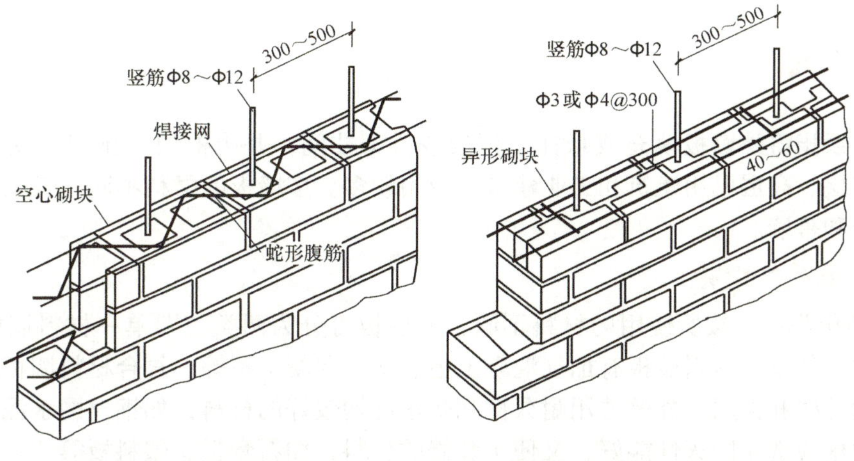


a) 在空心砌块孔洞及皮间布筋　　b) 在异形砌块围成的孔洞及皮间布筋

图 6-24　用空心砌块做配筋砌体

## 6.5 复合墙体

### 6.5.1 复合墙体的类型

复合墙体是由两种或两种以上材料组成的墙体。复合墙体的复合方式一般有三种，即在墙的一侧铺设保温材料、在墙的中间填充保温材料或中间设置空气夹层。

### 6.5.2 复合墙体的构造

复合墙体多用于居住建筑，也可用于托儿所、幼儿园、医疗等小型公共建筑。这种墙体的主体结构为普通黏土砖或钢筋混凝土，其内侧复合轻质保温板材常用的材料有充气石膏板、水泥聚苯板、黏土珍珠岩、纸面石膏聚苯复合板、纸面石膏岩面复合板、纸面石膏玻璃复合板、无筋石膏聚苯复合板、纸面石膏聚苯板。主体结构采用普通黏土砖墙时，其厚度为180mm或240mm；采用混凝土墙时，其厚度为200mm或250mm。保温板材的厚度为50～90mm，若做空气夹层时，其厚度为200mm。复合墙体的构造做法如图6-25所示。

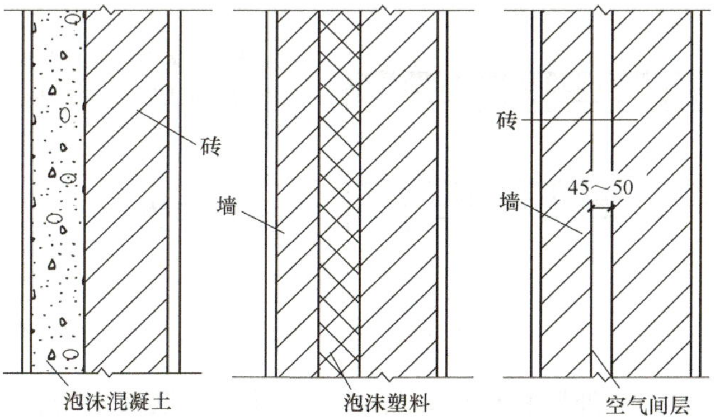


图 6-25　复合墙体

## 6.6 骨架墙

骨架墙系指将外墙板填充或悬挂于框架或排架柱间，并由框架或排架承受其荷载的墙体，它在多层、高层民用建筑和工业建筑中应用较多。按墙板的材料不同，骨架墙可分为非承重外墙板和幕墙。

### 6.6.1 非承重外墙板

1. 外墙板类型 按所使用的材料不同，外墙板可分为两类，即单一材料墙板和复合材料墙板。常见的单一材料墙板有加气混凝土板、陶粒混凝土板等。复合材料墙板通常由三层组成，即内外壁和夹层，外壁选用耐久性和防水性均较好的材料，如钢丝网水泥、轻集料混凝土等。内壁应选用防火性能好，又便于装修的材料，如石膏板、塑料板等。夹层宜选用容积密度小、保温隔热性能好、价廉的材料，如岩棉、玻璃棉、膨胀珍珠岩、膨胀蛭石、加气混凝土等（见图6-26）。

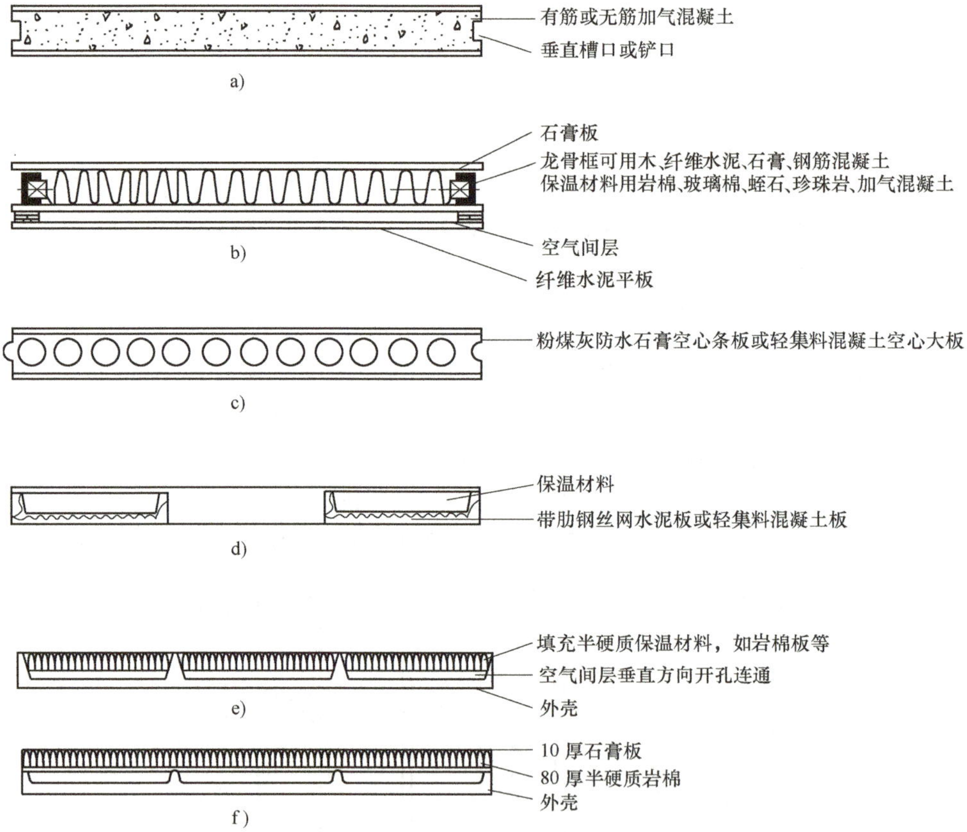


图6-26 外墙板类型

2. 外墙板的布置方式 外墙板可以布置在框架外侧或框架之间，或安装在附加墙架上（见图6-27）。外墙板安装在框架外侧时，对房屋的保温有利；外墙板安装在框架之间时，框架暴露在外，在构造上需作保温处理，防止外露的框架柱和楼板成为“冷桥”。轻型墙板通常需安装在附加墙架上，以使外墙具有足够的刚度，保证在风力和地震力的作用下不会变形。

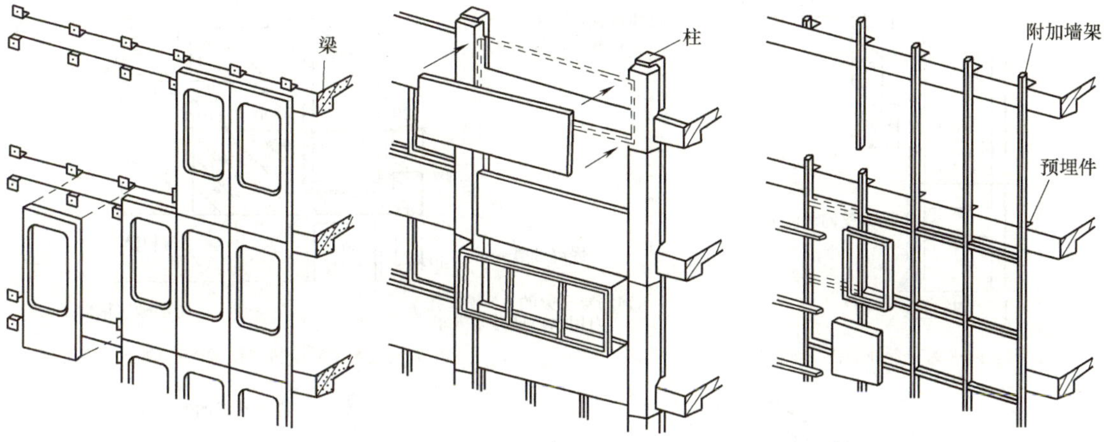


a) 外墙板安装在框架外侧　　b) 外墙板安装在框架之间　　c) 外墙板安装在附加墙架上

图 6-27　外墙板的布置方式

3. 外墙板与框架的连接　外墙板可以采用上挂或下承两种方式支承于框架柱、梁或楼板上。各种外墙板与框架的连接构造如图 6-28 所示。根据不同的板材类型和板材的布置方式，可采取焊接法、螺栓联接法、插筋锚固法等将外墙板固定在框架上。无论采用何种方法，均应注意以下构造要点：

1）外墙板与框架连接应安全可靠。

2）应采用防“冷桥”措施，避免产生结露。

3）构造简单，施工方便。

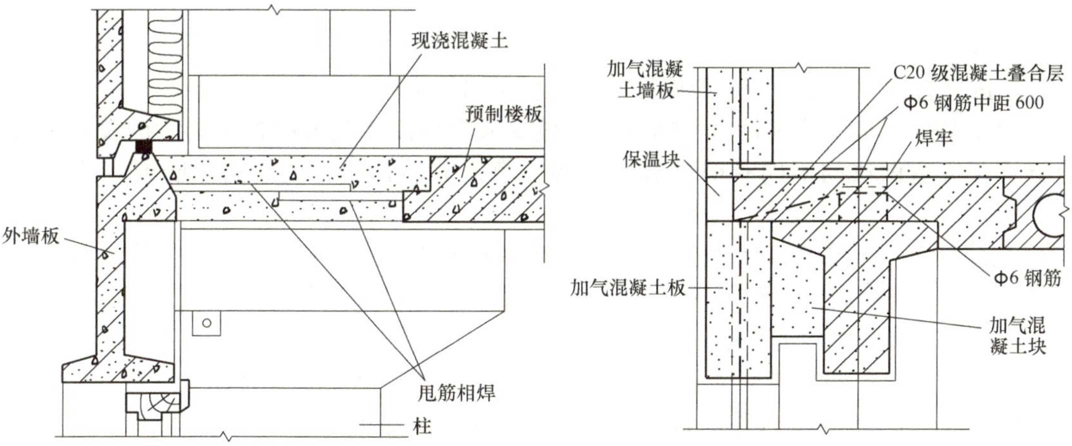


a) 钢筋混凝土复合外墙板与框架的连接　　b) 加气混凝土外墙板与框架的连接(采暖地区)

图 6-28　外墙板与框架连接

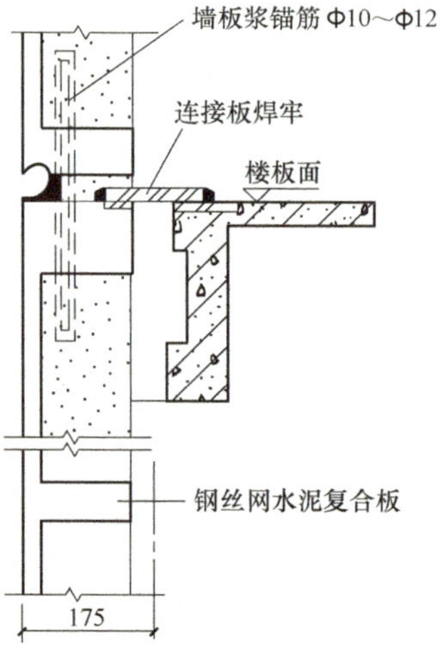


c) 钢丝网水泥复合外墙板与框架的连接

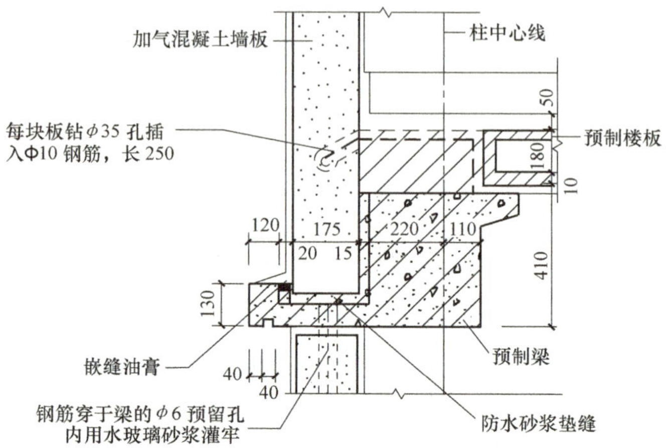


d) 加气混凝土外墙板与框架的连接(非采暖地区)

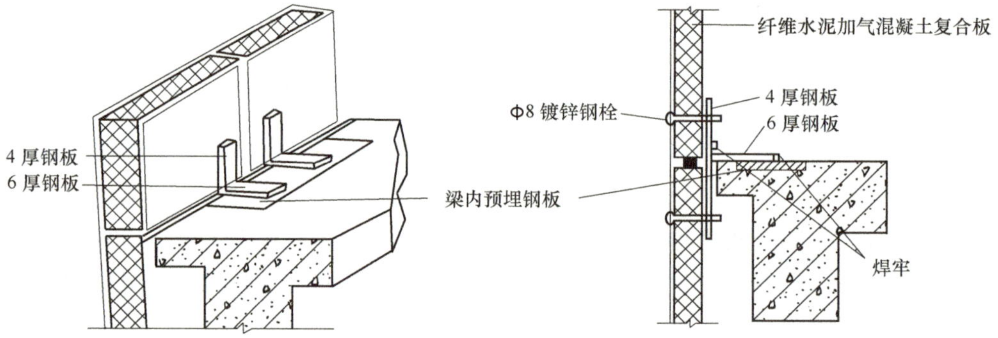


e) 纤维水泥复合外墙板与框架的连接

图 6-28 外墙板与框架连接（续）

### 6.6.2 幕墙

幕墙按材料分为玻璃幕墙、金属幕墙和石材幕墙等类型。

1. 玻璃幕墙 玻璃幕墙是由金属构件与玻璃板组成的建筑外围护结构。按玻璃幕墙的组合方式和构造做法的不同有明框玻璃幕墙、隐框玻璃幕墙、全玻璃幕墙或点式玻璃幕墙等。

2. 金属幕墙 金属幕墙是由金属构架与金属板材组成，不承担主体结构荷载与作用的建筑外围护结构。金属板一般包括单层铝板、铝塑复合板、蜂窝铝板、不锈钢板等。金属幕墙构造与隐框玻璃幕墙构造基本一致。

3. 石材幕墙 石材幕墙是由金属构架与建筑石板组成，不承担主体结构荷载与作用的建筑外围护结构，主要起装饰作用。石材幕墙由于石板（多为花岗石）较重，金属构架的立柱常采用镀锌方钢、槽钢或角钢，横梁常采用角钢。石材幕墙构造节点如图 6-29 所示。立柱和横梁与主体的连接与玻璃幕墙的连接方法基本一致。

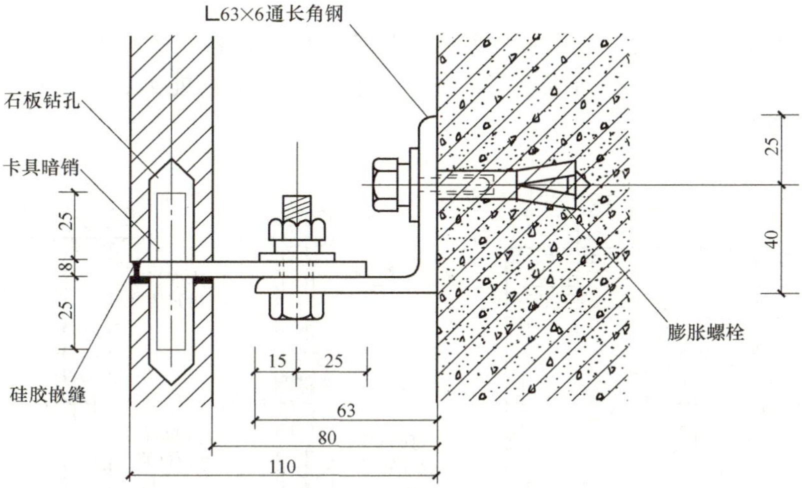


图6-29 石材幕墙构造节点

## 6.7 隔墙

建筑物中只起分隔室内空间作用的墙体叫隔墙。通常人们把高度至顶板下表面的墙叫隔墙，不到顶板的叫隔断。

### 6.7.1 隔墙特点及设计要求

1. 隔墙的特点　由于隔墙是到顶板下表面的墙，所以隔墙分隔声音和视线的能力比隔断更强。而隔断的拆装、移动要比隔墙方便得多。

2. 隔墙的设计要求

1）自重轻。隔墙通常搁置在楼板上，因而要求它重量轻，以减少楼板承受的荷载。

2）与周边构件连接牢固，稳定性能好。

3）厚度薄。在满足稳定要求的情况下，厚度要薄，以减少它的结构面积，增加房间的使用面积。

4）隔声好。满足内外声音不相互影响的要求。

5）耐火、耐水、耐腐蚀。

6）灵活性强。为了适应房间分隔可以变化的要求，隔墙应拆装方便。在高级建筑中，常在顶棚和地面预留金属连接件，以便按照不同的要求，变更其位置。

7）施工方便。尽量减少湿作业，提高效率，降低造价。

### 6.7.2 隔墙类型及构造

常用隔墙有块材隔墙、轻骨架隔墙和板材隔墙等几种。

1. 块材隔墙　块材隔墙是用普通黏土砖、空心砖、加气混凝土块等砌筑而成的。

（1）普通黏土砖隔墙：普通黏土砖隔墙一般采用1/2砖（120mm）隔墙。1/2砖墙用普通黏土砖采用全顺式砌筑而成，砌筑砂浆强度等级不低于M5。砌筑较大面积墙体时，长度超过6m应设砖壁柱，高度超过5m时应在门过梁处设通长钢筋混凝土现浇带，或沿高度每隔一定皮数砌入构造钢筋。

为了保证砖隔墙不承重，在砖墙砌到楼板底或梁底时，将立砖斜砌一皮，或将空隙塞木楔打紧，然后用砂浆填缝。半砖隔墙坚固耐久，有一定的隔声能力，但自重大，湿作业多，施工麻烦（见图6-30）。

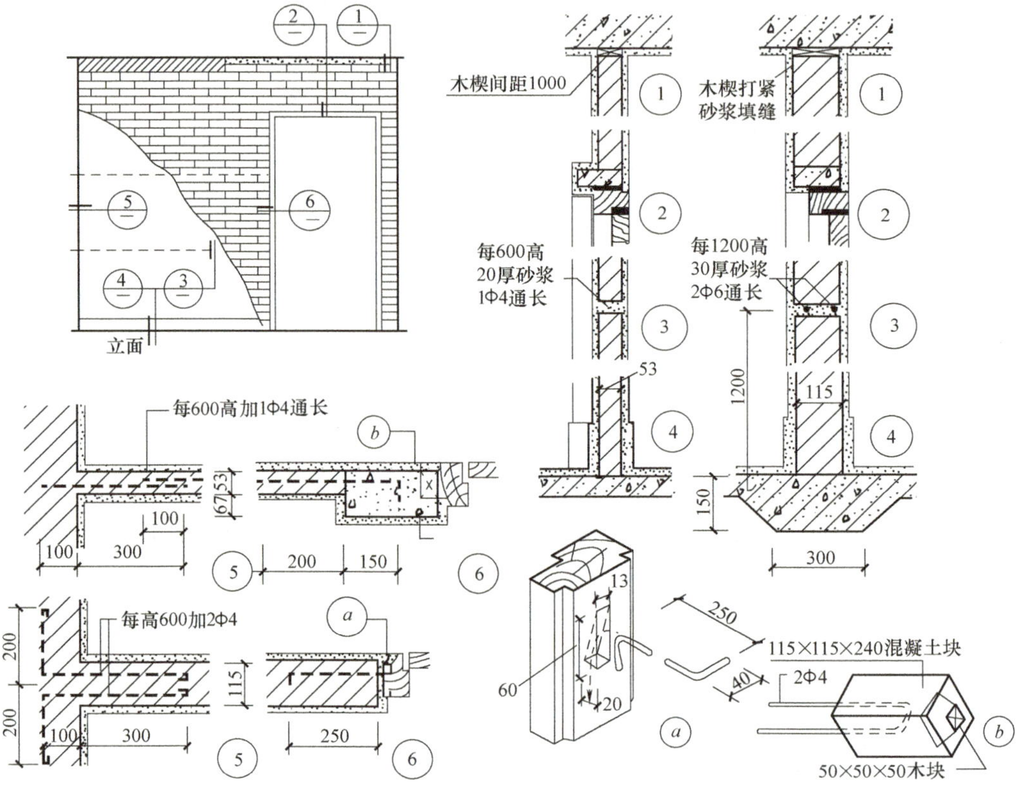


图6-30 1/2砖隔墙

（2）砌块隔墙：为减轻隔墙自重，可采用轻质砌块，如加气混凝土块、粉煤灰砌块、水泥炉渣空心砌块等。墙厚由砌块尺寸决定，一般为90~120mm，加固措施同1/2砖隔墙的构造做法。砌块不够整块时宜用普通黏土砖填补，砌块大多具有质轻、孔隙率大、隔热性能好等优点，但吸水量大，故在砌筑时可先在墙下部实砌3~5皮普通黏土砖再砌砌块（见图6-31）。

（3）框架填充墙：框架体系的围护和分隔墙体均为非承重墙（见图6-32），填充墙是用砖或轻质混凝土块材砌筑在结构框架梁柱之间的墙体，既可用于外墙，也可用于内墙，施工顺序为框架完工后填充墙体。

填充墙的自重传递给框架支承。框架承重体系按传力系统的构成可分为梁—板—柱体系和板—柱体系。梁—板—柱体系中，柱子成序列有规则地排列，由纵横两个方向的梁将它们连接成整体并支承上部板的荷载。板—柱体系又称为无梁楼盖，板的荷载直接传递给柱。框架填充墙是支承在梁上或板—柱体系的楼板上的，为了减轻自重，通常采用空心砖或轻质砌块，墙体的厚度视块材尺寸而定；用于外围护墙等有较高隔声和热工性能要求时不宜过薄，一般在200mm左右。

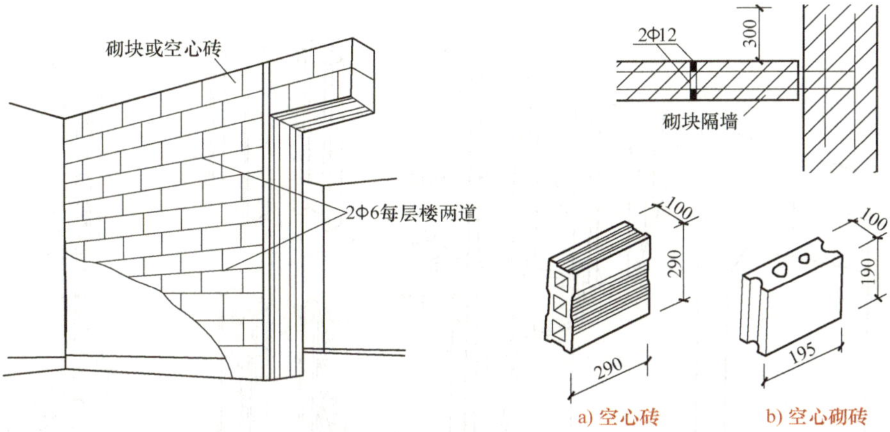


图 6-31 砌块隔墙

图 6-32 框架填充墙

轻质块材通常吸水性较强，有防水、防潮要求时应在墙下先砌 3 ~ 5 皮吸水率小的砖。填充墙与框架之间应有良好的连接，以利于将其自重传递给框架支承，其加固稳定措施与半砖隔墙类似，竖向每隔 500mm 左右需从两侧框架柱中甩出 1000mm 长 $2\Phi 6$ 钢筋伸入砌体锚固；水平方向 2 ~ 3m 需设置构造立柱；门框的固定方式与半砖隔墙相同，但超过 3.3m 以上的较大洞口需在洞口两侧加设钢筋混凝土构造立柱。

2. 轻骨架隔墙　轻骨架隔墙由骨架和面层两部分组成，由于是先立墙筋（骨架）再做面层，因而又称为立筋式隔墙。

（1）骨架：常用的骨架有木骨架、型钢骨架和铝合金骨架等。

木骨架由上槛、下槛、墙筋、斜撑及横档组成，上、下槛及墙筋断面尺寸为 (45 ~ 50)mm × (10 ~ 100)mm，斜撑与横档断面相同或略小些，墙筋间距常用 400mm。横档间距可与墙筋相同，也可适当放大。

轻钢骨架由各种形式的薄壁型钢制成，其主要优点是强度高、刚度大、自重轻、整体性好、易于加工和大批量生产，还可根据需要拆卸和组装。常用的薄壁型钢有 0.8 ~ 1mm 厚槽钢和工字钢。其安装过程是先用螺钉（或膨胀螺栓）将上、下槛（也称导向骨架）固定在楼板上，上、下槛固定后安装竖龙骨（墙筋），间距为 400 ~ 600mm，龙骨上留有走线孔（见图 6-33）。

龙骨的间距由面板的刚度和其表面设计的分割需要决定。

（2）面层：轻骨架隔墙的面层常用人造板材面层，如胶合板、纤维板、石膏板、塑料板等。胶合板是用阔叶树或松木经旋切、胶合等多种工序制成，硬质纤维板是用碎木加工而成的，石膏板是用一、二级建筑石膏加入适量纤维、黏结剂、发泡剂等经辊压等工序制成。

隔墙的名称以面层材料而定，如轻钢龙骨纸面石膏板隔墙。各种隔墙构造见图 6-34 ~ 图 6-37。

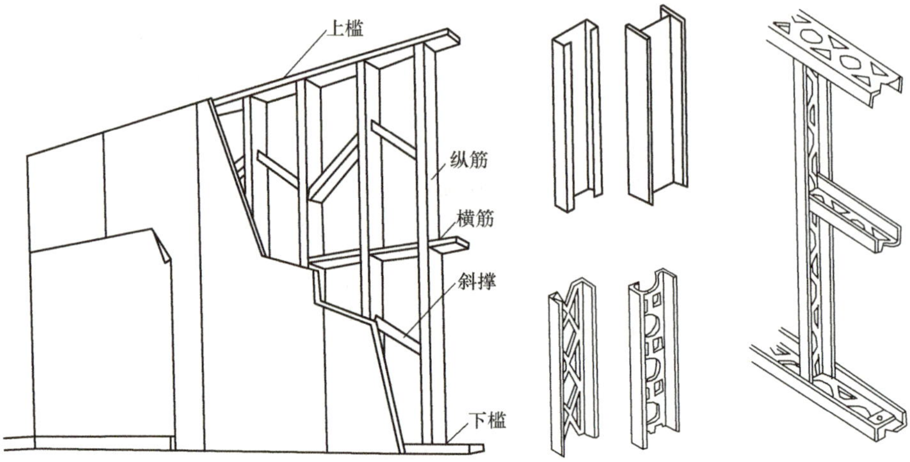


图 6-33 轻骨架隔墙龙骨构成

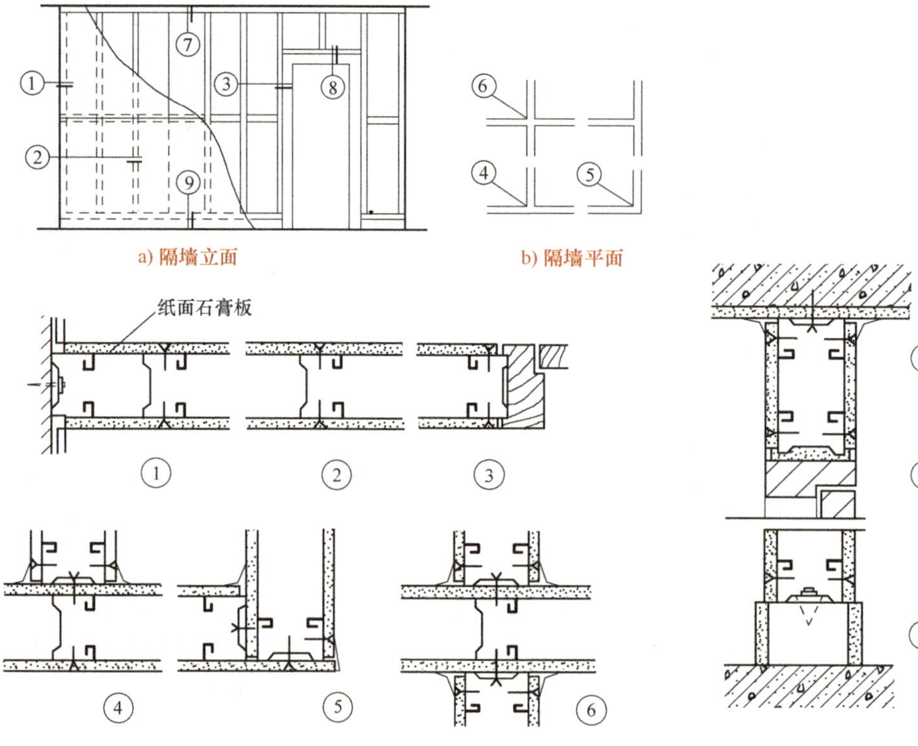


图 6-34 轻钢龙骨纸面石膏板隔墙构造示意

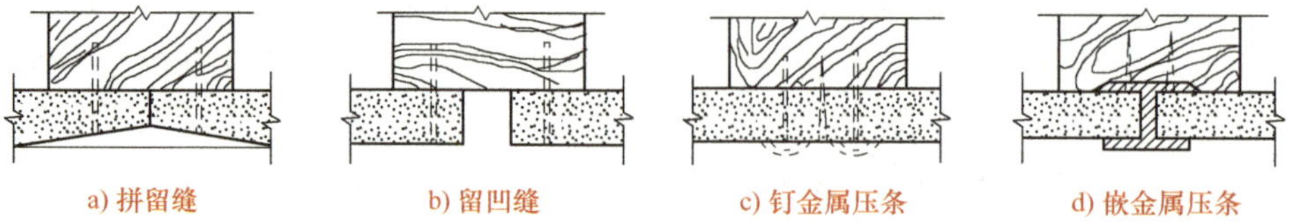


图 6-35 石膏板面板的接缝处理

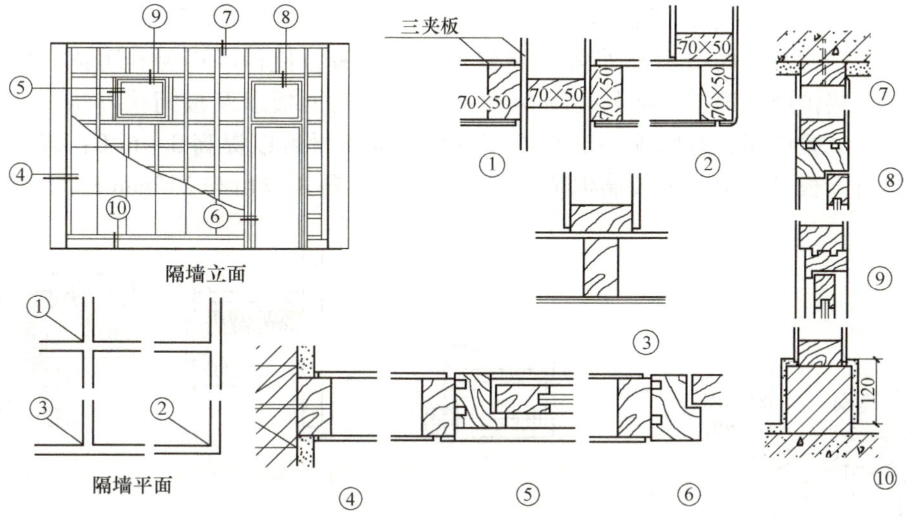


图6-36 木龙骨夹板面板隔墙构造示意图

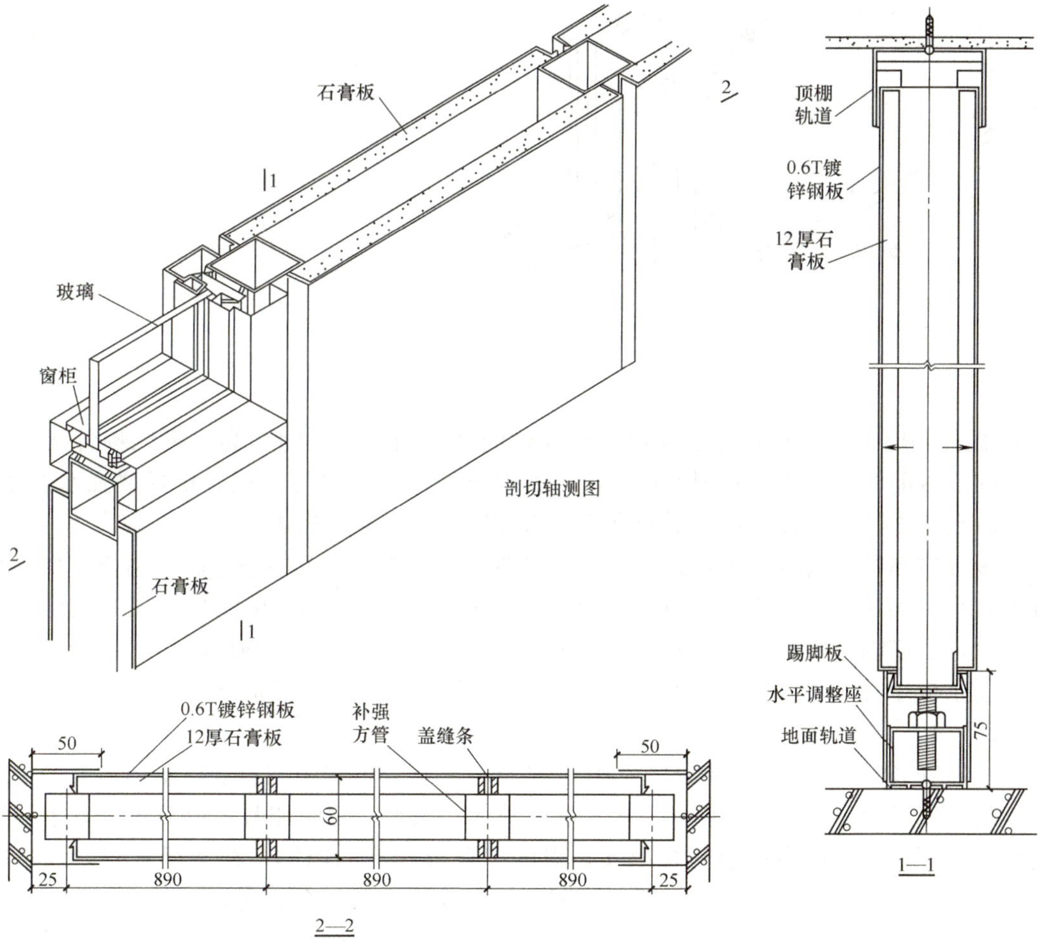


图6-37 钢管龙骨复合层板面板隔墙构造示意图

轻质隔墙由于自重较轻，因此隔声效果通常不够理想。安装时可以在骨架的空隙间填入吸声材料，更好的做法如图6-38所示，将纵筋错开布置，使得吸声材料可以阻断两层面板与龙骨之间直接传声的通道。此外，图6-38中两层石膏面板以及板间接缝错开布置的做法也相当有效。试验证明，每增加一层纸面石膏板，隔声量可以提高3～6dB；轻钢龙骨面层为双层纸面石膏板且内填超细玻璃棉毡的轻质墙体，其隔声量可与240mm厚的砖墙相当。

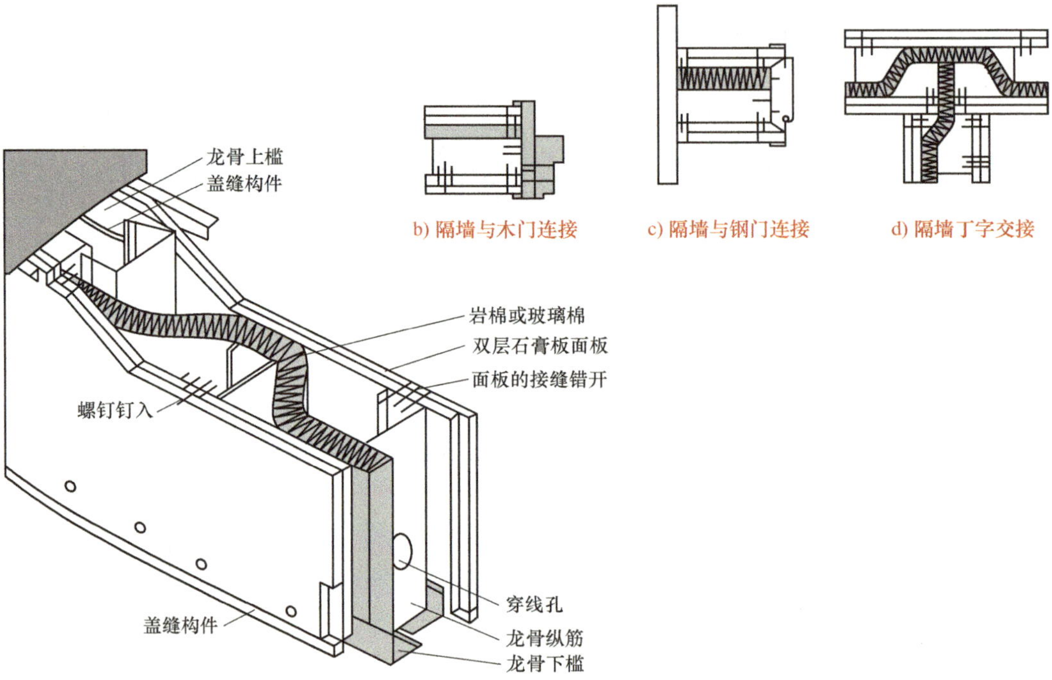

b) 隔墙与木门连接　c) 隔墙与钢门连接　d) 隔墙丁字交接

a) 石膏板隔墙剖切轴测

图6-38　骨架隔墙隔声构造

3. 板材隔墙　板材隔墙是指各种轻质板材的高度相当于房间净高，不依赖骨架直接装配而成的。目前板材隔墙多采用条板制作，如玻璃纤维增强水泥条板、钢丝增强水泥条板、加气混凝土条板、多孔石膏板、纸蜂窝板、水泥刨花板、复合板等。

条板墙体厚度应满足建筑防火、隔声、隔热等功能要求。单层条板墙体用作分户墙时其厚度不宜小于120mm；用作户内分隔墙时，其厚度不小于90mm。由条板组成的双层条板墙体用于分户墙或隔声要求较高的隔墙时，单块条板的厚度不宜小于60mm。

轻质条板墙体的限制高度为：60mm厚时为3.0m，90mm厚时为4.0m，120mm厚时为5.0m。

条板在安装时，与结构连接的上端用黏结材料黏结，下端用细石混凝土填实或用一对对口木楔将板底楔紧。在抗震设防6度至8度的地区，条板上端应加L形或U形钢板卡与结构预埋件焊接固定，或用弹性胶连接填实。对隔声要求较高的墙体，在条板之间以及条板与梁、板、墙、柱相结合的部位应设置泡沫密封胶、橡胶垫等材料的密封隔声层。确定条板长度时，应考虑留出技术处理空间，一般为20mm，当防水、防潮要求在墙体下部设垫层时，可按实际需要增加。图6-39为增强石膏空心条板的安装节点示例。

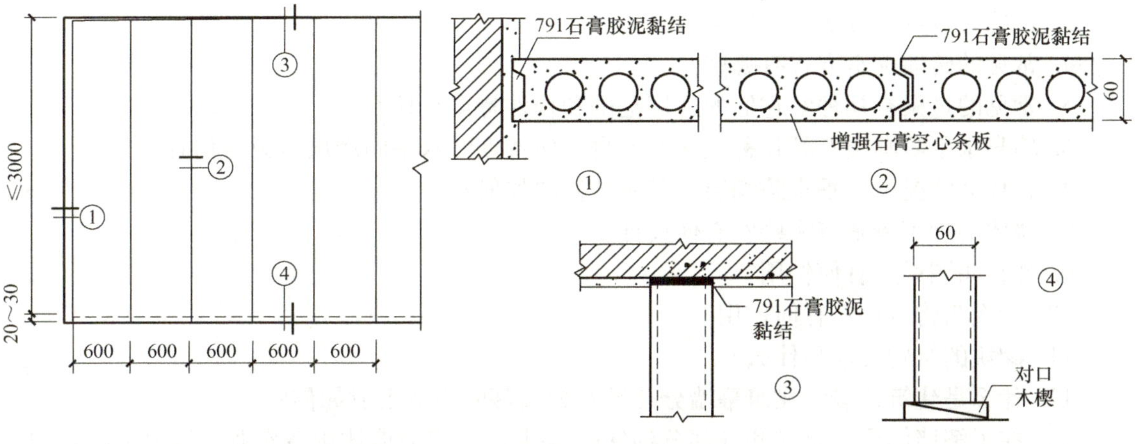


图 6-39 增强石膏空心条板隔墙

4. 复合板隔墙 由几种材料制成的多层板材为复合板材，或称工厂复合板材。复合板材的面层有石棉水泥板、石膏板、铝板、树脂板、硬质纤维板、压型钢板等。夹芯材料可用矿棉、木质纤维、泡沫塑料和蜂窝状材料等。

复合板材充分利用材料的性能，大多具有强度高，耐火性、防水性、隔声性能好的优点，且安装、拆卸方便，有利于建筑工业化。

## 单元小结

1. 墙是建筑物空间的垂直分隔构件，起着承重和围护作用。墙依受力性质的不同有承重墙和非承重墙之分；依材料及构件的不同有实体墙、空体墙和组合墙之分；依施工方式不同有块材墙、板筑墙和装配式板材墙之分。

墙体必须满足结构、保温、隔热、节能、隔声、防火以及适应工业生产的要求。

2. 砖墙和砌块墙都是块材墙，均以砂浆为胶结材料，按一定规律将砌块进行有机组合。砖墙若用普通黏土砖应加以控制使用。为节约土地资源，一些大城市已停止使用普通黏土砖。

墙身的细部构造重点在门窗过梁、窗台、勒脚、防潮层、明沟与散水、变形缝、墙身加固以及防火墙等。

3. 骨架墙系指填充或悬挂于框架或排架柱间的非承重墙。骨架墙有砌体填充墙、波形瓦材墙和开敞式外墙之分。

4. 隔墙一般是指分隔房间的非承重墙，常见的有块材隔墙、轻骨架隔墙和板材隔墙等。

## 复习思考题

1. 墙体依其所处位置不同、受力不同、材料不同、构造不同、施工方法不同可分为哪几种类型？

2. 墙体在设计上有哪些要求？
3. 标准砖自身尺度之间有何关系？
4. 常见的砖墙砌筑方式有哪些？
5. 常见的过梁有几种？它们的适用范围和构件特点是什么？
6. 墙身水平防潮层有哪几种做法？各自有何特点？水平防潮层应设在何处为好？
7. 在什么情况下设垂直防潮层？其构造做法如何？
8. 墙体的加固措施有哪些？有何设计要求？
9. 什么叫圈梁？有何作用？
10. 什么叫构造柱？有何作用？
11. 砌块的组砌要求是什么？
12. 什么是建筑幕墙？建筑幕墙分几类？金属幕墙构造组成如何？
13. 在了解墙体设计要求和各部分构件的基础上，完成墙体构造作业，按要求绘制构造详图。

# 单元7

# 楼板与地坪

**综合素质目标**

强化科技兴国的意识，理解科学技术是第一生产力，树立为中华民族而奋斗的信念。

## 7.1 概述

楼板与地坪是沿水平方向分隔空间的承重构件。楼板承受楼板层上的全部荷载及自重，并把这些荷载合理有序地传给墙或柱，再由墙或柱传给基础；楼板对墙体起着水平支撑作用，以减少风力和地震产生的水平力对墙体的影响，加强建筑物的整体刚度；地坪将所承受的荷载及自重均匀地传给地基或基础。此外，楼板与地坪应具备一定的隔声、防火、防水、防潮等功能。

### 7.1.1 楼板层的基本组成

为了满足楼板层使用功能的要求，楼板层通常由以下几个基本部分组成（见图7-1）。

1. 面层　位于楼板层的最上层，又称楼面或地面。楼板面层起着保护楼板层、分布荷载和各种绝缘的作用，同时对室内起美化装饰作用。

2. 结构层　它是楼板层的承重构件，包括板和梁。楼板结构层的主要功能在于承受楼板层上的全部荷载并将这些荷载传给墙或柱；同时还对墙身起水平支撑作用，以加强建筑物的整体刚度。

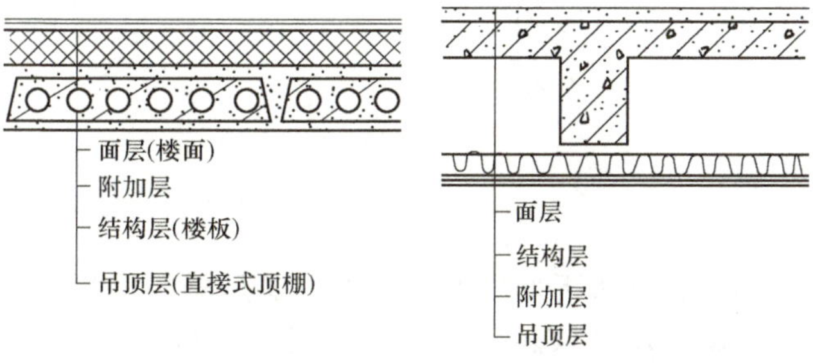


a) 预制钢筋混凝土楼板层　b) 现浇钢筋混凝土楼板层

图7-1　楼板层的基本组成

3. 附加层　附加层又称功能层，根据楼板层的具体要求而设置。附加层的主要作用是隔声、隔热、保温、防水、防潮、防腐蚀、防静电等。

4. 吊顶层　位于楼板层最下层，其主要作用是保护楼板，安装灯具，遮挡各种水平管线，改善室内光照条件，装饰美化室内空间。楼板吊顶层在构造上可分为直接式顶棚和吊顶。

### 7.1.2 楼板层的设计要求

1. 具有足够的强度和刚度　强度要求是指通过结构设计保证楼板层在自重和荷载作用下安全可靠，不发生任何破坏。刚度要求是指楼板层在一定荷载作用下不发生过大变形，以保证正常使用。有关规范规定：楼板的允许挠度不大于跨度的1/250，通常以板的最小厚度来保证其刚度。

2. 具有一定的隔声能力　楼板主要是隔绝撞击传声，防止撞击传声可采取以下措施。

（1）对楼面进行隔声处理：在楼板表面铺设地毯等弹性材料，或用弹性饰面层（如软木地面、塑料地面等），降低楼板本身的振动，使撞击声声能减弱（见图7-2）。

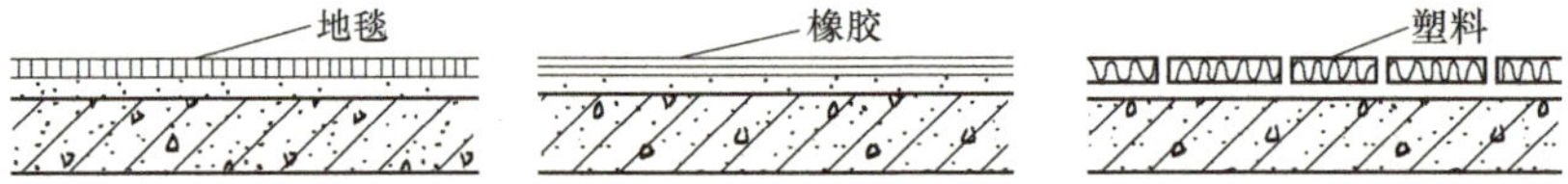


a) 铺地毯　b) 贴橡胶或软木地面　c) 塑料地面

图7-2　楼面的隔声处理

（2）采用“浮筑式楼板”：即在楼板与面层之间加片状、条状或块状弹性垫层，以降低楼板的振动。弹性垫层使楼板与面层完全隔离，起到较好的隔声效果（见图7-3）。为避免引起墙体振动，在面层和墙体的交接处应有一定的空隙，以免产生“声桥”。

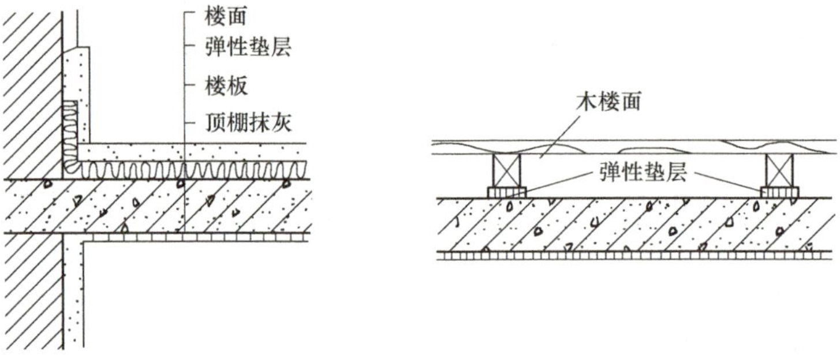


a) 浮筑式楼板形式一　b) 浮筑式楼板形式二

图7-3　浮筑式楼板

（3）在楼板下加吊顶：吊顶主要是隔绝楼板层产生的空气传声，其重量越大，整体性越强，隔声效果越好。此外，吊顶与楼板之间如采用弹性连接，则隔声能力可大为提高（见图7-4）。

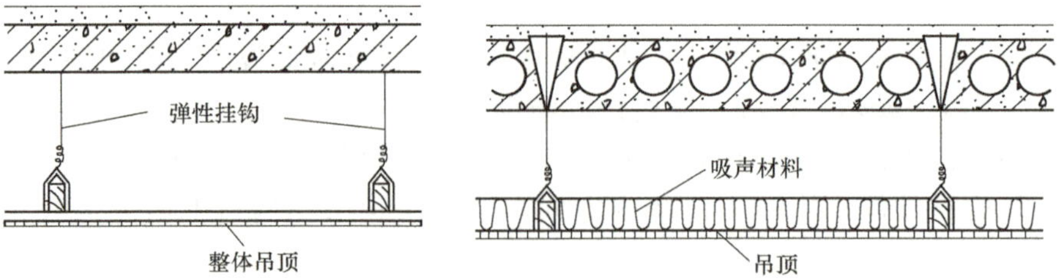


图7-4　利用吊顶隔声

3. 具有一定的防火能力　建筑设计防火规范中规定：一级耐火等级建筑的楼板应采用不燃体，耐火极限不低于1.5h；二级时耐火极限不低于1h；三级时耐火极限不低于0.5h；四级时可采用可燃体楼板。

4. 具有防潮、防水能力　对有水的房间都应该进行防潮、防水处理，以防水的渗漏影响建筑物的正常使用。

5. 满足各种管线的设置　在现代建筑中，由于各种服务设施日趋完善，有更多的管道和线路将借楼板层来敷设。为保证室内平面布置更加灵活，空间使用更加完整，在楼板层的设计中，必须仔细考虑各种设备管线的走向。

此外，还应考虑经济、美观和建筑工业化等方面的要求。

### 7.1.3　楼板的类型

按使用材料不同，楼板主要有以下几种类型（见图7-5）。

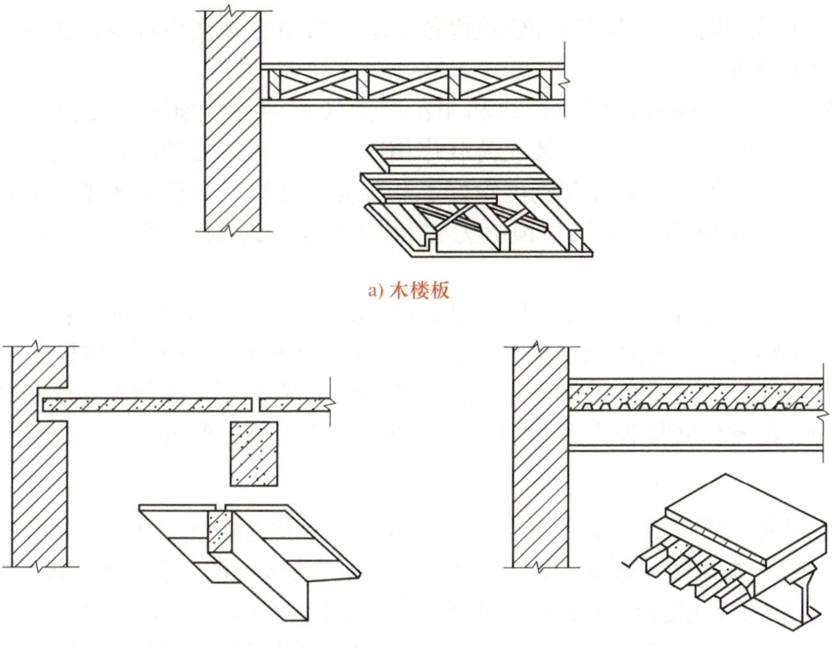

a) 木楼板

b) 钢筋混凝土楼板

c) 叠合楼板

图7-5　楼板的类型

1. 木楼板　自重轻、构造简单、保温性能好，但防火、耐久性差，且大量消耗木材，因而较少采用。

2. 钢筋混凝土楼板　强度高、刚度大，具有良好的可塑性、耐久性和防火性，便于工业化生产和机械化施工；其缺点是自重大，循环利用性差，普通钢筋混凝土楼板易产生裂缝，但可通过采用预应力钢筋混凝土结构来解决。钢筋混凝土楼板是目前我国工业与民用建筑中楼板的基本形式。

3. 叠合楼板（也称组合楼板）　用断面为凹凸形的压型钢板或预制钢筋混凝土薄板等与现浇配筋混凝土叠合形成整体性很强的楼板结构，具有自重轻、强度高、节省模板、施工效率高的优点，是目前在装配式建筑中大力推广应用的一种新型楼板。

## 7.2 钢筋混凝土楼板构造

### 7.2.1 钢筋混凝土楼板的类型和特点

钢筋混凝土楼板按其施工方法不同，可分为现浇式、预制装配式和装配整体式三种。

1. 现浇式 现浇式钢筋混凝土楼板是指在施工现场按支模、绑扎钢筋、浇筑混凝土等施工程序而成形的楼板结构。由于楼板系现场整体浇筑成形，结构整体性好，因此特别适用于有抗震设防要求的多层房屋和对整体性要求较高的其他建筑。对平面布置不规则、尺寸不符合模数要求、管道穿越较多和防水要求较高的楼面，应采用现浇式钢筋混凝土楼板。

2. 预制装配式 预制装配式钢筋混凝土楼板系指在构件预制加工厂或施工现场外预先制作，然后运到工地现场进行安装的钢筋混凝土楼板。这种楼板使工期大为缩短，而且提高了施工机械化的水平，有利于建筑工业化生产，但楼板的整体性、防水性、灵活性较差。凡建筑设计中平面形状规则、尺度符合建筑模数要求、管道穿越楼板较少的建筑物，都可采用预制钢筋混凝土楼板。

预制钢筋混凝土楼板有预应力楼板和非预应力楼板两种。预应力楼板是指在预制加工中，预先施加一定的压应力，在安装受荷载作用以后，楼板所受到的拉应力和预先施加的压应力平衡。预应力楼板的抗裂性和刚度均好于非预应力楼板，且板型规整、节约材料、自重减轻、造价降低。预应力楼板和非预应力楼板相比可节约钢材30%~50%，节约混凝土10%~30%。

3. 装配整体式 装配整体式楼板是先预制部分构件，然后在现场安装，再以整体浇筑其余部分的方法将其连成整体的楼板。它综合了现浇式楼板整体性好和装配式楼板施工简单、工期较短的优点，又避免了现浇式楼板作业量大、施工复杂和装配式楼板整体性较差等缺点。常用的装配整体式楼板有密肋填充块楼板和叠合式楼板两种。

### 7.2.2 现浇整体式钢筋混凝土楼板

现浇钢筋混凝土楼板根据受力和传力情况不同分为板式楼板、梁板式楼板和无梁楼板。

1. 板式楼板 在墙体承重建筑中，当房间较小时，将楼板现浇成一块平板并直接支撑在墙体上，这种楼板称为板式楼板。板式楼板多用于跨度较小的空间，如厨房、卫生间、走廊等。

2. 梁板式楼板 对平面尺寸较大的房间，为使楼板的受力与传力较为合理，在楼板下设梁以增加板的支点，从而减小楼板的跨度。这样，楼板上的荷载先由楼板传给梁，再由梁传给墙或柱。这种由板和梁组成的楼板称为梁板式楼板（见图7-6）。

梁板式楼板通常在纵横两个方向都设置梁，有主梁和次梁之分。主梁和次梁的布置应考虑建筑物的使用要求、房间的大小形状、荷载作用情况及构件的经济尺度。一般主梁沿房间短跨方向布置，次梁则垂直于主梁布置。

楼板一般是四边支承，根据其受力特点和支承情况，分为单向板和双向板。在板的受力和传力过程中，板的长边尺寸 $l_2$ 与短边尺寸 $l_1$ 的比值大小，决定了板的受力情况。当 $l_2/l_1>2$ 时，在荷载作用下，板基本上只在 $l_1$ 方向有变形，而在 $l_2$ 方向变形很小。这表明荷载主要向 $l_1$ 方向（即短边方向）传递，为单向受力，故称为单向板，如图7-7a所示。当 $l_2/l_1\leqslant 2$ 时，板在两个方向都发生变形，说明板在两个方向都受力，故称为双向板（见图7-7b）。双向板比单向板受力合理，构件的材料更能充分发挥作用。

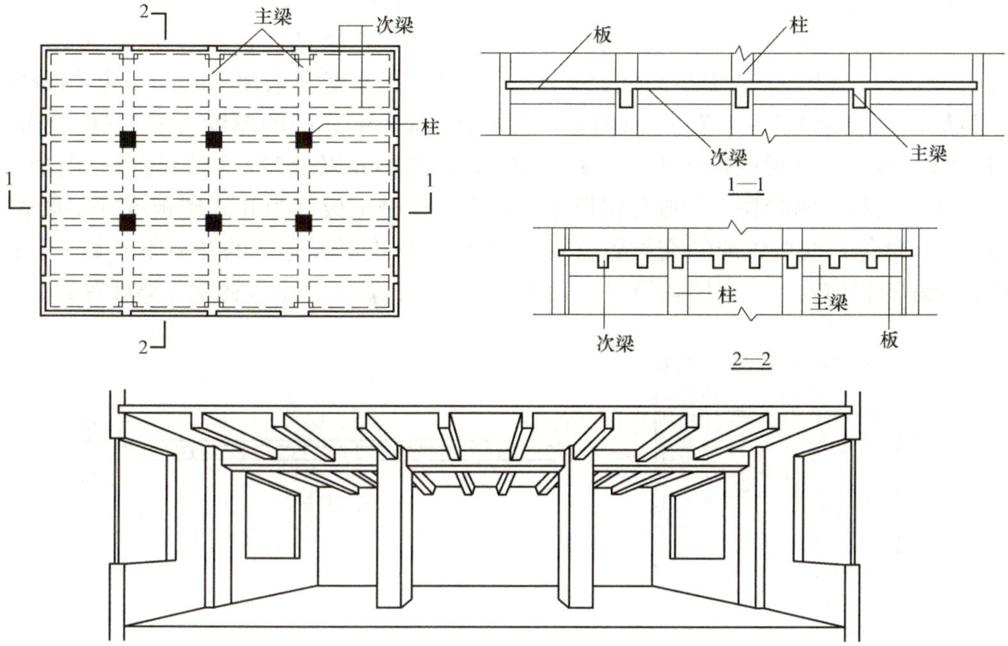


图 7-6 梁板式楼板

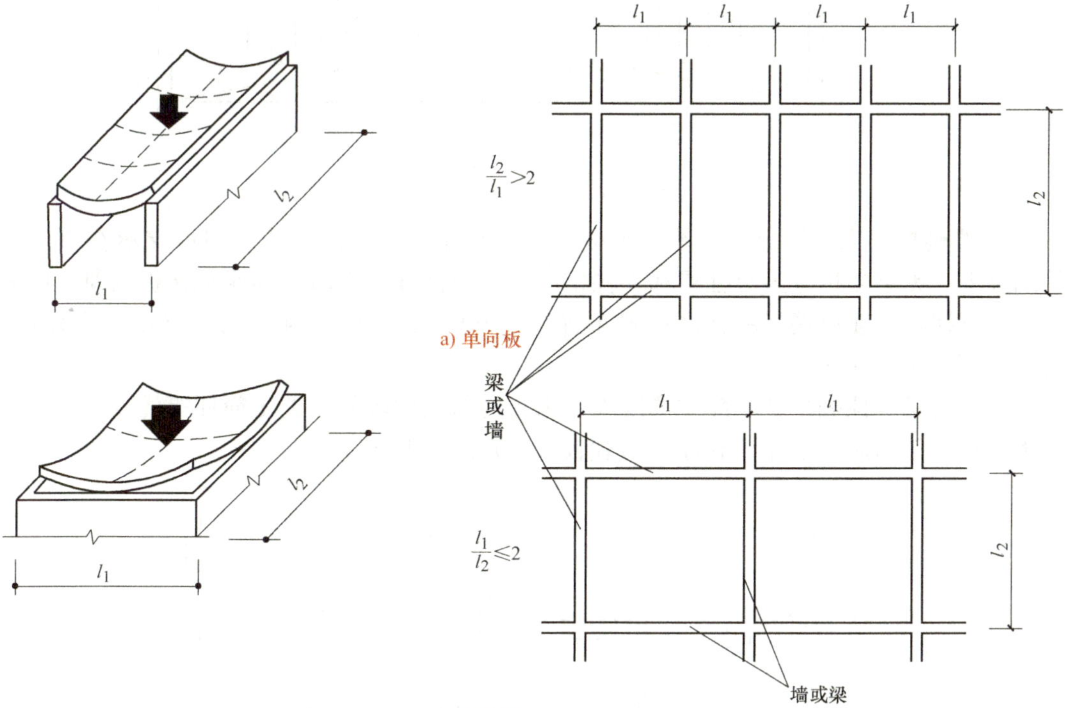


a) 单向板

b) 双向板

图 7-7 楼板的受力和传力方式

为了更充分地发挥楼板结构的效力，应合理选择构件的使用尺度。主梁的经济跨度一般为5～9m，最大可达12m；梁高为其跨度的1/14～1/8。次梁的经济跨度为4～6m，梁高为其跨度的1/18～1/12。梁的宽与高之比为1/3～1/2，其宽度常采用250mm。板的跨度（即次梁的间距）一般为1.7～2.7m，双向板不宜超过5m×5m，板的厚度一般为60～80mm。

当房间的形状为方形或近于方形且跨度在10m或10m以上时，可将两个方向的梁等间距布置，并采用相同的梁高，形成井格形梁板结构，这种楼板称为井式楼板或井字梁式楼板。井式楼板可与墙体正交放置或斜交放置（见图7-8）。井式楼板底部的井格整齐划一，很有韵律，具有较好的装饰效果，常用在门厅、大厅、会议室、餐厅、小型礼堂、舞厅等处。

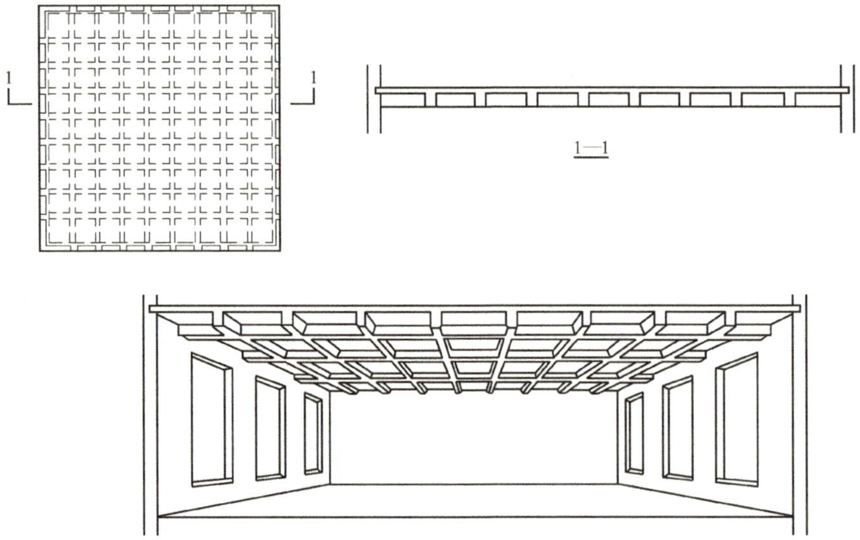


图7-8 井式楼板

3. 无梁楼板 无梁楼板为等厚的平板直接支承在柱上，楼板的四周可支承在墙上或边柱的圈梁上。无梁楼板分为有柱帽和无柱帽两种。当荷载较大时，为避免楼板太厚，应采用有柱帽无梁楼板。无梁楼板的柱网一般布置为正方形或矩形，间距一般在6m左右较经济，板的厚度不小于120mm。

无梁楼板具有顶棚平整、净空高度大、采光通风条件较好、施工简便等优点，但楼板厚度较大，适用于商店、书库、仓库等荷载较大的建筑（见图7-9）。

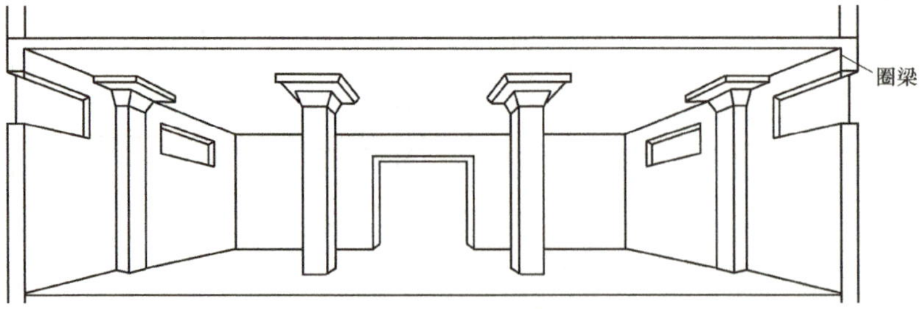


图7-9 无梁楼板（有柱帽）

### 7.2.3 预制装配式钢筋混凝土楼板

1. 预制楼板构件的类型和特点

1）实心平板规格较小，跨度一般在2.4m以内，宽度多为500~1000mm，板厚为跨度的1/30，一般为60~80mm。

预制实心平板两端支承在墙或梁上，由于其跨度小，因此只能用于过道、小房间的楼板及架空搁板或管道盖板等处（见图7-10）。

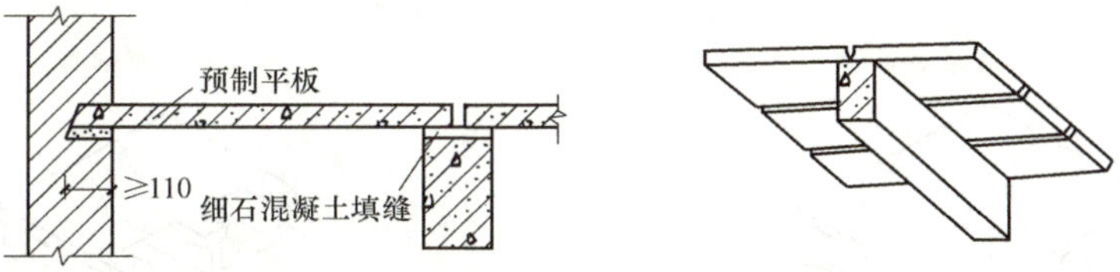


图7-10 预制钢筋混凝土平板

2）槽形板是在实心板的两侧设有纵肋，是一种梁板结合的预制构件。一般槽形板的板厚为25~30mm，肋高为120~300mm，板宽为600~1200mm，板跨通常为3~7.2m。

为提高板的刚度和便于搁置，槽形板的两端常以端肋封闭。当板跨超过6m时，应在板的中部每隔500~700mm增设横肋一道。

槽形板板面较薄，所以自重较轻，用料较省，但隔声效果较差。板面上也可以根据需要打洞穿管，而不影响板的强度和刚度，适用于管道较多的房间。

槽形板做楼板时，有正置（板肋朝下）和倒置（板肋朝上）两种放置方法。正置板由于板底不平，通常做吊顶遮盖。倒置槽形板受力不如正置槽形板合理，但可在槽内填充轻质材料，以解决楼板的隔声和保温隔热问题，还可以获得平整的顶棚（见图7-11）。

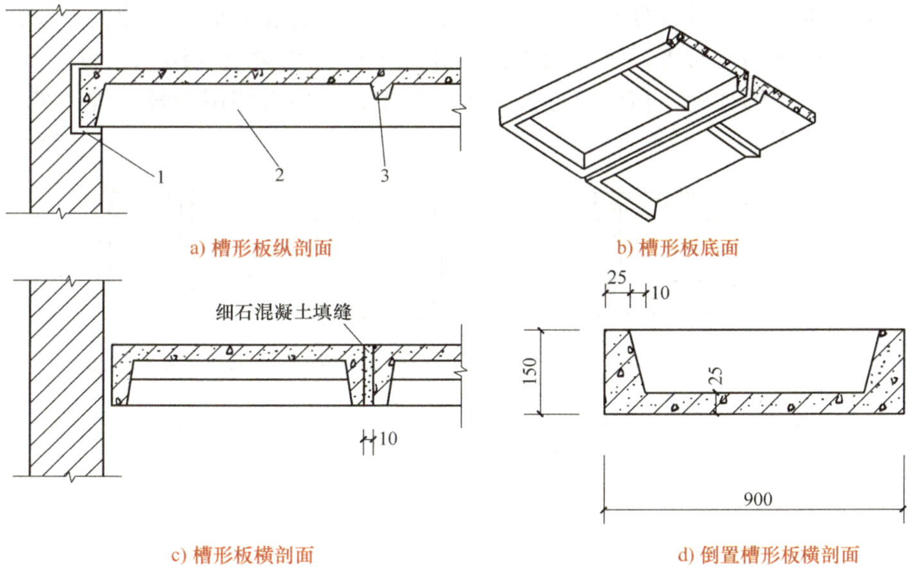


图7-11 预制钢筋混凝土槽形板

1—水泥砂浆 2—纵肋 3—横肋

3）空心板是将平板沿纵向抽孔而成，是一种梁板合一的预制构件。空心板上下板面平整，自重轻，节约材料，且隔声效果优于实心平板和槽形板，因此是目前应用最广泛的一种预制楼板。目前预制空心板基本上采用圆孔板(见图7-12)。

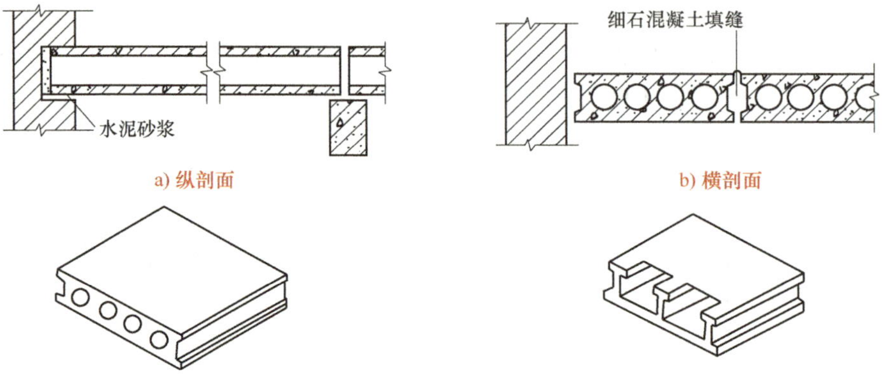

a) 纵剖面　b) 横剖面　c) 剖面形式　d) 端头形式

图7-12　预制空心板

空心板有中型板和大型板之分：中型板板跨多为4.5m以下，板宽为500～1500mm，板厚为90～120mm，圆孔直径为50～75mm；大型板板跨为4～7.2m，板宽为1200～1500mm，板厚为180～240mm。

空心板支承端的两端孔内常以混凝土填块、砖块或砂浆块填塞，避免灌缝时混凝土进入孔内，以保证支座处不致被压坏。

2. 预制空心板的结构布置与细部处理

（1）板的布置：应根据房间的开间、进深尺寸及房间的使用要求确定板的支承方式，然后依据现有板的规格进行合理布置。板的支承方式有板式和梁板式两种，当预制板直接搁置在墙上时称为板式结构布置，当预制板搁置在梁上时称为梁板式结构布置（见图7-13）。前者多用于横墙较密的住宅、宿舍、办公楼等建筑中，而后者多用于教学楼、实验楼等开间进深都较大的建筑中。

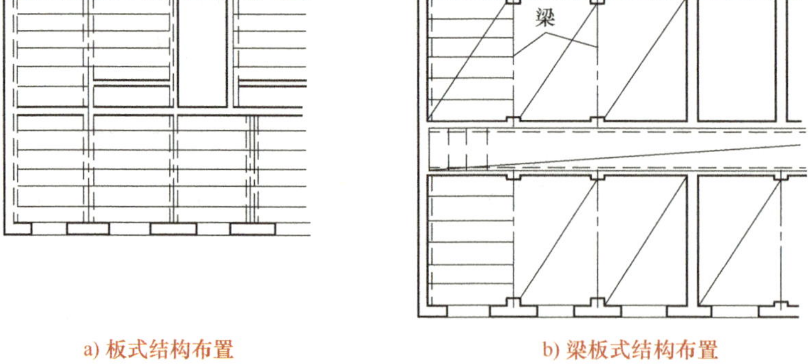

a) 板式结构布置　b) 梁板式结构布置

图7-13　预制楼板结构布置

当采用梁板式结构时，板在梁上的搁置方式一般有两种，一种是板直接搁置在梁顶上

（见图 7-14a）；另一种是板搁置在花篮梁或十字梁上，这时板的顶面与梁顶面平齐，在梁高不变的情况下，梁底净高相应地增加了一个板厚（见图 7-14b），这时板的跨长应减去梁顶宽度。

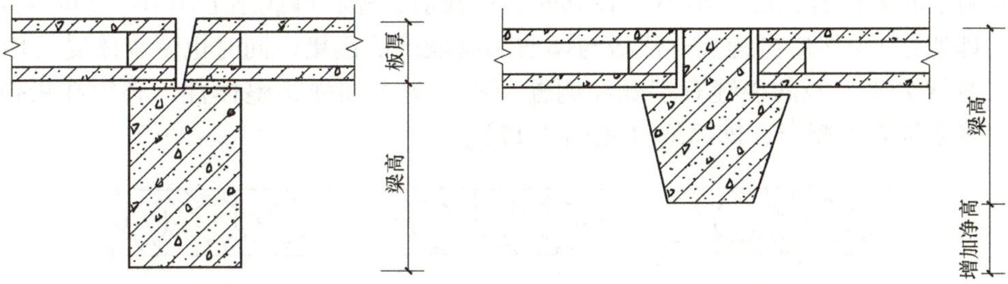


a) 板搁置在矩形梁上　　b) 板搁置在花篮梁上

图 7-14　板在梁上的搁置

在选择板型时，一般要求板的规格、类型越少越好，同时板的布置应避免出现三面支承的板（见图 7-15）。因为预制空心板的钢筋配置和截面造型都是按单向受力状态考虑的，钢筋都配在受拉区。而三面支承的板为双向受力状态，在荷载作用下，板的受压区受拉，板沿纵长边的竖向开裂；同时，压在边肋上的墙体受局部承压影响而削弱承载力。

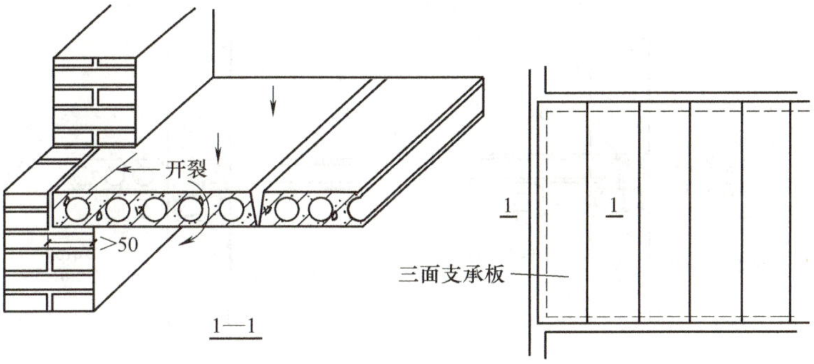


图 7-15　三面支承的板

在排板过程中，当板宽方向的尺寸与房间平面尺寸出现差额（即板缝差）时，可根据板缝差大小采用不同方法解决。当板缝差≤200mm 时，用局部挑砖或现浇板带的办法解决（见图 7-16）；当板缝差超过 200mm 时需重新选择板的规格。

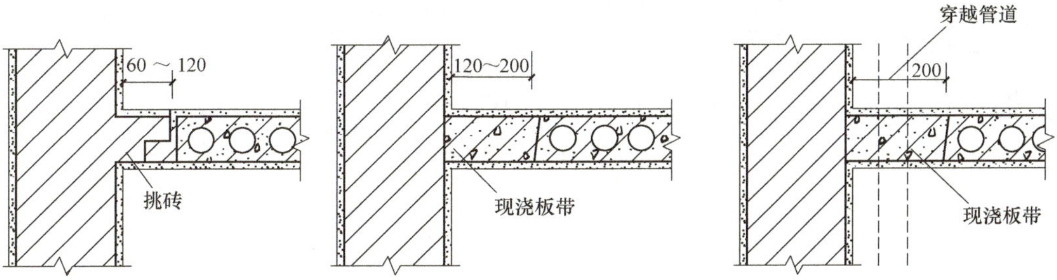


a) 墙边挑砖　　b) 现浇板带　　c) 竖管穿过板带

图 7-16　板缝差的处理

（2）板的搁置要求：预制板直接搁置在墙上或梁上时，均应有足够的搁置长度。圆孔板支承于梁上时其搁置长度应不小于80mm；支承于内墙上时其搁置长度应不小于100mm；支承于外墙上时其搁置长度应不小于120mm。铺板前，先在墙或梁上用10～20mm厚水泥砂浆找平（即座浆），然后再铺板，使板与墙或梁有较好的连接，同时也使墙体受力均匀。

（3）板缝处理：板的接缝有端缝和侧缝两种，为了加强其整体性，必须在板侧缝内灌入水泥砂浆或细石混凝土，即灌缝（见图7-17）。

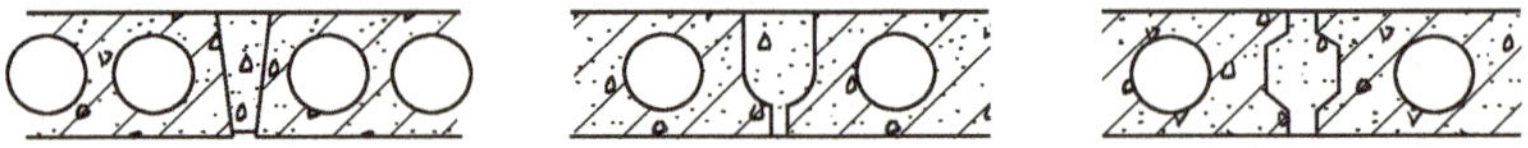

a) V形缝　b) U形缝　c) 凹槽缝

图7-17　预制板侧缝接缝形式

板端缝处理时可将板端露出的钢筋交错搭接在一起，或加钢筋网片，然后用细石混凝土灌缝，以增强板的整体性和抗震能力。

（4）预制楼板的抗震构造：在抗震设防的建筑物中，圈梁应紧贴预制楼板板底设置，外墙则应设缺口圈梁，将预制板箍在圈梁内，以免地震发生时，墙体倾倒致使楼板失去支撑塌落伤人（见图7-18）。

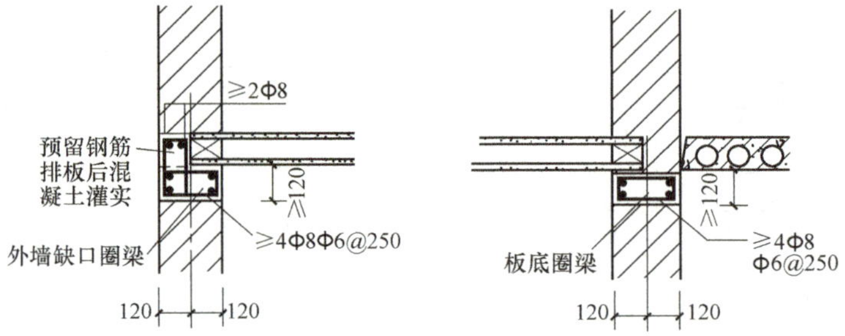


图7-18　圈梁与墙体、楼板的连接

为增强房屋的整体刚度，对楼板与墙体之间及楼板与楼板之间用锚固钢筋（即拉结钢筋）予以锚固（见图7-19）。

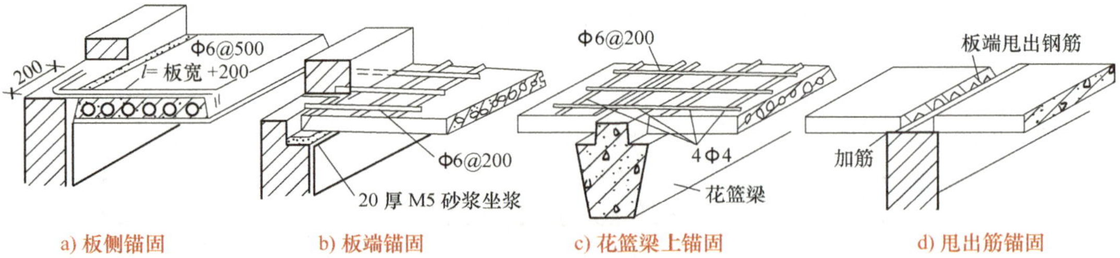


a) 板侧锚固　b) 板端锚固　c) 花篮梁上锚固　d) 甩出筋锚固

图7-19　锚固钢筋的配置

## 7.2.4 叠合楼板

1. 密肋填充块楼板　密肋填充块楼板的密肋有现浇和预制两种，前者是在填充块之间现浇密肋小梁和面板，其填充块有空心砖和玻璃钢壳等（见图7-20a、b），后者的密肋常见的有预制倒T形小梁和带骨架芯板等（见图7-20c、d）。这种楼板充分利用不同材料的性能，能适应不同跨度和不同规格的楼板，隔声效果较好，且有利于节约模板。

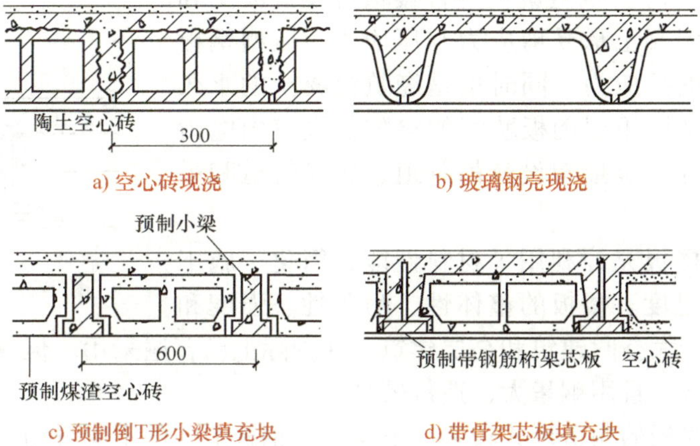


图7-20　密肋填充块楼板

2. 预制薄板叠合楼板　预制薄板叠合楼板是以预制薄板为永久模板来承受施工荷载，板面现浇混凝土叠合层，所有楼板层中的管线均事先埋在叠合层内，现浇层内只需配置少量承受支座负弯矩的钢筋。预制薄板底面平整，作为顶棚可直接喷浆或铺贴其他装饰材料。

叠合楼板跨度大、厚度小、自重少，可节约模板并降低造价。目前，叠合楼板已广泛用于住宅、旅馆、学校、办公楼、医院以及仓库等建筑中；但不适用于有振动荷载的建筑中。

叠合楼板跨度一般为4～6m，最大可达9m，以5.4m以内较为经济。预制预应力薄板板厚为50～70mm，板宽为1.1～1.8m。为使预制薄板与现浇叠合层牢固地结合在一起，可将预制薄板的板面做适当处理，如板面刻凹槽、板面露出较规则的三角形结合钢筋等（见图7-21）。

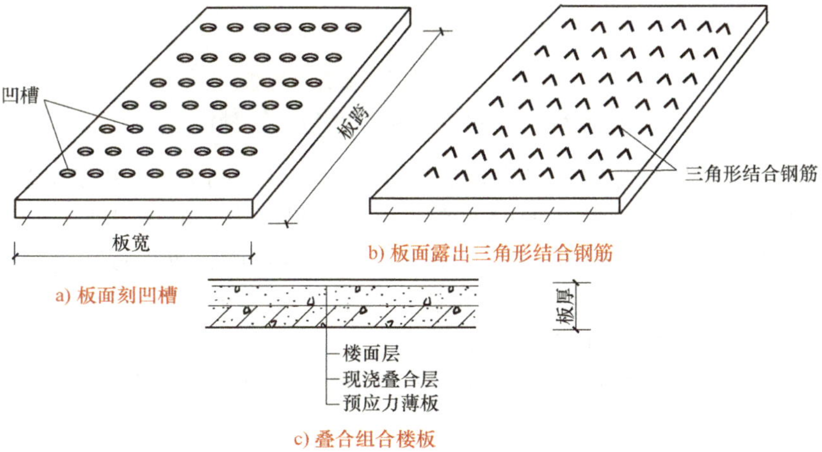


图7-21　叠合楼板

3. 压型钢板叠合楼板　压型钢板叠合楼板是利用压型钢板做衬板与现浇混凝土浇筑在一起支承在钢梁上构成的整体形楼板。

压型钢板叠合楼板包括混凝土和钢板，此外可根据需要设吊顶层(见图7-22)。压型钢板叠合楼板可使混凝土和钢板共同受力，即混凝土承受剪应力与压应力，压型钢板用来承受楼板下部的拉应力，同时也是浇筑混凝土的永久模板。此外，还可利用压型钢板肋间的空隙敷设室内电力管线，也可在钢板底部焊接架设悬吊管道、通风管道和吊顶层的支柱。

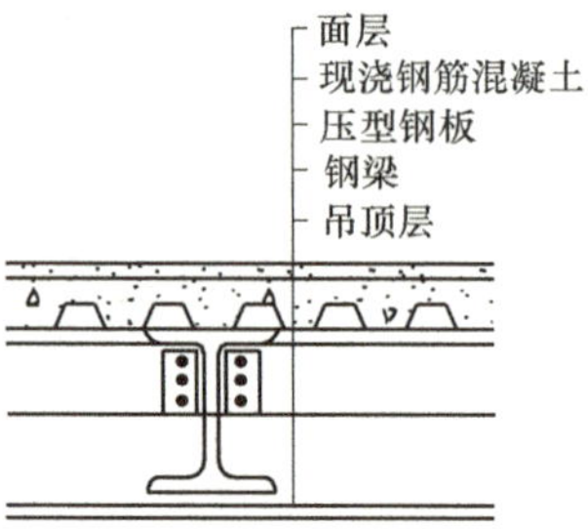

图7-22　钢板叠合楼板

压型钢板叠合楼板充分利用了材料性能，简化了施工程序，加快了施工进度。楼板的整体性、耐久性、强度和刚度都很好，适用于大空间建筑和高层建筑，在国际上已普遍采用。但其耐火性和耐锈蚀性不如钢筋混凝土楼板，且用钢量大，造价较高。

压型钢板叠合楼板的构造形式较多，根据压型钢板形式的不同分为单层压型钢板叠合楼板和双层压型钢板叠合楼板两种类型。单层压型钢板叠合楼板构造如图7-23所示。其中图7-23a系叠合楼板在混凝土上部配有构造钢筋，一方面可加强混凝土面层的抗裂能力，另一方面还可在板支承处作为承受负弯矩的钢筋。图7-23b系在钢板上加肋条或压出凹槽，形成抗剪连接，这时钢板对混凝土起到加强钢筋的作用。图7-23c系在钢梁上焊有抗剪螺栓，以保证叠合楼板和钢梁能共同工作。

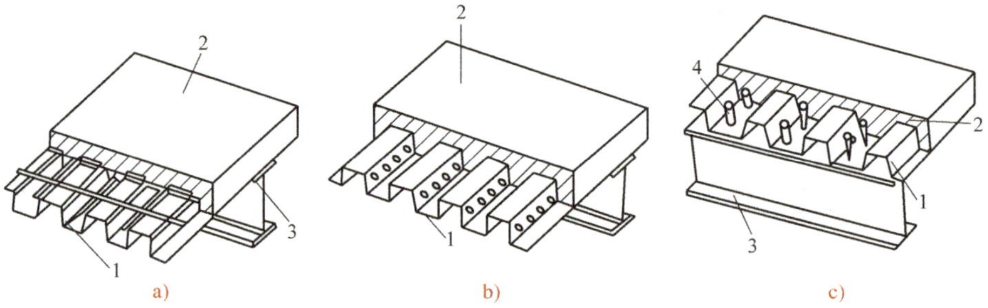

图7-23　单层压型钢板叠合楼板

1—钢板　2—现浇混凝土　3—钢梁　4—螺栓

双层孔格式压型钢板叠合楼板构造如图7-24所示。其中图7-24a系在压型钢板下加一张平钢板，使钢板下形成封闭空腔，形成的空腔便于设置电力、电信等管线，还可提高承载力，这种压型钢板高为40mm或80mm。在较高的压型钢板中，可形成较宽的空腔，并可利用它直接做空调通道；图7-24b系将一对截面较高的压型钢板焊在一起的钢板叠合楼板，用于承载力更大的楼板结构中，其跨度可达4m。

钢板与钢板之间和钢板与钢梁之间的连接，一般采用焊接、自攻螺栓连接、膨胀铆钉固接和压边咬接等方式。

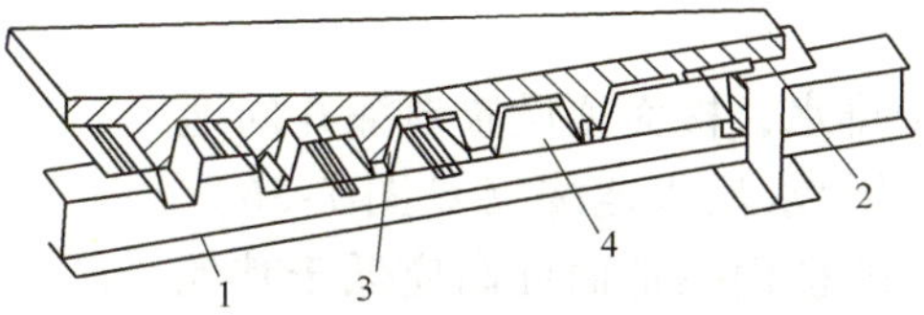


a) 压型板与平钢板组成的孔格式叠合楼板

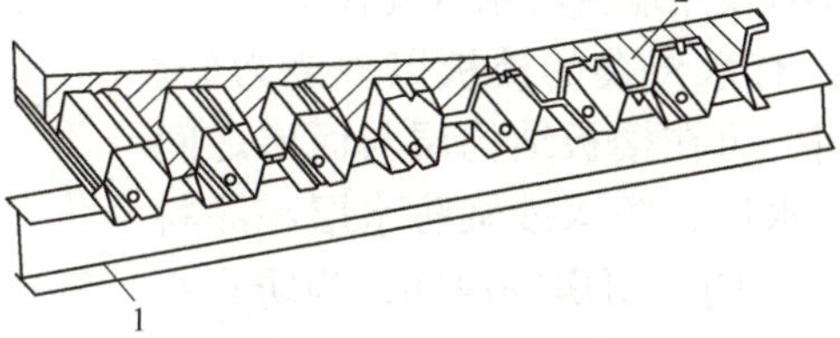


b) 双压型钢板组成的孔格式叠合楼板

图 7-24　双层孔格式压型钢板叠合楼板

1—钢梁　2—现浇混凝土　3—压型钢板　4—平钢板

### 7.2.5　楼板层的细部构造

1. 楼板与隔墙　当房间设有隔墙而且重量由楼板承受时，首先应采用轻质隔墙（如骨架隔墙）；当设置砖砌墙时，应尽量选择对楼板受力有利的位置。应采取必要构造措施，如图 7-25 所示。

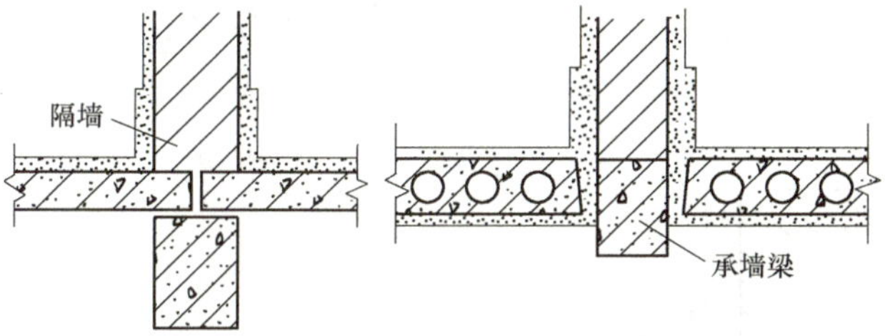


a) 隔墙支承在梁上

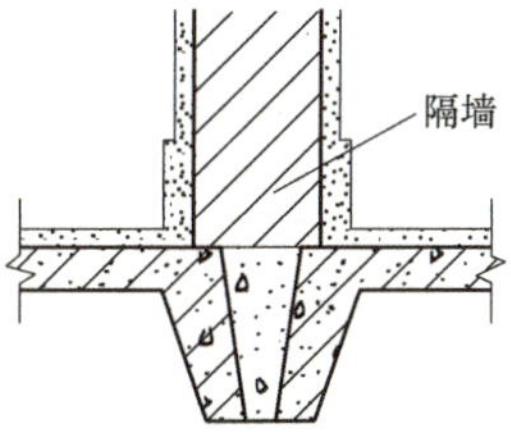


b) 隔墙支承在梁纵肋上

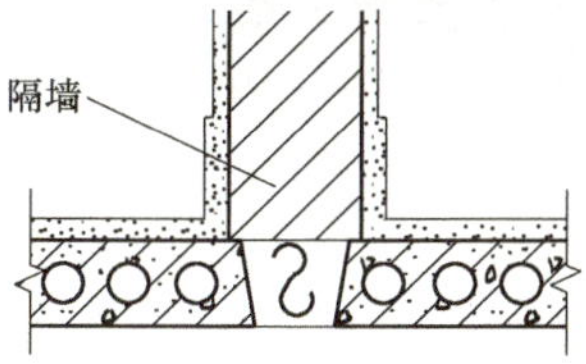


c) 板缝内配钢筋支承隔墙

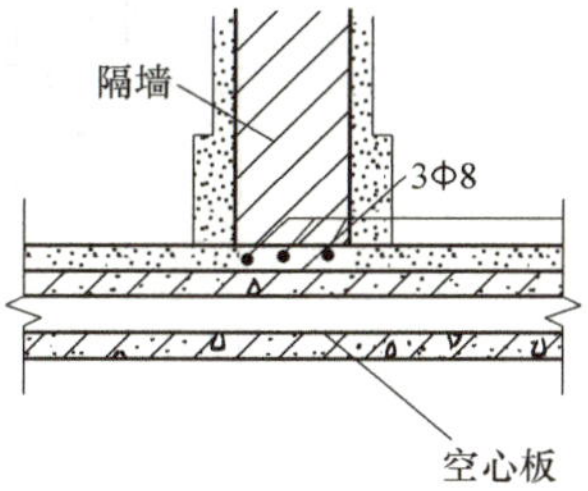


d) 隔墙支承在多孔板上

图 7-25　隔墙在楼板上的搁置

2. 楼板层防水

(1) 楼面排水：为便于排水，楼面须设置地漏并向地漏找1%~15%的排水坡，引导水流入地漏（见图7-26）。为防止积水外溢，有水房间的楼面或地面标高应低于其他房间或走廊20~30mm（见图7-27a）；也可在门口做高出20~30mm的门槛（见图7-27b）及用墙身防水（见图7-27c）。

(2) 楼板的防水处理：有水侵袭的楼板以现浇为好。对防水质量要求较高的房间，可在楼板结构层与面层之间设置一道防水层，如卷材防水层、防水砂浆防水层和涂料防水层等（见图7-27）。在卫生间、厨房等房间，为防止水沿房间四周侵入墙身，应将防水层沿房间四周墙边向上延伸1800mm（见图7-27c）。当遇到开门处时，其防水层应铺出门外至少250mm（见图7-27a、b）。

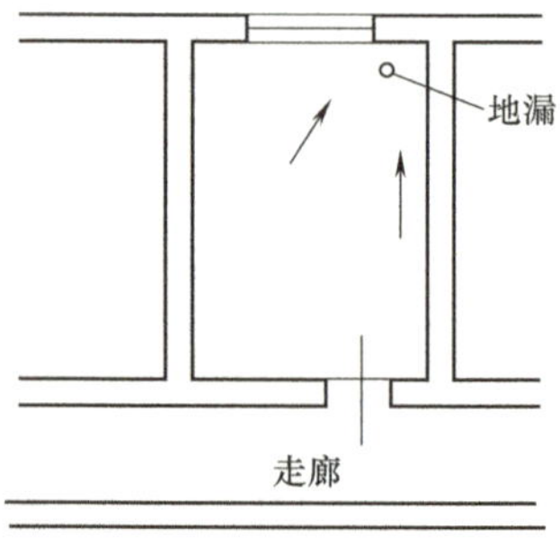

图7-26 楼面排水

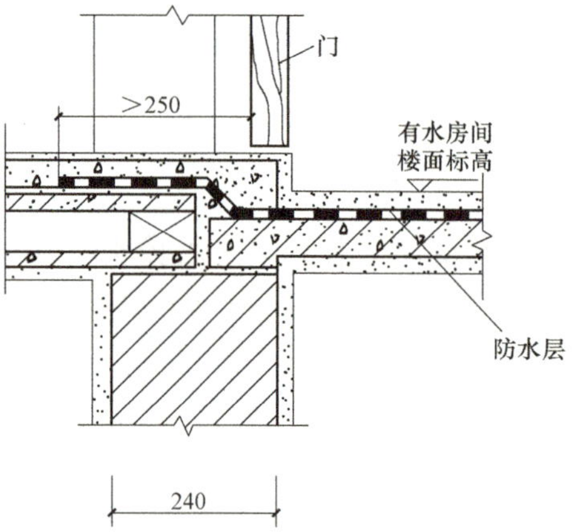

a) 地面降低

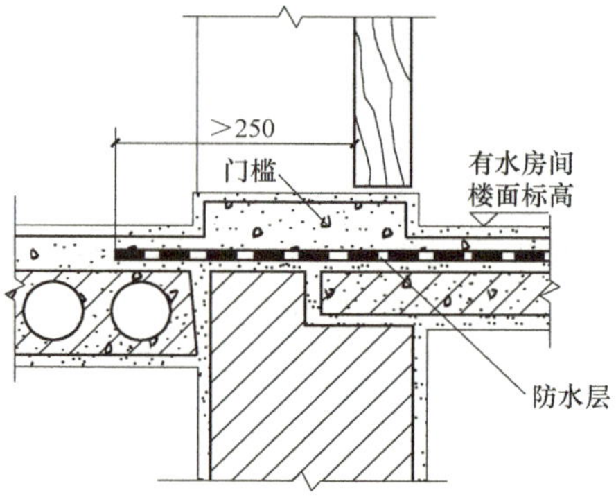

b) 设置门槛

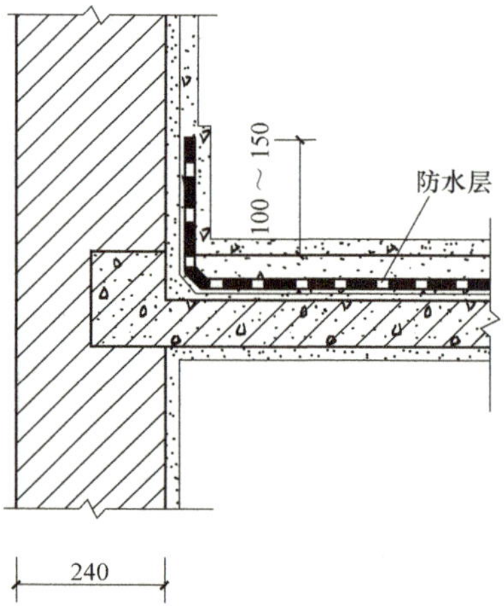

c) 墙身防水

图7-27 有水房间楼板层的防水处理

(3) 穿楼板立管的防水处理：可在穿管位置预埋一个比管径稍大的套管，且高出地面30mm以上，同时，在缝隙内填塞弹性防水材料（见图7-28）。

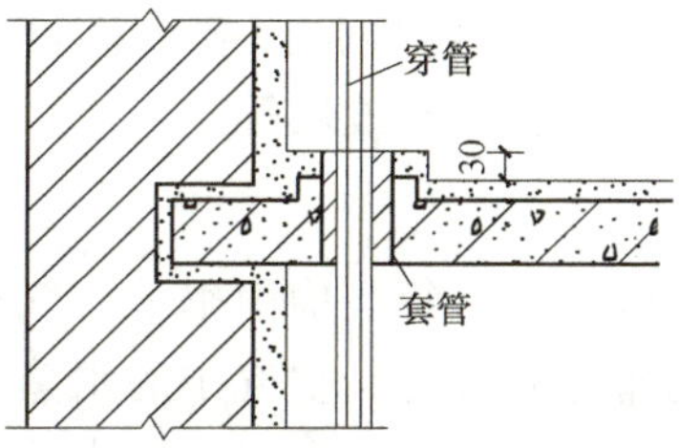


图 7-28　管道穿过楼板时的处理

## 7.3　地坪层构造

地坪系指建筑物最底层房间与地基相交接处的水平构件。和楼板层一样，地坪承受着地坪上的荷载，并均匀地传给地坪以下的地基。

### 7.3.1　地坪设计要求

地坪是人们日常生活、工作和生产时所必须接触的部分，也是建筑中直接承受荷载，经常受到摩擦、清扫和冲洗的部分，因此，对地坪应有一定的功能要求。

1. 具有足够的坚固性　即要求在各种外力作用下不易磨损破坏，且要求表面平整、光洁、易清洁和不起灰。

2. 保温性能好　即要求地面材料的热导率小，给人以温暖舒适的感觉，冬季时走在上面不致感到寒冷。

3. 具有一定的弹性　当人们行走时不致有过硬的感觉，同时还能起隔声作用。

4. 满足某些特殊要求　对有水作用的房间，地面应防潮防水；对有火灾隐患的房间，应防火耐燃烧；对有化学物质作用的房间，应耐腐蚀；对有食品和药品的房间，应无毒、易清洁；对经常有油污染的房间，应防油渗且易清扫等。

### 7.3.2　地坪的基本组成

地坪的基本组成部分有面层、基层（结构层、垫层）和素土夯实层三部分；对有特殊要求的地坪，常在面层和结构层之间增设一些附加层（见图 7-29）。

1. 面层　地坪的面层又称地面，和楼面一样，是直接承受各种物理作用和化学作用的表面层，起着保护结构层和美化室内的作用。根据使用和装修要求的不同，地面有各种不同的做法。

2. 结构层　起着承重和传力作用，通常采用 C15 混凝土制成，厚度一般为 80～100mm。

3. 垫层　垫层为结构层与地基之间的找平层和填充层，主要起加强地基、帮助结构层传递荷载的作用。

4. 素土夯实层　素土夯实层一般就地取材，如北方可用灰土或碎石，南方多用碎砖或碎石、炉渣。各垫层均须夯实。

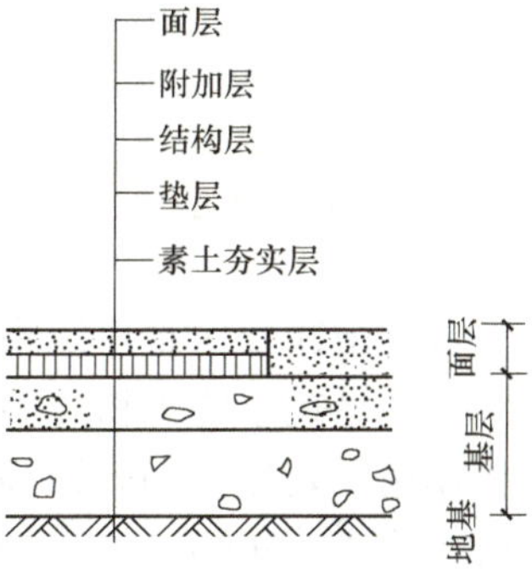


图 7-29　地坪构造组成

5. 附加层　附加层主要是满足某些特殊使用要求而设置的一些构造层次，如防水层、防潮层、保温层、隔热层、隔声层和管道敷设层等。

### 7.3.3　地坪防潮构造

地面返潮现象主要出现在我国南方，每当梅雨季节，气温升高，雨水较多，空气中相对湿度较大。当地坪表面温度降到露点温度时，空气中的水蒸气遇冷便凝聚成小水珠附在地表面上；当地面的吸水性较差时，往往会在地面形成一层水珠，使室内物品受潮。

避免返潮现象主要是解决两个问题：一是解决围护结构内表面与室内空气温差过大的问题，使围护结构内表面温度在露点温度以上；二是降低空气相对湿度，加强通风。采取以下构造措施可改善地坪返潮。

1. 保温地面　对地下水位低、地基土壤干燥的地区，可在面层下面直接铺设一层保温层，以减少地面与室内空气的温度差（见图7-30a）。在地下水位较高地区，可将保温层设在面层与结构层之间，并在保温层下铺防水层（见图7-30b）。

2. 吸湿地面　用普通黏土砖、大阶砖、陶土防潮砖作地面。由于这些材料中存在大量孔隙，当返潮时，面层会暂时吸收少量冷凝水，待空气湿度较小时，水分又能自动蒸发掉，因此地面不会有明显的潮湿现象（见图7-30c）。

3. 架空式地坪　在地坪下设通风间层，使地坪不接触土壤，以改变地面的温度状况（见图7-30d）。

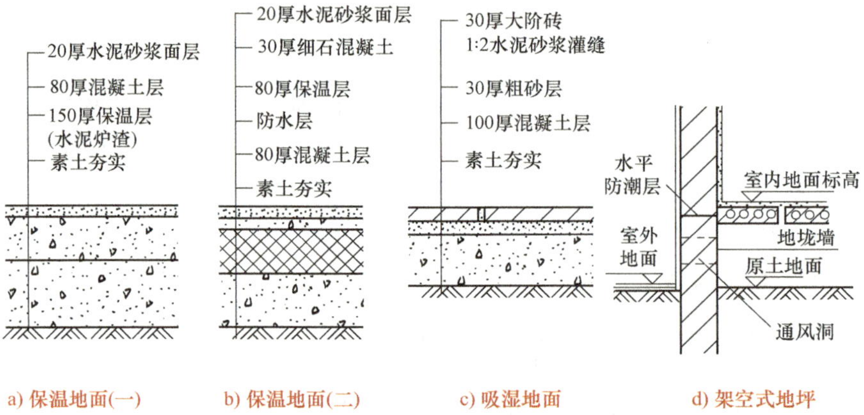


图7-30　改善地面返潮的构造措施

## 7.4　阳台与雨篷构造

阳台和雨篷都属于建筑物上的悬挑构件。

阳台是悬挑于建筑物外墙上并连接室内的室外平台，可以起到观景、纳凉、晒衣、养花等多种作用，是住宅和旅馆等建筑中不可缺少的一部分。

雨篷位于建筑物出入口的上方，用来遮挡雨雪，保护外门免受侵蚀，提供一个从室外到室内的过渡空间。

### 7.4.1　阳台的类型和设计要求

1. 阳台的类型　阳台按其与外墙面的关系分为挑阳台、凹阳台、半挑半凹阳台（见图 7-31a、b、c）。按其在建筑中所处的位置可分为中间阳台和转角阳台（见图 7-31d）。

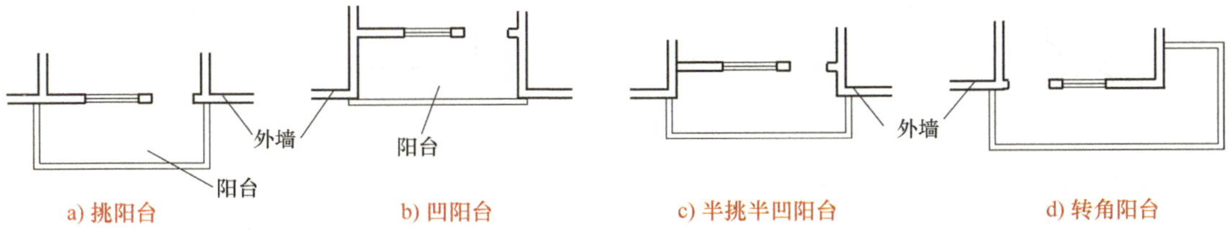


图 7-31　阳台的类型

2. 设计要求　阳台应满足下列设计要求。

（1）安全适用：悬挑阳台的挑出长度不宜过大，应保证在荷载作用下不发生颠覆现象，以 1.0 ~ 1.5m 为宜，1.2m 左右最为常见。低层、多层住宅阳台栏杆净高不低于 105mm，中高层住宅阳台栏杆净高不低于 1.1m。阳台栏杆形式应防坠落（垂直栏杆间净距不应大于 110mm），防攀爬（不设水平栏杆）。放置花盆处也应采取防坠落措施。

（2）坚固耐久：阳台暴露在大气中，所用材料和构造措施应经久耐用。承重结构应采用钢筋混凝土，金属构件应做防锈处理，表面装修应注意色彩的耐久性和抗污染性。

（3）排水通畅：为防止阳台上的雨水流入室内，要求阳台地面标高低于室内地面标高 30 ~ 50mm，并将地面粉刷出 5% 的排水坡，将水导入排水孔，使雨水能顺利排出。

（4）栏杆安全实用：阳台栏杆形式除考虑安全要求外，还应考虑地区气候特点。南方地区宜采用空透式栏杆，而北方寒冷地区和中高层住宅应采用实体栏板。

（5）施工方便：在施工条件许可的情况下，宜采用大型装配式构件。

（6）形象美观：可以利用阳台的形状、排列方式、色彩图案，给建筑物带来一种韵律感，为建筑物的形象增添风采。

### 7.4.2　阳台结构布置方式

阳台结构的支承方式分为墙承式和悬挑式。

1. 墙承式　是将板型和跨度与楼板一致的阳台板直接搁置在墙上，这种支承方式结构简单，施工方便，多用于凹阳台（见图 7-32a）。

2. 悬挑式

（1）挑梁式：当楼板为预制楼板，结构布置为横墙承重时，可选择挑梁式。即从横墙内外伸挑梁，其上搁置预制楼板，挑梁压入墙内的长度一般为悬挑长度的 1.5 倍左右。阳台荷载通过挑梁传给纵横墙体，由压在挑梁上的墙体和楼板来抵抗阳台的倾覆力矩。这种结构布置简单、传力直接明确、阳台长度与房间开间一致，也可将阳台长度延长几个开间形成通长阳台。为美观起见，可在挑梁端头设置面梁，既可以遮挡挑梁头，又可以承受阳台栏杆重量，还可以加强阳台的整体性（见图 7-32b）。

（2）压梁式：阳台板与墙梁现浇在一起，墙梁可用加大的圈梁代替。阳台板靠墙梁和梁上的墙体来抗倾覆，由于墙梁受扭，故阳台悬挑不宜过长，一般为 1.2m 左右，并在墙梁两端设拖梁压入墙内，来增加抗倾覆力矩（见图 7-32c）。

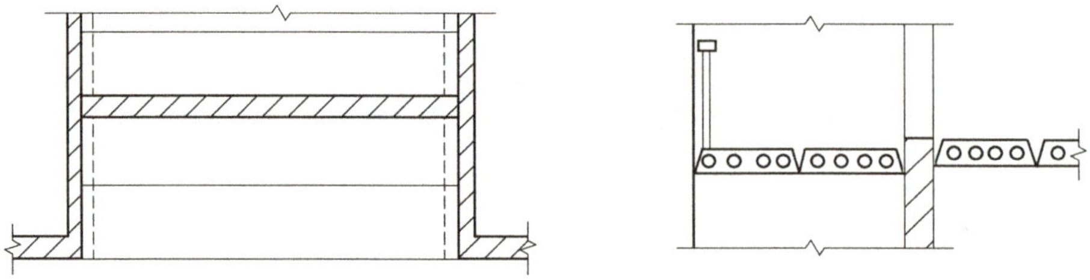

a) 墙承式

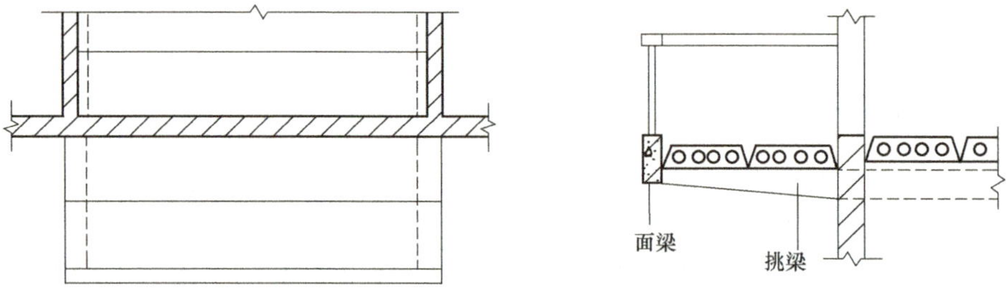


b) 挑梁式

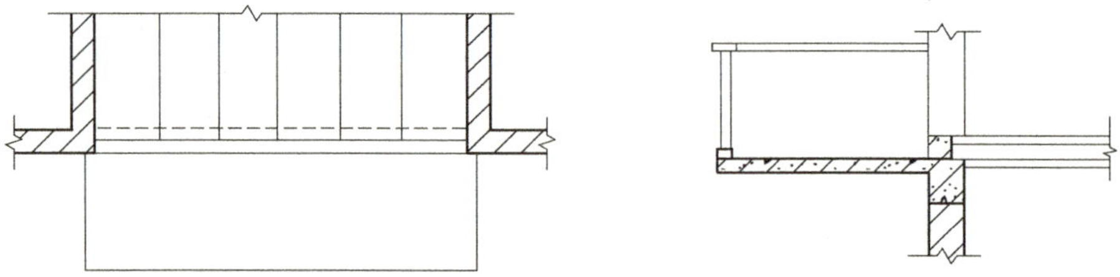

c) 压梁式(墙梁挑板)

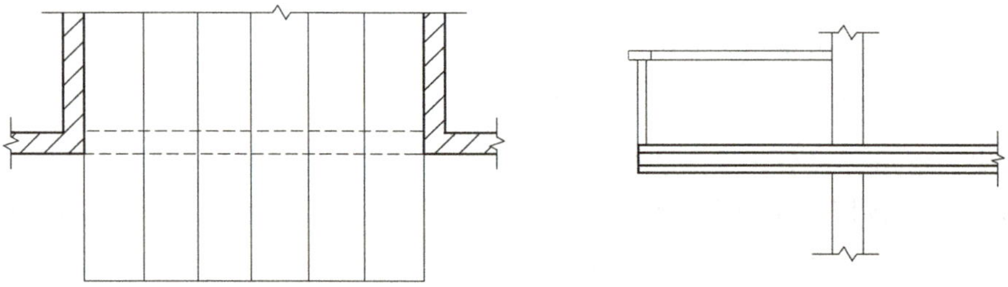

d) 挑板式(楼板悬挑)

图 7-32 阳台结构布置

（3）挑板式：当楼板为现浇楼板时，可选择挑板式，即将房间楼板直接向外悬挑形成阳台板，阳台荷载直接传给纵墙，而现浇楼板来抵抗阳台的倾覆力矩。挑板式阳台板底平整美观，且阳台平面形状可做成半圆形、弧形、梯形、斜三角等各种形状。挑板厚度不小于挑出长度的1/12（见图7-32d）。

### 7.4.3 阳台细部构造

1. 阳台栏杆与扶手　阳台栏杆是在阳台外围设置的垂直构件，主要用于承担人们扶倚的侧向推力，以保障人身安全，还可以对整个建筑物起装饰美化作用。栏杆的形式有实体、空花和混合式，按材料可分为砖砌、钢筋混凝土、金属和玻璃栏杆（见图 7-33）。

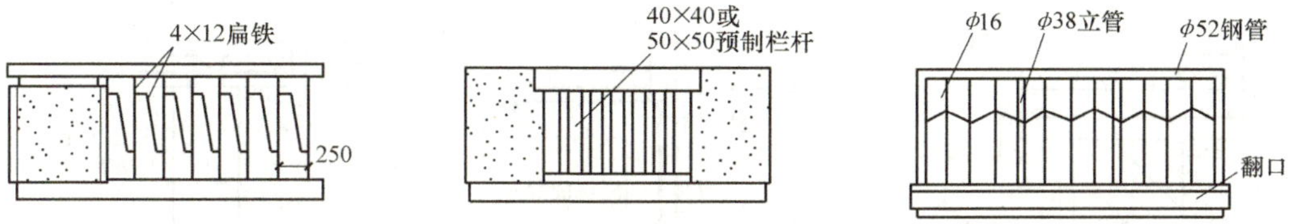


a) 钢筋混凝土栏板、铁栏杆　　b) 预制钢筋混凝土栏杆　　c) 钢铁栏杆

图 7-33　各种栏杆、栏板形式

砖砌栏板一般为 120mm 厚，为加强其整体性，应在栏板顶部现浇钢筋混凝土扶手，或在栏板中配置通长钢筋加固（见图 7-34a）。

钢筋混凝土栏板有现浇和预制两种。现浇栏板通常与阳台板或面梁、挑梁整浇在一起（见图 7-34b）。预制栏杆有实体和空心两种，下端预埋件，上端伸出钢筋，可与面梁和扶手连接（见图 7-34c、d）。

金属栏杆一般采用方钢、圆钢、扁钢和钢管等焊接成各种形式的漏花栏杆，须作防锈处理。金属栏杆与面梁上的预埋件焊接。

玻璃栏板的扶手常采用不锈钢管、抛光黄铜管、镀铜钢管和硬木等材料。玻璃栏板有两种构造类型，一种是分段设立金属管立柱，将玻璃装嵌在两金属立柱之间。另一种是全玻璃无立柱栏板，即直接采用厚度 10mm 以上的平板玻璃、钢化玻璃和夹丝玻璃，代替常用的金属立柱。玻璃栏板的连接固定主要取决于各种材料与玻璃的相互结合。

2. 节点构造　阳台节点构造主要包括栏杆与扶手、栏杆与面梁（或称止水带）、栏杆与墙体的连接等。

栏杆与扶手的连接方式通常有焊接、整体现浇等多种方式。扶手和栏杆上预埋件安装时焊接在一起，这种连接方法施工简单，坚固安全（见图 7-34e）。从栏杆或栏板内伸出钢筋与扶手内钢筋相连，然后支模现浇扶手为整体现浇（见图 7-34a、c、d）。这种做法整体性好，但施工较复杂。

栏杆与面梁或阳台板的连接方式有焊接、预留钢筋二次现浇、整体现浇等。当阳台板为现浇板时，必须在板边现浇 60mm 高混凝土挡水带（见图 7-34f）；当阳台板为预制板时，其面梁顶面应高出阳台板面 60mm，以防积水顺板边流淌，污染表面。金属栏杆可直接与面梁上预埋铁件焊接（见图 7-34f）；现浇钢筋混凝土栏板可直接从面梁内伸出锚固筋，然后扎筋、支模、现浇细石混凝土（见图 7-34b）；砖砌栏板可直接砌筑在面梁上（见图 7-34a）；预制的钢筋混凝土栏杆可与面梁中预埋件焊接，也可预留钢筋与面梁进行二次浇灌混凝土（见图 7-34c、d）。

扶手与墙连接时，应将扶手或扶手中的钢筋伸入外墙的预留洞中，用细石混凝土或水泥砂浆填实。现浇钢筋混凝土栏杆与墙连接时，应在墙体内预埋一强度等级为 C20 细石混凝土块，从中伸出两钢筋，长 300mm，与扶手中的钢筋绑扎后再行现浇（见图 7-35）。

3. 阳台隔板　阳台隔板有砖砌隔板和钢筋混凝土隔板两种。砖砌隔板一般采用 60mm 和 120mm 厚两种，由于其荷载较大且整体性较差，所以现多采用钢筋混凝土隔板。隔板采用强度等级为 C20 的细石混凝土预制，厚 60mm，下部预埋件与阳台预埋件焊接，其余各边伸出 $\phi$6mm 钢筋与墙体、挑梁和阳台栏杆、扶手相连（见图 7-36）。

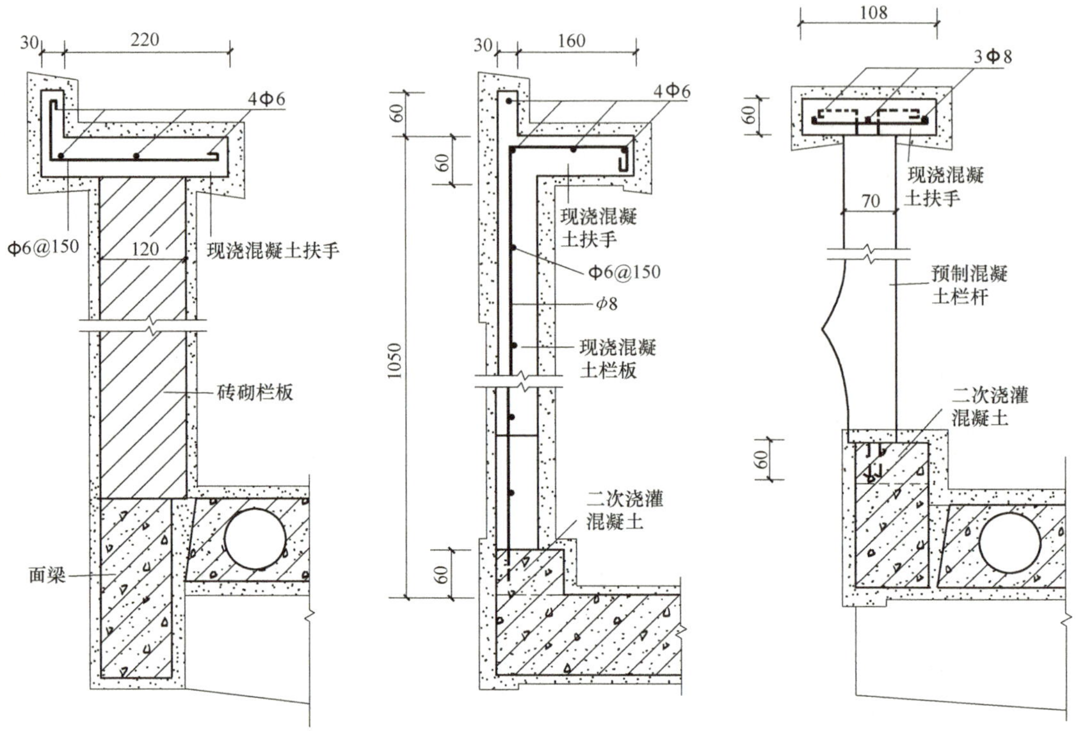


a) 砖砌栏板与现浇混凝土扶手　b) 现浇混凝土栏板与扶手　c) 预制混凝土栏杆与现浇混凝土扶手

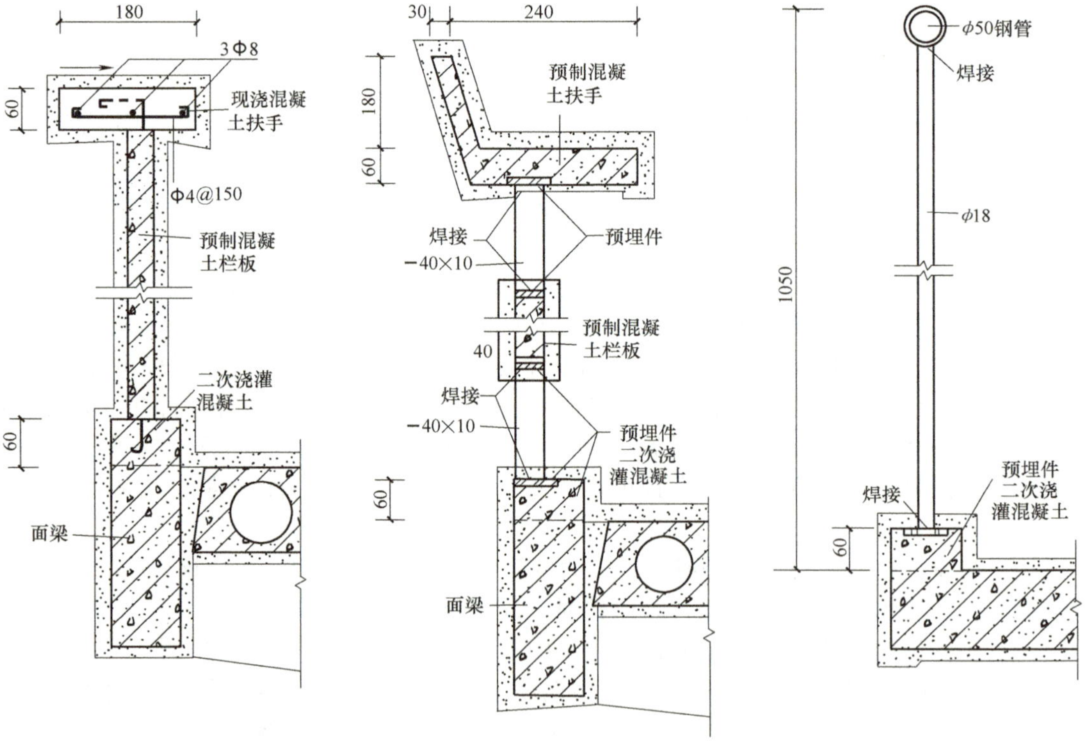


d) 预制混凝土栏板与现浇混凝土扶手　e) 组合式栏杆与混凝土扶手　f) 金属栏杆与钢管扶手

图7-34　阳台栏杆与扶手构造

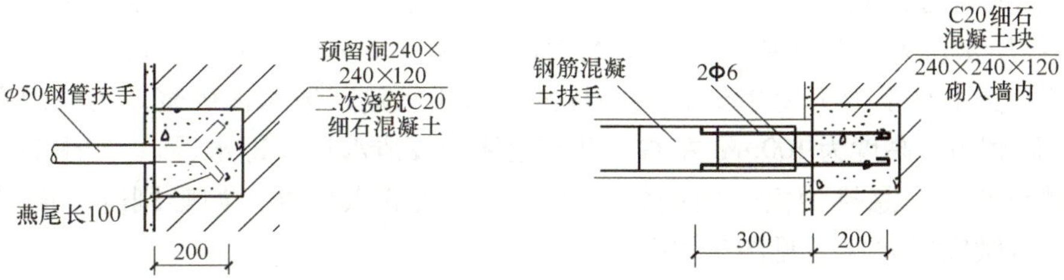


图 7-35　扶手与墙体的连接

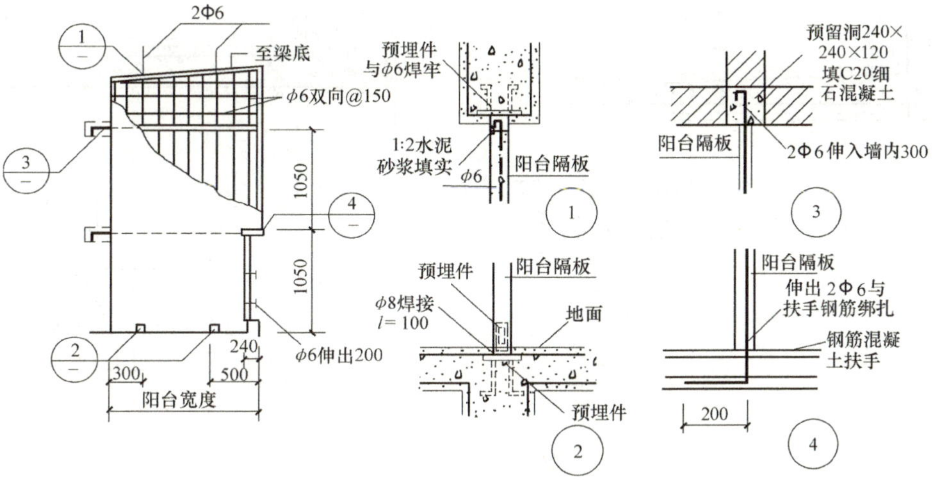


图 7-36　阳台隔板连接构造

4. 阳台排水　阳台排水有外排水和内排水两种。外排水适用于低层和多层建筑，即在阳台外侧设置泄水管将水排出。泄水管可采用直径为 40～50mm 的镀锌铁管和塑料管，外挑长度不少于 80mm，以防雨水溅到下层阳台（见图 7-37a）。内排水适用于高层建筑和高标准建筑，即在阳台内侧设置排水管和地漏，将雨水经雨水管直接排入地下管网（见图 7-37b）。

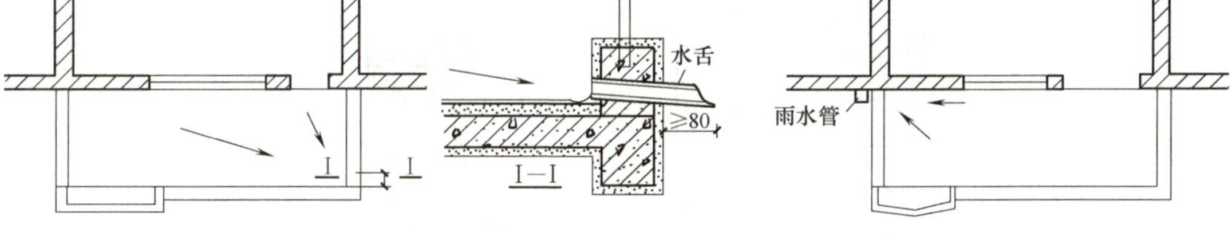


a) 排水管排水　　b) 雨水管排水

图 7-37　阳台排水处理

## 7.4.4　雨篷

钢筋混凝土雨篷有悬板式和悬挑梁板式两种，为防止雨篷产生倾覆，常将雨篷与入口处门上过梁或圈梁现浇在一起。

1. 悬板式　悬板式雨篷外挑长度一般为 0.8～1.5m，板根部厚度不小于挑出长度的1/12，雨篷宽度比门洞每边宽 25mm。雨篷排水方式可采用无组织排水和有组织排水两种。雨篷顶面抹 15mm 厚、质量比为 1∶2 的水泥砂浆，内掺质量分数为 5% 的防水剂。雨篷与墙体相接处应抹防水砂浆，泛水高不少于 250mm，板底抹灰可采用纸筋灰或水泥砂浆。当采用有组织排水时，板边应做翻边，高度为 100mm 左右，并在雨篷边设泄水管（即水舌），如图 7-38a 所示。

2. 悬挑梁板式 悬挑梁板式雨篷多用在长度较大的入口处，如影剧院、商场等。为使板底平整，多做成反梁式（见图 7-38b）。

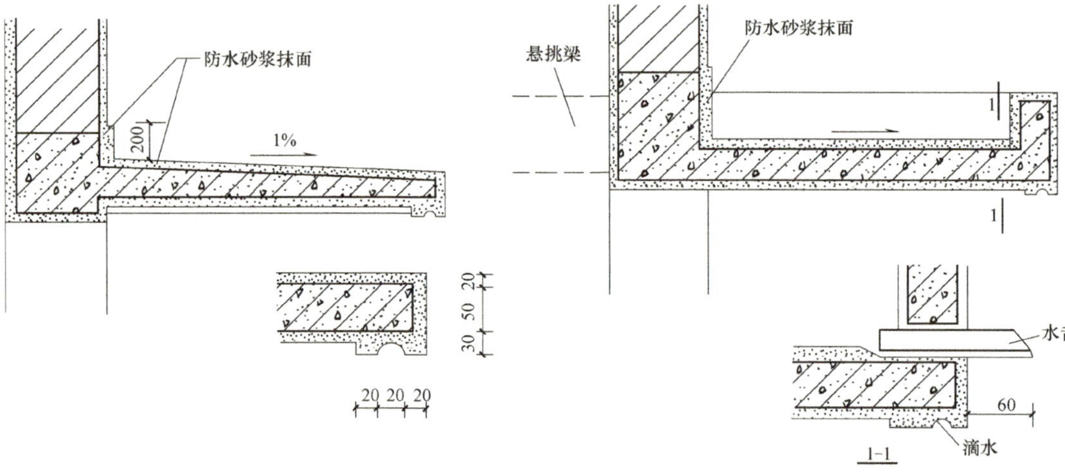


a) 悬板式雨篷

b) 悬挑梁板式雨篷

图 7-38 雨篷构造

除了传统的钢筋混凝土雨篷外，近年来在工程中也出现了造型轻巧、富有时代感的钢结构雨篷。钢结构雨篷可支承在钢柱或钢筋混凝土柱上，或从柱子悬挑，也可采用悬拉索结构（见图 7-39）。

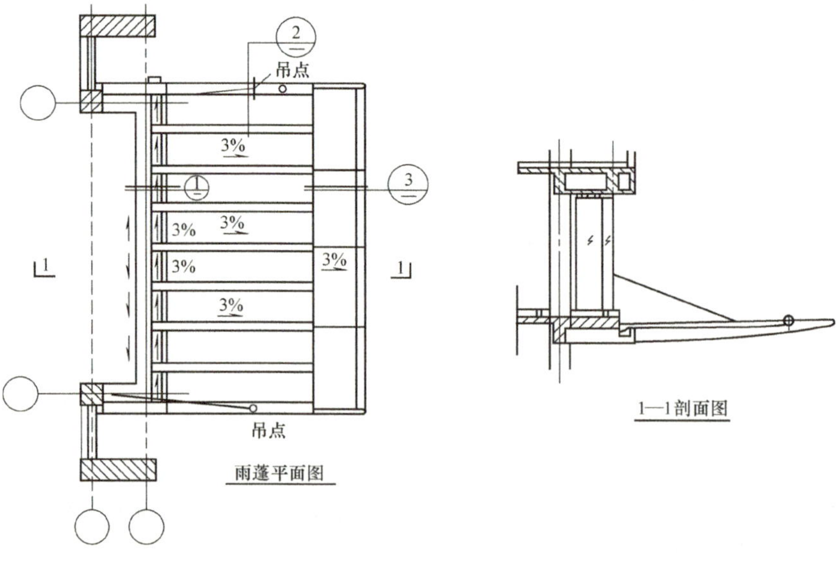


图 7-39 钢结构雨篷

## 单元小结

1. 楼板层是沿水平方向分隔建筑空间的承重构件，承受其上的全部荷载并将其合理有序地传给墙、柱等竖向承重构件。楼板还对墙、柱等起水平支撑作用，加强建筑物的整体刚度。

2. 楼板层通常由面层、结构层和顶棚层组成，根据使用要求可增设附加层。楼板层的设计应满足建筑的使用功能、结构安全、施工方便、经济合理以及美观等方面的要求。

3. 楼板按材料不同，主要有木楼板、钢筋混凝土楼板、压型钢板叠合楼板等几种类型。钢筋混凝土楼板强度高、刚度大、耐久性和耐火性好，还具有良好的可塑性，便于工业化生产和施工，按其施工方法不同，可分为现浇式、预制装配式和装配整体式三种。

4. 现浇钢筋混凝土楼板根据受力和传力情况不同有板式楼板、梁板式楼板、无梁楼板等。

预制钢筋混凝土楼板有实心平板、槽形板和空心板等，必须采取构造措施来加强预制楼板的整体性和提高抗震能力。

装配整体式钢筋混凝土楼板有密肋填充块楼板、叠合楼板等。

5. 楼板设计应处理好非承重隔墙布置、楼板排水和防水、楼板隔声等细部构造。

6. 地坪是指建筑物最底层房间与土壤相交接处的水平构件，它承受着地坪上的荷载，并均匀地传给地坪以下的土壤。地坪的基本组成部分有面层、基层（包括结构层和垫层）和素土夯实层三部分；对有特殊要求的地坪，常在面层和结构层之间增设一些附加层。

地坪的面层又称地面，是直接承受各种物理作用和化学作用的表面层，起着保护结构层和美化室内的作用。根据使用和装修要求的不同，地面有各种不同的做法。地面应采取相应构造措施改善地坪返潮现象。

7. 阳台、雨篷也是建筑物水平方向的构件。阳台应满足安全坚固、实用、美观的要求。阳台按其与外墙面的关系分为挑阳台、凹阳台、半挑半凹阳台，按其在建筑中所处的位置可分为中间阳台和转角阳台。

阳台结构的支承方式可分为墙承式和悬挑式，悬挑阳台有挑梁式、压梁式和挑板式等。阳台栏杆按其形式可分为实心栏杆、空花栏杆和组合式栏杆。栏杆与扶手、阳台板等应有可靠的连接，并应做好阳台的排水处理。

钢筋混凝土雨篷有悬板式和悬挑梁板式两种。为防止雨篷产生倾覆，常将雨篷与入口处门上过梁或圈梁现浇在一起。新型钢结构雨篷可支承在钢柱或钢筋混凝土柱上，或从柱子悬挑，也可采用悬拉索结构。雨篷应做好防水和排水处理。

## 复习思考题

1. 简述楼板层和地坪层的构造组成。
2. 钢筋混凝土楼板按施工方式不同有几种类型？简述各自的特点。
3. 现浇式钢筋混凝土楼板根据受力和传力形式不同分为哪几种？各适用于何种建筑？
4. 什么是单向板和双向板？它们的受力和传力方式有何不同？

5. 简述压型钢板叠合楼板的构造组成和受力特点。
6. 预制钢筋混凝土装配式楼板有哪几种类型？各有何特点？
7. 空心板的支承方式有哪两种？各适用于何种建筑？
8. 空心板结构布置时为什么要避免三面支承？
9. 预制薄板叠合楼板有何特点？
10. 隔墙在楼板上如何布置？
11. 绘图表示有水房间的楼板的防水构造。
12. 简述阳台结构的几种布置方式。
13. 绘图表示阳台细部构造，包括栏杆与扶手、栏杆与面梁等的各种连接构造。
14. 根据不同情况，阳台排水如何处理？
15. 绘图表示悬挑梁板式雨篷的构造。

# 单元8

# 饰面装修

综合素质目标

培养认真严谨、精益求精的工匠精神，同时提高审美水平，将技术与艺术有机结合起来。

## 8.1 概述

墙面、顶棚、地面是围护空间的界面，对空间界面进行装饰装修可以改善和提高空间环境质量、视觉艺术效果、光环境质量以及空间使用的舒适性。饰面装修中，墙面装修包括抹灰类饰面、贴面类饰面、涂料类饰面、裱糊饰面、罩面板类饰面、石材贴挂类饰面和玻璃幕墙7种；地面装修包括整体类地面、板块类地面、卷材类地面、涂料类地面4种；顶棚饰面包括直接式顶棚和悬吊式顶棚2种。

### 8.1.1 饰面装修的主要功能

1. 保护建筑物的各种构件　在建筑上常用油漆、抹灰、贴面等覆盖式的装修构造进行处理，不仅可提高防水、防火、防锈、防酸、防碱的能力，还可保护建筑构件不直接受到机械外力的磨损。当覆盖层受到破坏时，可以在不更换结构构件的条件下重做装修，使建筑物焕然一新，延长使用年限。

2. 改善生产、生活和工作环境　对建筑物室内外进行覆盖式装修，使建筑物易于清洗、不易污染，改善室内外清洁卫生条件。同时，改善建筑物的热工、声学、光学等物理性能，为人们创造良好的生产、生活、工作环境。

3. 协调各工种与构件之间的关系　现代建筑，尤其是一些有特殊要求的建筑或大型公共建筑，其结构空间大、功能多，各种设备之间错综复杂，装修的目的之一就是将各种设施进行有机的组合，增加全工程的完整性和精确性。

### 8.1.2 饰面装修的基本设计要求

1. 墙面（柱面）饰面　外墙饰面应防止剥落，对外墙起保护作用，应具有耐风雨和耐大气侵蚀的作用，要求有不污染、易于清洁的特性；内墙饰面要求不挂灰、易清洁、有良好的接触感和舒适感，对光有良好的反射，在湿度大的房间应具有防潮、吸湿的性能。

2. 楼地面饰面　楼地面饰面应要求具有耐磨、不起尘、易清洁、耐冲击等特性；具有一定蓄热性能和行走的舒适感；有良好的消声性能。特殊用途地面饰面还要求具有耐水、耐酸、耐碱、耐油脂等特性。

3. 顶棚饰面 顶棚饰面应防止剥落，还要求对一般室内照度起反射作用。

## 8.2 墙面装修

墙面是室内空间中的重要空间界面，所占比重大，对人的视觉和心理会产生较大影响。对墙面进行内外装修装饰的目的是：提高墙面防潮、防水、耐晒、耐腐蚀、抗风、保温和隔声等方面的性能和质量，同时保护墙体，使墙的表面美观悦目。墙面装修也是建筑室内装修中的重要方面，因此，建筑设计师必须重视墙面装修问题。墙面装修的种类与做法很多，概括起来有抹灰饰面工程、贴面类饰面工程、涂料类饰面工程、裱糊类饰面工程、罩面板类饰面工程、石材贴挂类饰面工程、玻璃幕墙和金属幕墙8大类。

### 8.2.1 抹灰饰面工程

抹灰饰面工程是将配置成的砂浆或素浆涂抹在建筑结构基体表面，既保护主体结构，又可作为各类装饰装潢饰面的基层底灰、找平层及粘接层，还可以通过相应的操作使之直接成为饰面层的装饰工程，简称为抹灰，有些地方也习惯地将抹灰叫作涂刷或粉饰。

1. 类型 抹灰饰面工程根据使用材料以及装饰效果不同，可以分为一般抹灰、装饰抹灰、特种砂浆抹灰三种类型。

1）一般抹灰所使用的材料是指石灰砂浆、水泥砂浆、水泥混合砂浆、聚合物水泥砂浆、膨胀珍珠岩水泥砂浆以及麻刀石灰、纸筋石灰、石灰膏等。

2）装饰抹灰通常是指通过选用材料以及在操作工艺等方面的改进，从而使抹灰面层具有装饰效果的水磨石、水刷石、干粘石、拉毛与拉条抹灰、装饰线条抹灰以及弹涂、滚涂、彩色抹灰等。

3）特种砂浆抹灰是指采用保温砂浆、耐酸砂浆、防水砂浆等材料进行的有特殊要求的抹灰饰面工程。

2. 抹灰饰面材料

1）胶结材料。胶结材料主要包括水泥、石灰、石膏，其中石灰砂浆及石灰制品不宜在潮湿环境中使用，建筑石膏的耐水性和抗冻性都比较差，不宜在室外装饰工程中使用。

2）集料。常见的集料有自然条件下形成的普通砂、石粒、彩色瓷粒、膨胀珍珠岩、膨胀蛭石等。

3）纤维材料。纤维材料在抹灰饰面工程中起着拉结和骨架的作用，可以提高抹灰层的抗拉强度，增加抹灰层的弹性和耐久性，使抹灰层不易开裂和剥落。常见的纤维材料有麻刀、纸筋、草秸、玻璃纤维等。

4）颜料。颜料分为有机颜料和无机颜料。有机颜料为天然或合成的有机物，色泽鲜明，有良好的着色力和透明度，耐化学腐蚀性好，但其缺点是耐热性、耐光性和耐溶性较差而且强度不高。无机颜料为天然合成的无机物，大多是矿物质颜料，其遮盖力强，密度高，耐光性和耐热性比较好，但色彩不够鲜艳。

5）化工材料。加入适量的化工材料，可以增大抹灰层的黏结力，改善抹灰面的性质，提高抹灰的质量。常见的化工材料有108胶、聚醋酸乙烯乳液、甲基硅酸钠、工业硫酸铝、木质素磺酸钙、羧甲基纤维素等。

3. 构造层次 为了使抹灰层与基层粘接牢固，防止起鼓、开裂等质量通病的产生，使抹灰层的表面平整，保证工程的施工质量，抹灰应分层进行，并控制抹灰的厚度，如图 8-1 所示。抹灰层一般由底层、中层和面层组成。底层为粘接层，其主要作用是确保抹灰层与基层粘接牢固并进行初步找平。中层抹灰为找平层，主要起找平作用，根据工程要求可以一次抹成，也可以分遍（道）抹成，所用的材料通常与底灰相同。面层也称罩面或饰面，面层为装饰层，对于抹灰为饰面的装饰施工，不论一般抹灰或装饰抹灰，其面层均是通过一定的操作工艺使表面达到预期的装饰效果，从而起到美化作用。由于抹灰类饰面易于开裂，因此抹灰之前应做好分格缝设置。常用抹灰做法详见表 8-1。

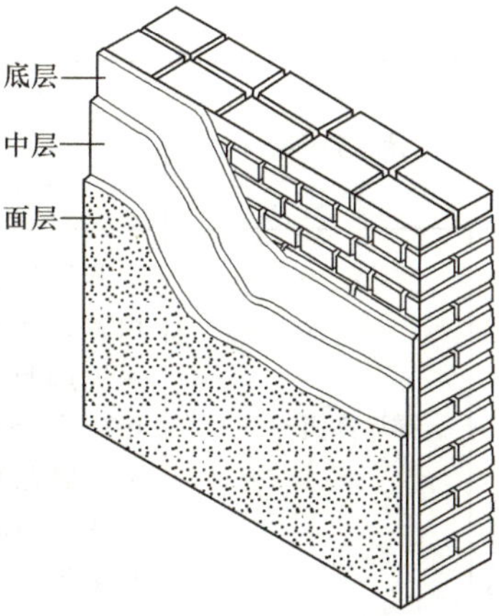


图 8-1 墙面抹灰分层示意图

**表 8-1 常用抹灰做法选用表**

| 抹灰名称 | | 底层、中层 | | 面层 | | 总厚度/mm | 适用范围 |
|---|---|---|---|---|---|---|---|
| | | 材料 | 厚度/mm | 材料 | 厚度/mm | | |
| 一般抹灰 | 混合砂浆抹灰 | 1:1:6 混合砂浆 | 12 | 1:1:6 混合砂浆 | 8 | 20 | 一般砖石墙面均可选用 |
| | 水泥砂浆抹灰 | 1:3 水泥砂浆 | 14 | 1:2.5 水泥砂浆 | 6 | 20 | 室外饰面及室内需防潮、防水的房间及浴厕墙裙等部位 |
| | 水泥纸筋砂浆抹灰 | 1:3:4 水泥纸筋砂浆 | 10 | 纸筋灰浆 | 2.5 | 12.5 | 一般砖、石内墙面，阳台雨篷顶面 |
| | 石灰砂浆抹灰 | 1:3 石灰砂浆 | 16 | 石灰细砂 | 2.5 | 18.5 | 各种内墙及抹灰的罩面 |
| | 膨胀珍珠岩砂浆罩面 | 1:3 石灰砂浆 | 13 | 水泥:石灰膏:膨胀珍珠岩 = 1:(10 ~ 20):(3 ~ 5) 罩面 | 2 | 15 | 保温、隔热要求较高的内墙面罩面 |
| 装饰抹灰 | 水刷石饰面 | 1:3 水泥砂浆 | 12 | 1:(1 ~ 1.5) 水泥石渣浆（可采用 2.5 倍同颜色的石屑） | 10 | 22 | 适用于外墙、窗套、阳台、雨篷、勒脚及花台等部位的饰面 |
| | 干粘石饰面 | 1:3 水泥砂浆（底层），1:1:1.5 水泥石灰砂浆（中层） | 17 | 水泥:石灰膏:砂:107 胶 = 100:50:200:(5 ~ 15) | 1 | 18 | 主要适用于外墙装修 |
| | 斩假石饰面（又称剁斧石） | 1:3 水泥砂浆刮素水泥砂浆一道 | 12 | 1:2 水泥白石子用斧斩 | 12 | 24 | 主要用于公共建筑外墙局部加门套、勒脚、室外台阶等装修 |

（续）

| 抹灰名称 | | 底层、中层 | | 面层 | | 总厚度/mm | 适用范围 |
|---|---|---|---|---|---|---|---|
| | | 材料 | 厚度/mm | 材料 | 厚度/mm | | |
| 装饰抹灰 | 弹涂饰面 | 弹涂砂浆一般由普通水泥、白水泥颜料、水和107胶等组成，形成底色浆或弹中3～5mm的扁圆花点 | | 将耐水性、耐候性较好的甲基硅树脂或聚乙烯醇缩丁醛等材料喷在饰面的表层作为罩面 | | | 主要适用于外墙或局部装修 |
| | 拉毛饰面 | 1:0.5:4水泥石灰砂浆打底，底子灰六七成干时刷素水泥砂浆一道 | 13 | 1:0.5:1水泥石灰砂浆拉毛 | 视拉毛长度而定 | | 主要用于对音响要求较高的内墙面 |

## 8.2.2 贴面类饰面工程

采用釉面内墙面砖、外墙面砖等各类陶瓷质饰面砖，进行室内外墙面镶贴的装饰做法十分普遍，其特点是色彩、图案和质感丰富，特别是用于耐水防潮的面层时效果尤为显著。

1. 贴面类饰面常用面砖材料

（1）内墙面砖：内墙常用的釉面砖属薄型精陶制品，是由多孔坯体表面施釉经过一定温度烧制而成的。吸水率小于21%的施釉精陶制品用于内墙装饰。釉面砖有表面光滑、易清洁等特点，适用于潮湿的环境中，如厨房、浴室、卫生间、实验室、医院等场所的室内墙面和台面，它具有热稳定性好、防火、防潮、耐酸碱腐蚀、坚固耐用等性能。新型的偏光瓷砖，其表面具有辉光和亚光的装饰效果，由于经过特殊的加工并改善了材料的性能，因此也可以用于外墙墙面的装饰。

（2）外墙面砖：外墙面砖吸水率应小于10%，根据室外气温不同，选择不同吸水率的砖铺贴。外墙面砖包括彩釉砖、劈离砖、彩胎砖、陶瓷艺术砖和金属陶瓷面砖等。

1）彩釉砖。彩釉砖是以陶土为原料，配料制浆后，经半干半压成型，并通过施釉和高温焙烧制成的饰面砖。彩釉砖可以地、墙两用，因此又称为彩色墙地砖。

2）劈离砖。劈离砖是以软质黏土、页岩、耐火土等为主要原料，高温烧结而成的。由于劈离砖成型时为双砖背联坯体，烧成后再劈离成两块砖，故又称劈裂砖。

劈离砖兼具有普通黏土砖和彩釉砖的特性，劈离砖的吸水率较低，铺贴时不需要浸水处理。

3）彩胎砖。彩胎砖是一种本色无釉瓷质饰面砖，它是采用仿天然岩石的彩色颗粒土为原料，经过高温一次烧成的陶瓷制品，它富有天然花岗石的纹理，细腻柔和；质地同花岗石一样坚硬、耐腐，所以又称仿花岗石瓷砖。彩胎砖的装饰表面处理有麻面无光和磨光、抛光之分。

2. 贴面类饰面构造

1）基层处理。镶贴陶瓷饰面砖的建筑墙体表面应当有足够的强度、刚度。对于混凝土墙、柱体光滑的表面应该作凿毛处理，凿毛深度为 5 ~ 15mm，凿毛间距为 30mm 左右；也可洒水泥砂浆或洒聚合物水泥浆进行毛化处理；或在混凝土表面刷一道 YJ—302 型界面处理剂（随刷随抹找平层砂浆）。

2）找平层。混凝土或砌砖墙体基体表面经过上述处理之后，均应抹水泥砂浆找平层，加气混凝土外墙应在表面清洁后涂刷 108 胶水溶液一遍，然后铺钉镀锌机织钢丝网，再抹质量比为 1∶1∶4 水泥石膏混合砂浆粘接层及水泥砂浆找平层。

3）选砖及浸水。陶瓷饰面砖镶贴墙的选砖应作为一道工序对待，要确保其品种、规格、色泽和图案拼花等均符合设计要求，保证其材质符合材料标准的规定。在施工铺贴前，一般要浸水 2h 以上，再取出晾干至无明水时，才可以进行铺贴。

4）镶贴釉面内墙砖。可采用质量比为 1∶2 的水泥砂浆进行镶贴，也可掺入不大于水泥质量 15% 的石灰膏以改善砂浆的和易性。釉面内墙砖也可采用聚合物水泥（砂）浆进行镶贴。

外墙砖多为吸水率低的瓷砖，可不用泡水，也采用湿贴法，采用质量比 2∶1 水泥砂浆施工工艺。水泥砂浆中可加入少量 108 胶，以提高粘贴强度。最后一般使用纯水泥勾缝，砖与砖间的缝隙要求在 8 ~ 10mm 之间，铺贴完毕 24h 内应进行勾缝处理。

### 8.2.3 涂料类饰面工程

涂料类饰面是指在墙面基层上，经批刮腻子处理使墙面平整，然后将所选定的建筑涂料涂刷其上所形成的一种饰面。涂料类饰面是各种饰面做法中最为简便、经济的一种。与其他类饰面相比，涂料类饰面具有色彩丰富、质感逼真、附着力强、施工方便、省工省料、工期短、工效高、造价低、经济合理等优点。涂料类饰面虽耐久性略差，但维修改新方便，因而在建筑装饰中的应用十分广泛。

1. 建筑涂料的分类　按建筑物涂刷部位分为外墙涂料、内墙涂料、地面涂料；按涂料状态分为溶剂型涂料、乳液型涂料、水溶性涂料、粉末涂料；按涂料的特殊功能分为防火涂料、防结露涂料、防水涂料、防虫涂料、防霉涂料、防静电涂料、弹性涂料；按涂料的装饰质感分为薄质涂料、复层涂料、厚质涂料。

2. 建筑涂料的组成　建筑涂料由主要成膜物质、次要成膜物质和辅助成膜物质三部分组成。主要成膜物质也称黏结剂或固着剂，其主要作用是将其他成分粘成一个整体，并能附着在被涂基层表面而形成保护膜。次要成膜物质也是构成涂膜的组成部分，但它不能离开主要成膜物质单独构成涂膜，它的主要成分是无机颜料或有机颜料及各种填料，统称为颜料。在涂料中加入适量的颜料，不仅能改善涂膜性能，而且能增加涂料品种。辅助成膜物质不能构成涂膜，而且最后不存留在涂膜之中，但对成膜质量有着很大的影响，对涂膜的性能也起一些辅助作用。

3. 涂料的选择　在选用涂料时，应对建筑的装饰效果、耐久性和经济性三方面进行综合分析考虑，充分发挥不同涂料的不同性能，以取得最佳的装饰性、耐久性和经济性。选用的涂料确定后，一定要对该涂料的施工要求和注意事项进行全面了解，并严格按操作工序进行施工，以达到预期的效果。

4. 涂料饰面工程施工的基本要求

（1）环境条件：涂料的干燥、结膜，都需要在一定的气温和湿度条件下进行。不同类型的涂料都有其最佳的成膜条件。为了保证涂层的质量，应注意施工环境条件。

1）通常溶剂型涂料宜在5～30℃气温条件下施工，水乳型涂料宜在10～35℃气温条件下施工。

2）建筑涂料适宜的施工湿度为60%～70%，在高湿或降雨之前一般不宜施工。

3）不应在阳光直接照射下施工。

4）不宜在大风天施工。

（2）基层条件：基层及基层处理在装修涂饰工程中是非常重要的一个环节，基层的干燥程度、基底的碱性、油迹及黏附杂物的清除、孔洞填补等情况的处理好坏，均会对施工质量产生很大影响。

1）基层表面应平整，不得有大的孔洞、裂缝等。

2）控制基层碱性，新浇混凝土或新抹的水泥砂浆，其pH值都很高，随着水分的蒸发和碳化，其碱性将逐渐降低，一般宜在pH值小于10后施工。

3）基层必须做到尽可能干燥，但不同涂料对基层含水率要求略有差别，如溶剂型涂料要求含水率低些（小于8%）；水乳型涂料则可适当高些。

4）基层表面不得被油质等沾污。

5. 涂料装饰饰面工程

（1）内墙乳胶漆涂料：乳胶漆可喷涂或刷涂于混凝土、水泥砂浆、石棉水泥板和纸面石膏板等基层上，它要求基层具有足够的强度，无粉化、起砂或掉皮现象。新墙面可用乳胶加老粉作腻子嵌平，磨光后再涂刷。旧墙面应先除去风化物和旧涂层，用水清洗干净后方能涂刷。

喷涂是利用压力或压缩空气将涂料涂布于墙面的机械化施工方法。喷涂的特点为：涂膜外观质量好、工效高、适用于大面积施工，并可通过调整涂料黏度、喷嘴大小及排气量而获得不同质感的装饰效果。

刷涂就是刷或辊，将涂料直接涂布于墙面的手工施工方法。施工简单易行。

（2）外墙天然真石漆的施工：在室内外装饰中，凡是容易湿水、受潮的部位，都要先喷涂防潮底漆。天然真石漆的涂饰可采用两种方法，即批涂和喷涂：批涂，即用灰铲进行批抹；喷涂，即使用普通型喷枪进行喷涂。批涂的效果较平滑，而喷涂造成的石头凹凸质感较突出。

### 8.2.4 裱糊类饰面工程

裱糊类饰面工程简称裱糊工程，它是指在室内平整光洁的墙面、顶棚面、柱体面和室内其他构件表面，用墙布、壁纸等材料裱糊的装饰工程。

传统的PVC塑料壁纸，由于对室内环境有一定的不良影响，因此现在已逐渐被环保壁纸所替代，例如不含毒素的荧光壁纸、金属壁纸、植绒壁纸、藤皮壁纸，用棉纱或棉麻加工而成的纱线墙布，具有耐热功能的无纺贴墙布等，品种繁多，各具特点。

1. 裱糊类饰面工程的特点

1）裱糊材料色彩鲜艳丰富、图案变化多样，有的壁纸表面凹凸不平，具有良好的质感和立体效果。

2）墙布除了具有良好的装饰效果之外，还具有很好的吸声、隔热、防霉、耐水等多种功能，有非常好的实用价值。

3）墙布和壁纸一般采用胶粘材料进行粘贴，施工十分便利。

4）多数墙布、壁纸都具有一定的耐擦洗性和防污染性，所以其饰面容易保持清洁。多数墙布、壁纸的使用寿命要比传统的涂料长。

2. 普通壁纸的裱糊　壁纸是用胶粘剂裱糊在水泥砂浆、水泥石灰砂浆、混凝土、石膏等墙面上的。裱糊的基层要求坚实牢固，表面平整光洁，不疏松起皮、掉粉，无砂粒、孔洞、麻点和飞刺，污垢和尘土应当清除干净，表面颜色要一致。裱糊前应先在基层刮腻子并磨平。

裱糊之前，应当先将凸出的基层表面上的设备或附件卸下，钉帽应该钉入基层表面，并涂防锈漆，钉眼用油性腻子填平。裱糊过程中以及在壁纸未全部干燥之前，裱糊的房间应该进行封闭，以防止穿堂风劲吹和温度的突然变化可能带来的不良影响。在冬期施工时，最好在采暖的条件下进行，作业温度不应低于10℃。

3. 墙布的裱糊　裱糊玻璃纤维贴墙布和无纺贴墙布的基层处理、裱糊操作方法及相关注意事项，与壁纸裱糊要求基本相同，但是玻璃纤维贴墙布和无纺贴墙布的盖底力稍差。如果基层表面颜色较深，应当满刮石膏腻子，或在胶粘剂中掺入适当的白色涂料，如白色乳胶漆等。若相邻部位的基层颜色较深，更应当注意颜色一致的处理，以免裱糊后色泽有差异，影响装饰效果。裱糊锦缎的基层处理应保证基层平整并彻底干燥，以防止裱糊后出现发霉的现象。

### 8.2.5　罩面板类饰面工程

罩面板类饰面又称镶板类饰面，是指将各种饰面板，通过镶、钉、拼、贴等方法固定于墙面的墙体饰面做法。罩面板类装饰做法应用广泛，是高级的内墙装饰做法。饰面板材品种繁多，通常包括木质板材、金属薄板、塑料板材、玻璃等。饰面板材装饰性强，可形成灵活多变的构造与造型；大多为装配式干作业，且面板的加工性较好，因而施工方便；能改善墙体在保温、隔热、隔声、吸声、防潮、防火等方面的性能。

1. 木质罩面板饰面　木质罩面板的基本构造（见图 8-2）主要包括龙骨及面板两部分。木质罩面板多采用方木为固定面板的龙骨（木筋），以单层或多层胶合板为面板，再对胶合板表面进行油漆、涂料、裱糊壁纸等处理，可形成不同的装饰效果。

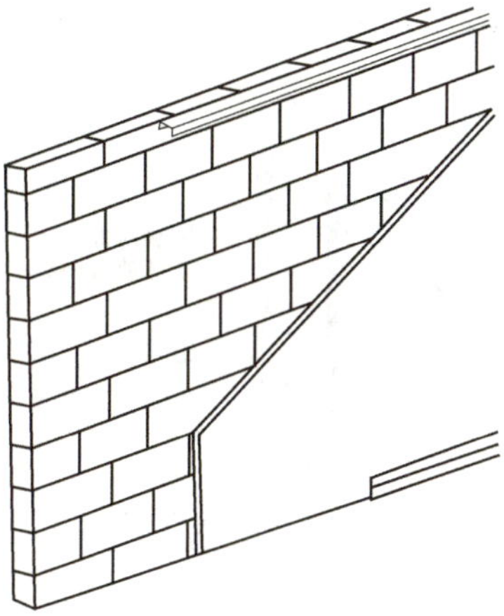
图 8-2　木质罩面板构造示意图

（1）龙骨：对于面积不大的罩面板骨架，可在地面上一次性安装，然后将其钉固在墙面上；对于大面积的龙骨架，可先在地面分片拼装，然后再联片组装，最后固定在墙面上。为了防止墙体潮气使面板变形或发霉，在木龙骨安装前，应在墙面与龙骨间加设防潮层，如刷两遍聚氨酯防水涂料。

（2）面板：面板主要有板状和条状两种。板状材料有胶合板、木饰面板、木丝板等；条状材料通常为企口板。

有时，在安装面板前，还需安装底板。底板材料通常为普通胶合板。

（3）细部处理：不论哪种材料的墙体饰面，细部构造处理都是装饰构造设计的重点与难点，是影响木装修效果及质量的重要因素。细部处理主要体现在饰面板的接缝处理、端部收口、阴阳转角、墙地面交接处理等。

1）板缝处理。板与板的拼接，主要有三种方式：斜接密缝、平接留缝和压条盖缝（见图8-3）。

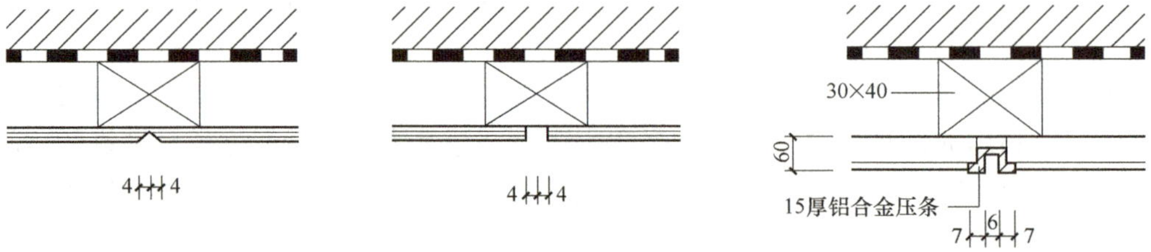


斜接密缝　　平接留缝　　压条盖缝

图8-3　板缝处理

2）上部压顶处理。主要有两种情形：一种是到顶的护壁板，上部压顶可与吊顶相接（见图8-4）；另一种是不到顶的木墙裙，上部压顶条位于墙体中部（见图8-5）。

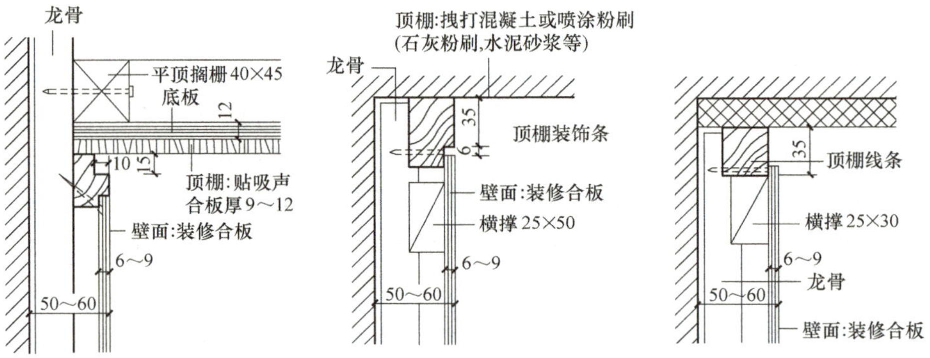


图8-4　木质罩面板与吊顶相接

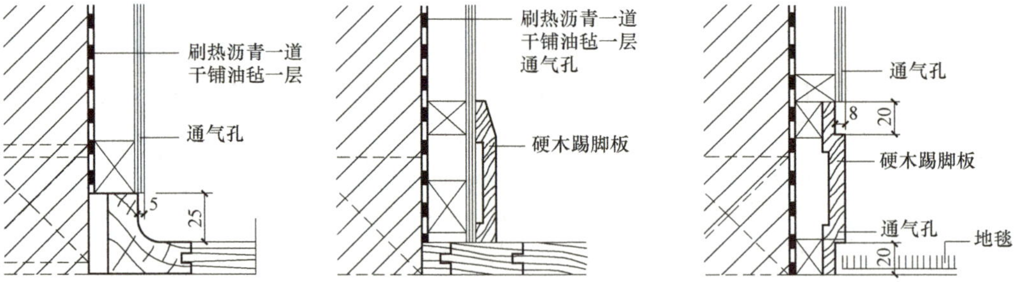


Ⅰ型　　Ⅱ型　　Ⅲ型

图8-5　木墙裙上部压顶及踢脚构造

3）阴阳转角处理。可采用对接、斜口对接、企口对接、填块等方法，如图8-6和图8-7所示。

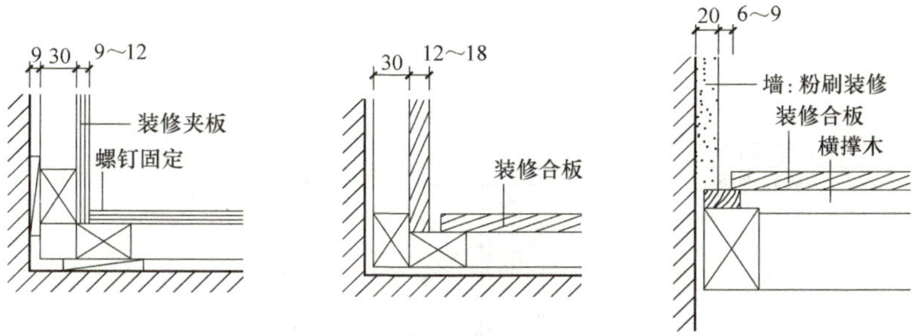


图 8-6　阴角（内角）处理

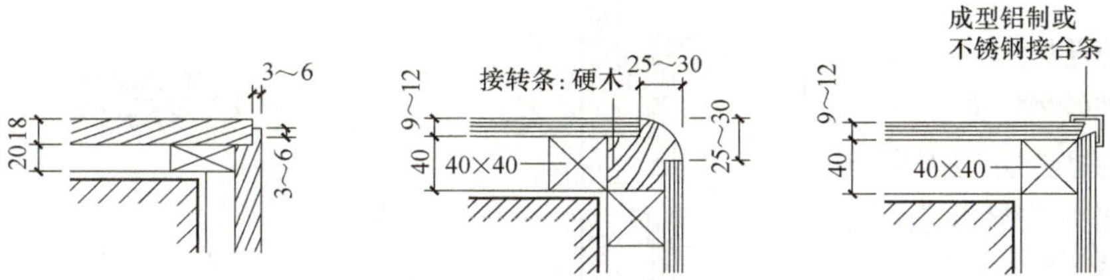


图 8-7　阳角（外角）处理

4）踢脚处理。踢脚是指墙面与地面交接部位的装饰构造。踢脚的处理方法如图 8-5 所示。

2. 软包饰面　软包饰面属于室内装修中的高档次装饰，适用于对环境要求较高、防止发生碰撞、对声学要求比较高的建筑，例如小餐厅、会客室、客厅、起居室及健身房、幼儿园、录音室、电话间等处。软包饰面具有柔软、消声、温暖的特点，其色彩、质感、图案等装饰的特性是其他装饰材料无法比拟的。

软包饰面采用的材料主要有平绒织物、锦缎织物、毡类织物、皮革或人造革、毛、麻、丝类挂毯（艺术挂毯）等。软包饰面分预制板组装和现场组装两种。预制板组装墙面的衬底多用硬质材料，现场组装墙面的衬底多为软质材料。

软包饰面工程构造如图 8-8 和图 8-9 所示。

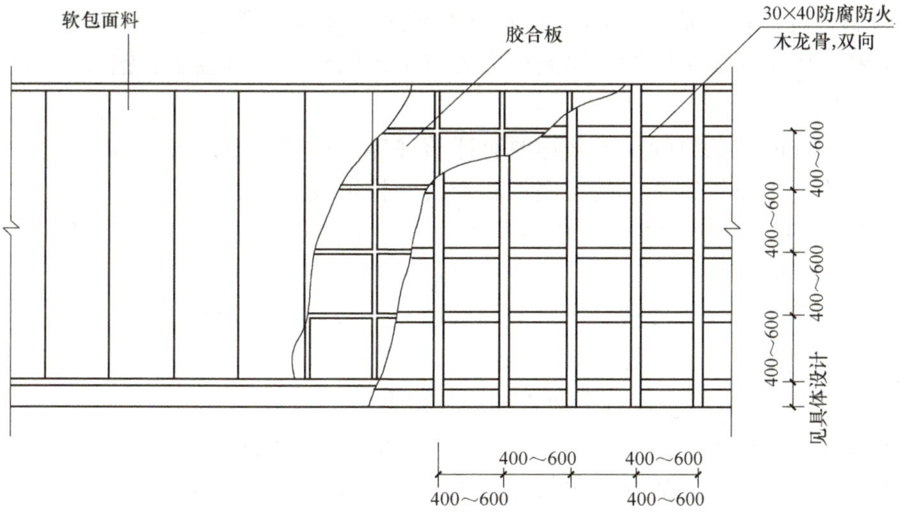


图 8-8　无吸声层软包饰面构造图（立面）

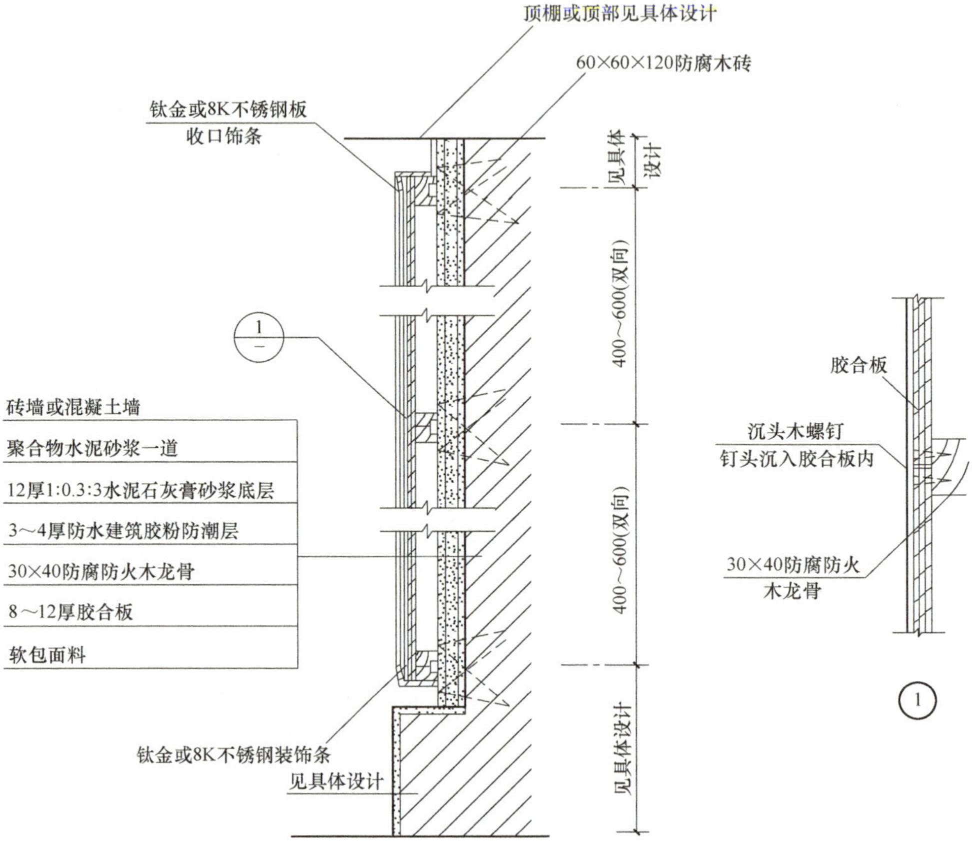


图 8-9 无吸声层软包饰面构造图（剖面）

3. 金属罩面板饰面 金属罩面板饰面一般通过龙骨固定在基层上。

（1）铝合金板内墙装饰构造：因木龙骨加工方便，可锯可刨，故较多地采用木龙骨来安装金属条板。木龙骨铝合金板基本构造与木护壁板相似（见图 8-10）。

（2）金属包柱装饰构造：柱体一般都处于室内的显著位置，因此柱体装饰对室内环境设计至关重要。用于柱体装饰的金属面板主要有不锈钢板、铝合金板、铜板、铝塑板等，其构造做法基本相似。

金属薄板包柱的施工原则是不破坏原有建筑柱体的形状，不损害柱体的承载力。金属薄板包柱的基本构造由龙骨体系、基层底板和金属面板组成。

1）龙骨体系通常由竖向龙骨、横向龙骨及横向支撑杆组成，如图 8-11 所示。

2）基层底板通常采用普通胶合板。在装饰圆柱中应选择弯曲性能较好的薄三夹板。先在木骨架的外面刷胶液（乳胶或各类环氧树脂胶），再将胶合板粘贴在木骨架上，用自攻螺钉固定，钉头应埋入板内，最好以射钉枪钉入。

3）柱体上安装的金属面板有平面式和圆柱式两种。

①平面式：在方柱上安装金属薄板，通常是用环氧树脂胶（万能胶）将金属薄板大面积地粘贴在基层木板上，然后在转角处用金属成型角压边，如图 8-12 所示。在压边金属成型角处，可用少量玻璃胶封口。

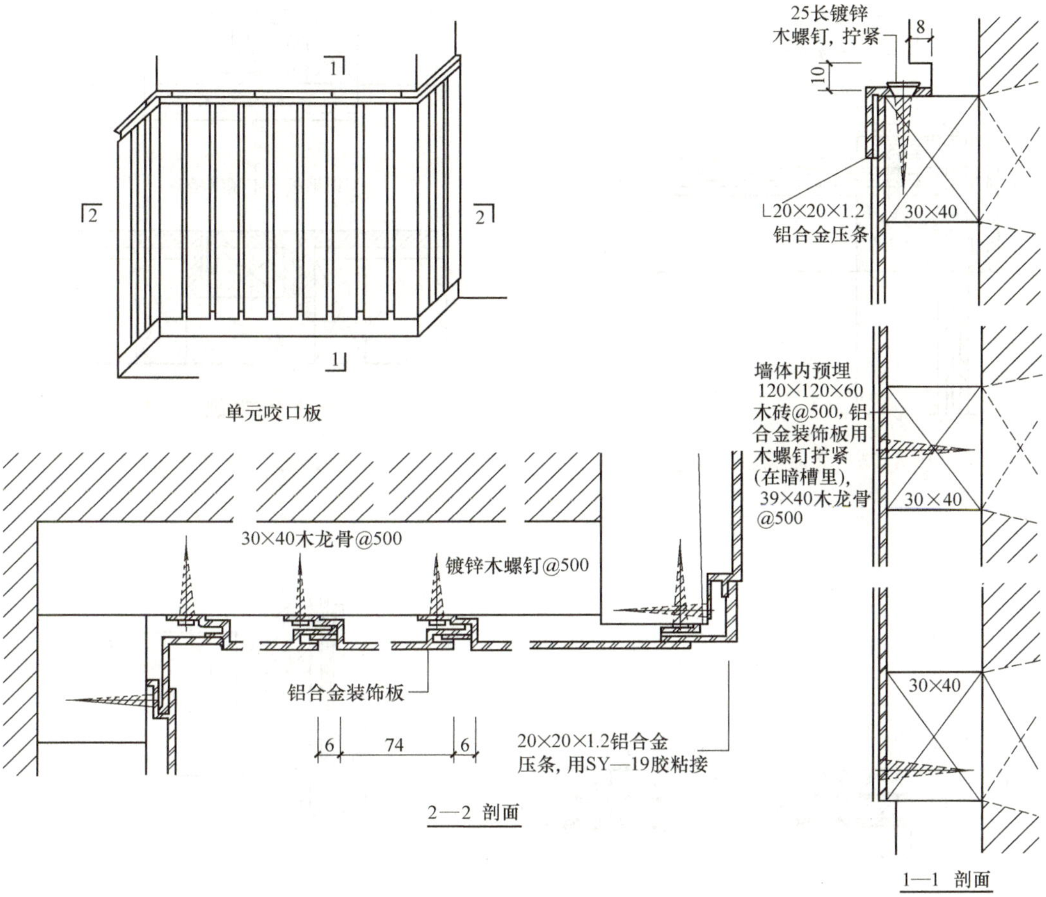


图 8-10 木龙骨铝合金板内墙装饰构造

②圆柱式：圆柱面金属薄板，通常是在工厂专门加工而成所需的曲面。一个圆柱面通常由两片或三片金属曲面板组装而成。

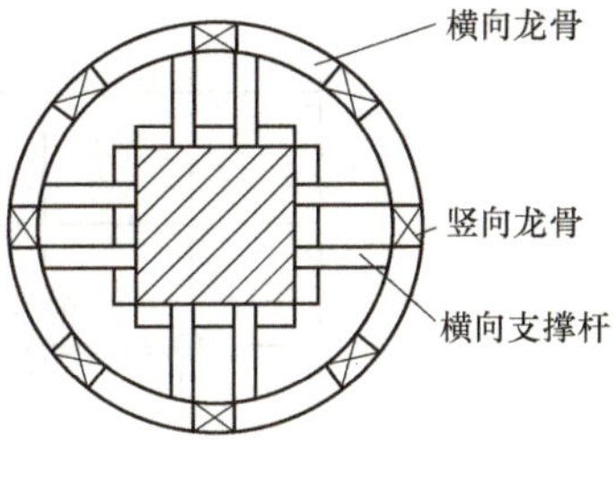


图 8-11 装饰圆柱的龙骨体系

4）安装的关键在于片与片的对口方式。对口方式主要有两种：直接卡口式，是在两片金属板的对口处，安装一个卡口槽，只要将两片金属板的弯曲端卡入卡口槽内即可；嵌槽压口式，先将金属板固定于对口凹槽处，再把一条宽度小于凹槽的木条固定于凹槽中间，然后在木条上涂刷环氧树脂胶后嵌入不锈钢槽条，如图 8-13 所示。

4. 镜面玻璃饰面　镜面玻璃的安装方法一般有四种，即钉固法、粘贴法、嵌钉法、托压固定法。每种方法都有各自的特点和适用范围，根据镜子的大小、排列方法、使用场所等因素而定，如图 8-14 和图 8-15 所示。

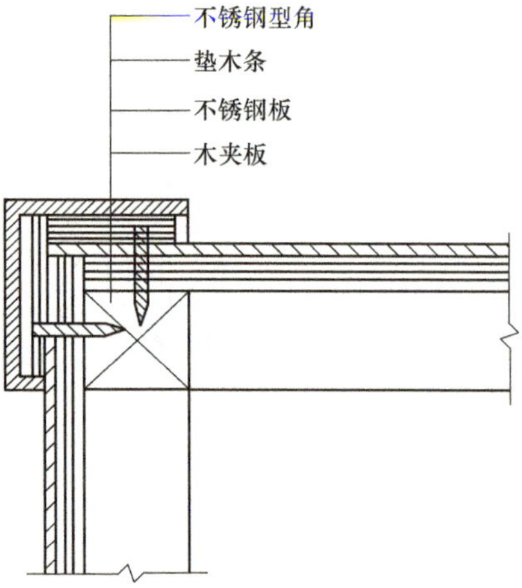


图 8-12 金属成型角压边

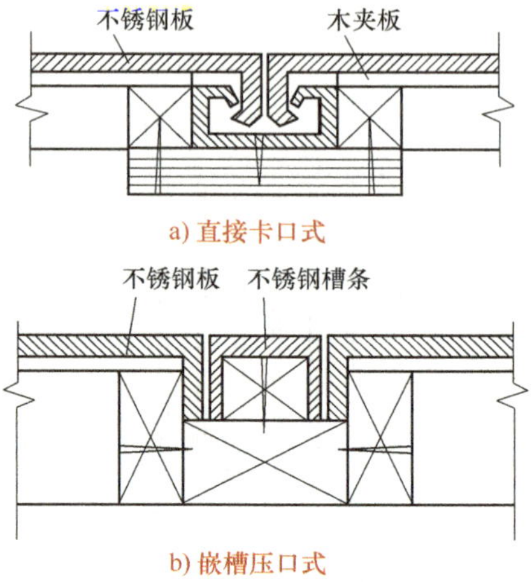


图 8-13 对口方式

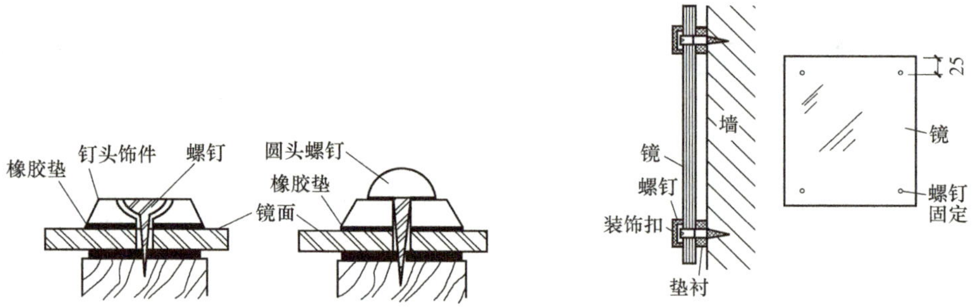


图 8-14 螺钉钉固示意图

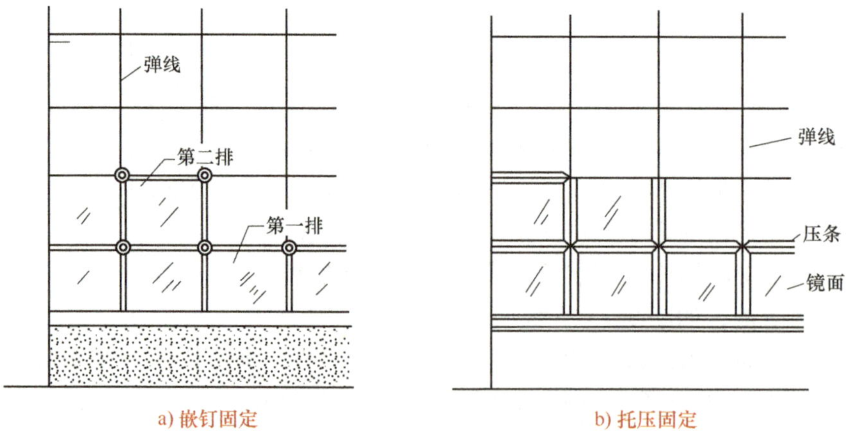


图 8-15 镜面固定方式

### 8.2.6 石材贴挂类饰面工程

花岗石、大理石饰面板是当代建筑内外墙高档装饰材料，用以装饰建筑墙面或柱面，其装饰效果之强，是其他材料望尘莫及的。

1. 石材贴挂类饰面的材料　贴挂类饰面分天然材料与人造材料两大类。

（1）大理石饰面板：大理石原本是指云南大理出产的石材。大理石又称云石，属粉状石，其本身的物理性质较为脆弱，颜色高贵、天然，纹理匀称，可塑性强。大理石饰面板易被溶有二氧化碳的雨水腐蚀，故不宜用于室外的外墙饰面。

（2）花岗石饰面板：花岗石又称麻石，是一种分布最广的火成岩，主要由石英、长石和云母等组成。它质地坚硬，显现出晶体、颗粒状的天然石矿，适用于建筑物的室内外墙面、柱面、墙裙、楼（地）面、檐口、腰线、勒脚、基座、踏步等。

花岗石具有质地坚硬、色泽稳定等多方面的优点，其强度高（抗压强度 120～250MPa）、耐久性好（耐用年限 75～100 年），成为目前最理想的高级建筑装饰材料。

（3）纤维水泥外墙饰面板：纤维水泥外墙饰面板是指以水泥、硅钙质材料为基材，以复合纤维为增强材料，经高压真空挤出成形、压花、（蒸压养护）涂装等工序加工而成。纤维水泥外墙挂板是一种集功能性、装饰性于一体的高档装饰外墙板材。

纤维水泥外墙挂板品种多样，作为钢筋混凝土或钢结构框架体系的外墙，结构、装饰一步到位。花色图案与表面涂装颜色任意组合，色彩丰富；同时，可以定制图案，为设计师提供更多创意空间，打造出时尚、个性化建筑。

（4）预制水磨石饰面板：水磨石饰面板是用大理石石粒、颜料、水泥、中砂等材料经过选配制坯、养护、磨光打亮制成的。

（5）合成石饰面板：合成石饰面板又称人造大理石、人造花岗石、人造石，是以石粉、石屑（小于 3mm）为主要填料，以树脂为胶粘剂，根据不同规格尺寸在模具上一次成形，可以仿天然大理石饰面板、仿天然花岗石饰面板等。

合成石饰面板有较好的加工性，可锯，可钻孔，能粘接，施工方便，可用于室内饰面，如墙面、柱面等。

2. 石材贴挂类饰面的安装

（1）湿挂法：钢筋网挂贴法、金属件锚固挂贴法为湿法挂贴，其构造层次分为基层、浇筑层、饰面层。浇筑层有时也称填充层，在饰面层与基层之间用挂接件连接固定。当饰面的板材、块材尺寸大、质量大、铺贴高度高时，为了使饰面材料与基层的连接牢固，采用“双保险”连接法，即板材与基层绑或挂，然后灌浆固定。

（2）干挂法或空挂法：干挂法或空挂法采用金属吊挂件将石材饰面板固定于建筑基体上。干挂法是当代花岗石饰面板墙面装修通过长期实践，经发展改进而形成的一种新型的施工工艺，它利用高强度螺栓和耐腐蚀、高强度的柔性连接件，将石材面板挂在建筑物结构的外表面，在石材与结构表面间留有 40～50mm 的空腔，采暖设计时可填入保温材料。干挂法不适宜于砖墙（砖墙可采用间接干挂法）和加气混凝土墙体。干挂法完工的墙面石材不受粘贴砂浆的析碱影响。石材干挂基本构造如图 8-16 所示，不锈钢挂件如图 8-17 所示。

用干挂法施工工艺所装修的饰面石板墙面，其板缝应根据吊挂件的厚度来定，一般在 8mm 左右。嵌缝处理如图 8-18 所示，也可采用开缝的板缝处理方法。

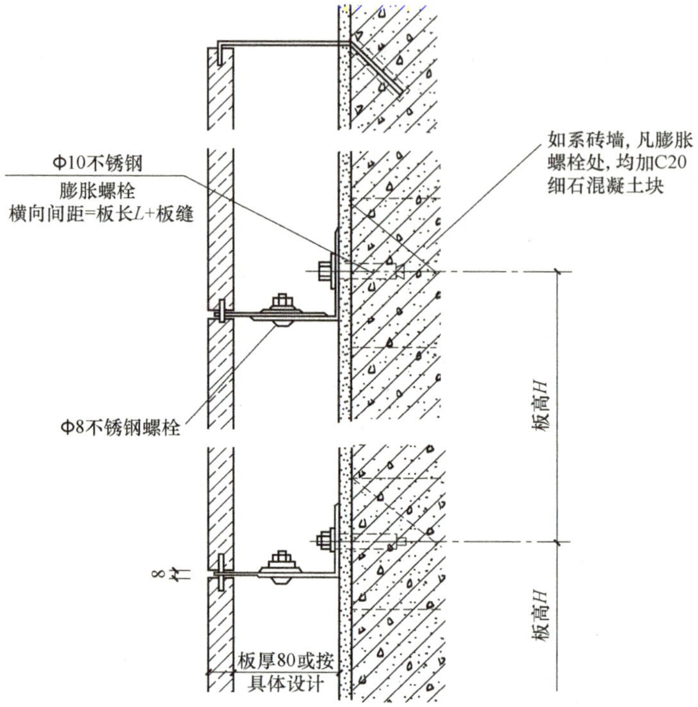


图 8-16 石材干挂基本构造

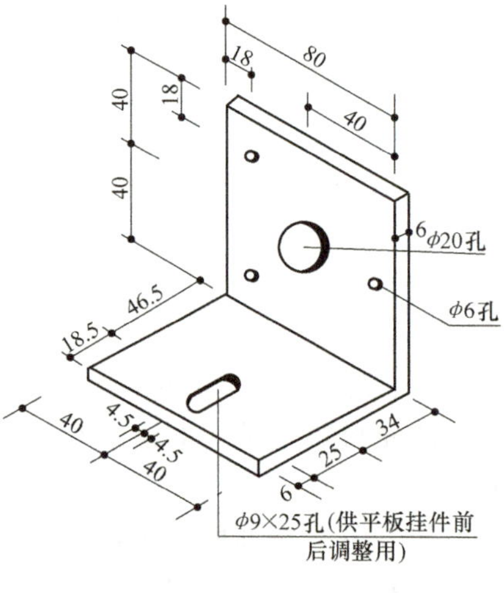


a) 不锈钢角钢挂件

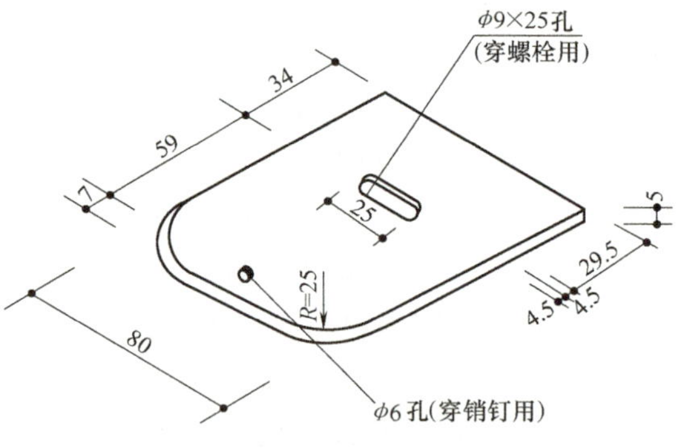


b) 不锈钢平板挂件

图 8-17 不锈钢挂件

目前采用较多的是板销式做法，如图 8-19 所示，用几种不同长度的金属挂件来适应主体结构墙面的变化，石板用切割机开槽比电钻孔方便。

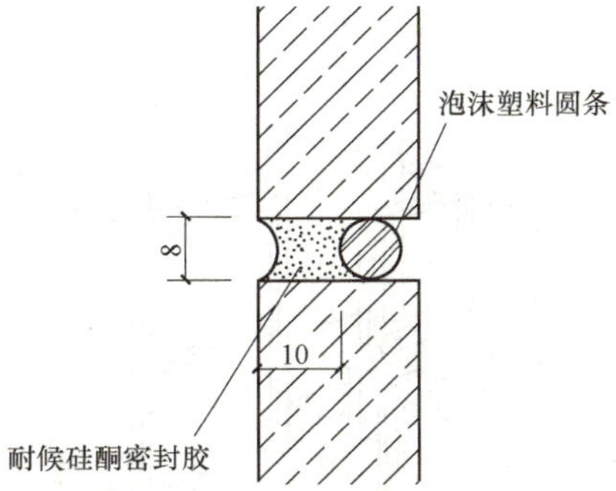


图 8-18 嵌缝处理示意

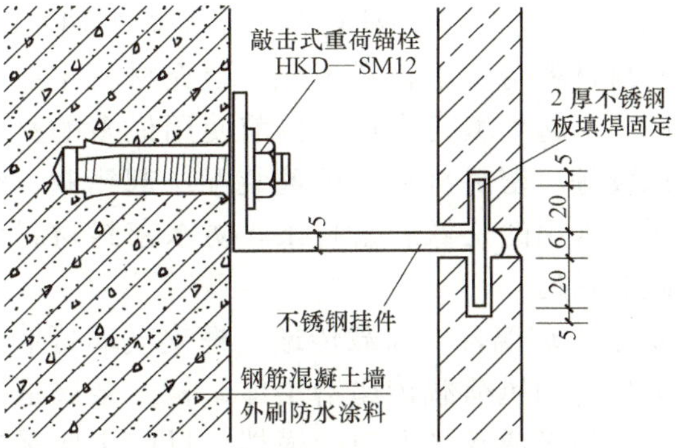


图 8-19 干挂施工板销式做法

## 8.2.7 玻璃幕墙

玻璃幕墙是建筑物外围饰面的一种新的形式。玻璃幕墙一般不承重，其特点是装饰效果好、质量轻、安装速度快，是外墙轻型化、装配化较理想的形式，因此，在现代大型和高层建筑上得到广泛的应用。

1. 玻璃幕墙类型 玻璃幕墙是由金属构件与玻璃板组成的建筑外围护结构。玻璃幕墙按其组合方式和构造做法的不同分为框支玻璃幕墙、全玻璃幕墙、点式玻璃幕墙等。其中，框支玻璃幕墙又可分为明框玻璃幕墙、隐框玻璃幕墙。

1）明框玻璃幕墙的金属框暴露在室外，形成外观上可见的金属格结构。

2）隐框玻璃幕墙的金属框隐蔽在玻璃的背面，室外看不见金属框。隐框玻璃幕墙又可分为全隐框玻璃幕墙和半隐框玻璃幕墙，半隐框玻璃幕墙可以是横明竖隐，也可以是竖明横隐。

3）无框玻璃幕墙又分为全玻璃幕墙和挂架式玻璃幕墙 2 种，它不设边框，以高强粘结胶将玻璃连接成整片墙。无框玻璃幕墙的优点是透明、轻盈、空间渗透强，因而为许多建筑师钟爱，有着广泛的应用前景。

幕墙处于建筑物外表面，经常受自然环境（如日晒、雨淋、风沙等不利因素）的影响。因此，要求幕墙材料要防腐蚀、防雨、防渗、保温、隔热，满足防火、防雷、防止玻璃破碎坠落、防变形等。

2. 框支玻璃幕墙材料 框支玻璃幕墙由幕墙玻璃、骨架材料、紧固件和填缝材料四部分组成。

（1）幕墙玻璃：玻璃幕墙的饰面玻璃主要有热反射玻璃（镜面玻璃）、吸热玻璃（染色玻璃）、双层中空玻璃、夹层玻璃、夹丝玻璃、钢化玻璃等品种。另外，各种无色或着色的浮法玻璃也常被采用。从玻璃的特性来讲，通常将前三种称为节能玻璃，将夹层玻璃、夹丝玻璃及钢化玻璃等称为安全玻璃。

（2）骨架材料：玻璃幕墙的骨架主要由构成骨架的各种型材以及连接与固定用的各种连接件、紧固件组成。型材可采用角钢、方钢管、槽钢等，但最多的还是经特殊挤压成型的各种铝合金幕墙型材。铝合金幕墙型材主要有竖向的立柱（竖框）、水平向的横梁（横档）两种类型。铝合金幕墙型材断面高度有多种规格，可根据使用部位和抗风能力，经过结构计算按要求进行选择。

（3）紧固件：玻璃幕墙常用的紧固件主要有膨胀螺栓、拉锚钉、射钉等。连接件大多用角钢、槽钢或钢板加工而成，其形式与断面因使用部位及幕墙结构的不同而不同。

（4）填缝材料：填缝材料用于幕墙玻璃装配及块与块之间的缝隙处理，一般由填充材料、密封材料与防水材料组成。填充材料主要用于间隙内的底部，起到填充作用，目前使用最多的材料是聚乙烯泡沫胶等。密封材料在玻璃装配中起密封、缓冲和粘接作用，常用的是橡胶密封条。防水密封材料使用最多的是硅酮系列。

3. 框支玻璃幕墙荷载传递　框支玻璃幕墙通过金属框架把自重和风荷载传递给主体结构。金属框等包括垂直方向的竖梃或水平方向的横档。目前主要采用竖梃方式，因为横档需搁置在结构立柱上，横档的跨度不能太大，否则结构立柱数量要增加。竖梃一般安置在楼板上，布置比较灵活，其构造如图8-20和图8-21所示。

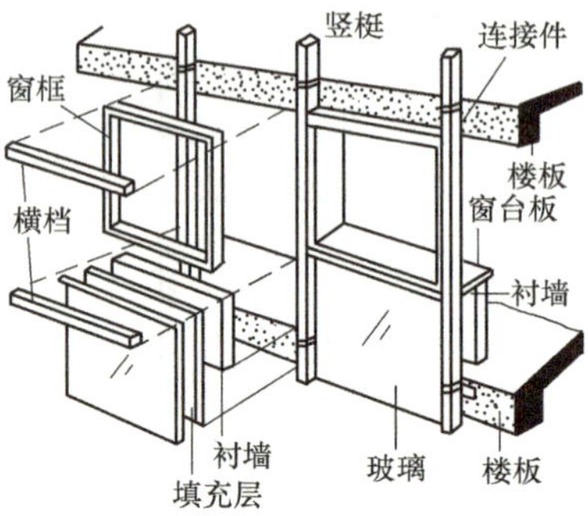

图8-20　框支玻璃幕墙构造示意图

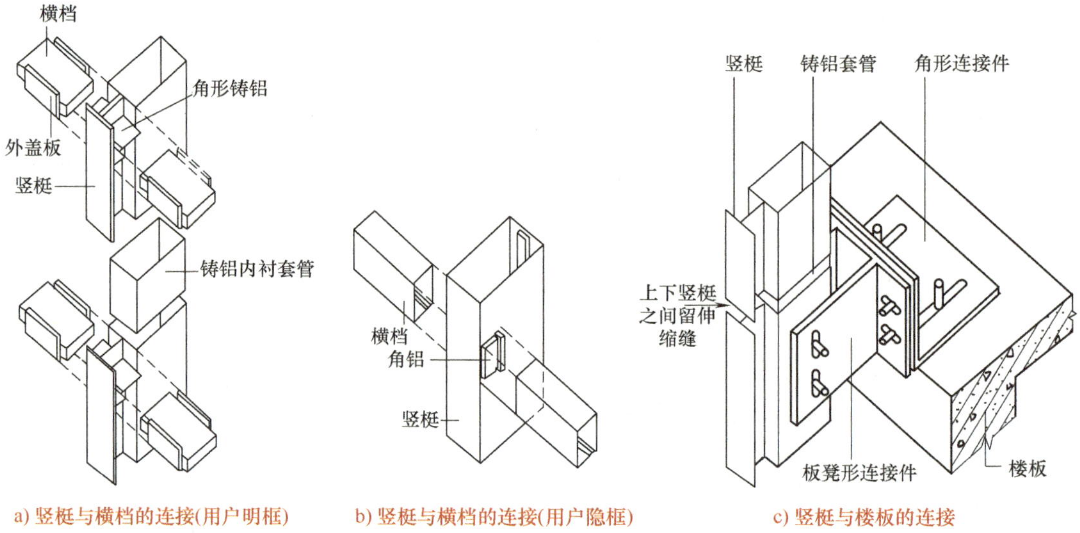

图8-21　幕墙铝框连接构造

（1）明框玻璃幕墙：在明框玻璃幕墙中，玻璃是镶嵌在竖梃、横档等金属框上，并用金属条卡住的，如图8-22所示。

玻璃与金属框接缝处的防水构造处理是保证幕墙防风雨性能的关键部位。接缝构造目前国内外采用的方式有三层构造，即密封层、密封衬垫层、空腔。

玻璃是由垫块支撑在金属框内，玻璃与金属框之间形成空腔。空腔可防止挤入缝内的雨水因毛细现象进入室内。如图8-23所示为玻璃镶嵌在铝框中的节点构造。

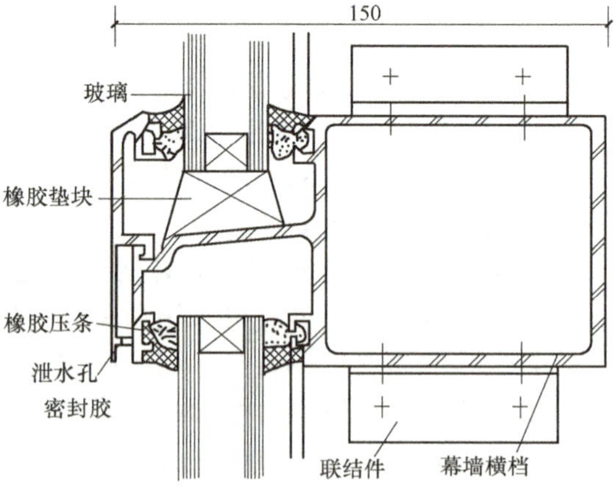

图8-22　明框玻璃幕墙构造

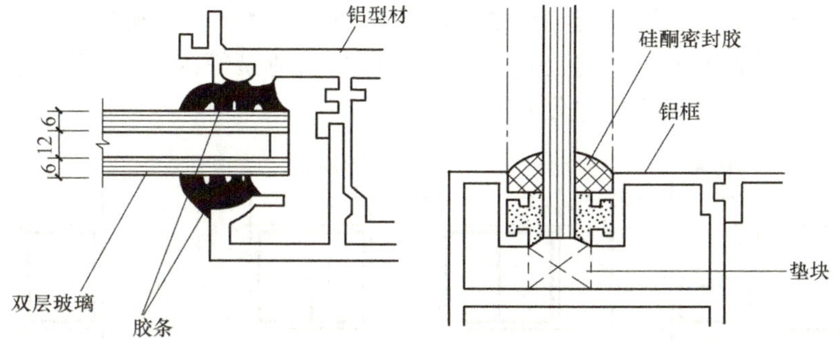


图 8-23 明框玻璃与铝框的连接构造

（2）隐框玻璃幕墙：隐框玻璃幕墙的框料上镶嵌槽的外槽板明露，同时隐框玻璃幕墙均采用镀膜玻璃，由于镀膜玻璃具有单向透像特性，因此从外侧看不到框料，达到隐框的效果。玻璃板块采用压块、挂钩等方式与幕墙的主体结构连接，如图 8-24 所示。玻璃板块由玻璃、附框和定位胶条、粘接材料组成，如图 8-25 所示。

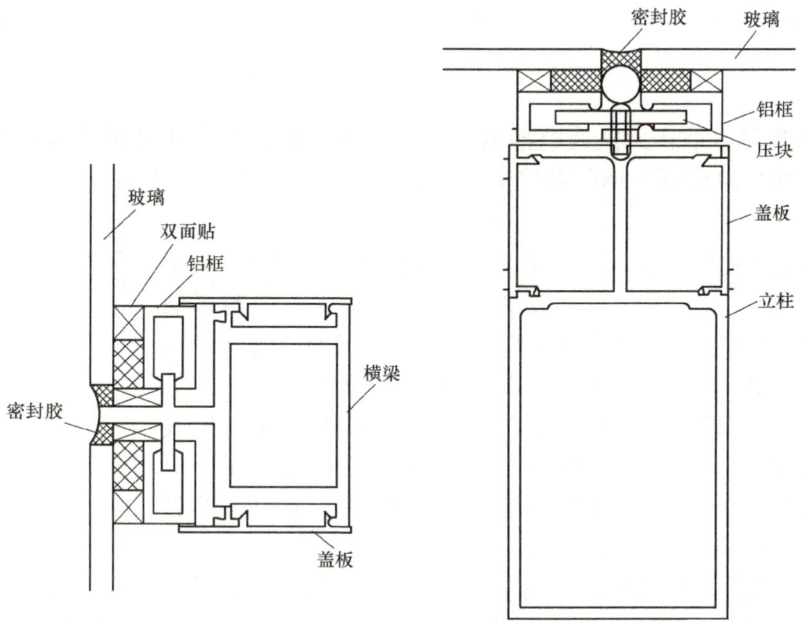


图 8-24 隐框玻璃幕墙板块构造

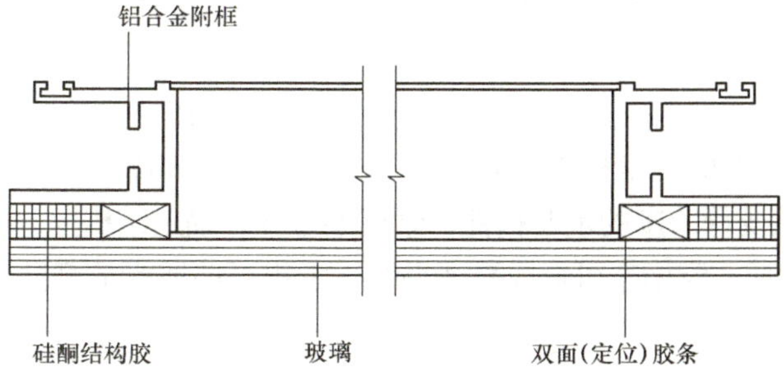


图 8-25 隐框玻璃幕墙板块

玻璃幕墙的立面划分系指竖梃和横档组成的框格形状和大小的确定，立面划分与幕墙使用的材料规格、风荷载大小、室内装修要求、建筑立面造型等因素密切相关。如图8-26所示是框支玻璃幕墙立面划分的几种分格方式。

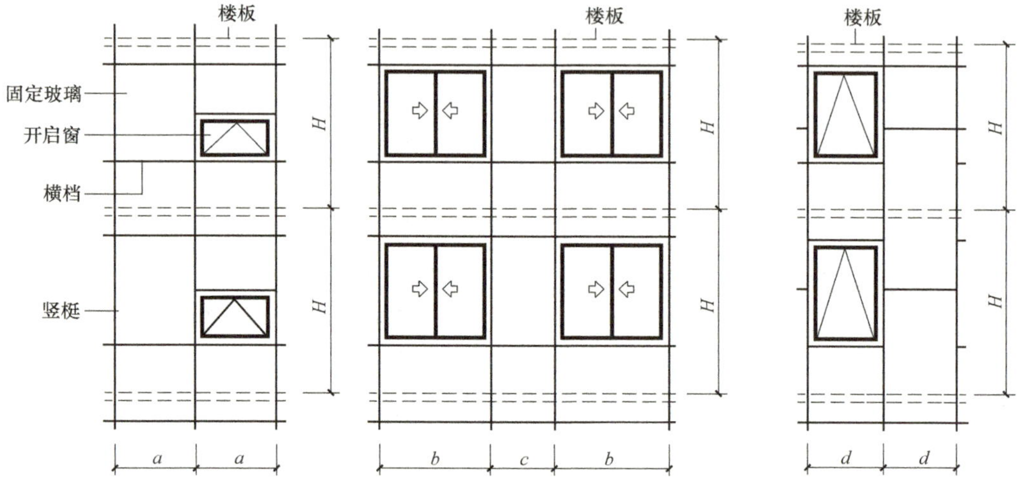


图8-26 框支玻璃幕墙立面划分

（3）无框玻璃幕墙：无框玻璃幕墙不采用金属框料，而采用玻璃肋或点式钢爪作为支撑体系。全玻璃幕墙包括玻璃肋胶接全玻璃幕墙、点式连接全玻璃幕墙和拉索式点连接全玻璃幕墙。

1）玻璃肋胶接全玻璃幕墙。为增强玻璃刚度，每隔一定距离用条形玻璃板作为加强肋板，玻璃板加强肋垂直于玻璃幕墙表面设置，因其设置的位置如板的肋一样，故又称为肋玻璃。玻璃幕墙称为面玻璃。面玻璃和肋玻璃有十字和丁字两种常见交接方式，如图8-27所示。同时，面玻璃与肋玻璃相交部位宜留出一定的间隙，间隙用硅酮系列密封胶注满。间隙尺寸可根据玻璃的厚度而略有不同。这种幕墙多用于低层，采用上部悬挂式，其构造如图8-28a所示。

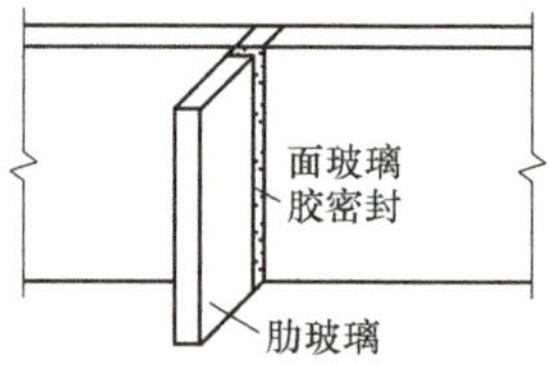


图8-27 面玻璃与肋玻璃相交

2）点式连接全玻璃幕墙，又称接驳式全玻璃幕墙。它可以透过玻璃清楚地看到支撑玻璃的整个结构系统，使这种结构系统从单纯的支撑作用转向表现其可见性。构造上采用H（X）形钢爪将4块角部打孔的钢化玻璃固定，玻璃之间的接缝用硅酮密封胶封闭。固定玻璃的部位用橡胶垫片、平头螺栓将玻璃夹紧，钢爪与结构柱(钢桁架)焊接牢固。

3）拉索式点连接全玻璃幕墙，即将玻璃面板用钢爪固定在索桁架上的全玻璃幕墙。它由三个部分组成：玻璃面板、索桁架、锚定结构（见图8-28b）。

索桁架是跨越幕墙支撑跨度的重要构件，索桁架悬挂在锚定结构上，它由按一定规律布置的高强度的索及连系杆组成。索桁架可形成幕墙系统，承担幕墙所受荷载并将其传至锚定结构。

## 8.2.8 金属幕墙

金属幕墙按构造体系划分为明框金属幕墙、隐框金属幕墙及半隐框（竖隐横明或横隐

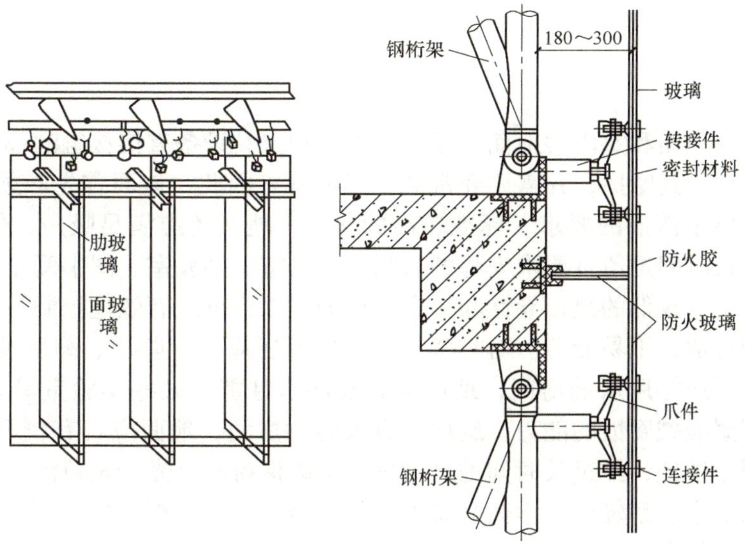


a) 上部悬挂式全玻璃幕墙　　b) 拉索式点连接全玻璃幕墙

图 8-28　全玻璃幕墙固定方式

竖明）金属幕墙；按结构体系划分为型钢骨架体系、铝合金型材骨架体系及无骨架金属板幕墙体系等；按材料体系划分为铝合金板（包括单层铝板、复合铝板、蜂窝铝板等）、带彩色涂层的薄钢板或不锈钢轧制薄板等。

金属幕墙由在工厂定制的折边金属薄板作为外围护墙面。金属幕墙构造与隐框玻璃幕墙构造基本一致。玻璃和铝板组合半隐框幕墙构造如图 8-29 所示。

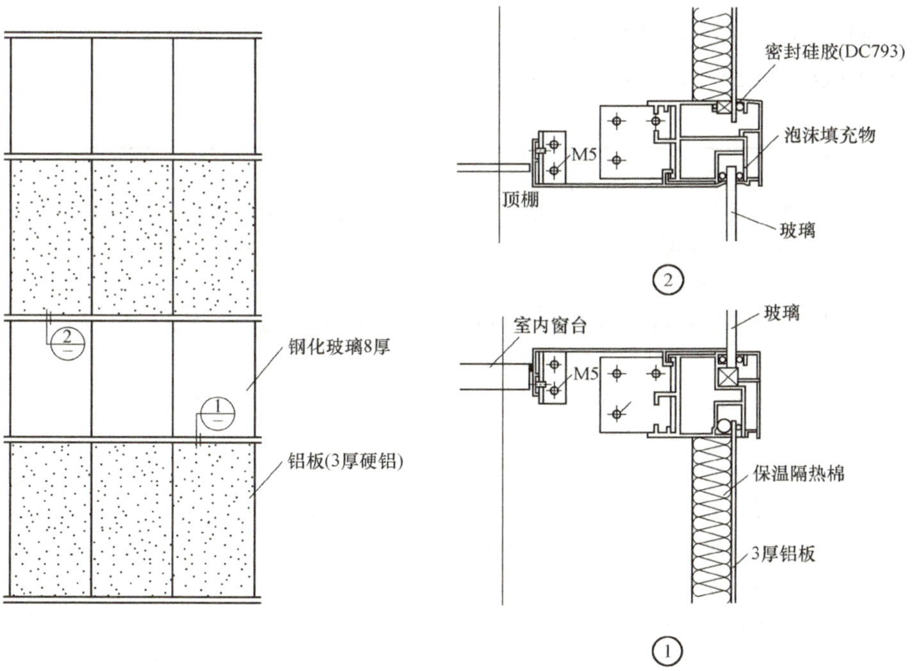


图 8-29　玻璃和铝板组合半隐框幕墙构造

# 8.3 地面装修

地面包括室外地面和室内楼地面。楼地面是人和家具设备直接接触的部分，直接承受地面上的荷载，经常受到摩擦，并需要经常清扫或擦洗。因此，地面首先必须满足坚固耐磨、表面平整光洁并便于清洁的要求。标准较高的房间，地面还应满足吸声、保温和弹性等要求，特别是人们长时间逗留且要求安静的房间，如居室、办公室、图书阅览室、病房等。具有良好的消声能力、较低的热传导性和一定弹性的面层，可以有效地控制室内噪声，并使人行走时感到温暖舒适，不易疲劳。对有些房间，地面还应具有防水、耐腐蚀、耐火等性能，如厕所、浴室、厨房等用水的房间，地面应具有防水性能。某些实验室等有酸碱作用的房间，地面应具有耐酸碱腐蚀的能力。厨房等有火源的房间，地面应具有较好的防火性能等。室外地面要求耐候性佳，经过长时间的日晒雨淋仍能保持原有光泽及色泽。室外地面应具有耐磨防滑、防霉防水、耐轻度化学药品腐蚀、易保养清洁、外观亮丽、颜色多样、施工简单快速、价格低廉等特点。

## 8.3.1 常见地面类型

依据地面面层所用材料和施工方式不同，常见地面可分为以下4类。

（1）整体类地面：整体类地面包括水泥砂浆地面、细石混凝土地面、水磨石地面及菱苦土地面等。

（2）板块类地面：板块类地面包括普通砖地面、大阶砖地面、水泥花砖地面、缸砖地面、陶瓷锦砖地面、地砖地面、人造石板地面、天然石板地面及木地板地面等。

（3）卷材类地面：卷材类地面包括油地毡地面、橡胶地毡地面、塑料地毡地面及无纺织地毯地面等。

（4）涂料类地面：涂料类地面包括各种高分子合成涂料所形成的地面。

常用地面做法见表8-2，常用楼面做法见表8-3。

表8-2 常用地面做法

| 名称 | 材料及做法 |
|---|---|
| 水泥砂浆地面 | 25厚1:2水泥砂浆面层铁板赶光、水泥浆结合层一道、80～100厚C15混凝土垫层、素土夯实 |
| 水泥豆石地面 | 30厚1:2水泥豆石（瓜米石）面层铁板赶光、水泥浆结合层一道、80～100厚C15混凝土垫层、素土夯实 |
| 水磨石地面 | 15厚1:2水泥白石子面层表面草酸处理后打蜡上光、水泥浆结合层一道、25厚1:2.5水泥砂浆找平层、水泥浆结合层一道、80～100厚C15混凝土垫层、素土夯实 |
| 聚乙烯醇缩丁醛地面 | 面漆三道、清漆两道、填嵌并满抹腻子、清漆一道、25厚1:2.5水泥砂浆找平层、80～100厚C15混凝土垫层、素土夯实 |
| 陶瓷锦砖（马赛克）地面 | 陶瓷锦砖面层白水泥浆擦缝、25厚1:2.5干硬性水泥砂浆结合层，上洒1～2厚干水泥并洒清水适量，水泥浆结合层一道、80～100厚C15混凝土垫层、素土夯实 |
| 缸砖地面 | 缸砖（防潮砖、地红砖）面层配色白水泥浆擦缝、25厚1:2.5干硬性水泥砂浆结合层，上洒1～2厚干水泥并洒清水适量，水泥浆结合层一道、80～100厚C15混凝土垫层、素土夯实 |
| 陶瓷地砖地面 | 厚陶瓷地砖面层白水泥浆擦缝、25厚1:2.5干硬性水泥砂浆结合层，上洒1～2厚干水泥并洒清水适量，水泥浆结合层一道、80～100厚C15混凝土垫层、素土夯实 |

表 8-3 常用楼面做法

| 名称 | 材料及做法 |
|---|---|
| 水泥砂浆楼面 | 25 厚 1:2 水泥砂浆面层铁板赶光，水泥浆结合层一道、结构层 |
| 水泥石屑楼面 | 30 厚 1:2 大泥石屑面层铁板赶光、水泥浆结合层一道、结构层 |
| 水磨石楼面（美术水磨石楼面） | 15 厚 1:2 水泥白石子面层表面草酸处理后打蜡上光、水泥浆结合层一道、25 厚 1:2.5 水泥砂浆找平层、水泥浆结合层一道、结构层 |
| 陶瓷锦砖（马赛克）楼面 | 陶瓷锦砖面层白水泥浆擦缝、25 厚 1:2.5 干硬性水泥砂浆结合层，上洒 1~2 厚干水泥并洒清水适量，水泥浆结合层一道、结构层 |
| 陶瓷地砖楼面 | 10 厚陶瓷地砖面层配色水泥浆擦缝、25 厚 1:2.5 干硬性水泥砂浆结合层，上洒 1~2 厚干水泥并洒清水适量，水泥浆结合层一道、结构层 |
| 大理石楼面 | 20 厚大理石块面层配色水泥浆擦缝、25 厚 1:2.5 干硬性水泥砂浆结合层，上洒 1~2 厚干水泥并洒清水适量，水泥浆结合层一道、结构层 |

## 8.3.2 整体类地面装修

1. 水泥砂浆地面 通常是用水泥砂浆抹压而成。水泥砂浆地面构造简单，施工方便，造价低，且耐水，是目前应用最广泛的一种低档地面；但地面易起灰，无弹性，热传导性高，且装饰效果较差。

水泥砂浆地面有双层和单层构造之分，双层做法分为面层和底层，构造上常以 15~20mm 厚质量比为 1:3 水泥砂浆打底、找平，再以 5~10mm 厚质量比为 1:1.5 或 1:2 的水泥砂浆抹面，如图 8-30 所示。双层构造虽增加了施工程序，但容易保证质量。单层构造是在结构层上抹水泥浆结合层一道后，直接抹 15~20mm 厚质量比为 1:2 或 1:2.5 的水泥砂浆一道，抹平后待其终凝前，再用铁板压光。

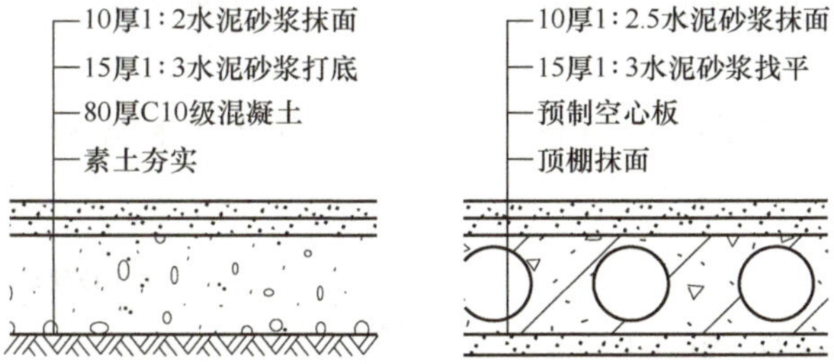

a) 底层地面　b) 楼板层地面

图 8-30 水泥砂浆地面

2. 细石混凝土地面 为了增强楼板层的整体性和防止楼面产生裂缝，可采用细石混凝土层构造做法，即在基层上浇筑 30~40mm 厚强度等级为 C20 的细石混凝土，随打随压光。为提高地面的整体性，满足抗震要求，可内配Φ4@200 的钢筋网。

3. 水磨石地面 是用水泥作胶结材料，以大理石或白云石等中等硬度石料的石屑作集料而形成的水泥石屑浆浇抹硬结后，经磨光打蜡而成。

水磨石地面坚硬、耐磨、光洁、不透水，而且由于施工时磨去了表面的水泥浆膜，因此避免了起灰，有利于保持清洁。

为便于施工和维修，并防止因温度变化而导致面层变形开裂，应用分格条将面层按设计的图案进行分格，这样做也可以更加美观。分格尺寸常为400～1000mm。分格条按材料不同有玻璃条、塑料条、铜条或铝条等，使用时视装修要求而定。分格条通常在找平层上用质量比为1∶1的水泥砂浆嵌固。

### 8.3.3 板块类地面装修

板块地面是指利用板材或块材铺贴而成的地面，按地面材料不同有陶瓷板块地面、石板地面、塑料板块地面和木地面等。

1. 陶瓷板块地面　用作地面的陶瓷板块有陶瓷锦砖和缸砖、陶瓷彩釉砖、瓷质无釉砖等各种陶瓷地砖。

2. 石板地面　石板地面包括天然石地面和人造石地面。天然大理石板的规格尺寸一般为（300mm×300mm）～（500mm×500mm），厚度为20～30mm。大理石地面的常见做法是先用20～30mm厚质量比为1∶3或1∶4的干硬性水泥砂浆找平，铺贴大理石板，板缝宽不大于1mm，洒干水泥粉浇水扫缝，最后过草酸打蜡。另外，还可利用大理石碎块拼贴，形成碎大理石地面，它可以充分利用边角料，既能降低造价，又可取得较好的装饰效果。用作室内地面的花岗石板（图8-31）是表面打磨光滑的磨光花岗石板，它的耐磨程度高于大理石板，但价格昂贵，应用较少。花岗石板构造做法同大理石地面。天然石地面具有较好的耐磨、耐久性能和装饰性，属于高档做法，一般用于装修标准较高的公共建筑的门厅、大厅等。

人造石板有预制水磨石板、人造大理石板等，其规格尺寸及地面的构造做法与天然石板基本相同，而价格低于天然石板。

3. 塑料板块地面　塑料地板（见图8-32）主要指塑料地板革、塑料地板砖等材料，它是用PVC塑料和其他塑料，再加入一些添加剂，通过热挤压法生产的一种片状地面装饰材料。塑料地板与涂料、地毯相比，在价格上较适中，使用性能较好，适应性强，耐腐蚀，行走舒适，应用面广泛。塑料地板花色品种多，装饰效果好，因而近几年有了长足的发展。塑料板块地面的构造做法是先用15～20mm厚质量比为1∶2的水泥砂浆找平，干燥后再用黏结剂粘贴塑料板块。

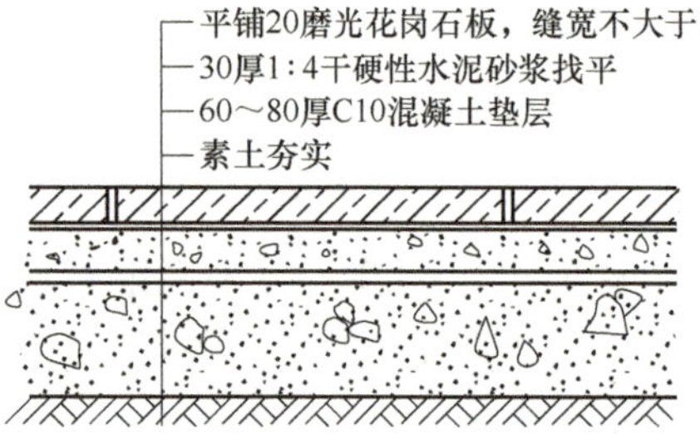


图8-31　花岗石地面

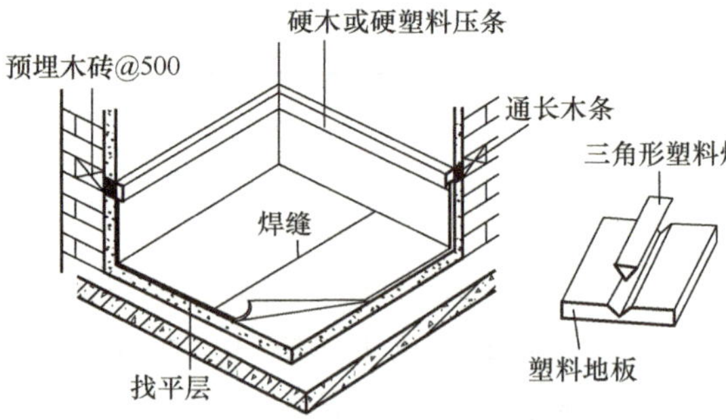


图8-32　塑料板块地面构造

塑料板块地面具有一定的弹性和吸声能力，其热传导性低，使脚感舒适温暖，并有利于隔声；其色彩丰富，可获得较好的装饰效果；耐磨性、耐湿性和耐燃性较好；施工方便，易于保持清洁。但塑料板块地面耐高温性和耐刻划性较差，易老化，日久失光变色。塑料板块地面适用于人们长时间逗留且要求安静的房间或清洁要求较高的房间。

目前，国内塑料地板、塑胶地板材料的品种已有上百种。树脂中加入一定比例的橡胶可制成塑胶地板：成品有硬质、半硬质和弹性地板；外形有块状（地板砖）和卷材（地板革）两种；生产方法有热压法、压延法、注射法等。目前市场上的产品多为热压法生产的半硬质PVC塑料地板砖。

塑料地板适用于宾馆、住宅、医院等建筑的地面装饰；塑胶地板适用于体育场馆地坪、球场和跑道等地面装饰。

4. 木地面　木地面是指表面由木板铺钉或胶合而成的地面，优点是富有弹性、不起砂、不起灰、易油漆、易清洁、不返潮、纹理美观、蓄热系数小，常用于住宅的室内装修中。木地面的分类如下。

（1）按板条规格及组合方式分：可分为普通木地面、硬木条形地面和拼花木地面。

（2）按木地面材料分：可分为纯木材、复合木地板等。纯木材的木地面系指以柏木、杉、松木、柚木、紫檀等有特色木纹与色彩的木材做成的木地板，要求材质均匀，无节疤。而复合木地板则是一种两面贴上单层面板的复合构造的木板。

（3）按构造方式分：有空铺式、实铺式和粘贴式三种。

1）空铺式木地面是将支承木地板的搁栅架空搁置。木搁栅可搁置于墙上，当房间尺寸较大时，也可搁置于地垄墙或砖墩上。空铺木地面应组织好架空层的通风，通常应在外墙勒脚处开设通风洞。有地垄墙时，地垄墙上也应留洞，使地板下的潮气通过空气对流排至室外。空铺式木地面构造复杂，耗费木材较多，因而采用较少。

2）实铺式木地面（图8-33）是直接在实体基层上铺设的地面。木搁栅直接放在结构层上，木搁栅截面一般为50mm×50mm，中距小于450mm。搁栅可以借预埋在结构层内的U形铁件嵌固或用镀锌钢丝扎牢。有时为提高地板弹性质量，可做纵横两层搁栅。搁栅下面可以放入垫木，以调整不平坦的情况。为了防止木材受潮而产生膨胀，须在与混凝土接触的底面涂刷冷底子油及热沥青各一道。

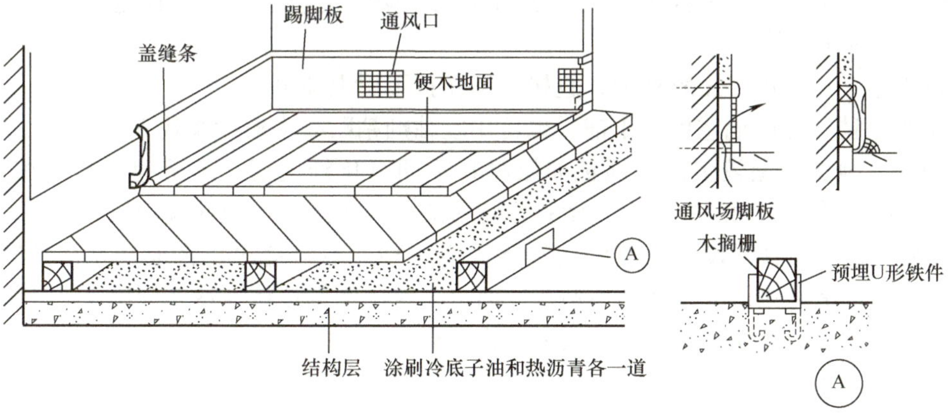


a) 拼花地面

图8-33　实铺式木地面

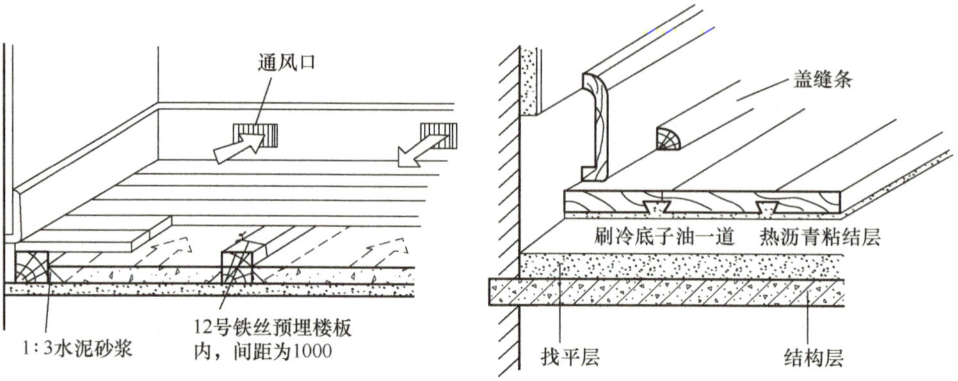


b) 条木地面　　　　c) 粘贴木地面

图 8-33　实铺式木地面（续）

实铺式木地面既可用单层木板铺钉，也可用双层木板铺钉。单层木地板通常采用普通木地板或硬木条形地板。双层木地板的底板称为毛板，可采用普通木板，与搁栅呈 30°或 45°方向铺钉。面板则采用硬木拼花板或硬木条形板，底板和面板之间应衬一层油纸，以减小摩擦。双层木地板具有更好的弹性，但消耗木材较多。

3）粘贴式实铺木地面是将木地板用沥青胶或环氧树脂等粘接材料直接粘贴在找平层上；若为底层地面，则应在找平层上做防潮层，或直接用沥青砂浆找平。粘贴式木地面由于省略了搁栅，因此比实铺式木地面节约木材，造价低，施工简便。

复合木地板可采用粘贴式和无粘接式。无粘接式复合木地板应直接在实体基层上干铺 4～5mm 厚阻燃发泡型软泡沫塑料垫层。

## 8.3.4　卷材类地面装修

卷材地面是用成卷的卷材铺贴而成的。常见的地面卷材有软质聚氯乙烯塑料地毡、油地毡、橡胶地毡和地毯等。

1. 软质聚氯乙烯塑料地毡　规格一般为：宽 700～2000mm，长 10～20m，厚 1～8mm，可用胶粘剂粘贴在水泥砂浆找平层上，也可干铺。塑料地毡的拼接缝隙通常切割成 V 形，用三角形塑料焊条焊接。

2. 油地毡　一般可不用胶粘剂，直接干铺在找平层上即可。

3. 橡胶地毡　橡胶地毡可以干铺，也可用胶粘剂粘贴在水泥砂浆找平层上。

4. 地毯　地毯类型较多，按地毯面层材料不同有化纤地毯、羊毛地毯和棉织地毯等，其中用化纤或短羊毛作面层，麻布、塑料作背衬的化纤或短羊毛地毯应用较多。地毯可以满铺，也可局部铺设，其铺设方法有固定和不固定两种。不固定式是将地毯直接摊铺在地面上；固定式通常是将地毯用胶粘剂粘贴在地面上，或用倒刺板将地毯四周固定。为增加地面的弹性和消声能力，地毯下可铺设一层泡沫橡胶衬垫。

## 8.3.5　涂料类地面装修

地面涂料是地面装饰材料的一种。常见的地面涂料有环氧耐磨地面涂料、聚氨酯弹性地面涂料、防滑地面涂料和防静电地面涂料等。

近年来，由于我国现代化工业水平不断提高，生产技术本身需要清洁、干净、耐磨、耐腐蚀、导静电等的环境要求以及对生产车间文明、卫生的需要和涂料技术的进步而能够提供满足使用性能要求的涂料等原因，地面涂料得到较快的发展，特别是环氧耐磨地面涂料，以其耐磨、防腐蚀、装饰性好等特性，而在许多行业得到大量的应用。

环氧涂料耐磨地面的施工及要求如下：

1）封闭底漆施工。用刷涂、辊涂或喷涂的方法施工封闭底漆一道至两道，底漆封闭不完全（漏涂）时，会发生附着不牢、涂膜起泡等现象。

2）腻子修补。对水泥基层存在的凹坑，用商品环氧腻子或用底漆和细石英砂配制的环氧砂浆填平，在固化成膜后打磨平整。

3）中层涂料施工。对于厚膜型涂料，中层涂料施工时可采用镘刀镘涂。

4）面涂料施工。根据环氧耐磨地面涂料的种类，面涂料可以采用刷涂或刮涂施工。对于厚膜型涂料，按配比要求将涂料两组分混合均匀，待熟化后使用 1mm 刮板刮涂涂料。刮涂时应尽量保持厚薄均匀，无漏涂现象，无明显余料。

5）打蜡养护。面涂料施工完，并完全固化后（一般应在面涂料施工 24h 以上）进行打蜡养护，两周后可验收使用。

所有地面工程之后，为防止外界碰撞损坏墙面，或擦洗地面时弄脏墙面，通常在墙面靠近地面处设踢脚板。踢脚板的材料一般与地面相同，故可视为地面的一部分，即地面在墙面上的延伸部分。踢脚板通常凸出墙面，也可与墙面平齐或凹进墙面，其高度一般为 100 ~ 150mm。

## 8.4　顶棚装修

顶棚又称天花板，系指楼板层的下表面部分。顶棚要求表面光洁、美观，且能起反射光照的作用，以改善室内的亮度。对某些有特殊要求的房间，顶棚还应具有隔声、防水、保温、隔热等功能。

一般顶棚为水平式，但根据房间用途的不同，顶棚可做成弧形、凹凸形、高低形、折线形等。按施工方式分，顶棚有直接式顶棚和悬吊式顶棚两种。

### 8.4.1　直接式顶棚

直接式顶棚是指直接在楼板结构层的底面做饰面层所形成的顶棚，一般指的是暴露结构和设备主体，只进行简单的表面涂刷，以保护结构和设备，改变界面质感和色彩。这种顶棚多半用于向人们展现优美的屋顶结构。直接式顶棚构造简单、施工方便、造价较低。

1. 直接喷刷顶棚　是在楼板底面填缝刮平后直接喷或刷大白浆、石灰浆等涂料，以增加顶棚的反射光照作用，通常用于观瞻要求不高的房间。

2. 抹灰顶棚　是在楼板底面勾缝或刷素水泥浆后进行抹灰装修，抹灰表面可喷刷涂料，适用于一般装修标准的房间。

抹灰顶棚一般有麻刀灰（或纸筋灰）顶棚、水泥砂浆顶棚和混合砂浆顶棚等，其中麻刀灰顶棚应用最普遍。麻刀灰顶棚的做法是先用混合砂浆打底，再用麻刀灰罩面。

3. 贴面顶棚　是在楼板底面用砂浆打底找平后，用胶粘剂粘贴墙纸、泡沫塑胶板或装饰吸声板等，一般用于楼板底部平整、不需要顶棚敷设管线而装修要求又较高的房间，或有吸声、保温隔热等要求的房间。

### 8.4.2 悬吊式顶棚

悬吊式顶棚又称吊顶棚或吊顶，是将饰面层悬吊在楼板结构上而形成的顶棚。吊顶棚的构造复杂、施工麻烦、造价较高，一般用于装修标准较高而楼板底部不平或在楼板下面敷设管线的房间以及有特殊要求的房间。

吊顶棚应具有足够的净空高度，以便于照明、空调、灭火喷淋、感应器、广播设备等管线及其装置各种设备管线的敷设。合理地安排灯具、通风口的位置，以符合照明、通风要求。选择合适的材料和构造做法，使其燃烧性能和耐火极限符合防火规范的规定。吊顶棚应便于制作、安装和维修，自重宜轻，以减少结构负荷。同时，吊顶棚还应满足美观和经济等方面的要求。对有些房间，吊顶棚应满足隔声、音质等特殊要求。

1. 悬吊式顶棚的组成　悬吊式顶棚一般由吊杆、基层和面层三部分组成。

（1）吊杆：吊杆又称吊筋，顶棚通常是借助于吊杆吊在楼板结构上的，有时也可不用吊杆而将基层直接固定在梁或墙上。吊杆的作用主要是承受吊顶棚和搁栅的荷载，并将这一荷载传递给屋面板、楼板、屋架等部位；另一作用是用来调整、确定吊顶棚的空间高度，以适应不同场合、不同艺术处理上的需要。吊杆有金属吊杆和木吊杆两种，一般用钢筋或型钢等制作金属吊杆。

（2）基层：基层是用来固定面层并承受其重量的，一般由主龙骨（又称主搁栅）和次龙骨（又称次搁栅）两部分组成。主龙骨与吊杆相连，一般单向布置。次龙骨固定在主龙骨上，其布置方式和间距视面层材料和顶棚外形而定。龙骨也有金属龙骨和木龙骨两种。为节约木材、减轻自重以及提高防火性能，现多用薄钢带或铝合金制作的轻型金属龙骨，常用的有T形、U形、C形、L形。

（3）面层：面层固定在次龙骨上，可现场铺钉而成，也可用卡固式板材拼装而成。

2. 悬吊式顶棚的外观形式　悬吊式顶棚是现代顶棚装饰常用的方式，它的特点就是可以产生千变万化的顶棚形式。悬吊式顶棚的外观形式一般可以分为平式、复式、浮式、格栅式、发光顶棚等，但在实际应用过程中更多的是几种吊顶形式的综合应用。

（1）平式吊顶：平式吊顶中，整个顶棚是一个平面，没有额外的高程变化。平式吊顶可以看作复式吊顶等吊顶形式的基本组成单元。平式吊顶的吊顶平面上通常会布置灯具、空调通风口或设备检修口等。

1）金属吊杆：一般采用Φ6钢筋或Φ8钢筋，按其承受上人荷载的能力不同分为轻型、中型和重型三级。主龙骨借助于吊件与吊杆连接。次龙骨和小龙骨的间距应根据板材规格确定。龙骨之间用配套的吊挂件或连接件连接。

2）金属基层：按材质不同有轻钢基层和铝合金基层。轻钢基层的龙骨断面多为U形，称为U型轻钢吊顶龙骨，一般由主龙骨、次龙骨、次龙骨横撑、小龙骨及配件组成。铝合金基层的龙骨断面多为T形，称为T形铝合金吊顶龙骨，一般由主龙骨、次龙骨、小龙骨、边龙骨及配件组成。

3）金属基层吊顶的板材：主要有石膏板、金属板、塑料板和矿棉板等。

① 石膏板有普通纸面石膏板、石膏装饰吸声板等，它具有质轻、防火、吸声、隔热和易于加工等优点。石膏板可以直接搁置在T形龙骨的翼缘上，也可以用自攻螺钉固定于龙骨上。

② 金属板吊顶是用轻质金属板材（如铝板、铝合金板等）作为面层的吊顶。金属板吊顶自重小，色泽美观大方，不仅具有独特的质感，而且平、挺、线条刚劲而明快，这是其他材料所无法比拟的。在金属板吊顶中，吊顶龙骨除是承重杆件外，还兼具卡具的作用。

（2）格栅吊顶：格栅吊顶在内部构造上与平式吊顶极为相似，只是将面层换为格栅。因此，通过格栅可以隐约看到吊顶内部的结构和设备管线。需要特别注意的是吊顶边缘的处理。

（3）复式吊顶：复式吊顶是相对于平式吊顶而言的。复式吊顶在棚面内有高差起伏、形式或材质的变化，在实际生活中最常用到的就是这种吊顶形式。

复式吊顶的具体形式根据设计要求可以千变万化、不胜枚举。

（4）发光吊顶：发光吊顶实际上是一种模仿采光屋顶的做法，是一种吊顶与照明结合的方式。在一定的范围内，发光吊顶可以产生相对较为均匀的照明效果，给人更加贴近自然的感觉。

发光吊顶的一般做法就是用透明或半透明的材料（如玻璃、有机玻璃或 PC 板等）作为吊顶的面层，并在吊顶内安装光源，通过一定的反射、折射和漫射，在室内产生较均匀的人工照明。

（5）浮式吊顶：浮式吊顶是近年发展较快的一种吊顶形式（见图 8-34）。浮式吊顶通过隐藏光源的方式使其某些部分看似悬浮在空中，给人一种轻灵、自由的动感。

图 8-34 浮式吊顶实例

（6）软吊顶（织物吊顶和植物吊顶）：前面提到的各种形式的吊顶，无论是面板还是龙骨，采用的都是硬质材料，而软吊顶采用的主要是纺织物和一些可变形的有机材料。这些材料轻柔而且富于变形，可以灵活地产生丰富的吊顶效果，如图 8-35 所示。

图 8-35 织物软吊顶实例

## 单元小结

1. 墙面、顶棚、地面作为围护空间的界面，是组成建筑空间及空间分隔的重要元素，要求了解饰面装修的主要功能和基本设计要求。

2. 墙面是室内空间中的重要空间界面，所占比重大，对人的视觉和心理会产生较大影响。对墙进行内外装修装饰的目的是提高墙防潮、防水、耐晒、耐腐蚀、抗风、保温和隔声等方面的性能和质量，同时保护墙体，使墙的表面美观悦目。墙面装修也是建筑室内装修中的重要方面。墙面装修介绍了抹灰饰面工程、贴面类饰面工程、涂料类饰面工程、裱糊类饰面工程、罩面板类饰面工程、石材贴挂类饰面工程、玻璃和金属幕墙七种类型。要求熟悉室内、外各类墙面装饰的常用材料、构造特点和做法要求，并能根据不同的使用和装饰要求，选择相应的装饰材料和构造做法。

3. 地面包括室外地面和室内楼地面。楼地面首先必须满足坚固耐磨、表面平整光洁并便于清洁的要求。标准较高的房间地面还应满足吸声、保温和弹性等要求；对有些房间，地面还应具有防水、耐腐蚀、耐火等性能。室外地面要求耐候性佳，即经过长时间的日晒雨淋仍能保持原有光泽、色泽和质感。地面装饰介绍了包括整体类地面、板块类地面、卷材类地面、涂料类地面等四种类型。要求熟悉室内、外各类地面装饰的常用材料、构造特点和做法要求，并能根据不同的使用和装饰要求，选择相应的装饰材料和构造做法。

4. 顶棚要求表面光洁、美观，且能起反射光照的作用，以改善室内的亮度。对某些有特殊要求的房间，还要求顶棚具有隔声、防水、保温、隔热等功能。一般顶棚为水平式，但根据房间用途的不同，顶棚可做成弧形、凹凸形、高低形、折线形等。顶棚饰面介绍了直接式顶棚和悬吊式顶棚两种类型。要求熟悉各类顶棚装饰的常用材料、构造特点和做法要求，并能根据不同的使用和装饰要求，选择相应的装饰材料和构造做法。

## 复习思考题

1. 饰面装修的主要功能有哪些？
2. 饰面装修的基本设计要求是什么？
3. 抹灰饰面工程可分为哪几类？
4. 抹灰饰面工程常用材料有哪几种？
5. 抹灰饰面的基本构造层次有哪些？各层的主要作用是什么？
6. 贴面类饰面常用材料有哪些？各适用在哪些场合？
7. 建筑涂料可分为哪几类？主要由哪几部分组成？
8. 裱糊饰面工程的优点是什么？常用壁纸和墙布有哪些种类？如何选择壁纸、墙布？
9. 木质罩面板饰面有哪些基本构造？
10. 镜面玻璃饰面固定玻璃的方法主要有哪几种？
11. 石材贴挂类饰面的材料有哪几种？主要由哪几部分组成？
12. 玻璃幕墙分为哪几种类型？使用的基本材料有哪几种？
13. 简述有框玻璃幕墙的基本构造。无框式玻璃幕墙的构造关键是什么？
14. 简述地面装修的功能和分类，室内外地面要求有何异同？
15. 简述板块地面的种类和各自的特点。
16. 卷材地面有哪些种类？涂料类地面有何特点？
17. 直接式顶棚与悬吊式顶棚相比有哪些优缺点？直接式顶棚有哪几种形式？
18. 悬吊式顶棚一般由哪几部分组成？各起什么作用？

# 单元9

# 垂直交通设施

## 综合素质目标

关注老龄化等社会现象，并在实际设计、施工过程中将其考虑进去，使得建筑能更好地服务于用户，加强用户体验。

## 9.1 概述

联系房屋各层不同高度空间的垂直交通设施有楼梯、电梯、自动扶梯及坡道等。

楼梯是多层和高层建筑必需的垂直交通设施，在设计和施工中要求楼梯不仅有足够的通行宽度和疏散能力，而且要坚固、耐久、防火、安全和美观。

电梯用于层数较多或有特殊需要的建筑中（如工厂、医院等），一般分载客和载货两大类，应根据不同电梯厂家提供的设备尺寸、运行速度及对土建的要求进行具体设计。

自动扶梯适用于具有大量频繁而连续人流的大型公共建筑，如火车站、地铁站、航空港、展览馆、游乐场、商场等。

坡道的特点是省力（楼梯的坡度约为30°～40°，而坡道的坡度通常小于10°）、通行量大（人群密集时，楼梯由上往下人流的通行速度为10m/min，而坡道接近于平地的16m/min），但占用建筑面积多。坡道多用于有车辆通行、大量集中人流或其他特殊要求的建筑中，如车库、医院、托幼建筑、大型公共建筑和其他有无障碍设计要求的建筑。

### 9.1.1 楼梯的形式

楼梯根据布置方式和造型的不同，可分为直上式（直跑楼梯）、双折式（双跑楼梯）、剪刀式、弧形和螺旋式等（见图9-1）。

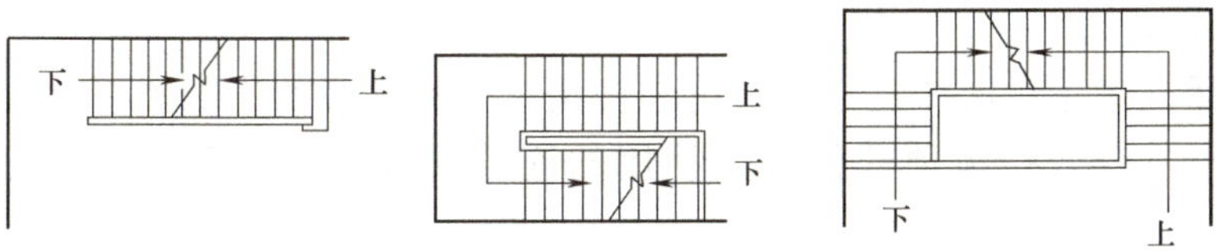


a) 直上式　　b) 双折式　　c) 三折式

图9-1　各种楼梯形式

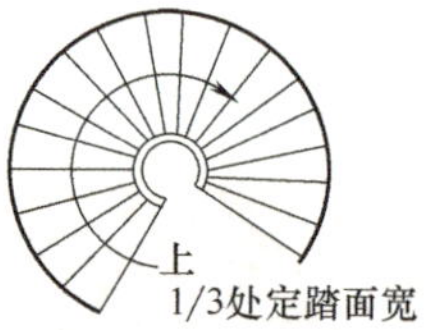


d) 圆形

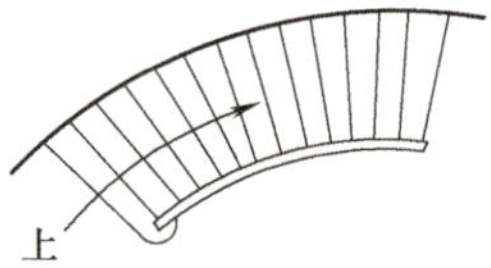


e) 弧形

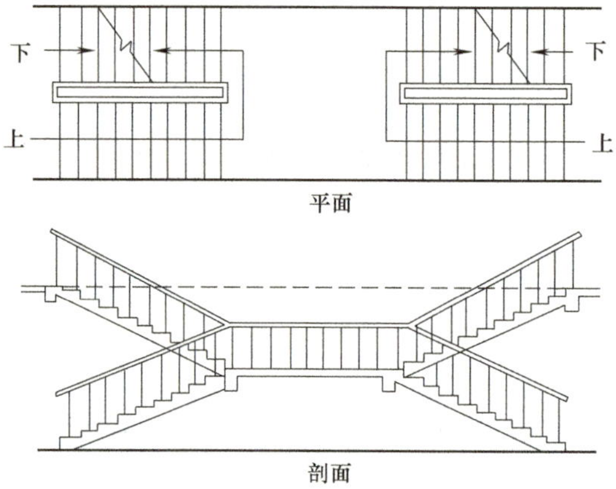


f) 剪刀式

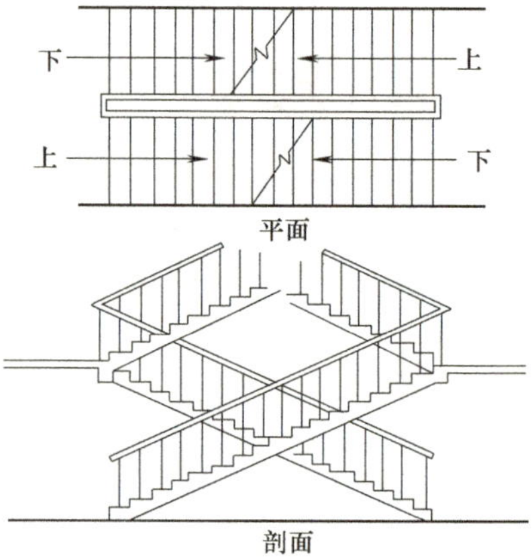


g) 交叉式

图 9-1 各种楼梯形式（续）

楼梯设计时应根据建筑的平面功能要求和室内设计的美观需要来确定恰当的形式，如门厅中的主要楼梯常做成选用合上双分式（双分折角楼梯）或分上双合式（双分平行楼梯），造型活泼优美的弧形楼梯和螺旋楼梯常用来美化室内空间（但不可用作主要疏散楼梯）等。

### 9.1.2 楼梯的组成

楼梯由楼梯梯段、楼梯平台和栏杆扶手三部分组成（见图 9-2）。

1. 楼梯梯段 设有踏步供层间上下行走的通道构件称为梯段。踏步又由踏面（供行走时踏脚的水平部分）和踢面（形成踏步高度的垂直部分）组成，梯段的坡度由踏步形成。为保证人流通行的安全和舒适，规范规定每个梯段的踏步数不得少于 3 个且不得多于 18 个，梯段之间的平台宽度不小于梯段宽度。

2. 楼梯平台 连接两个梯段的水平构件称为平台。平台可用来连通楼层、转换梯段方向和供行人中途休息。

3. 栏杆扶手 考虑到楼梯上行人行走的安全，楼梯梯段的边缘和平台临空的一面应设置栏杆或栏板，栏杆或栏板顶部供行人扶用的连续构件称为扶手，各部分尺寸如图 9-3 所示。

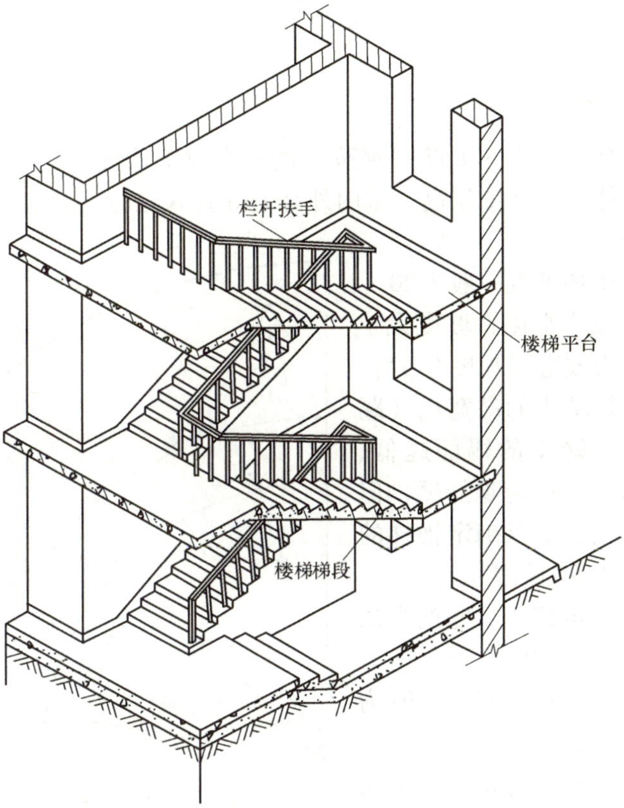


图 9-2　楼梯的组成

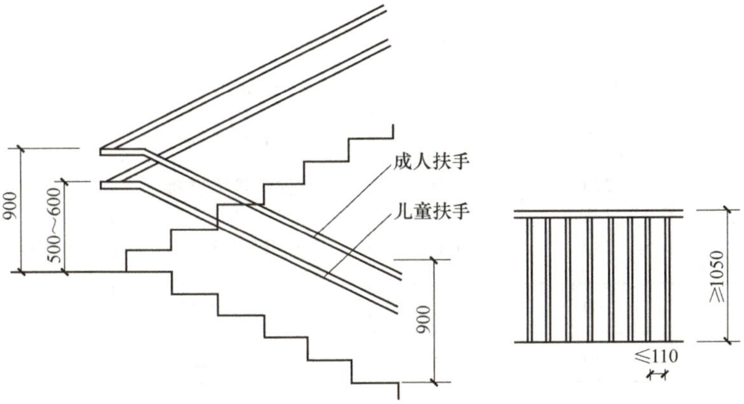


a) 梯段处　　b) 顶层平台处安全栏杆

图 9-3　栏杆扶手高度

# 9.2　楼梯的设计

## 9.2.1　楼梯的布置

楼梯的布置即确定楼梯在建筑中的位置和数量。楼梯的布置是建筑平面设计中比较关键的问题，它关系到建筑物中人流交通的组织是否通畅安全，建筑空间的利用是否经济合理。

### 9.2.2 楼梯平面和剖面设计

楼梯设计应根据有关规范（如防火规范、楼梯模数协调标准、某类型建筑的具体规范等）和该建筑物的具体要求（如层高、室内外高差等）来进行。

1. 楼梯的尺寸要求

（1）楼梯坡度：楼梯坡度一般为20°~45°，其中以30°左右较为常用；坡度大于45°为爬梯，小于20°为坡道（见图9-4）。

楼梯的坡度也就是踏步的高宽比（踢面高和踏面宽之比）。踏步的踢面越低、踏面越宽，则坡度越小、行走越舒适，但楼梯所占的空间也越大，所以确定楼梯的踏步尺寸时应综合考虑各种因素。

（2）踏步尺寸：确定踏步尺寸的方法和公式有多种，通常采用的是：$b+2h=600\sim630$mm（其中 $b$ 为踏面宽，一般为220～320mm；$h$ 为踢面高，不应大于210mm；600～630mm为女子行走时的平均步距）。楼梯踏步的最小宽度和最大高度参见表9-1。

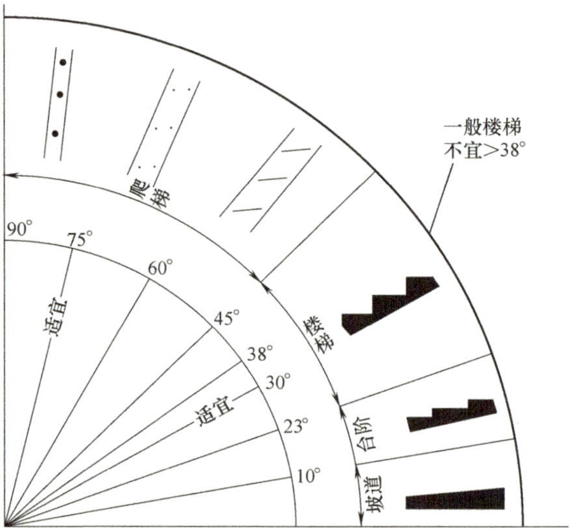


图9-4 坡道、楼梯、爬梯的坡度范围

表9-1 楼梯踏步的最小宽度和最大高度 （单位：mm）

| 楼梯类别 | 踏步宽 | 踏步高 | 楼梯类别 | 踏步宽 | 踏步高 |
|---|---|---|---|---|---|
| 住宅公共楼梯 | 260 | 175 | 专用疏散楼梯 | 250 | 180 |
| 住宅套内楼梯 | 220 | 200 | 其他建筑物楼梯 | 260 | 170 |
| 电影院、体育馆、商场、医院和大中学校 | 280 | 160 | 专用服务楼梯 | 220 | 200 |
| 幼儿园、小学学校 | 260 | 150 | 老年人居住建筑 | 300 | 150 |
| 宿舍（不含中小学） | 270 | 165 | 老年人公共建筑 | 320 | 130 |

某些只供家庭内部使用的楼梯，取值范围可适当放宽。对于踏步两端宽度不一的楼梯（如弧形楼梯），为了行走的安全，有如下要求：当梯段的宽度小于1100mm时，以梯段的中线处宽度为标准；当梯段的宽度大于1100mm时，以距其内侧500～550mm处的宽度作为踏面的有效宽度。

（3）梯段尺寸：梯段的宽度是指梯段外边缘到墙边的距离，它取决于同时通过的人流的股数及某些特殊需要（如搬运家具、担架等）的要求，有关的规范一般限定其下限（见表9-2和图9-5）。

**表 9-2　楼梯梯段宽度**　　（单位：mm）

| 计算依据：每股人流宽度为 550 +（0 ~ 150） | | |
|---|---|---|
| 类别 | 梯段宽 | 备注 |
| 单人通过 | ≥900 | 满足单人携物通过 |
| 双人通过 | 1100 ~ 1400 | |
| 多人通过 | 1650 ~ 2100 | |

注：本表摘自《建筑设计手册》。

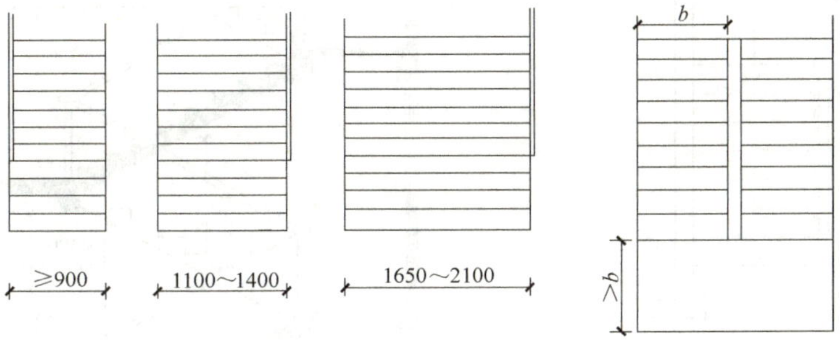


a) 单人通过　b) 双人通过　c) 多人通过　d) 特殊需要

图 9-5　楼梯梯段和平台的通行宽度

梯段的长度由该段的踏步数和每一步的踏面宽决定。在楼梯平面图上用线来反映高差，一条线是一步（见图 9-6）。由于平台与梯段之间也存在一步的高差，因此有 $n$ 个踏步的梯段的长度为 $b\times(n-1)$，而不是 $b\times n$（$b$ 为踏面宽）。

（4）梯井和平台的尺寸：梯井指楼梯梯段之间形成的空间（见图 9-6）。梯井宽一般要满足施工要求，通常取 100 ~ 200mm，只要能满足扶手安装的要求即可，梯井宽度不宜过大。

平台的深度（宽度）$B_2$ 不应小于梯段的宽度 $B$，当梯段较窄或楼梯平台通向多个出入口或有门开向平台时，平台的深度 $B_2$ 应当适当加大。此外，还应考虑结构和安全等因素对平台深度的影响，如平台边线或楼梯起步应该退离转角或门边大约一个踏面宽的位置（见图 9-7）。

楼梯设计还需考虑梯段宽度 $B$ 和

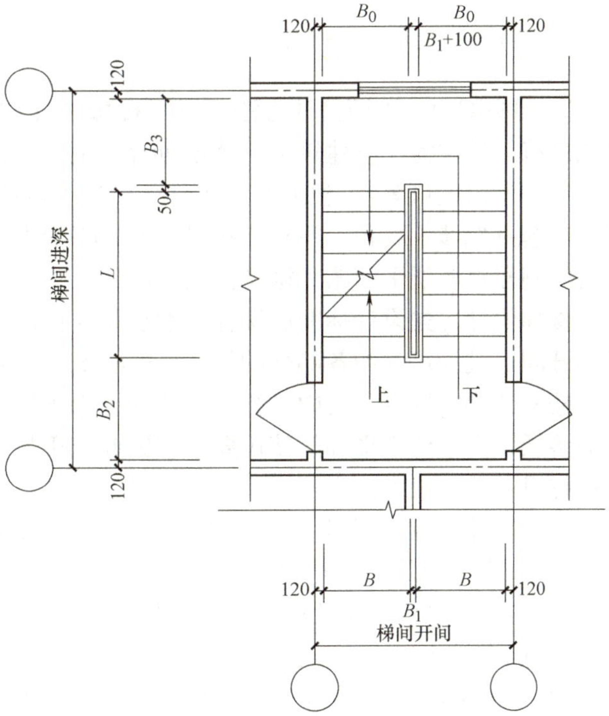


图 9-6　楼梯平面尺寸示意图

$B$—梯段宽度　$B_0$—梯段净宽　$B_1$—梯井宽度　$B_2$—楼层平台宽度　$B_3$—休息平台净度　$L$—梯段长度

平台的净宽 $B_3$，梯段或平台的净宽是指扶手中心线到楼梯间墙边的距离（见图 9-6）。

（5）楼梯净高要求：考虑到行走安全和楼梯下面空间的利用，楼梯净高的具体要求为梯段上任一踏步至上层结构（板底或梁底）的垂直高度不小于 2200mm；楼梯平台处结构最低点（平台梁）前缘水平 300mm 范围内到下层平台或梯段最高点的垂直距离不小于 2000mm（见图 9-8）；首层休息平台下设出入口时，平台板或平台梁底至首层地面垂直距离不小于 2000mm。

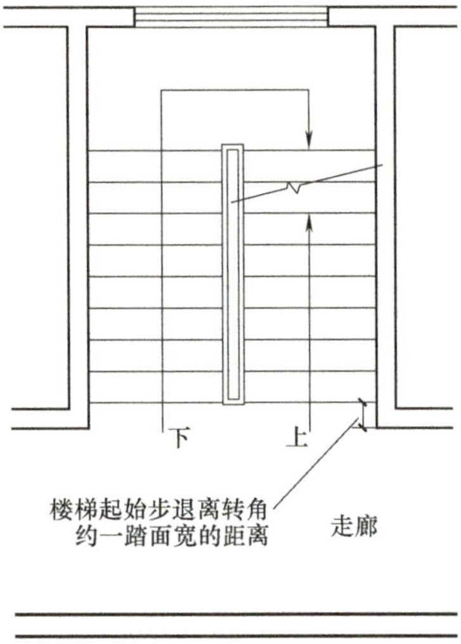


图 9-7 转角处楼梯平面布置

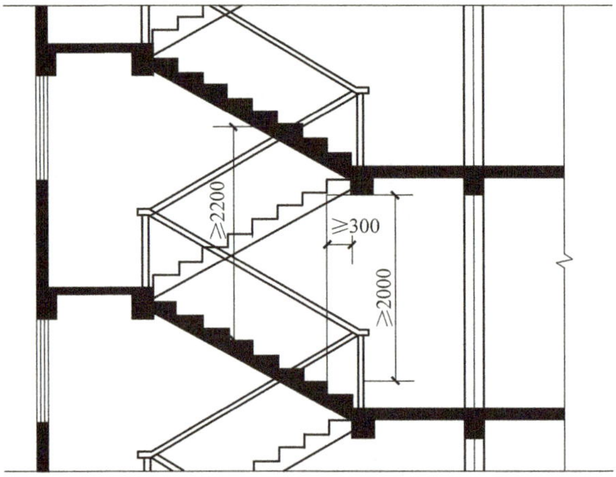


图 9-8 楼梯净高要求

2. 楼梯剖面和平面设计方法 进行楼梯设计首先必须了解上述的楼梯尺度要求和相关建筑规范，其次需了解建筑物具体的使用条件（如层高、墙厚、室内外高差、首层休息平台下是否设出入口等）。根据这些条件，设计人员须确定楼梯间的开间、进深尺寸和楼梯各部分（包括踏步、梯段、平台、梯井等）的具体尺寸，使其满足功能、尺度和规范的要求。最后绘制楼梯各层平面图和楼梯剖面图。

楼梯设计应先设计标准层楼梯，然后是非标准层楼梯。标准层楼梯设计主要是确定楼梯间的开间、进深尺寸和各部分的尺寸。非标准层主要是首层和顶层要满足一些特殊要求。

楼梯的形式较多，其中平行双折式楼梯由于具有结构简洁、占用空间少等特点，能满足一般多层、高层建筑楼梯的使用要求，因此应用最广泛。这里就以平行双折式楼梯为例，探讨楼梯设计的一般方法。

（1）标准层楼梯设计：标准层楼梯设计如图 9-6 所示。

1）确定开间尺寸。开间尺寸 = 2 ×（墙厚/2）（假设轴线居中）+ 2 × 梯段宽 $B$ + 梯井宽 $B_1$，其中：梯段宽 $B$ = 梯段净宽 $B_0$ + 扶手中心线到梯段外边缘的距离（一般为 50mm）。

2）确定踏步尺寸。根据建筑物的使用功能要求、层高 $H$ 和踏步尺寸经验公式（$2h + b = 600 \sim 630$mm）确定踢面高 $h$ 和踏面宽 $b$ 的具体尺寸。

3）确定梯段踏步数。每层两个梯段总踏步数为 $n = H/h$。若设计为等跑梯段，则每个梯段的踏步数为 $n/2$。

4）确定进深尺寸。进深尺寸 = 2 ×（墙厚/2）（假设轴线居中）+ 楼层平台宽 $B_2$ + 休息平

台宽 $B_3$ + 梯段长 $L$，其中：楼层平台宽 $B_2$ = 楼层平台净宽 $B_3$ + 扶手中心线到平台外边缘的距离（一般为 50mm）；休息平台宽 $B_3$ = 休息平台净宽 $B_3'$ + 扶手中心线到平台外边缘的距离（一般为 50mm），注意楼层平台和休息平台净宽均应不小于梯段净宽；梯段长 $L$ = 踏面宽 ×（梯段踏步数 $n-1$），若为等跑梯段则梯段长为 $L = b \times (n/2 - 1)$，若为不等跑梯段则取较长的梯段计算进深尺寸。

（2）首层楼梯设计：首层楼梯有时要满足一些特殊要求，各部分尺寸须在标准层楼梯的基础上作必要的调整。其中最常见的是在楼梯首层休息平台下设出入口，此时常常不能满足净高要求，可采取以下办法解决：

1）将首层第一梯段加长，即提高首层休息平台，此种处理形成步数不等的梯段（即长短跑梯段），须加大楼梯间进深（见图 9-9a）。

2）梯段长度不变，降低首层休息平台下局部地坪的标高，即将入口处台阶移进室内楼梯起始处。为防止室外雨水倒灌，须注意入口处应至少保留 100mm 的室内外高差。此种方法虽然简单，但需提高建筑物高度，增加了建筑造价和日照间距，不经济（见图 9-9b）。

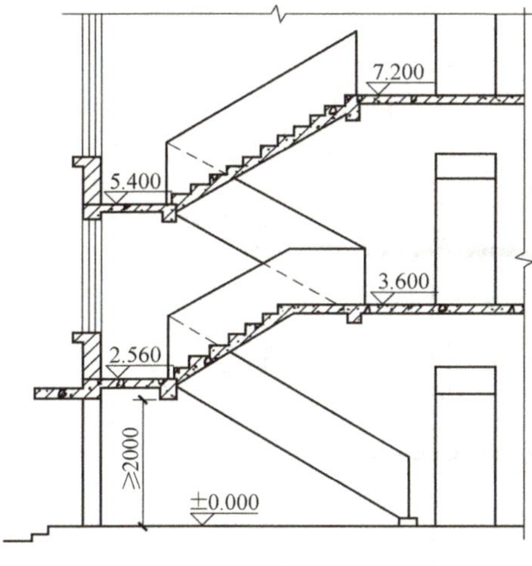


a) 将双跑梯段设计成“长短跑”

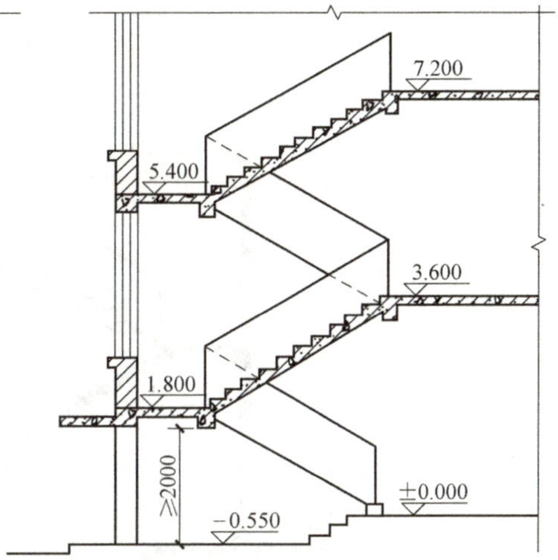


b) 降低底层平台下室内地面标高

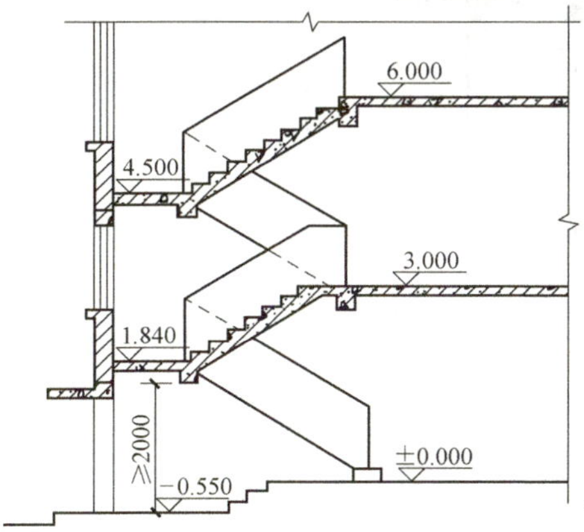


c) 前两种相结合

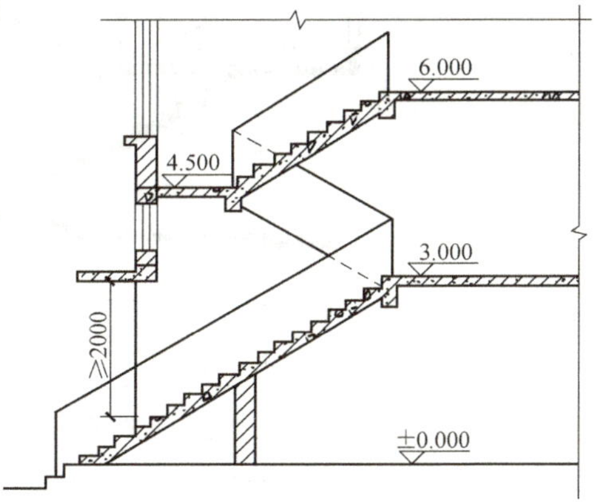


d) 底层采用直跑梯段

图 9-9　休息平台下作出入口时满足净高要求的几种方式

3）上述两种办法结合使用，这种方法稍微复杂一些，综合效果较好（见图9-9c），但在设计中须注意下列问题：首先是平台梁的位置，平台梁一般位于梯段的两端，平行双折式楼梯应布置在两个平行梯段中较长梯段的两端；其次是了解梯段板的形式，一般有如图9-10所示的几种。上述问题如处理不当，就会使楼梯设计不能满足使用要求，如图9-11所示$A$、

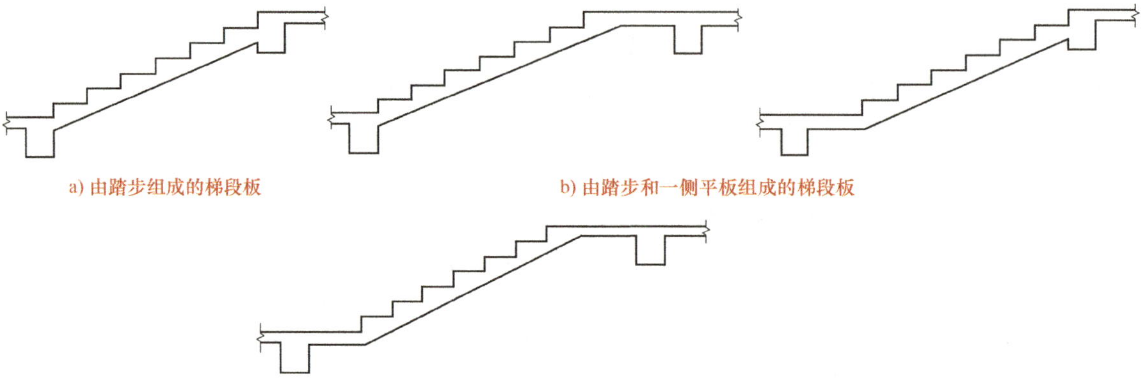

a) 由踏步组成的梯段板　b) 由踏步和一侧平板组成的梯段板　c) 由踏步和两侧平板组成的梯段板

图9-10　梯段板和平台梁的几种形式

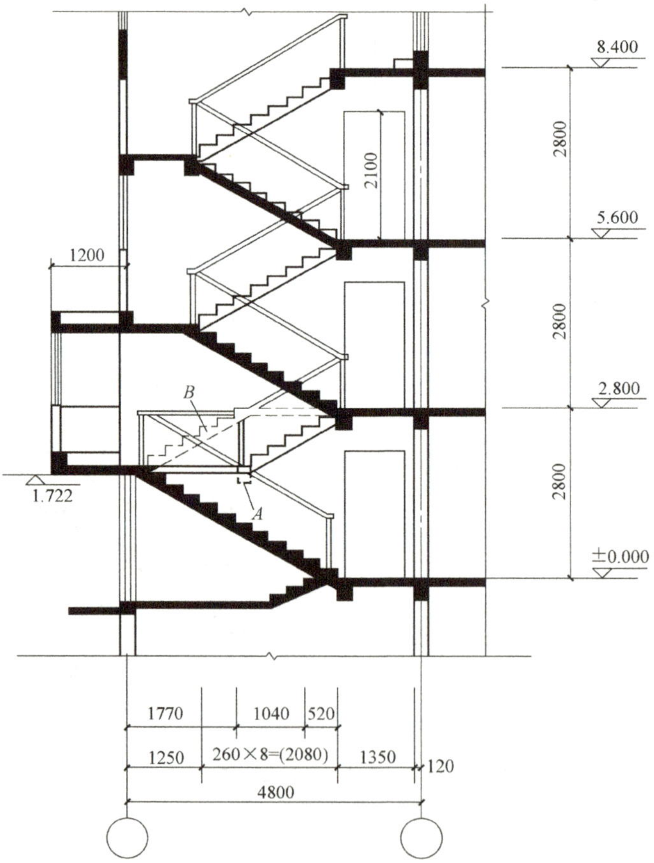


图9-11　楼梯设计错误示意

*B* 两处虚线所示就是两种典型的错误：*A* 处平台梁位置不对，*B* 处梯段走向不能满足净高要求。

4）首层采用直跑楼梯，直达二楼。此办法多用于住宅，楼梯需延伸至室外，不利于安装单元式电控防盗门和寒冷地区冬季保温（见图9-9d）。

3. 楼梯的平面表示方法　楼梯平面图其实是平剖面图，剖切位置默认为站在该层平面上的人眼的高度位置，因此在楼梯的平面图上会出现剖切线，并且楼梯因其所处楼层的不同有不同的表示法。此外，楼梯各层平面图上都必须用箭头和文字标明上下行的方向，并且从楼层平台开始标注上行或下行。

这里以双跑楼梯为例来说明楼梯各层平面的表示法：在首层楼梯平面中，剖切线将梯段在人眼的高度处截断，一般只表示上行段；中间标准层楼梯的上行段表示法同首层，下行段的可见部分表示至上行段剖切线处为止；顶层楼梯因为只有向下行一个梯段，所以不会出现剖切线（见图9-12）。

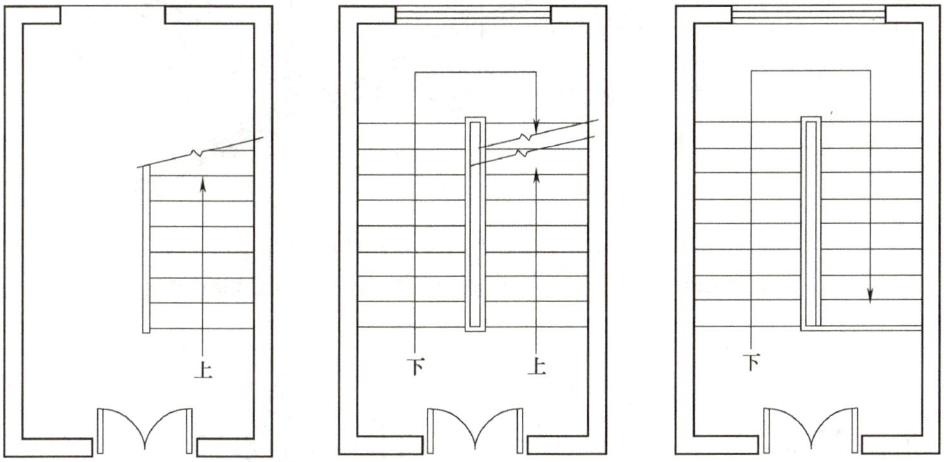


a) 底层平面　　b) 中间层平面　　c) 顶层平面

图9-12　楼梯平面表示法

## 9.3　钢筋混凝土楼梯构造

钢筋混凝土楼梯各层平面图和剖视图如图9-13所示，钢筋混凝土楼梯按施工方式不同有现浇式和预制装配式两大类。

现浇式钢筋混凝土楼梯（见图9-14）又称整体式钢筋混凝土楼梯，是指在施工现场将楼梯段、楼梯平台等整浇在一起的楼梯。这种楼梯整体性好、刚度大，对抗震较为有利；但施工速度慢，模板耗费多。现浇式钢筋混凝土楼梯根据梯段的传力特点不同，有板式楼梯和梁板式楼梯之分。预制装配式钢筋混凝土楼梯根据构件尺度不同大致可分为小型构件装配式（见图9-15）和大、中型构件装配式两大类。

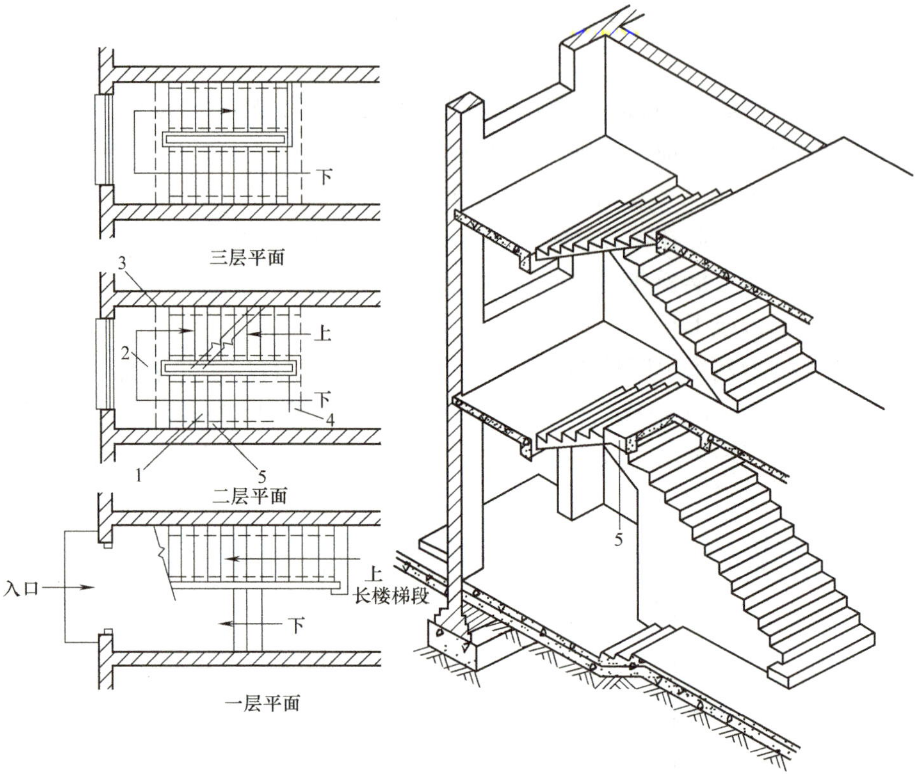


图 9-13 钢筋混凝土楼梯各层平面图和剖视图

1—短楼梯段 2—平台 3—平台梁 4—楼面梁 5—曲梁式楼梯斜梁

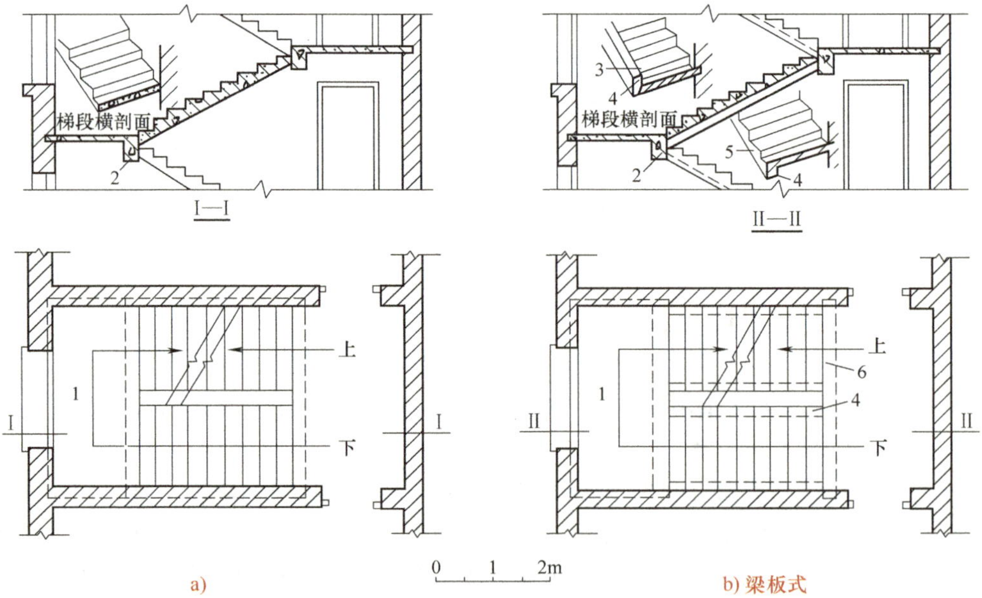


a) b) 梁板式

图 9-14 现浇式钢筋混凝土楼梯构造

1—平台板 2—平台梁 3—暗步 4—斜梁 5—明步 6—楼面梁

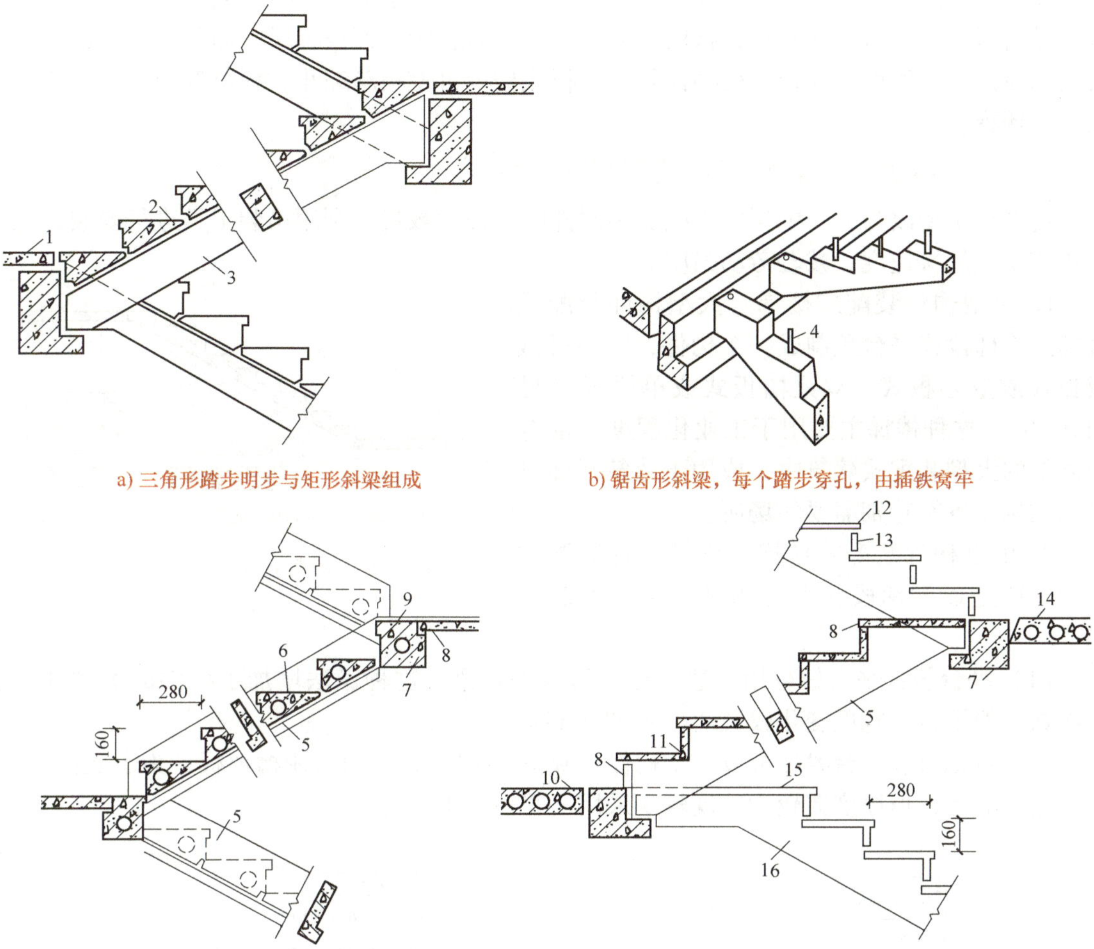


a) 三角形踏步明步与矩形斜梁组成　b) 锯齿形斜梁，每个踏步穿孔，由插铁窝牢

c) 三角形空心踏步暗步与L形斜梁组成　d) 一字形和正反L形踏步与锯齿形斜梁组成

图 9-15　小型构件装配式钢筋混凝土楼梯构造

1—预制平台板　2—三角形实心踏步块　3—矩形斜梁　4—插铁　5—斜梁
6—三角形空心踏步块　7—平台梁　8—预制板　9—平台面层　10—空心楼板　11—正 L 形踏步
12——字形踏步板　13—砖砌踢面　14—空心楼板　15—反 L 形踏步板　16—折角斜梁(锯齿形)

## 9.3.1　现浇式钢筋混凝土板式楼梯

板式楼梯是指梯段作为一块整板两端支承在平台梁上的楼梯（见图 9-14a），特点是结构简单、施工方便、底面平整，但自重较大、材料耗费较多。或者不设平台梁，梯段和平台板作为一个整体支承在墙上或梁上，由于跨度加大，板厚和材料用量比前者更大。板式楼梯只宜用于跨度不大的楼梯。

## 9.3.2　现浇式钢筋混凝土梁板式楼梯

梁板式楼梯的梯段支承在斜梁上，而斜梁支承在平台梁上（见图 9-14b）。斜梁可布置在梯段踏步板的下面或侧面（可布置在两侧或一侧，一侧布置时梯段另一侧由墙支承），斜梁布置在侧面时有明步和暗步两种做法（见图 9-14b 中的Ⅱ—Ⅱ剖面）。明步做法是指斜梁在踏步板下面露出一部分而踏步外露，较为明快，但在板下露出的梁的阴角容易积灰。暗步做法是指斜梁上翻包住踏步板，梯段底面平整且可防止污水污染梯段下面，但凸出的斜梁将占据梯段的一定宽度。和板式楼梯比较，梁板式楼梯可使板跨缩小，板厚变薄，可用于跨度较大的楼梯。

### 9.3.3 大、中型构件装配式钢筋混凝土楼梯

构件从小型改为大、中型可以减少预制件的品种和数量，利用吊装工具进行安装，从而简化施工，加快速度，减轻劳动强度。

1. 大型构件装配式楼梯 大型构件装配式楼梯是将梯段连平台预制成一个构件，断面可做成板式或空心板式、双梁槽板式或单梁式（见图9-16）。这种楼梯主要用于工业化程度高的专用体系的大型装配式建筑中，或用于建筑平面设计和结构布置有特别需要的场所。

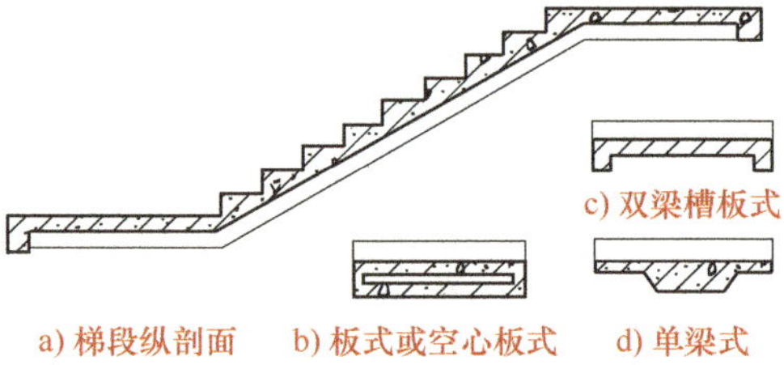


图9-16 梯段连平台预制构件楼梯

2. 中型构件装配式楼梯 中型构件装配式楼梯一般是以楼梯段和平台各做一个构件装配而成。

(1) 平台板：平台板可用一般楼板，另设平台梁。这种做法增加了构件的类型和吊装的次数，但平台的宽度变化较灵活（见图9-17a）。

平台板也可和平台梁结合成一个构件（见图9-17b），一般采用槽形板；为了底面平整，也可用空心板，但厚度需较大，现较少采用（见图9-17c）。

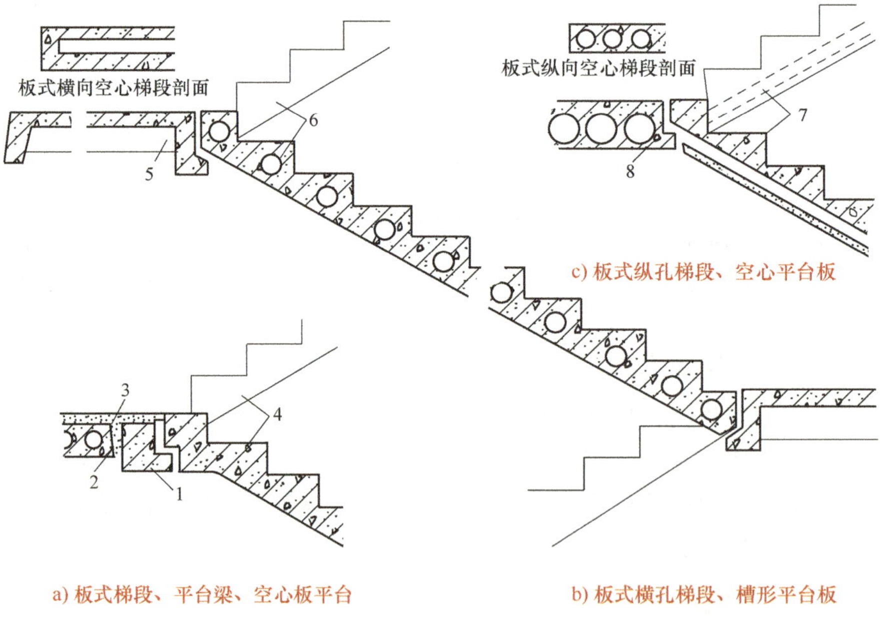


图9-17 板式梯段与平台结构形式

1—L形平台梁 2—空心板 3—现浇细石混凝土 4—板式梯段 5—槽形平台板 6—板式横向空心梯段 7—板式纵向空心梯段 8—空心平台板

（2）楼梯段：楼梯段有板式和梁板式两种。板式梯段有实心和空心之分，实心梯段自重较大（见图9-17a）。空心板可纵向或横向抽孔，纵向抽孔厚度较大，横向抽孔孔型可以是圆形或三角形（见图9-17b、c）。

梁板式梯段的两侧有梁，一般在梁中间做三角形踏步形成槽板式梯段（见图9-18）。为了减少用料和自重，可对踏步作如下处理：把踏面和踢面内部的尖角削薄一段，可使梯段底板上升10～20mm（见图9-19a）；或在踏步内抽一圆孔或三角形孔以减轻自重（见图9-19b、c）；或将踏步板用双面模板振动冲压成折板形（见图9-19d），这种做法节约材料最多，但梯段底面不平整、易积灰。

图9-18　槽板式梯段

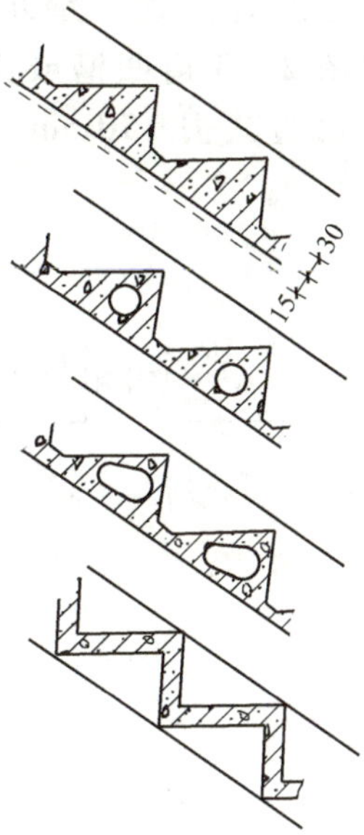


图9-19　槽板式梯段减轻自重的方法

（3）梯段的搁置：平台梁可采用矩形平台梁、L形平台梁或斜面L形梁搁置梯段（见

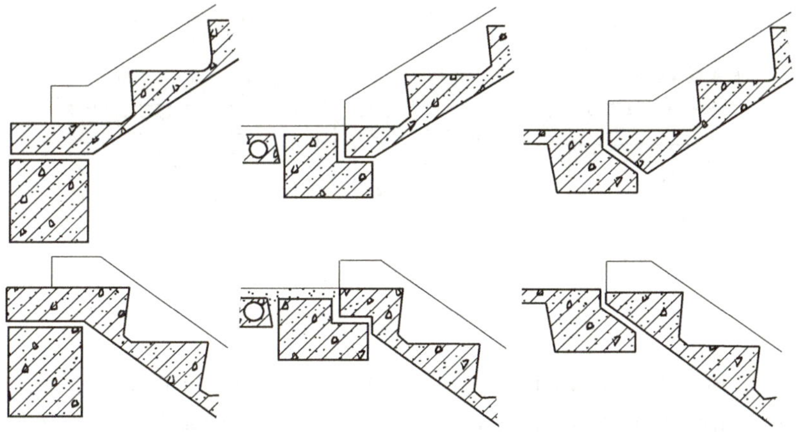

a) 矩形平台梁　b) L形平台梁　c) 斜面L形梁

图9-20　梯段的搁置

图9-20），梯段搁置处一般用预埋铁件焊接或梯段预留孔套在平台梁预埋插铁中（见图9-21）。安装时通常先铺一层水泥砂浆以使构件间的接触面紧贴和受力均匀。

## 9.3.4 楼梯细部构造

1. 踏步面层和防滑构造　楼梯踏步要求面层耐磨，便于清洁，构造做法一般与地面相同，如水泥砂浆面层、水磨石面层、缸砖贴面、大理石和花岗岩等石材贴面、塑料铺贴或地毯铺贴等（见图9-22）。

为防止行走时滑跌，踏步表面应有防滑措施。通常是在踏步口留2~3道凹槽或设防滑条，防滑条长度一般按踏步长度每边减去150mm。常用的防滑材料及做法如图9-23所示。

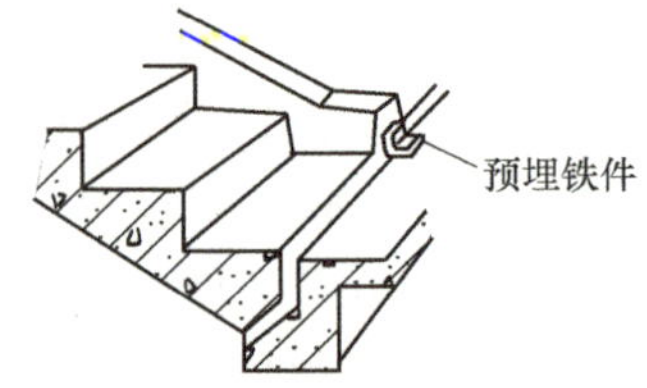

a) 与预埋铁件焊接

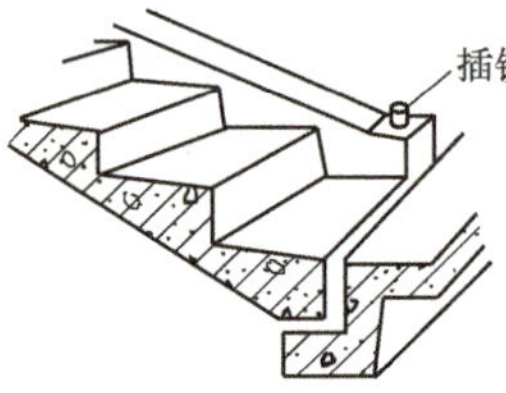

b) 套接

图9-21　梯段与平台梁的连接

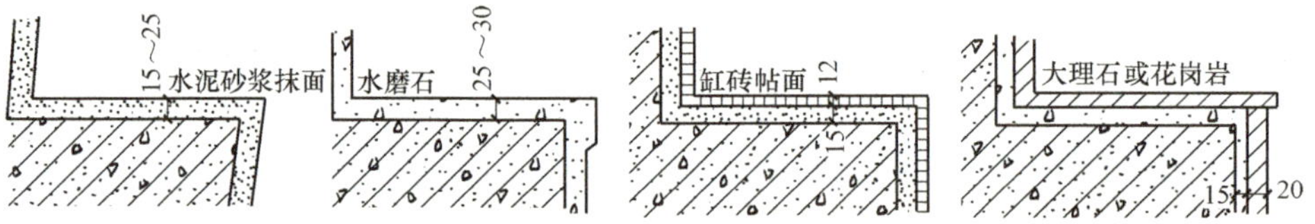

a) 水泥砂浆面层　b) 水磨石面层　c) 缸砖贴面　d) 大理石或花岗岩石材贴面

图9-22　踏步面层构造

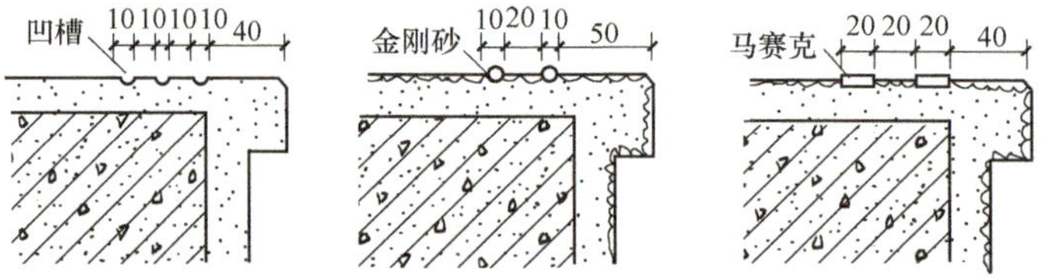

a) 防滑凹槽　b) 金刚砂防滑条　c) 贴马赛克防滑条

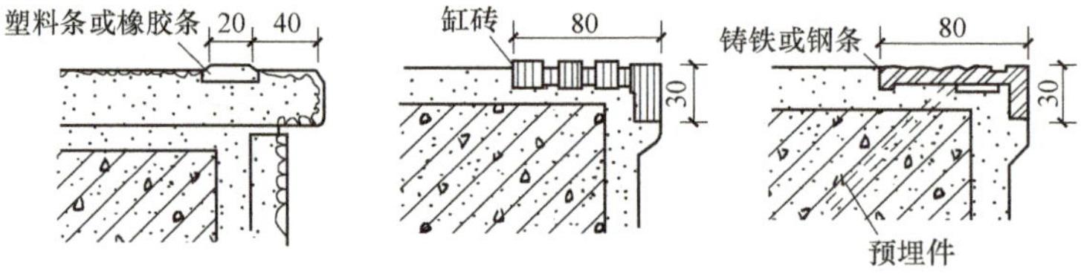

d) 嵌橡胶防滑条　e) 缸砖包口　f) 铸铁或钢条包口

图9-23　踏步防滑构造

2. 栏杆、栏板和扶手　楼梯的栏杆、栏板和扶手是梯段上所设的安全设施，根据梯段的宽度设于一侧或两侧或梯段的中间，应满足安全、坚固、美观、舒适、构造简单、施工和维修方便等要求。

空花栏杆一般采用圆钢、钢管、方钢、扁钢等组合制成，式样可结合美观要求设计（见图 9-24）。

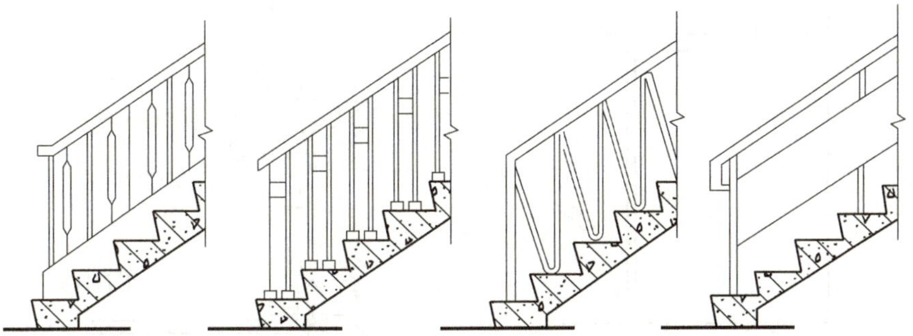

a) 式样一　　b) 式样二　　c) 式样三　　d) 式样四

图 9-24　空花栏杆式样

实心栏板的材料有混凝土、砌体、钢丝网水泥、有机玻璃、钢化玻璃、装饰板等（见图 9-25 和图 9-26），空花栏杆和实心栏板可结合在一起形成部分镂空、部分实心的组合栏杆（见图 9-27）。

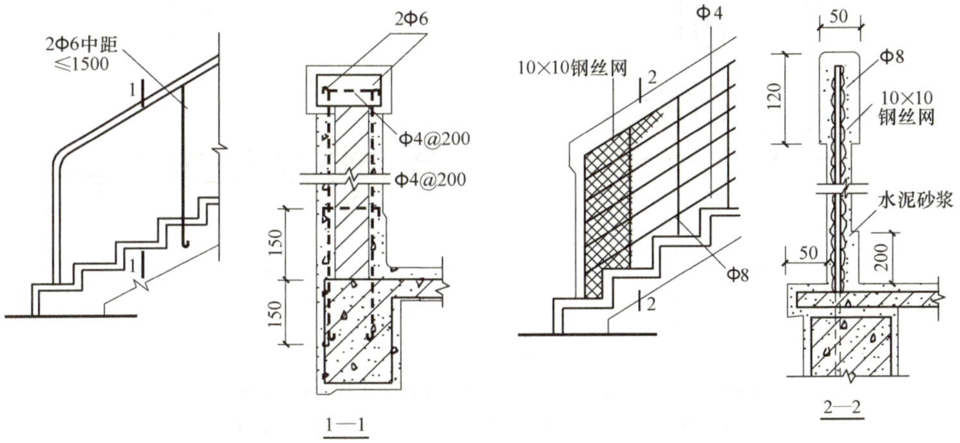


a) 1/4砖砌栏　　b) 钢丝网水泥拦板

图 9-25　实心栏板

3. 栏杆与梯段、扶手等的连接构造

1）栏杆与梯段的连接。栏杆通常用以下三种方法安装在踏步侧面或踏步面上的边沿部分：在栏杆与梯段的对应位置预埋铁件焊接；预留孔洞用细石混凝土填实；钻孔用膨胀螺栓固定（见图 9-28）。

2）栏杆与扶手的连接。一般按两者的材料种类采用相应的连接方法：如木扶手与钢栏杆顶部的通长扁铁用螺钉连接，金属扶手与钢栏杆焊接，石材扶手与砌体或混凝土栏板用水泥砂浆粘接（见图 9-29）。

3）栏杆与墙、柱的连接。楼梯栏杆扶手有时须固定在混凝土柱或砖墙上（见

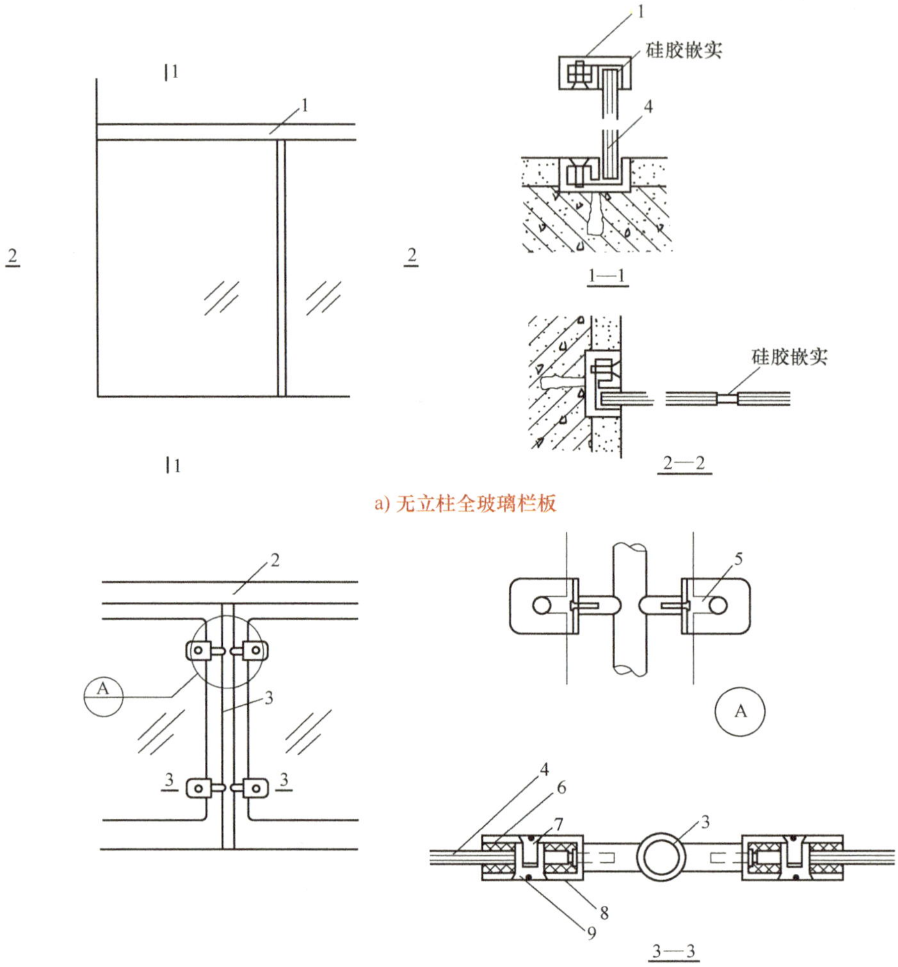


图 9-26 玻璃栏板的安装方法

1—不锈钢扶手 2—木扶手 3—$\phi$40mm 钢管立柱 4—12mm 厚玻璃
5—玻璃开槽 6—橡胶衬垫 7、9—紧固件 8—铜夹

图 9-30a)，如靠墙扶手、休息平台护窗栏杆、顶层安全栏杆等。栏杆扶手与混凝土柱连接时一般在柱上预埋铁件与扶手铁件焊接(见图9-30b)，也可用膨胀螺栓联接。与砖墙连接时一般在砖墙上预留 120mm × 120mm × 120mm 的孔洞，将栏杆铁件伸入洞内，然后用细石混凝土填实（见图 9-30c）。靠墙扶手的安装如图 9-31 所示。

4. 楼梯的基础　首层楼梯的第一梯段与地面接触处需设基础（即梯基），梯基的做法有两种：一种是梯段支承在钢筋混凝土基础梁上（见图 9-32a）；另一种是直接在梯段下设砖、石材或混凝土基础（见图 9-32b），当地基持力层较浅时这种做法较经济，但地基的不均匀沉降会影响楼梯。

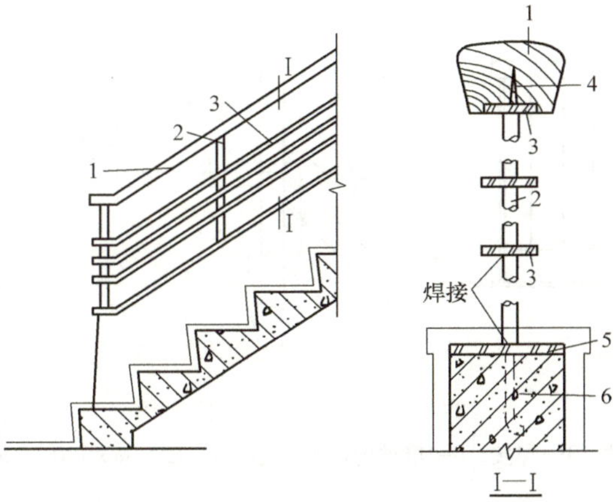


图 9-27　组合式栏杆示例

1—木扶手　2—$\phi$16mm 圆钢　3—30mm × 4mm 扁钢　4—木螺钉（中心距 500mm）
5—60mm × 50mm 钢板　6—$\phi$8mm 铁脚（长 100mm）

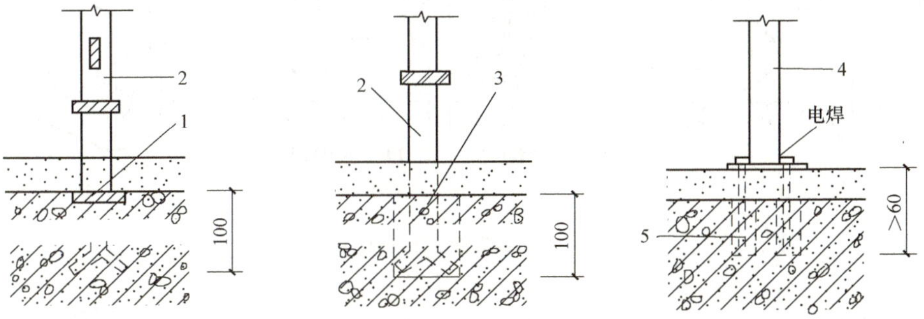


a) 与预埋钢板焊牢　　b) 埋入预留孔　　c) 立柱焊在底板上用膨胀螺栓锚固

图 9-28　栏杆与梯段的连接

1—预埋钢板　2—圆钢或扁铁　3—细石混凝土　4—钢管　5—膨胀螺栓

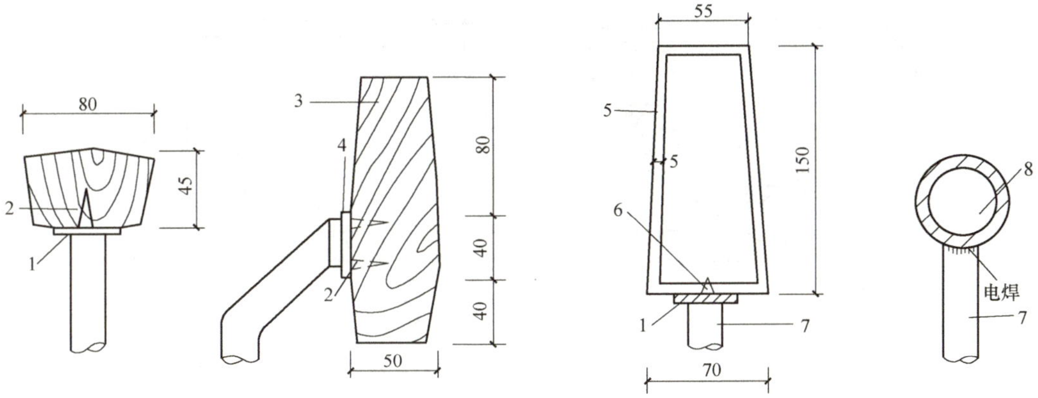


a) 硬木扶手　　b) 塑料扶手　　c) 钢管扶手

图 9-29　栏杆与扶手的连接

1—通长扁铁　2—木螺钉　3—硬木扶手　4—$\phi$40mm × 3mm 垫圈
5—塑料扶手　6—螺钉（间距 200mm）　7—立柱
8—$\phi$40 ~ $\phi$50mm 镀锌钢管

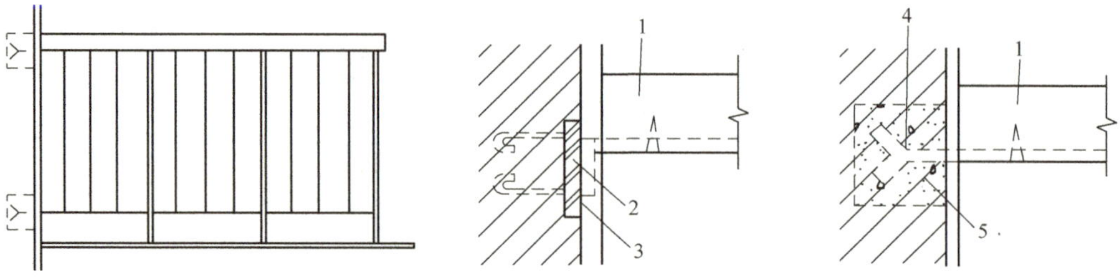

a) 栏杆端部立面图　　b) 端部连接构造一　　c) 端部连接构造二

图 9-30　栏杆与墙、柱连接

1—木扶手　2—预埋铁件　3—焊接　4—扇铁剪成燕尾形　5—120mm×120mm×120mm 孔填细石混凝土

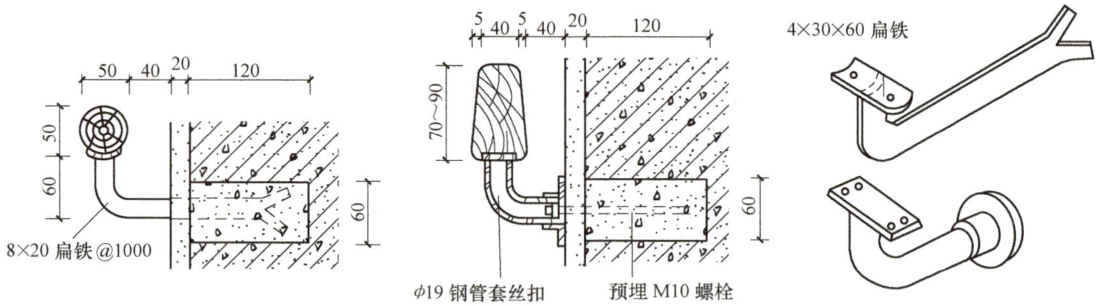


a) 圆木扶手　　b) 条木扶手　　c) 扶手铁脚

图 9-31　靠墙扶手的安装实例

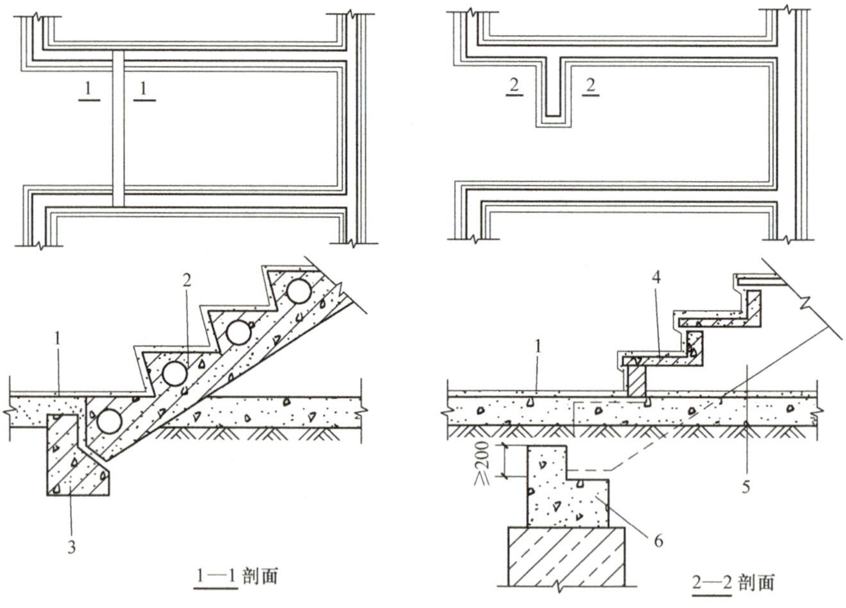


a) 钢筋混凝土梁式楼梯基础　　b) 混凝土楼梯基础

图 9-32　楼梯基础构造

1—地面　2—梯段　3—钢筋混凝土梁　4—L 形踏步　5—梯梁　6—混凝土楼梯基础

# 9.4　室外台阶与坡道

## 9.4.1　室外台阶

室外台阶是联系室内外地面即解决室内外地坪高差的交通设施，由踏步和平台组成，其常见形式如图 9-33 所示。室外台阶坡度一般较平缓，每级台阶踢面高度约 150mm，踏面宽度一般在 300～400mm 之间。

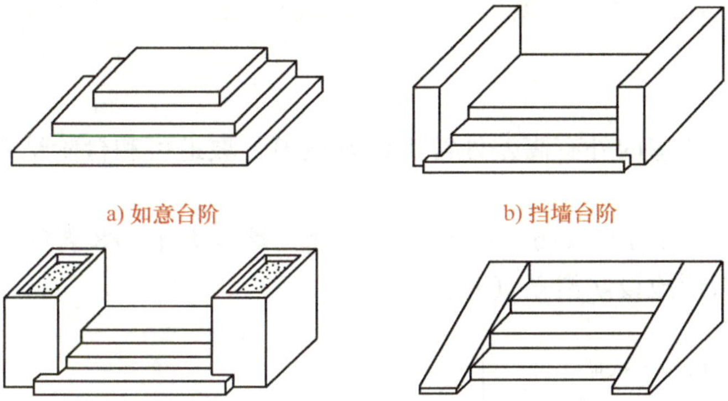

a) 如意台阶　b) 挡墙台阶

c) 花池台阶　d) 垂带台阶

图 9-33　室外台阶的形式

为保证人流出入的安全和方便，室外台阶与建筑入口之间应留有一定宽度的缓冲平台，平台表面向室外找 1%～4% 的排水坡。室外台阶和平台应采用耐久性、耐磨性和抗冻性好的材料，如天然石材、混凝土、缸砖等（见图 9-34）。

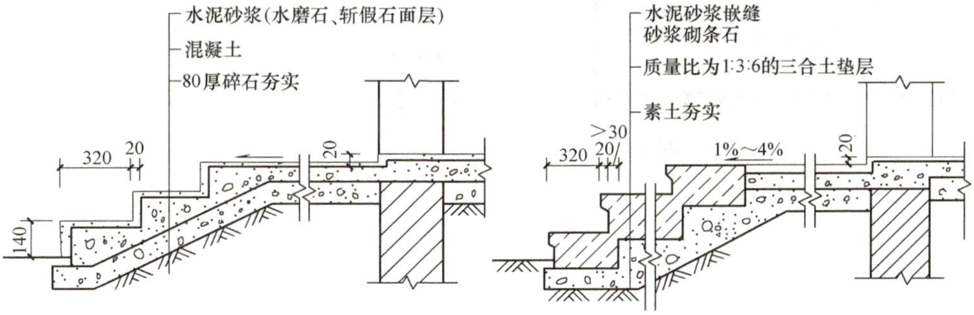


a) 混凝土台阶　b) 石台阶

图 9-34　台阶构造类型

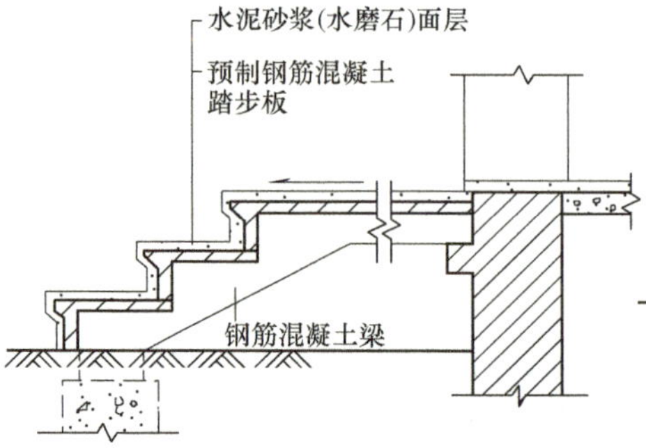


c) 预制钢筋混凝土架空台阶

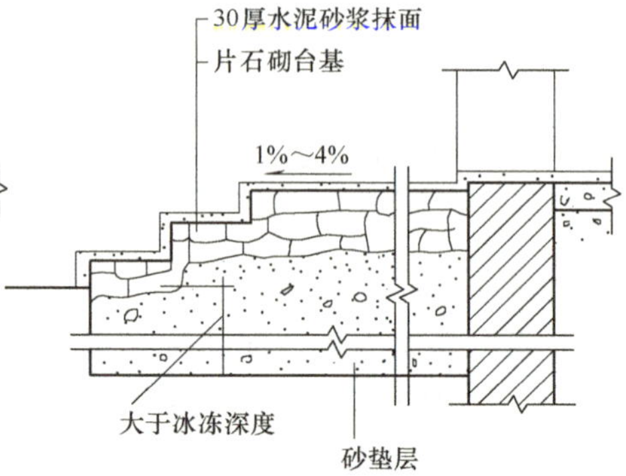


d) 换土地基台阶

图 9-34 台阶构造类型（续）

### 9.4.2 坡道

为便于车辆通行，室内外有高差处常需设置坡道。坡道可和台阶结合应用，如正面做台阶，两侧做坡道。

坡道的坡度一般为 1/12 ~ 1/6，1/10 较为合适，坡度大于 1/8 者须有防滑措施，一般可将坡道面层做成锯齿形或设防滑条（见图 9-35）。

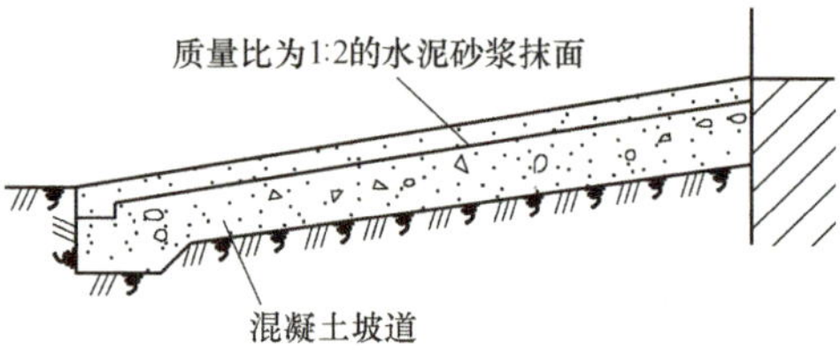


a) 混凝土坡道

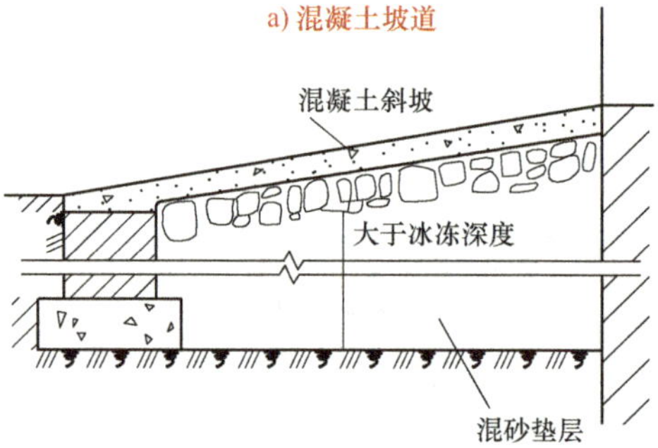


b) 换土地基坡道

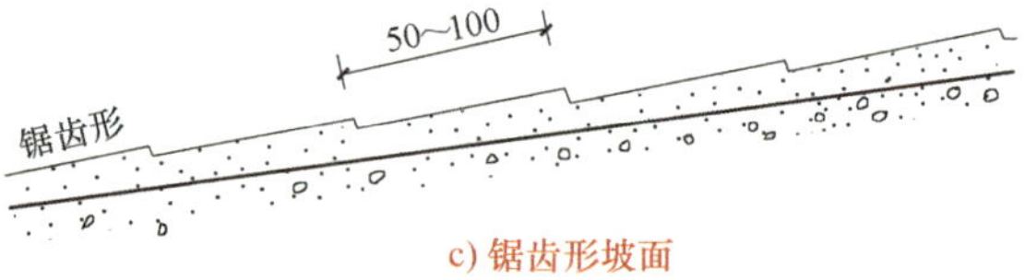


c) 锯齿形坡面

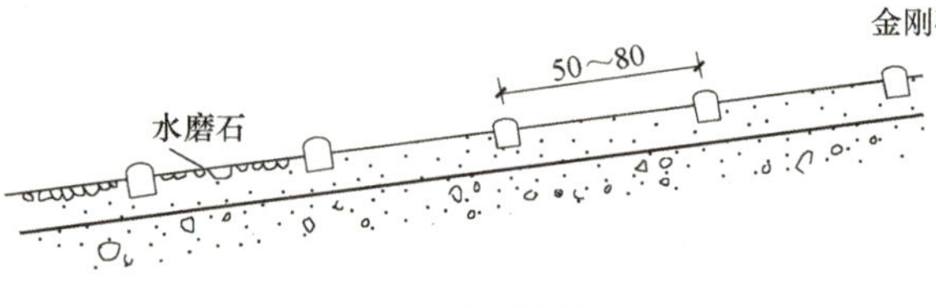


d) 防滑条坡面

图 9-35 坡道构造类型

## 9.5 有高差处的无障碍设计

建筑物不同地面之间的高差会给某些残障人士造成不便，特别是下肢残疾（需要借助拐杖和轮椅代步）和视觉残疾的人（需要借助导盲棍）。无障碍设计就是指能帮助上述两类残疾人顺利通过高差的设计。

## 9.5.1　楼梯形式及扶手栏杆

1. 楼梯的形式和尺度　供拄拐者及视力残疾者使用的楼梯应采用直行楼梯，如直上式楼梯、平行双折式楼梯或成直角折行的楼梯等（见图 9-36），而不宜采用弧形梯段或在休息平台上设置扇形踏步。

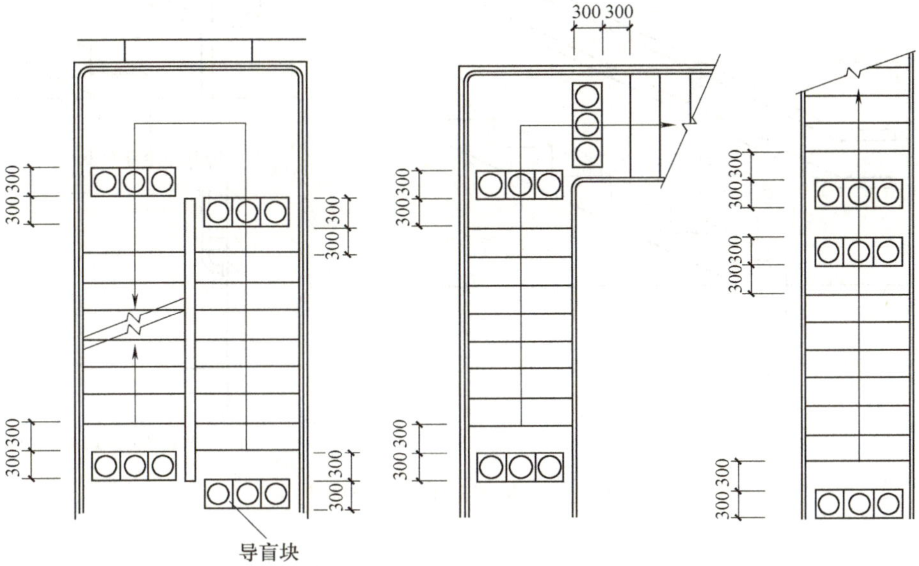


图 9-36　楼梯梯段宜采取直行方式

楼梯的梯段宽度不宜小于 1200mm，坡度应尽量平缓，宜在 35°以下，踢面高不宜大于 170mm，且每步踏步应保持等高。

2. 踏步设计要求　供拄拐者及视力残疾者使用的楼梯踏步应选用合理的饰面材料和构造形式：踏步表面应防滑，不得积水，防滑条不得高出踏面 5mm 以上；踏步形式应线形光滑，不得有直角凸沿，以防发生勾绊行人或其助行工具的意外事故（见图 9-37）。

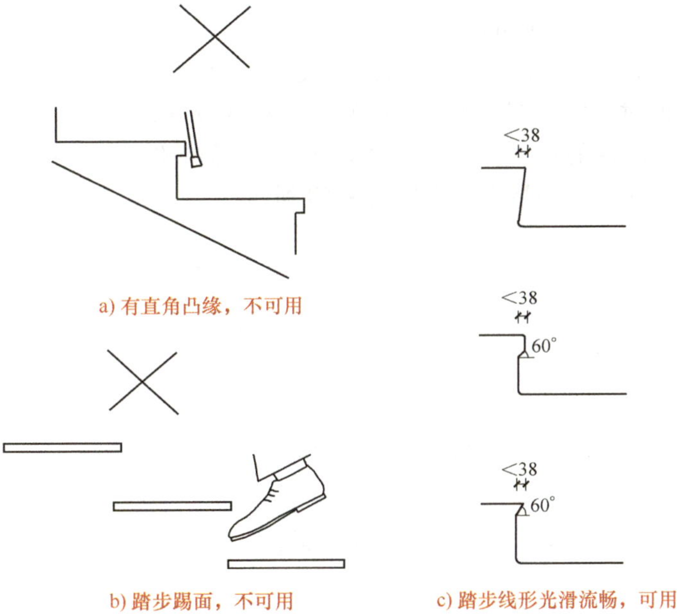


图 9-37　踏步的构造形式

3. 楼梯、坡道的栏杆扶手　栏杆扶手应坚固适用，且楼梯、坡道两侧均应设有扶手；公共楼梯可设上下双层扶手。在楼梯梯段或坡道坡段的起始及终结处，扶手应自其前缘向前伸出

300mm 以上，扶手末端应向下或伸向墙面结束（见图 9-38）。扶手的断面应做成便于抓握的形式（见图 9-39）。

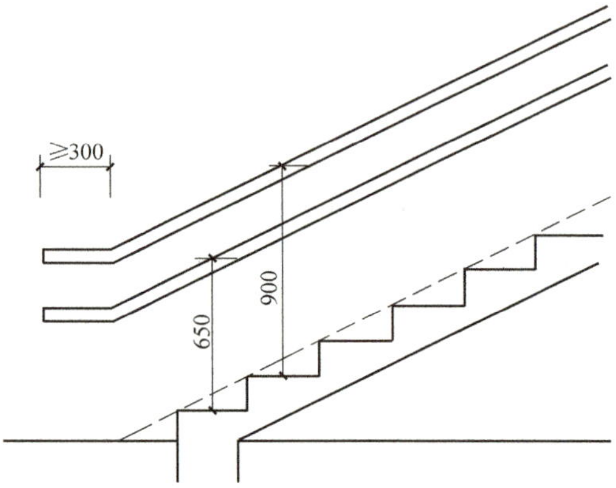


a) 扶手高度及起始、终结步处伸入尺寸

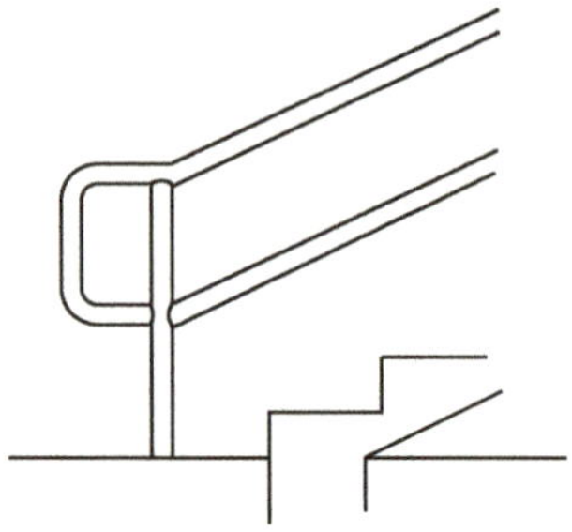

b) 扶手末端向下

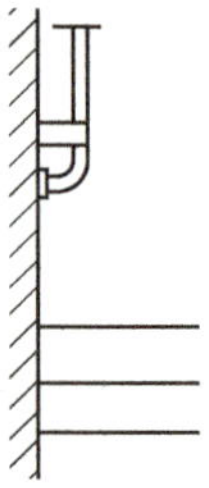

c) 扶手末端伸向墙面

图 9-38 扶手基本尺寸及收头

## 9.5.2 坡道的坡度和宽度

1. 坡道的坡度 我国规定便于残疾人通行的坡道的坡度不应大于 1/12，与之相匹配的每段坡道的最大高度为 750mm，最大坡段水平长度为 9000mm。

2. 坡道的宽度和平台的深度 为便于轮椅通过，室内坡道的宽度应不小于 900mm，室外坡道的宽度应不小于 1500mm。坡道的平台所应具有的最小深度如图 9-40 所示。

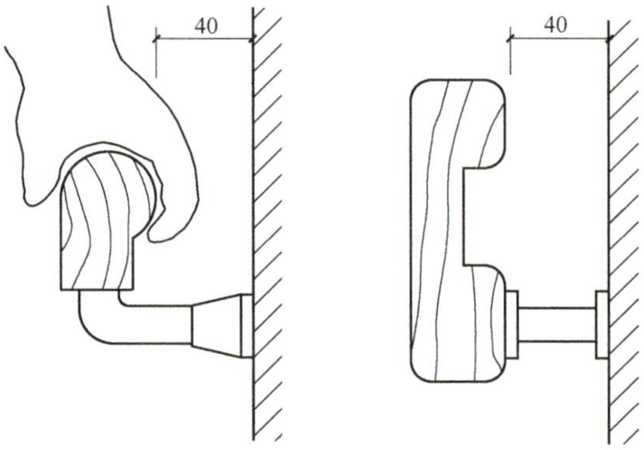


图 9-39 扶手断面形式

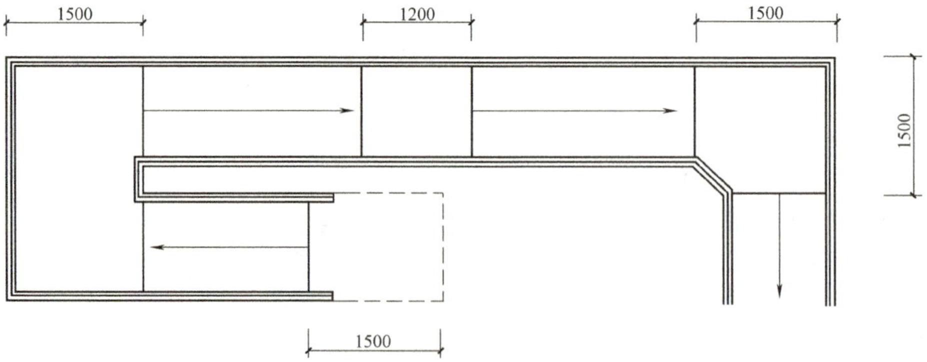


图 9-40 坡道休息平台的最小深度

### 9.5.3　导盲块的设置

导盲块（即地面提示块）利用其表面上的特殊构造形式向视力残疾者提供触摸信息，提示该停步或改变行进方向等，一般设置在有障碍物、需要转折或存在高差等场所。常用的导盲块有如图 9-41 所示的两种形式，图 9-36 中标明了导盲块在楼梯上设置的位置，同样也适用于坡道。

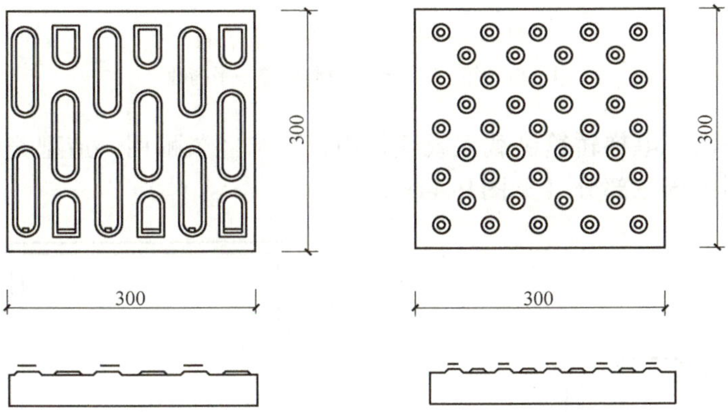


a) 地面提示行进块材　　b) 地面提示停步块材

图 9-41　导盲块示例

### 9.5.4　构件边缘处理

为了约束轮椅和防止拐杖或导盲棍等工具向外滑出，凡是凌空处的构件的边缘都应该向上翻起，包括楼梯梯段和坡道的凌空一面、室内外平台的凌空边缘等（见图 9-42）。

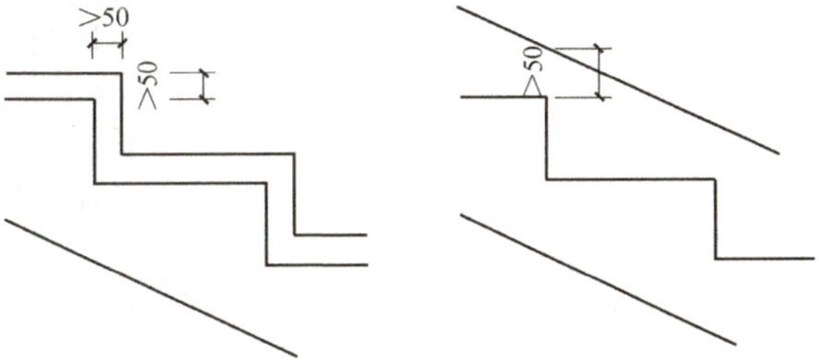


a) 立缘　　b) 踢脚板

图 9-42　构件边缘处理

## 9.6　电梯与自动扶梯

### 9.6.1　电梯

电梯是高层建筑和某些多层建筑必需的垂直交通设施，其类型有客梯、货梯及专用电梯等（见图 9-43）。

1. 电梯的组成　电梯通常由电梯井道、电梯箱（轿箱）和运载设备三部分组成。电梯井道内安装导轨、撑架和平衡锤，轿箱沿导轨滑行，由金属块叠合而成的平衡锤用吊索与轿

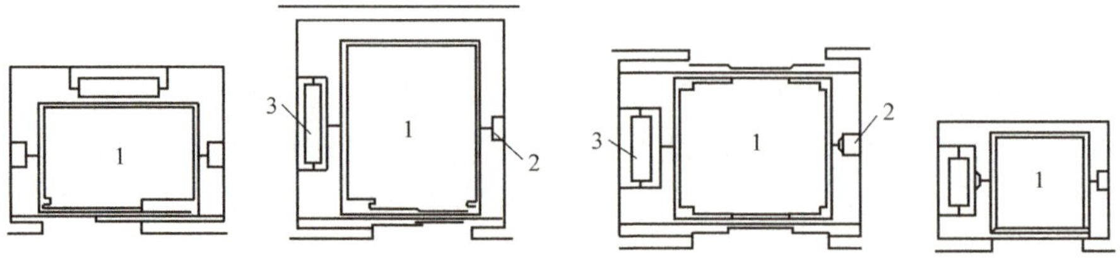


a) 客梯(双扇推拉门)　b) 病床梯(双扇推拉门)　c) 货梯(中分双扇推拉门)　d) 小型杂物梯

图 9-43　电梯分类与井道平面

1—电梯箱　2—导轨及撑架　3—平衡锤

箱相连保持轿箱平衡。电梯轿箱供载人或载货用，要求经久耐用，造型美观。运载设备包括动力、传动和控制系统三部分（见图 9-44）。

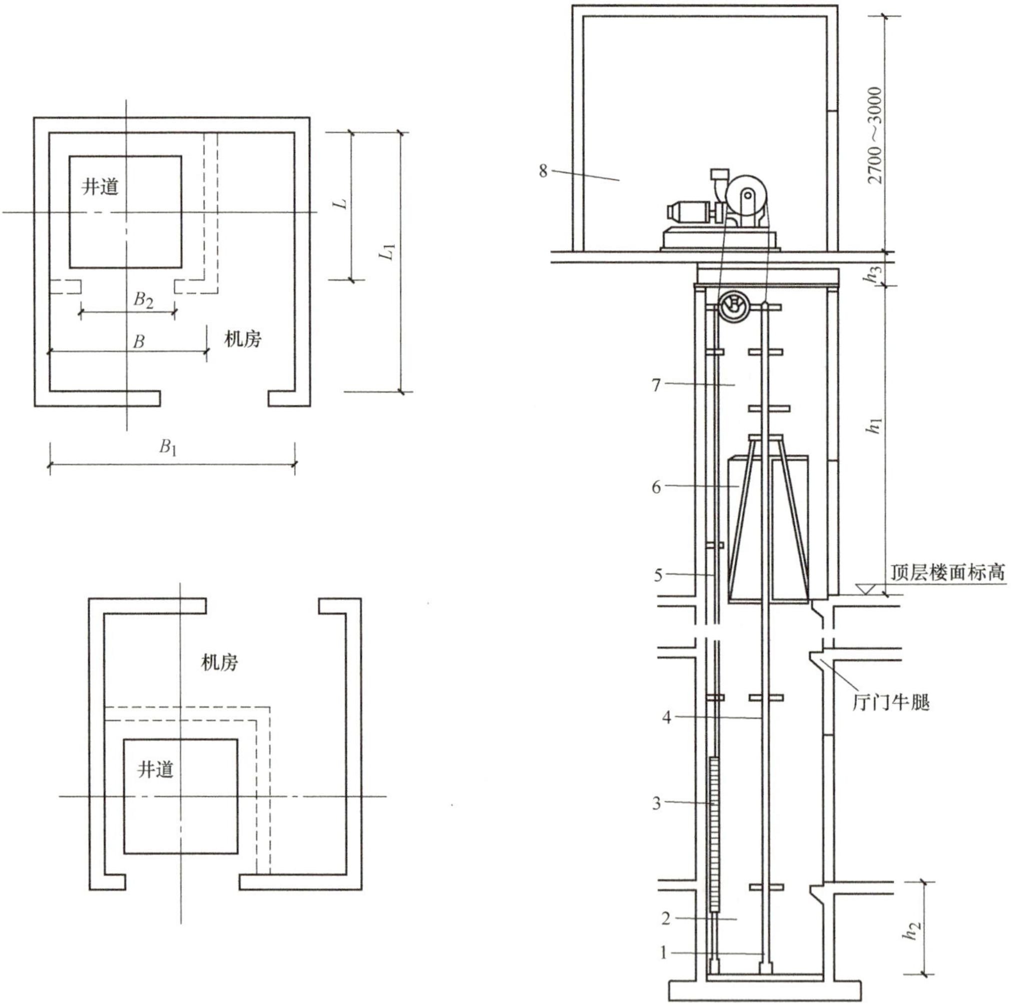


a) 平面　b) 剖面

图 9-44　电梯组成示意

1—缓冲器　2—地坑　3—平衡锤　4—轿厢导轨　5—平衡锤导轨　6—轿厢　7—井道　8—机房

2. 电梯的建筑设计要求

（1）尺寸要求：尺寸要满足电梯的运行要求，建筑须设有井道、地坑和机房，它们的具体尺寸应根据电梯的型号、运行速度、设备大小和检修的需要确定，见表9-3和表9-4。考虑施工误差，井道尺寸每边按每10层放大10mm；地坑位于井道最下部，其底部设有弹簧或油压缓冲器以缓冲电梯停靠时的冲力；电梯机房位于井道的顶部，其楼板应按设备的要求预留孔洞。

**表9-3　电梯型号与井道、机房基本尺寸**

| 电梯类型 | 额定起重量/kg | 额定速度/($m \cdot s^{-1}$) | 井道尺寸/mm | | 机房尺寸/mm | | 门口尺寸 $B_2$（双扇推拉门）/mm |
|---|---|---|---|---|---|---|---|
| | | | $B$ | $L$ | $B_1$ | $L_1$ | |
| 单台乘客电梯 | 1000 | ≥1.0 | 2200 | 2150 | 3500 | 3450 | 1100 |
| | | | | | 4000 | 4500 | |
| | 1500 | ≥1.0 | 2500 | 2400 | 4000 | 4000 | 1200 |
| | | | | | 4500 | 4500 | |
| 载货电梯 | 2000 | 0.5～0.75 | 2850 | 2670 | 3500 | 4000 | 1900 |
| | | | | 3170 | | | |
| | 2000 | 0.5～0.75 | 3450 | 2670 | 4000 | 4000 | 2400 |
| 病床电梯 | — | — | 2250 | 2950 | 4000 | 5500 | — |

**表9-4　井道顶层和地坑尺寸**

| 额定速度/($m \cdot s^{-1}$) | 顶层高 $h_1$/mm | 地坑深 $h_2$/mm | 隔声层高 $h_3$/mm |
|---|---|---|---|
| 0.5、0.75、1.0 | 4500 | 1400 | 1500 |
| 1.5 | 5000 | 1800 | |
| 1.75 | 5300 | 2200 | — |
| 2 | | | |
| 2.5 | 5700 | 2500 | |
| 3 | 6000 | 3000 | |

（2）电梯井道的设计要求

1）井道的防火。井道是建筑中的垂直通道，火灾事故中火焰和烟气容易从中蔓延，因此井道维护构件应根据有关防火规定进行设计，一般采用钢筋混凝土结构。同时，当井道内超过两部电梯时，应用防火围护结构隔开。

2）井道的隔振与隔声。为减轻电梯运行时产生的振动和噪声对建筑的影响，一般在机房机座下设置弹性垫层。当电梯运行速度超过1.5m/s时，除了设弹性垫层外，还应在机房与井道间设高度为1.5～1.8m的隔声层（见图9-45）。

3）井道通风。为使井道有良好通风，火灾时能迅速排除烟气和热量，应在井道底部、地坑和中部适当位置（高层时）设置不小于300mm×300mm的通风口，上部可以和排烟口（面积不小于井道面积的3.5%）结合。通风口总面积的1/3应经常开启，通风管道可在井道顶板上或井道壁上直接通往室外。

4）地坑应做好防潮和防水处理，坑壁应设爬梯和检修灯槽。

3. 电梯门套　电梯厅门是电梯在各层的出入口，厅门洞口处应安装门套，门套装修应与电梯厅的装修相协调，常见做法有水泥砂浆门套、天然石材门套、木板门套、钢板门套等（见图9-46）。

电梯门一般为双扇推拉门，宽度为90～1500mm，开启方式为双扇推向同一边或中央分开推向两边。推拉门的滑槽安装在门套下楼板边梁的牛腿上（见图9-47）。

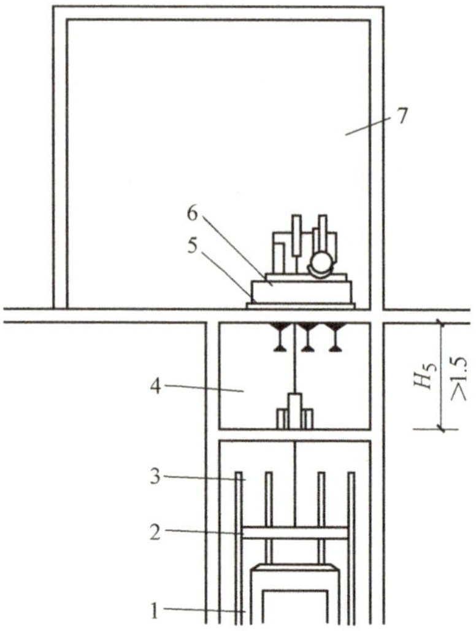


图9-45　电梯机房隔振与隔声处理

1—轿厢　2—横梁　3—井道　4—隔声层　5—弹性隔振垫　6—钢筋混凝土底座　7—机房

## 9.6.2　自动扶梯

自动扶梯适用于有大量连续人流的公共场所（如车站、空港、码头、商场等），是建筑物层间连续运输效率最高的载客设施。自动扶梯可正逆运行，做提升和下降使用，停机时可作楼梯。

自动扶梯的坡度比较平缓，一般为30°，运行速度为0.5～0.7m/s，规格有单人和双人两种，具体型号和尺寸见表9-5。自动扶梯的平面布置可单台设置或双台并列，双台并列时往往采取一上一下的方式，此时两部扶梯之间应留有足够的结构间距（不小于380mm），以保证使用安全和安装方便。

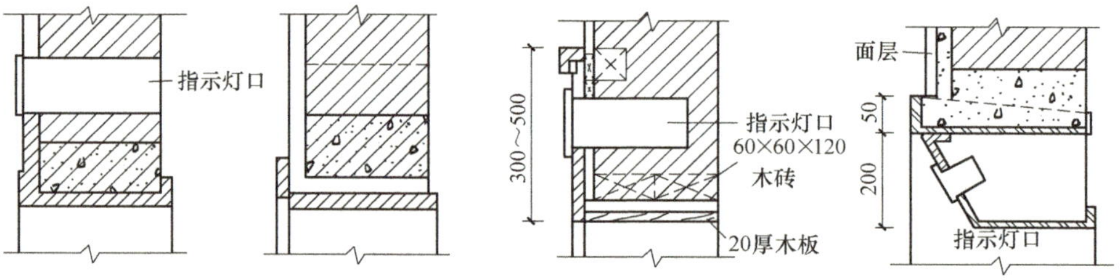


a) 水泥砂浆门套　b) 天然石材门套　c) 木板门套　d) 钢板门套

图9-46　门套装修构造

自动扶梯是由电动机械牵引梯段踏步连同栏杆扶手带一起运转，机房悬挂在楼板下面，首层则做地坑。机房上自动扶梯口处的楼板应做活动地板以利检修，地坑也应作防水处理。自动扶梯的基本尺寸如图9-48所示。

当设置自动扶梯的建筑物上下两层面积总和超过防火分区面积要求时，应按防火要求设防火隔断或复合式防火卷帘封闭自动扶梯井。

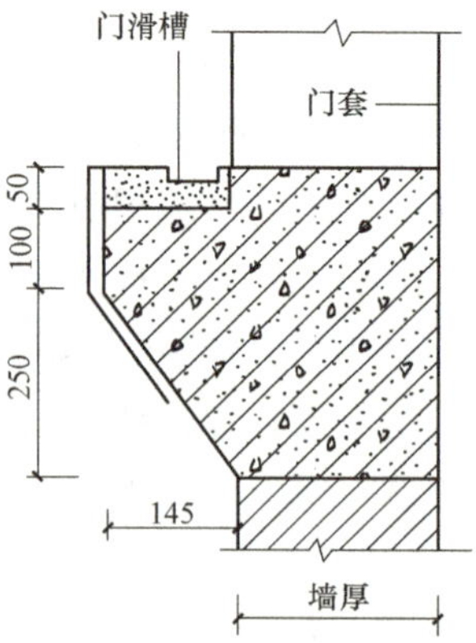


图9-47　厅门牛腿滑槽构造

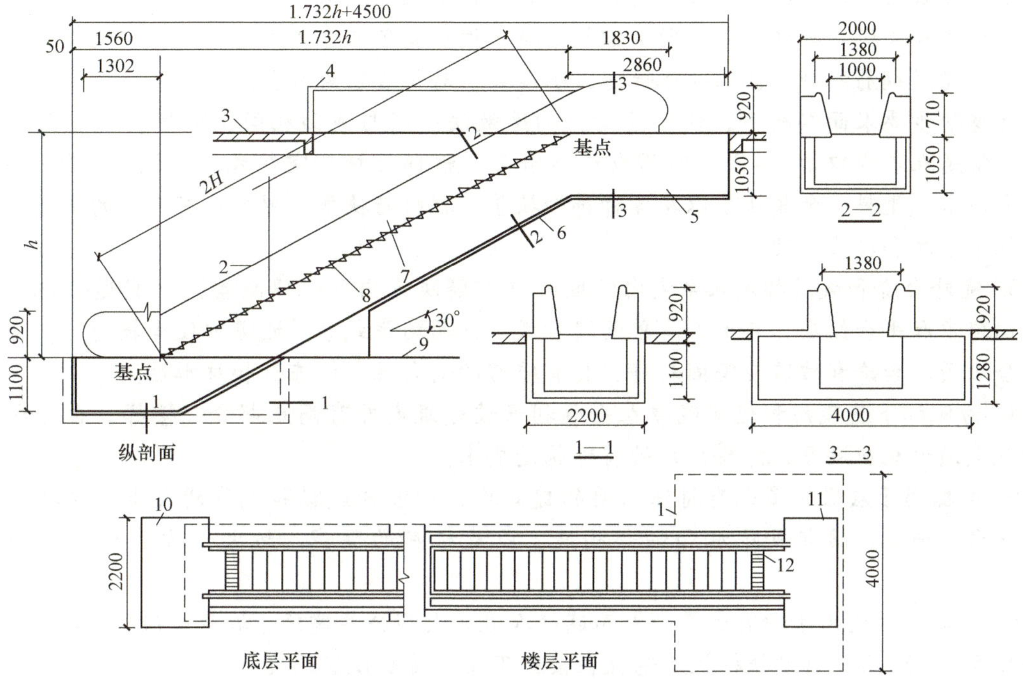


图9-48 自动扶梯基本尺寸

1—机房地坪位置 2—扶手带 3—楼层 4—上层栏杆 5—机房 6—外壳
7—栏板 8—活动梯级 9—底层 10—活动地板 11—活动梯板 12—横板

表9-5 自动扶梯型号规格

| 梯型 | 输送能力/(人·$h^{-1}$) | 提升高度/m | 速度/(m·$s^{-1}$) | 扶梯宽度 | |
|---|---|---|---|---|---|
| | | | | 净宽 $B$/mm | 外宽 $B_1$/mm |
| 单人梯 | 5000 | 3~10 | 0.5 | 600 | 1350 |
| 双人梯 | 8000 | 3~8.5 | 0.5 | 1000 | 1750 |

## 单元小结

1. 联系房屋各层不同高度空间的垂直交通设施有楼梯、电梯、自动扶梯及坡道等。

2. 作为多层和高层建筑必需的垂直交通设施，楼梯不仅应满足交通和疏散要求，而且要坚固、耐久、防火、安全和美观。

常见的楼梯平面形式有直上式、曲尺式、双折式、剪刀式、弧形和螺旋式等，应根据建筑的功能要求和美观需要来确定恰当的楼梯形式。

楼梯设计应根据有关规范和该建筑物的具体使用要求进行。楼梯由梯段、平台和栏杆扶手三部分组成，梯段坡度一般为20°~45°，其中以30°左右较为常用；踏步尺寸与楼梯坡度、人体尺度等有关。楼梯平台深度不应小于梯段宽度。梯段净高不应小于2200mm，平台净高不应小于2000mm。楼梯底层中间平台下做通道而平台净高不能满足要求时，可采取降低首层休息平台下局部地坪的标高、增加第一个梯段的踏步数量或两者结合的办法解决。

钢筋混凝土楼梯按施工方式不同有现浇式和预制装配式两大类。现浇式钢筋混凝土楼梯有板式楼梯和梁板式楼梯之分；预制钢筋混凝土楼梯大致可分为小型、中型、大型构件装配式等。现浇式钢筋混凝土楼梯整体性好，刚度大，对抗震较为有利。

楼梯踏步要求面层耐磨，便于清洁，构造做法一般与地面相同，踏步表面应有防滑措施，通常是在踏步口留2~3道凹槽或设防滑条。楼梯栏杆有空花式、栏板式和组合式等，扶手有硬木、塑料、金属扶手以及各种饰面扶手。栏杆与扶手、梯段应有可靠的连接，并应做好扶手尽端和转弯处理。

3. 室外台阶和坡道都是联系室内外地面（即解决室内外地坪高差）的交通设施，室外台阶由踏步和平台组成，其形式有单面踏步式、三面踏步式等。坡道方便车辆通行，可和台阶结合应用。台阶和坡道应坚固耐磨，具有较好的耐久性、抗冻性和抗水性。

4. 为保证下肢残疾和视觉残障人士顺利通过建筑内外有高差部分，楼梯、台阶和坡道等垂直交通设施应满足无障碍设计的特殊构造要求。

5. 电梯用于层数较多或有特殊需要的建筑中，一般分载客和载货两大类。电梯应注意井道防火、通风、防潮或防水和细部构造，以及机房的隔声、防火、防水和保温隔热等构造。

6. 自动扶梯适用于具有大量频繁而连续人流的大型公共建筑，坡度一般为30°，运行速度为0.5~0.7m/s。自动扶梯机房悬挂在楼板下面，首层设置地坑。

## 复习思考题

1. 建筑物的垂直交通设施有哪些？各有何特点？
2. 绘图示意各种常见楼梯。
3. 楼梯由哪些部分组成？各有何设计要求？
4. 简述建筑物中确定楼梯的数量和位置的原则。
5. 简述楼梯各组成部分的平面尺寸要求。
6. 简述楼梯的净高要求。
7. 楼梯常用坡度为多少？楼梯踏步尺寸如何确定？
8. 简述双折式楼梯的一般设计方法。
9. 首层楼梯休息平台下要求做通道又不能满足净高要求时，采取什么办法解决？
10. 绘图示意楼梯各层平面。
11. 现浇钢筋混凝土楼梯常见的结构形式有哪些？各有何特点？
12. 绘图示意楼梯踏步面层防滑和楼梯基础构造。
13. 绘图示意室外台阶和坡道构造。
14. 简述电梯的组成和设计要求。
15. 简述自动扶梯的特点和设计要求。

# 单元10

# 屋　　顶

**综合素质目标**

1）从人们对美好生活的共同向往出发，由小及大，贴近和观察生活，关注国家经济、社会等方面的发展，培养家国情怀和社会责任感。

2）培养创新思维和能力，弘扬时代精神，为提升人民幸福感贡献一份力。

## 10.1　概述

屋顶是建筑最上层起覆盖作用的外围护构件，是房屋的重要组成部分。屋顶主要有两个作用：一是抵御自然界的风、雨、雪、气温变化和太阳辐射等外界不利因素，使屋顶覆盖下的空间具有良好的使用环境；二是承受作用于屋顶上的风荷载、雪荷载和屋顶自重等。屋顶设计必须满足坚固耐久、防水排水、保温隔热、抵御侵蚀等要求，同时还应做到自重轻、构造简单、施工方便和造价经济等。

### 10.1.1　屋顶的类型

屋顶按所用的材料和结构类型的不同一般可分为平屋顶、坡屋顶和其他形式的屋顶（见图 10-1），其中平屋顶、坡屋顶是目前应用最为广泛的形式。

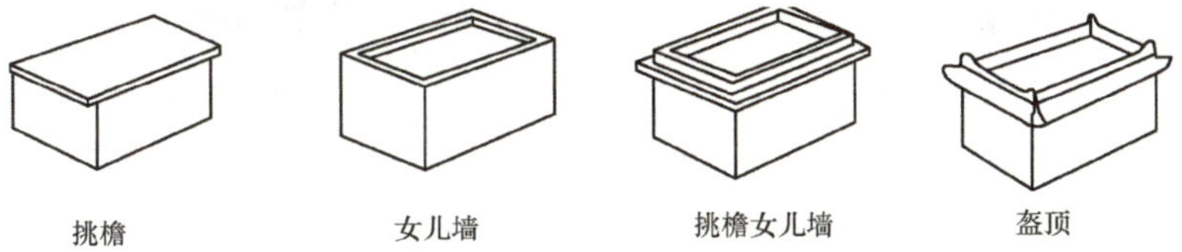


a) 常见平屋顶形式

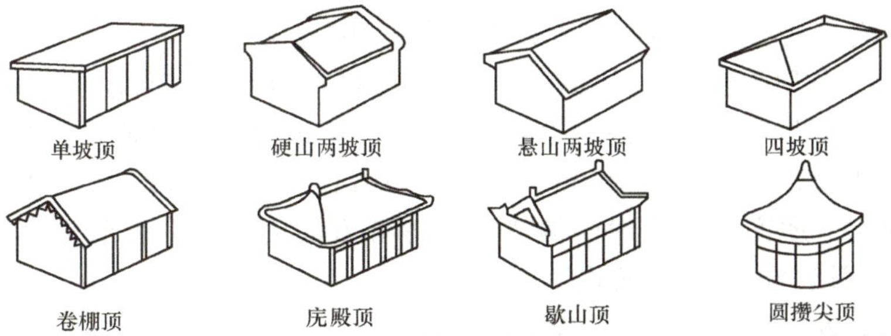


b) 常见坡屋顶形式

图 10-1　屋顶类型

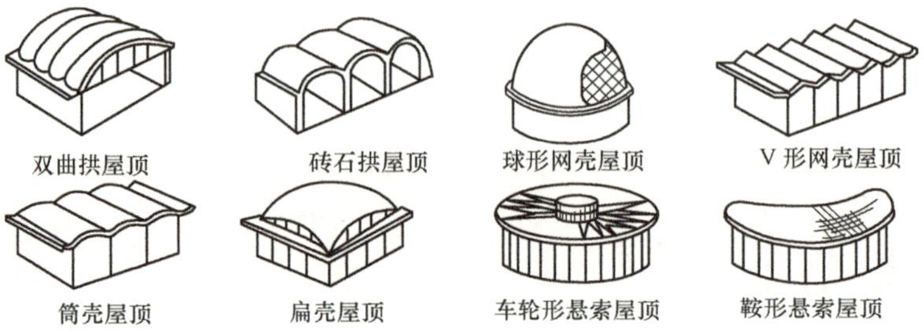


c) 其他屋顶形式

图 10-1　屋顶类型（续）

1. 平屋顶　平屋顶的屋面较平缓，坡度通常小于5%。平屋顶的特点是构造简单、节约材料，易于协调统一建筑与结构的关系，屋面可作为固定的活动场所，如做成露台、屋顶花园等。

2. 坡屋顶　坡屋顶由斜屋面组成，屋面坡度一般大于10%。坡屋顶是我国传统的建筑屋顶形式，在民用建筑中应用非常广泛，城市建筑中某些建筑为满足景观或建筑风格的要求也常采用坡屋顶。坡屋顶按坡数不同可分为单坡顶、双坡顶和四坡顶等。单坡顶及双坡顶有硬山和悬山之分，硬山山墙高出屋面，悬山坡屋顶的两端挑出山墙以外。

屋顶的组成见图 10-2。

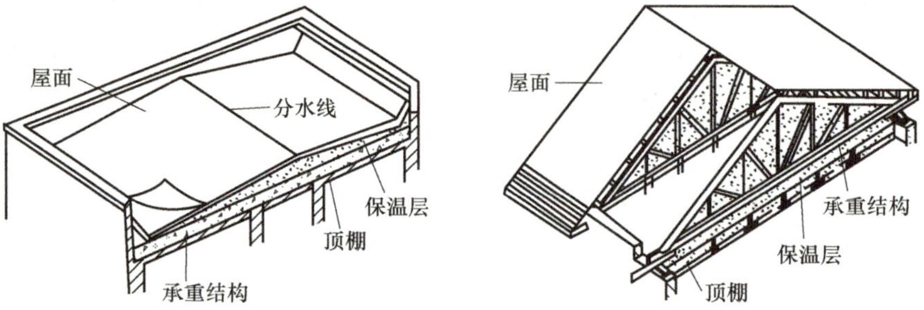


a) 平屋顶　　b) 坡屋顶

图 10-2　屋顶的组成

### 10.1.2　屋顶的设计要求

屋顶设计应满足其功能、结构、建筑艺术几方面的要求。

1. 功能要求　屋顶是建筑物的围护结构，应能抵抗自然界各种恶劣环境的影响，其中雨水对屋顶的威胁最大，故防水是屋顶设计的核心。屋顶的防水功能主要依靠选用合理的防水材料和与之相适应的排水坡度，经过构造设计和精心施工而达到。屋顶防水应综合考虑结构形式、防水材料、屋面坡度、屋面构造处理等各方面的因素，采取排水与防水即“导”和“堵”两方面相结合的原则，防止屋顶渗漏。

屋面的防水等级分为两级，详见表 10-1。

表 10-1 屋面防水等级和设防要求

| 防水等级 | 建筑类型 | 设防要求 |
|---|---|---|
| Ⅰ级 | 重要建筑和高层建筑 | 两道防水设防 |
| Ⅱ级 | 一般建筑 | 一道防水设防 |

屋面工程是一个完整的系统，主要应包括屋面基层、保温与隔热层、防水层和保护层，具体设计时可根据建筑物的性质、使用功能、气候条件等因素进行组合（表 10-2）。

表 10-2 屋面的基本构造层次

| 屋面类型 | 基本构造层次（自上而下） |
|---|---|
| 卷材、涂膜屋面 | 保护层、隔离层、防水层、找平层、保温层、找平层、找坡层、结构层 |
| | 保护层、保温层、防水层、找平层、找坡层、结构层 |
| | 种植隔热层、保护层、耐根穿刺防水层、防水层、找平层、保温层、找平层、找坡层、结构层 |
| | 架空隔热层、防水层、找平层、保温层、找平层、找坡层、结构层 |
| | 蓄水隔热层、隔离层、防水层、找平层、保温层、找平层、找坡层、结构层 |
| 瓦屋面 | 块瓦、挂瓦条、顺水条、持钉层、防水层或防水垫层、保温层、结构层 |
| | 沥青瓦、持钉层、防水层或防水垫层、保温层、结构层 |
| 金属板屋面 | 压型金属板、防水垫层、保温层、承托网、支承结构 |
| | 上层压型金属板、防水垫层、保温层、底层压型金属板、支承结构 |
| | 金属面绝热夹芯板、支承结构 |

屋顶作为围护结构，应具有良好的保温隔热性能。在寒冷地区，冬季室内有采暖，为保证室内的正常使用温度，减少能耗，屋顶应采取保温措施，夏季为防止太阳辐射和室外高温对室内的影响，屋顶应采取隔热措施。

2. 结构要求　屋顶不仅是建筑物的围护结构，也是房屋的承重结构。屋顶应能承受屋面的各种荷载和屋面自重，具有足够的强度、刚度和稳定性，使荷载顺利传递到墙柱等构件，并应防止因结构变形引起防水层开裂漏水。

3. 建筑艺术要求　屋顶是建筑造型的重要组成部分，屋顶的形式对建筑的特征有很大的影响。解决屋顶的构造做法时，应兼顾技术和艺术两方面。

## 10.1.3 屋顶的坡度

1. 屋顶坡度的表示方法　常用的屋顶坡度大小的表示方法有斜率法、角度法和百分比法（见图 10-3）。

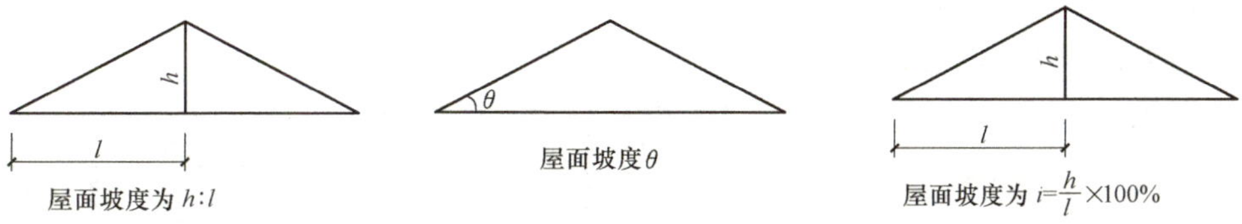


a) 斜率法　b) 角度法　c) 百分比法

图 10-3 屋顶坡度大小的表示方法

2. 屋顶坡度的选择 屋顶坡度大小要适当，坡度过小容易渗漏，坡度过大会造成材料和空间的浪费。屋顶的坡度大小是由多方面因素决定的，如屋顶选用的材料、当地降雨量的大小、屋顶结构形式、建筑造型要求和经济因素等。

（1）屋顶坡度与防水材料的关系：屋顶坡度的大小与屋面材料的防水性能和单块防水材料面积大小等有直接的关系。屋面采用黏土瓦、小青瓦等单块面积小、接缝多的防水材料时，应选择稍大的坡度，以便将屋面积水迅速排除，防止渗漏。当采用防水性能好、单块面积大、接缝少的材料，如油毡、镀锌铁皮等时，屋顶坡度可以小一些。常见屋面坡度范围如图10-4所示。

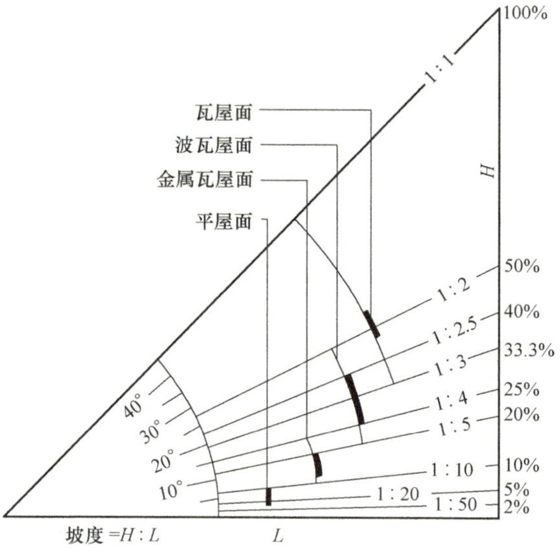


图10-4 常见屋面坡度范围

（2）屋顶坡度与降雨量大小的关系：屋顶坡度和排水速度成正比关系。由于降雨量大时容易造成屋顶积水，因此为迅速排除积水，防止渗漏，屋顶坡度应大一些；反之，屋顶坡度可以小一些。我国南方地区年降雨量和每小时最大降雨量均高于北方地区，即使采用同样的屋顶防水材料，南方地区的屋顶坡度一般仍大于北方地区。

## 10.2 平屋顶构造

### 10.2.1 平屋顶的特点与组成

平屋顶构造简单，室内顶棚平整，能够适应各种复杂的建筑平面形状。提高预制装配化程度、方便施工、节省空间，有利于防水、排水、保温和隔热的构造处理。平屋顶的坡度小，会造成排水慢，增加屋面积水的可能，易产生渗漏现象。

平屋顶一般由面层（防水层）、结构层、保温隔热层和顶棚层等主要部分组成，还包括保护层、结合层、找平层、隔汽层等。不同地区的平屋顶构造也有所区别，如我国南方地区一般不设保温层，北方地区一般很少设隔热层，普通卷材防水屋面和刚性防水屋面组成如图10-5所示。

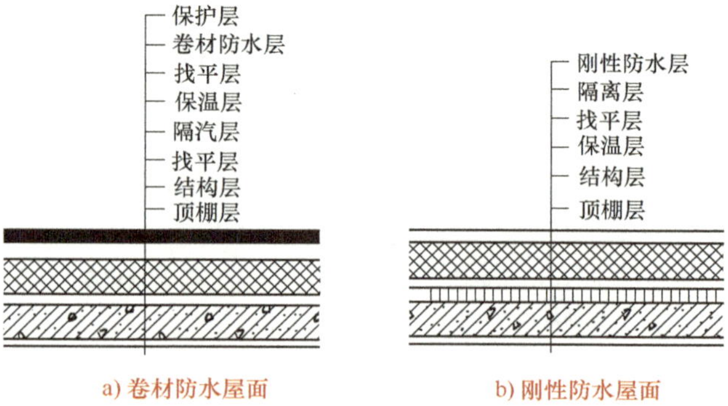


图10-5 卷材防水屋面和刚性防水屋面组成

### 10.2.2 平屋顶的排水组织

为了迅速排除屋面雨水，需进行排水分区设计，平屋顶的排水组织主要包括排水坡度、排水方式和排水组织设计三方面的内容。

1. 屋顶坡度的形成　平屋顶的常用坡度为 1%~3%，坡度的形成一般有材料找坡和结构找坡两种方式。

（1）材料找坡：材料找坡是指屋顶结构层为水平搁置的楼板，利用轻质找坡材料在水平结构层上来垫置而形成坡度的做法，因而也称为垫置坡度或填坡。

常用的找坡材料有炉渣、蛭石、膨胀珍珠岩等轻质材料或在这些轻质材料中加适量水泥形成的轻质混凝土。材料找坡形成的坡度不宜过大，否则会增大找坡层的平均厚度，导致屋顶自重加大。在需设保温层的地区，可利用保温材料的铺放形成坡度（见图 10-6）。

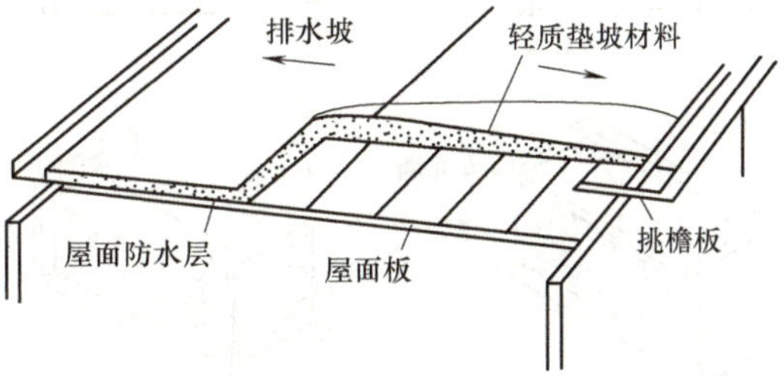

图 10-6　材料找坡方式

（2）结构找坡：结构找坡是将屋面板搁置在有一定倾斜度的墙或梁上，直接形成屋面坡度的一种做法，也称为搁置坡度或撑坡（见图 10-7）。

结构找坡不需要另做找坡材料层，屋面板以上各层构造层的厚度不变。结构找坡省工省料，没有附加荷载，施工方便。但顶棚是倾斜的，空间不够完整，适用于有吊顶的公共建筑和对室内空间要求不高的生产性建筑。

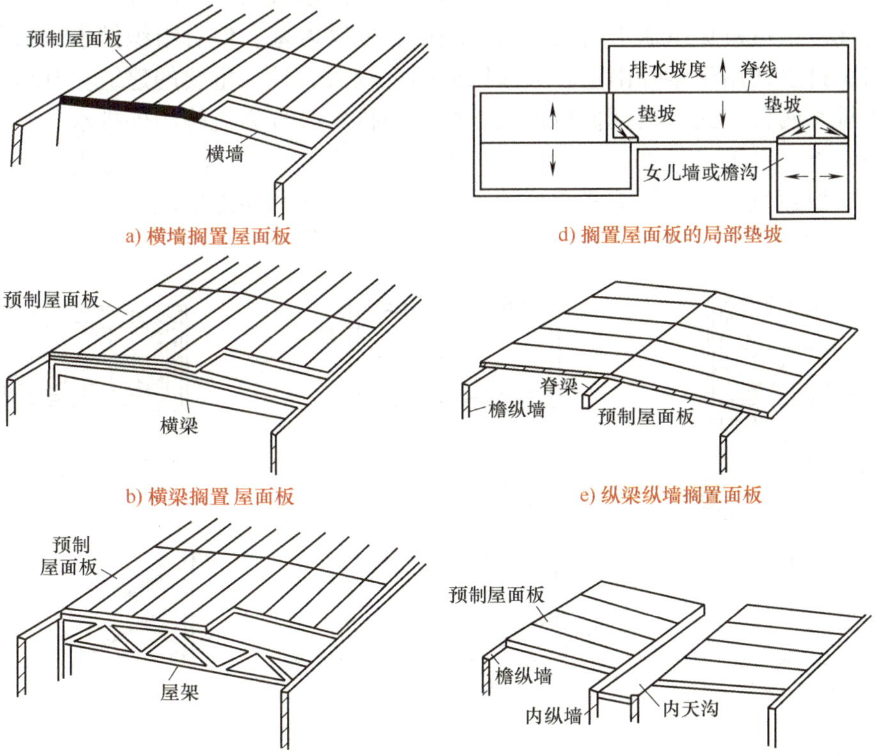

图 10-7　结构找坡方式

2. 排水方式的选择 屋面的排水方式分为无组织排水和有组织排水两大类。

（1）无组织排水：无组织排水又称自由落水，是指屋面的雨水由檐口自由滴落到室外地面的一种排水方式（见图10-8）。

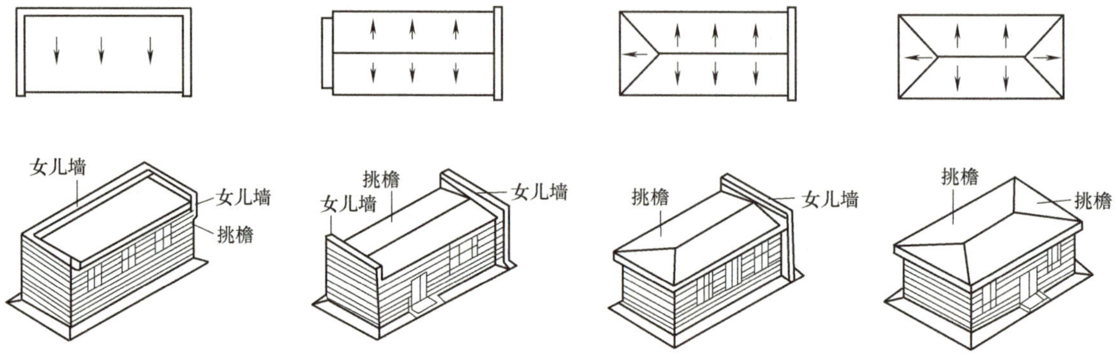


图10-8 无组织排水方式

无组织排水不必设置天沟、雨水管导流，其构造简单、造价较低。无组织排水时屋面雨水自由落下会溅湿墙面，影响外墙的坚固耐久性，并可能影响人行道的交通。无组织排水方式主要适用于雨量不大或一般非临街的低层建筑。

（2）有组织排水：有组织排水是将屋面划分为若干排水区域，按一定的排水坡度把屋面雨水有组织地排到檐沟或雨水口，再经雨水管流到散水或明沟中。有组织排水较无组织排水有明显的优点，可避免屋檐下落雨水污染墙面，危害墙基。但有组织排水构造复杂、造价较高。有组织排水适用于年降雨量较大地区或高度较大、较为重要的建筑。有组织排水分为外排水和内排水两种方式。根据檐口做法不同，外排水又分为挑檐沟外排水、女儿墙外排水和女儿墙檐沟外排水等（见图10-9）。对某些不宜在外墙上设置雨水管的建筑，如多跨房屋的中间跨、高层建筑以及容易造成室外雨水管冻裂或冰堵的寒冷地区建筑等，可采用内排水的方式（见图10-10）。

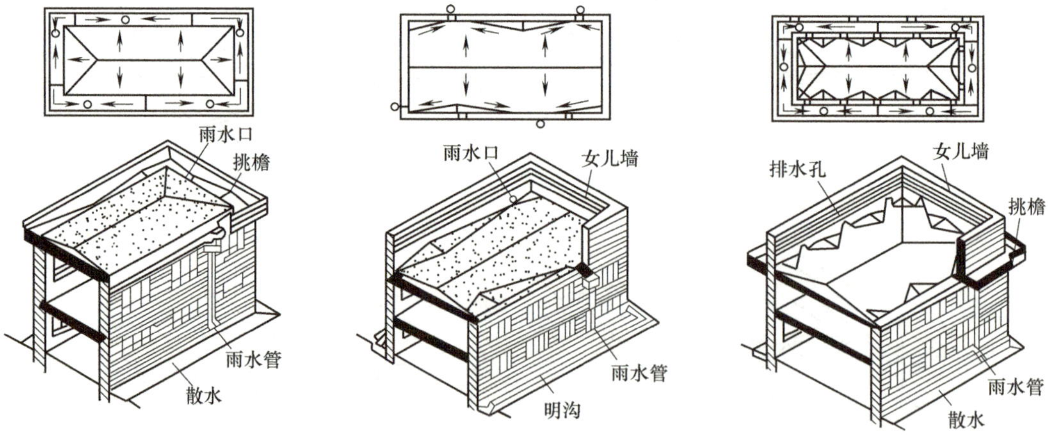


a) 挑檐沟外排水　b) 女儿墙外排水　c) 女儿墙檐沟外排水

图10-9 有组织外排水方式

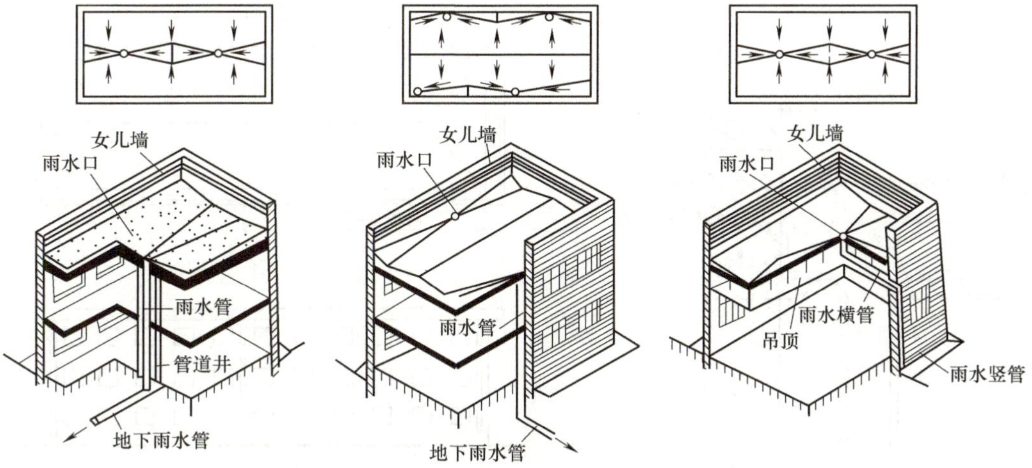


图 10-10　有组织内排水方式

3. 排水组织设计

（1）汇水区域的划分：划分汇水区域的目的是保证能较均匀合理地布置雨水管，一个汇水区域的面积一般不超过一个雨水管所能担负的排水面积。一般在年降水量小于 900mm 的地区，每一直径为 100mm 的雨水管，可排积水面积 200m$^2$ 的雨水；年降雨量大于 900mm 的地区，每一直径为 100mm 的雨水管，可排积水面积 150m$^2$ 的雨水。

汇水区面积可以按如下经验公式进行验算：

$$A = 438D^2/h$$

式中　$A$——允许的排水面积（m$^2$）；

$D$——雨水管直径（mm）；

$h$——当地每小时的降雨量（mm）。

（2）排水坡面数：排水坡数的确定与建筑物进深尺寸、屋面面积大小及建筑物所处的位置等因素有关。进深较小或临街建筑一般采用单坡排水，进深较大时宜采用双坡甚至多坡排水。

（3）天沟断面大小和天沟纵坡的坡度值：天沟是屋面上的排水沟，在檐口处称檐沟（见图 10-11）。天沟的功能是汇积雨水，使之迅速排除。天沟断面大小应适当，沟底沿长度方向设纵向排水坡，简称天沟纵坡。天沟纵坡坡度不宜小于 1%。天沟的净断面尺寸应根据降水量和汇水面积的大小来确定。

（4）雨水管的设定：常用的雨水管按材料不同可分为铸铁雨水管、镀锌铁皮雨水管和硬塑料雨水管等，直径有 50mm、75mm、100mm、125mm 和 200mm 等，民用建筑一般用直径为 75～100mm 的雨水管。面积小于 25m$^2$ 的露台和阳台可选用直径为 50mm 的雨水管。雨水管应布置均匀，充分发挥其排水能力。每一屋面或天沟，一般不应少于两个雨水口（见图 10-12）。

一般根据汇水区域的划分确定雨水管设置的数量，每个雨水管对应一个雨水口，两个雨水口间的距离不能过大。雨水口的间距过大，会导致天沟纵坡过长，沟内垫坡材料加厚，使天沟的容积减小，大雨时雨水易溢向屋面引起渗漏或从檐沟外侧涌出。两个雨水口间的距离见表 10-3。

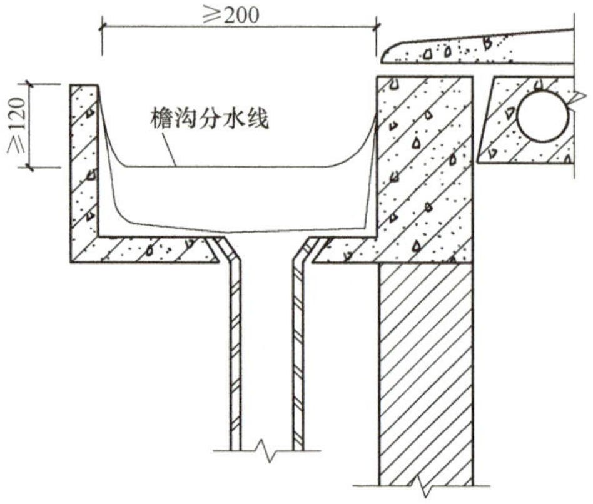


图 10-11 挑檐沟断面

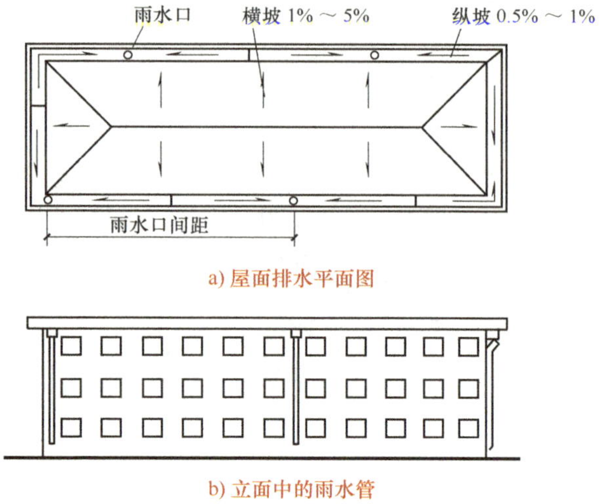


图 10-12 雨水口的布置

表 10-3 两个雨水口间的距离 （单位：m）

| 外排水 | | 内排水 | |
|---|---|---|---|
| 有外檐天沟 | 无外檐天沟 | 明装雨水管 | 暗装雨水管 |
| 24 | 15 | 15 | 15 |

## 10.2.3 卷材防水屋面

卷材防水屋面又称柔性防水屋面，它是将柔性的防水卷材相互搭接，并用胶结材料粘贴在屋面基层上形成连续致密的构造层来防水的一种屋顶。卷材防水屋面具有一定的延展性，能适应屋面和结构的适度变形。

用于屋面柔性防水层的卷材很多，传统的材料是沥青油毡卷材。沥青油毡卷材造价低、防水性能较好；但容易出现油毡鼓泡、低温脆裂、高温流淌、须热施工、污染环境等缺点，且使用寿命较短，一般只有 6 ~ 8 年，近年来在实际工程中已较少采用。目前比较常用的屋面防水卷材有聚氯乙烯、氯丁橡胶、APP 改性沥青卷材、三元乙丙橡胶等，其共同优点是重量轻、适用温度范围广、抗拉强度高、伸长率大、冷施工、操作简便、寿命长、减少环境污染等。新型屋面防水材料的施工方法和要点虽各有差异，但在构造原理上与油毡屋面防水构造处理是基本相同的。

1. 卷材防水屋面常用材料

（1）卷材：常用的传统沥青卷材有纸胎沥青油毡、玻璃纤维胎沥青油毡和麻布胎沥青油毡。以合成高分子聚合物改性沥青为涂盖层，纤维织物或纤维毡为胎体，粉状、粒状、片状或薄膜材料为覆面材料制成的可卷曲片状防水材料，称为高聚物改性沥青卷材，常用的有 SBS 改性沥青卷材、APP 改性沥青卷材、PVC 改性沥青卷材、再生胶改性沥青卷材等。以合成橡胶、合成树脂或两者的共混体为基料，加入适量的化学助剂和填充料等，经不同工序加工而成的可卷曲片状防水材料，或将上述材料与合成纤维等复合形成两层或两层以上可卷曲的片状防水材料称为合成高分子防水卷材。目前使用的合成高分子防水卷材主要有三元乙丙橡胶防水卷材、聚氯乙烯防水卷材、氯化聚乙烯防水卷材、氯化聚乙烯橡胶共混防水卷材等。

（2）基层处理剂：基层处理剂是为了增强防水材料与基层之间的黏结力，在防水层施工之前，预先涂刷在基层上的涂料。基层处理剂主要包括冷底子油、氯丁胶 BX—12 黏结剂、3 号胶、稀释剂、氯丁胶沥青乳液等。

（3）黏结剂：用于沥青卷材的黏结剂是沥青胶（玛琋脂）。沥青胶是在沥青中加入一定数量的填充材料（如石灰石粉、白云石粉、滑石粉、云母粉、石英粉、石棉粉、木屑粉等）加工制成的。用于高聚物改性沥青卷材和合成高分子卷材的黏结剂主要是各种与卷材配套使用的黏结剂，如改性沥青黏结剂和合成高分子黏结剂等。

2. 卷材防水屋面构造　卷材防水屋面具有多层次构造的特点，其构造组成分为基本构造层次和辅助构造层次两类。

基本构造层次按施工顺序依次为结构层、找平层、防水层、保护层，如图 10-13 所示。

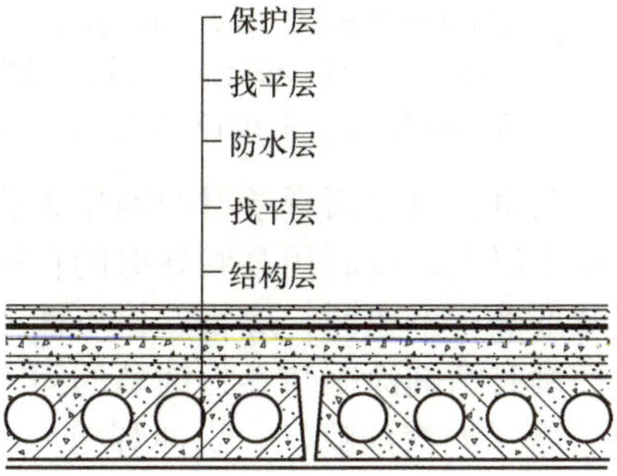

图 10-13　卷材防水屋面的构造组成

辅助构造层次是为了满足房屋的使用要求，或提高屋面的性能而补充设置的构造层，如保温层、隔热层、隔汽层、找坡层等。

（1）结构层：柔性防水屋面的结构层通常为预制或现浇钢筋混凝土屋面板，结构层要求具有足够的强度和刚度。

（2）找坡层：当屋面采用材料找坡时，应选用轻质材料形成所需要的排水坡度；当屋面采用结构找坡时，则不设找坡层。

（3）找平层：卷材防水层应铺设在平整且具有一定整体性的基层上，以避免卷材凹陷或断裂。一般是在结构层上或保温层上做 15～30mm 厚质量比为 1∶3 的水泥砂浆找平层形成基层。为了避免或减少找平层开裂，找平层宜留设分格缝，缝宽为 20mm，并嵌填密封材料或空铺卷材条。分格缝应留设在板端缝处，分格缝上面应覆盖一层 200～300mm 宽的附加卷材，用黏结剂单边点贴（见图 10-14），以使分格缝处的卷材有较大的伸缩余地，避免开裂。

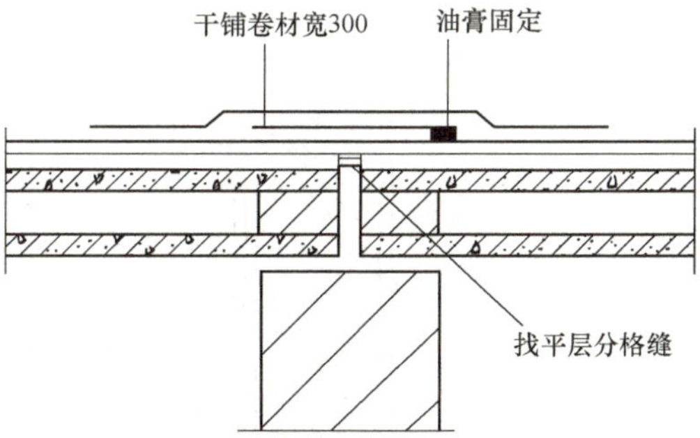

图 10-14　卷材防水屋面的分格缝

（4）隔离层：隔离层是指消除相邻两种材料之间黏结力、机械咬合力、化学反应等不利影响的构造层。其作用是找平、隔离，同时可以防止保护层施工时对防水层的破坏。对不同的屋面保护层材料，所用隔离层材料有所不同，块体材料、水泥砂浆、细石混凝土保护层与卷材、涂膜防水层之间，应设置隔离层。隔离层材料的适用范围和技术要求应符合屋面工程技术规范中的规定。

（5）防水层：卷材、涂膜屋面防水等级和防水做法应符合表 10-4 的规定。

表 10-4 卷材、涂膜屋面防水等级和防水做法

| 防水等级 | 防水做法 | 说明 |
|---|---|---|
| Ⅰ级 | (1) 两道卷材防水层<br>(2) 卷材防水层和涂膜防水层<br>(3) 复合防水层 | 做两道防水设防 |
| Ⅱ级 | (1) 卷材防水层<br>(2) 卷材防水层、涂膜防水层 | 做一道防水设防 |

注：在Ⅰ级屋面防水做法中，防水层仅作单层卷材时，应符合有关单层防水卷材屋面技术的规定。一道防水设防是指具有单独防水能力的一道防水层。

下列情况不得作为屋面的一道防水设防：①混凝土结构层；②Ⅰ型喷涂硬泡聚氨酯保温层；③装饰瓦及不搭接瓦；④隔汽层；⑤细石混凝土层；⑥卷材不符合规范规定的防水层。

高聚物改性沥青卷材的铺贴方法有冷粘法和热熔法两种。冷粘法是用黏结剂将卷材粘贴在找平层上，或利用某些卷材的自粘性进行铺贴。冷粘法铺贴卷材时应注意平整顺直，搭接尺寸准确，不扭曲，应将卷材下面的空气排除并将卷材辊压粘接牢固。根据黏结剂的性能，应控制胶粘剂涂刷与卷材铺贴的间隔时间。当气温较低时，高聚物改性沥青卷材可利用火焰加热器（如汽油喷灯、煤油焊枪）对油毡进行加热，待油毡表面熔化后，进行热熔接缝处理。热熔法施工可节省黏结剂。

合成高分子防水卷材的构造做法是先在找平层上涂刮基层处理剂，基层处理剂要求薄且均匀。待处理剂干燥不粘手后即可铺贴卷材。铺贴时卷材应保持自然松弛状态，不能接得过紧，卷材铺好后立即用工具辊压密实，搭接部位用黏结剂均匀涂刷粘全。合成高分子卷材防水屋面构造如图 10-15 所示。

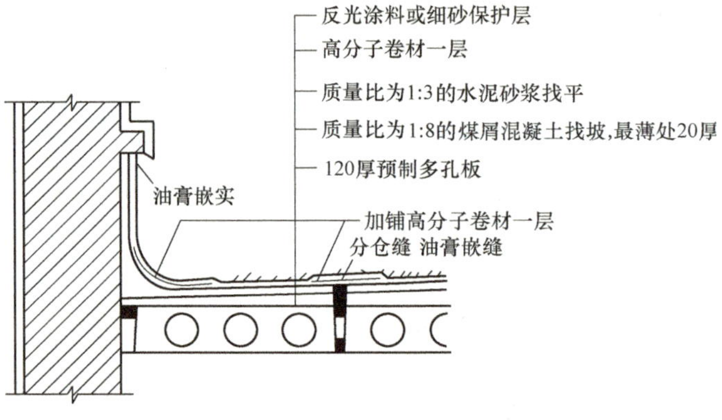


图 10-15 高分子卷材防水屋面构造

高聚物改性沥青卷材和合成高分子防水卷材一般为单层卷材防水构造，防水要求较高时可采用双层卷材防水构造。

（6）保护层：保护层的作用是保护防水层，增加使用年限。保护层的材料做法应根据防水层所用材料和屋面的利用情况而定。

1）不上人卷材屋面保护层的做法。三元乙丙橡胶防水卷材可采用银色着色剂，即将铝银粉、清漆、熟桐油和汽油调和后，直接涂刷在防水层表面。不上人卷材屋面的保护层做法如图 10-16 所示。

2）上人卷材屋面保护层的做法。上人屋面保护层具有保护防水层和兼作地面面层

的双重作用，因此，上人屋面保护层应满足耐水、平整、耐磨的要求。上人屋面保护层的构造做法，一是在防水层上面浇筑30～40mm厚的细石混凝土，每2m左右留一分仓缝，并用沥青胶填缝，如图10-17所示；二是利用20mm厚质量比为1∶3的水泥砂浆粘贴地砖或预制混凝土板等，既能起到保护防水层的作用，为上人屋面提供活动面层，又能用预制板或大阶砖架空铺设成板材架空面层，以利于通风。

3. 卷材防水屋面的细部构造 仅仅做好大面积屋面部位的卷材防水各构造层，还不能完全确保屋顶不渗不漏。如果有屋

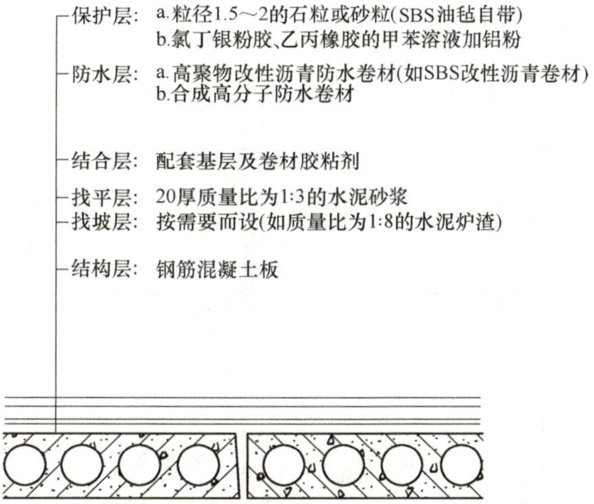


图10-16 不上人卷材屋面的保护层做法

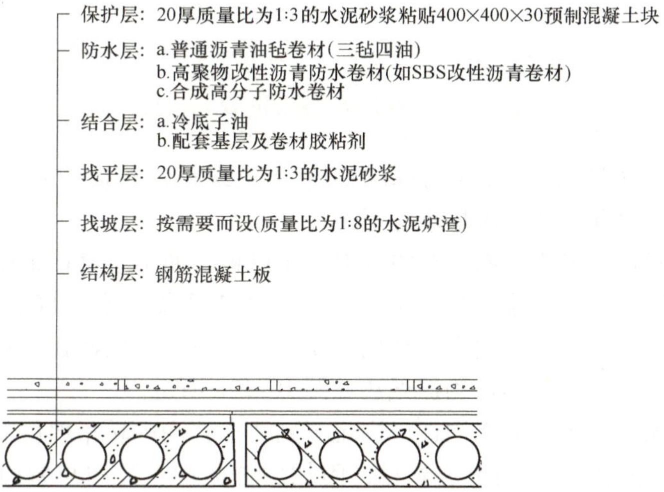


图10-17 上人卷材屋面的保护层做法

顶设孔洞、有管道出屋面、屋顶边缘封闭不牢等情况，都有可能破坏卷材屋面的整体性，造成防水的薄弱环节，因此还应该通过正确处理细部构造来完善屋顶的防水。

（1）泛水构造：泛水是指屋面防水层与垂直墙交接处的防水构造，如女儿墙与屋面、烟囱与屋面、高低屋面之间的墙与屋面的交接处的防水构造。泛水应有足够的高度，泛水高度自保护层算起，一般不小于250mm，并加铺一层卷材；屋面与立墙交接处应将卷材下的水泥砂浆找平层抹成弧形或45°斜面，上刷卷材黏结剂，使卷材紧贴于找平层上，以免卷材出现空鼓或断裂现象；做好泛水上口的卷材收头固定，防止卷材在垂直墙面下滑；砖墙上的卷材收头可直接铺压在女儿墙压顶下，压顶应作防水处理，也可压入砖墙凹槽内用防水压条钉压后再用密封材料嵌填封严，外抹水泥砂浆保护，凹槽上部的墙体应用防水砂浆抹面；泛水顶部应有挡雨措施，以防雨水顺立墙流入卷材收口处引起渗漏。常见卷材防水屋面的泛水

构造如图 10-18 所示。

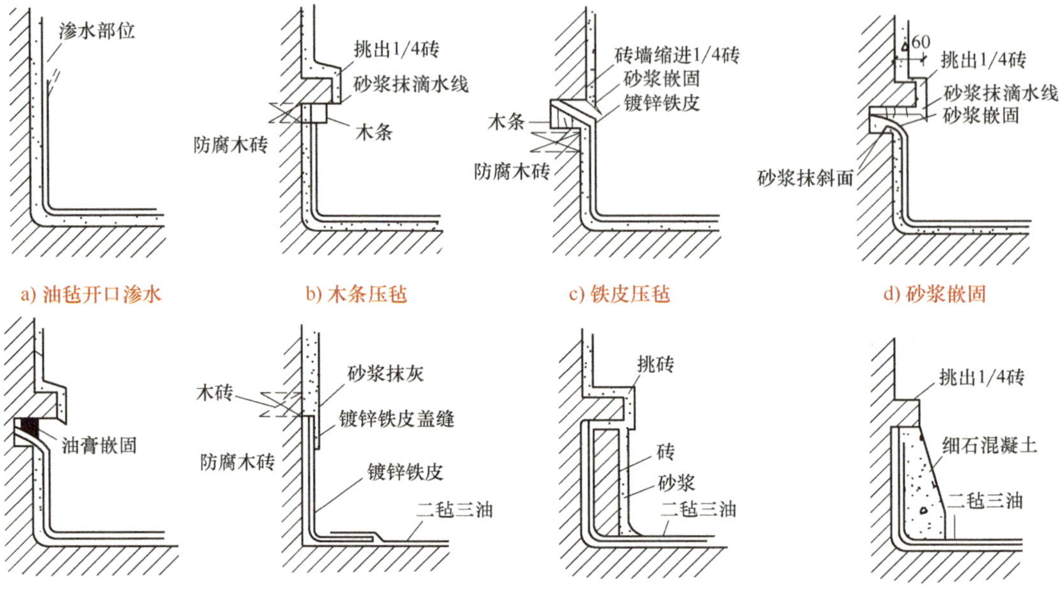


图 10-18 卷材防水屋面的泛水构造

（2）檐口构造：柔性防水屋面的檐口构造有无组织排水挑檐和有组织挑檐沟、女儿墙带檐沟、女儿墙外排水和女儿墙内排水等形式。

无组织排水的檐口常采用与圈梁整浇的混凝土挑板，而不宜直接采用屋面板外挑，因其温度变形大，易使檐口抹灰砂浆开裂，引起爬水和尿墙现象。檐口 800mm 范围内的卷材应采取满粘法；卷材收头应压入凹槽内，采用金属压条钉压，并用密封材料封严；檐口下端应抹出鹰嘴和滴水槽。自由落水檐口构造做法如图 10-19a 所示。

有组织排水的檐口和天沟防水构造应满足下列要求：沟内转角部位的找平层应做成圆弧形或 45°斜面；沟内加铺 1 ~ 2 层附加卷材，附加层在檐沟、天沟与屋面交接处宜空铺，空铺的宽度不应小于 200mm；檐沟内卷材防水层应由沟底翻上至沟外檐顶部，卷材收头应用水泥钉固定，并用密封材料封严；天沟内防水层应铺到女儿墙上形成泛水（见图 10-19b 和图 10-20）。

（3）雨水口构造：雨水口是用来将屋面雨水排至雨水管而在檐口处或檐沟内开设的洞口。雨水口构造上要求排水通畅，不易堵塞和渗漏。有组织外排水最常用的雨水口有檐沟雨水口和女儿墙雨水口两种形式。有组织内排水的雨水口则设在天沟上，构造与外排水檐沟式相同。雨水口通常为定型产品，分为直管式和弯管式两类，直管式适用于中间天沟、挑檐沟和女儿墙内排水天沟，弯管式适用于女儿墙外排水天沟。雨水口一般用铸铁或钢板制成，近年来塑料雨水口越来越多地得到应用。金属雨水口易锈不美观，但管壁较厚，强度较高；塑料雨水口质轻，不锈，色彩多样。

直管式雨水口有多种型号，可根据降雨量和汇水面积进行选择。直管式雨水口由套管、环形筒、顶盖底座和顶盖几部分组成（见图 10-21）。套管呈漏斗形，安装在天沟底板或屋

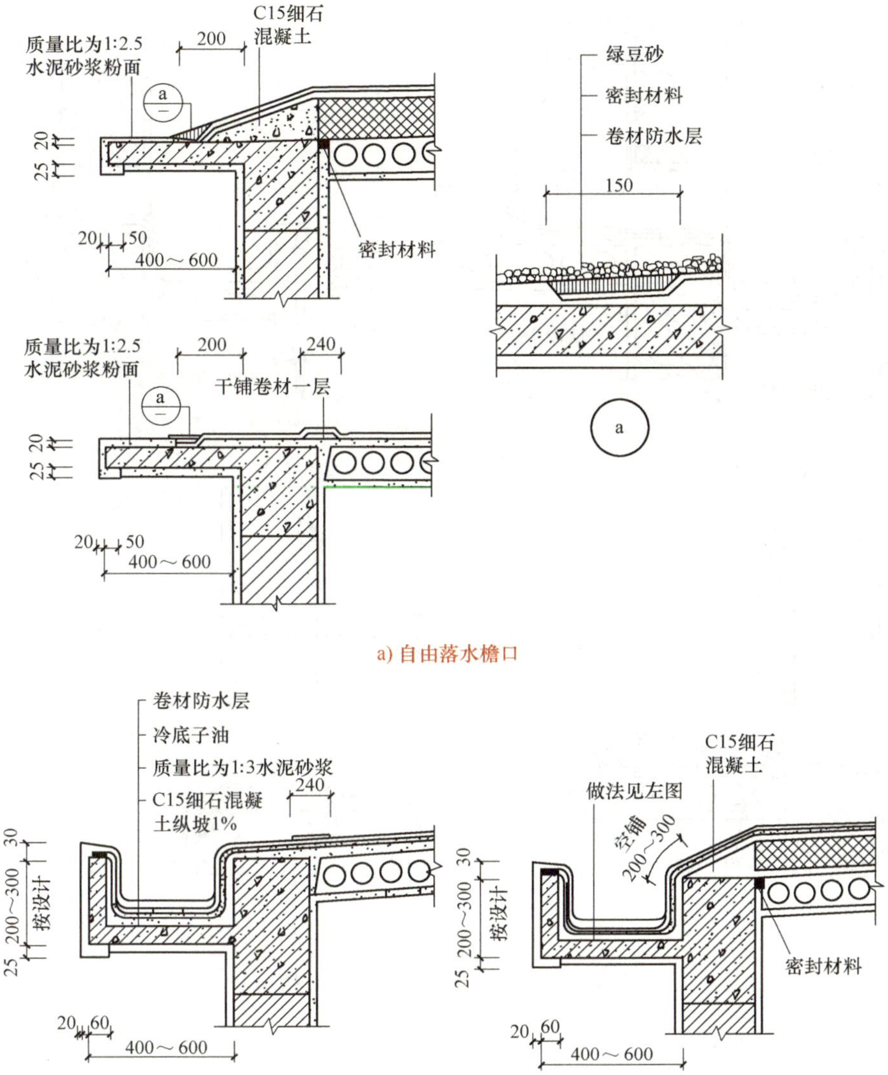


a) 自由落水檐口

b) 挑檐沟

图 10-19 卷材防水檐口构造

面板上。各层卷材（包括附加卷材）均粘贴在套管内壁上，表面涂防水油膏，再用环形筒嵌入套管，将卷材压紧，嵌入深度至少 100mm，环形筒与底座的接缝需用油膏嵌封。顶盖底座有放射状格片，用以加速水流和遮挡杂物。

弯管式雨水口呈 90°弯曲状，由弯曲套管和铸铁篦两部分组成（见图 10-20b）。弯曲套管置于女儿墙预留洞中，屋面防水层及泛水的卷材应铺贴到套管内壁四周，铺入深度不少于 100mm。套管口用铸铁篦遮盖，以防污物堵塞水口。

（4）屋面变形缝构造：屋面变形缝的构造处理原则是既不能影响屋面的变形，又要防止雨水从变形缝处渗入室内。一般不上人屋面可在伸缩缝两侧加砌矮墙，做好泛水处理，

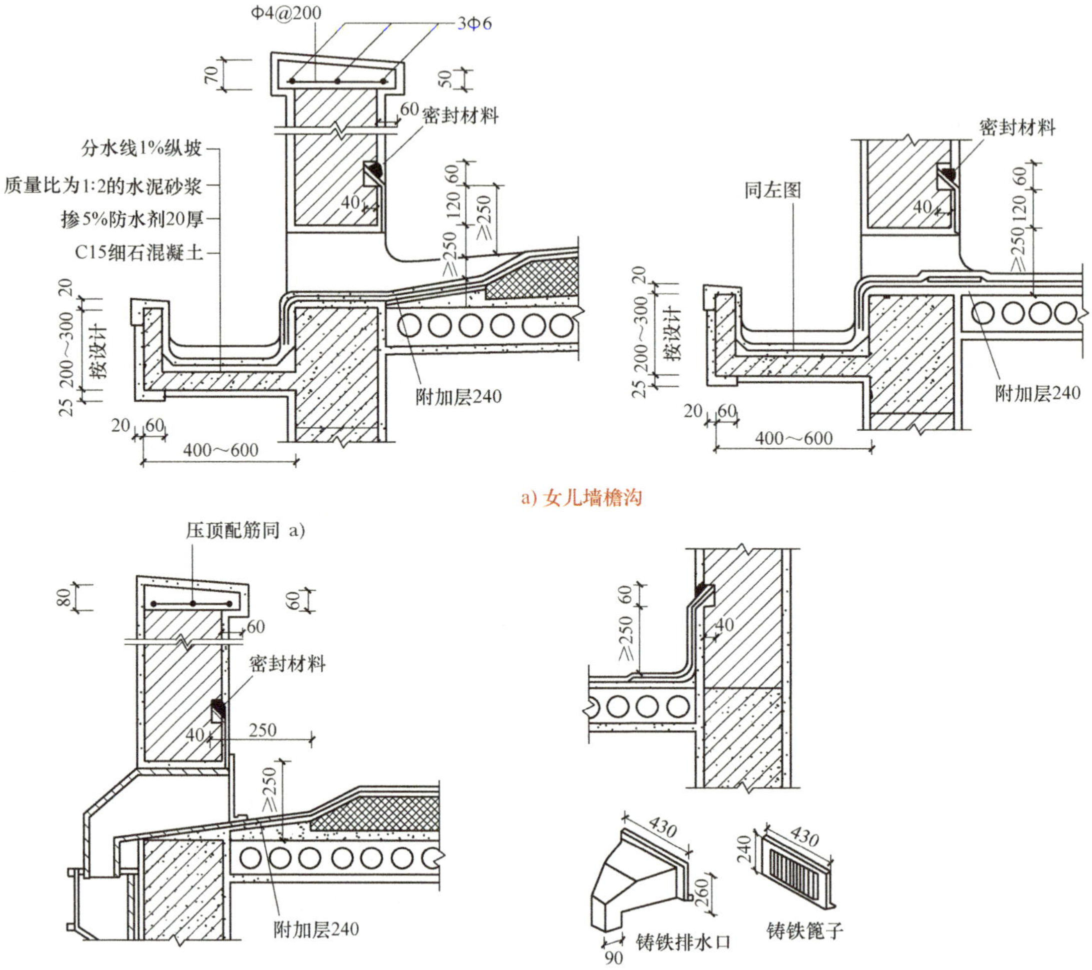


a) 女儿墙檐沟

b) 女儿墙

图 10-20 卷材防水女儿墙檐口构造

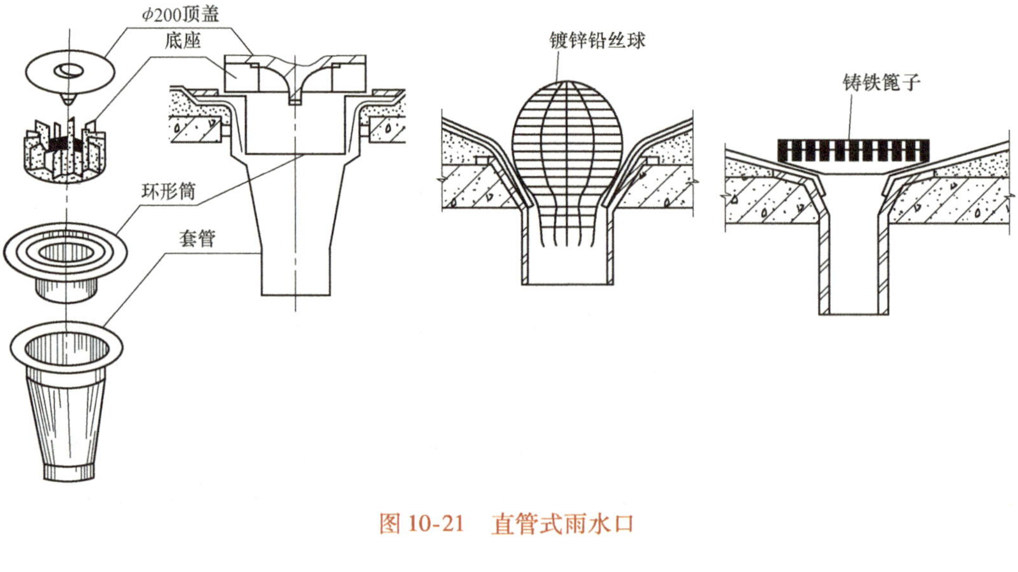


图 10-21 直管式雨水口

变形缝内应填充聚苯乙烯泡沫塑料，上部填放衬垫材料，并用卷材封盖。变形缝顶部应加扣混凝土或金属盖板，混凝土盖板的接缝应用密封材料嵌填。上人屋面多用油膏嵌缝并做泛水。盖缝处应保证自由伸缩而不漏水。

（5）屋面检修孔、屋面出入口构造：不上人屋面需设屋面检修孔。检修孔四周的孔壁可用砖立砌，或在现浇屋面板时将混凝土上翻制成，其高度一般为300mm。壁外侧的防水层应做成泛水，并将卷材用镀锌铁皮盖缝钉压牢固（见图10-22）。

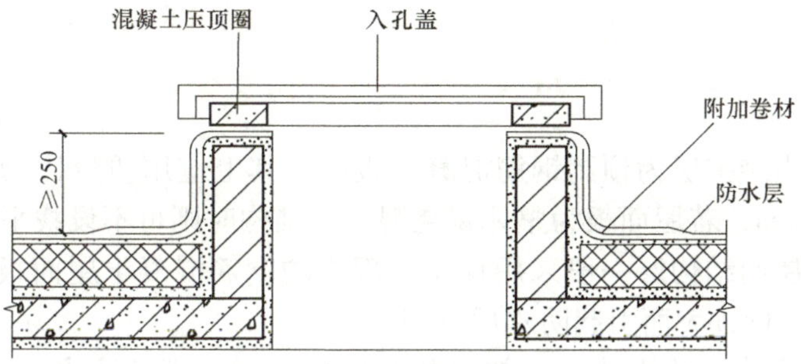


图 10-22 屋面检修孔

出屋面楼梯间一般需设屋顶出入口，如不能保证顶部楼梯间的室内地坪高出室外，就要在出入口设挡水的门槛。屋面出入口的构造类似于泛水构造，如图10-23所示。

## 10.2.4 刚性防水屋面

刚性防水屋面是以密实性混凝土或防水砂浆等刚性材料为防水层的屋面。刚性防水构造简单、施工方便、造价较低、维修方便；但对施工技术要求较高，对结构变形敏感，易产生裂缝。刚性防水多用于日温差较小的我国南方地区防水等级为Ⅱ级的屋面防水，也可用作防水等级为Ⅰ级的屋面两道设防中的一道防水层。

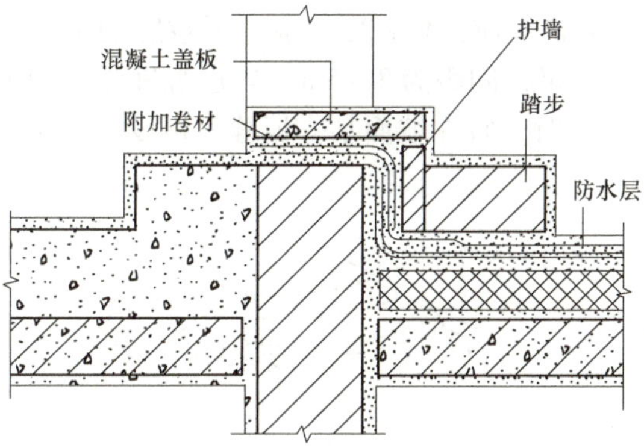


图 10-23 屋面出入口

1. 刚性防水屋面的构造

（1）防水层：细石混凝土防水层的一般做法是用不低于C25的细石混凝土整体现浇刚性防水层，厚度不小于40mm，在其中配置Φ4@100～200的双向钢筋网片。钢筋网片布置在中层偏上的位置，钢筋保护层厚度不小于10mm。普通混凝土内部有空隙和贯通的毛细管网，一般不能用于刚性屋面的防水层。为提高防水层的抗裂和抗渗性能，可采用增加防水剂、微膨胀或提高密实性等措施将混凝土处理后，再用于刚性屋面的防水层。

（2）隔离层（浮筑层）：为减少防水层受结构层的变形影响，可在刚性防水层与结构层之间设置隔离层（也称为浮筑层）。当有保温层或找坡层时，可利用该层做隔离层，如图10-24所示。采取在楼板的适当部位设置滑动支座等措施，也可以有效地减小结构层变形对刚性防水层的影响。

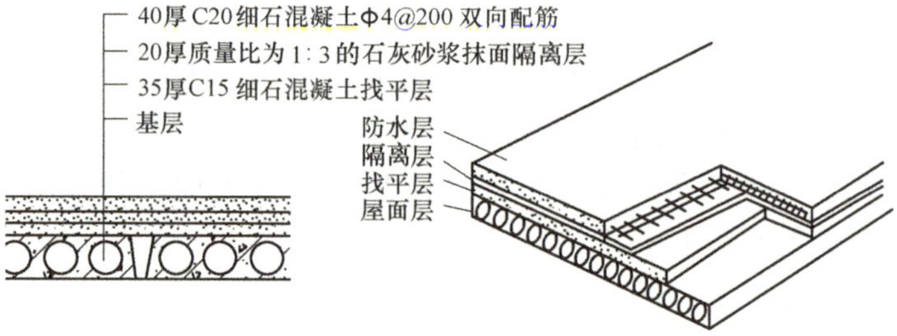


a) 隔离层示例　　b) 隔离层构造层次

图10-24　刚性屋面隔离层构造

(3) 找平层：当结构层为预制钢筋混凝土板时，其上应用质量比为1∶3的水泥砂浆做找平层，厚度为20mm；若屋面板为整体现浇混凝土结构时则可不设找平层。

(4) 结构层：屋面结构层一般采用预制或现浇的钢筋混凝土屋面板。结构层应有足够的刚度，以免结构变形过大而引起防水层开裂。

2. 刚性防水屋面的细部构造　与卷材防水屋面一样，刚性防水屋面也需处理好泛水、天沟、檐口、雨水口等的细部构造，另外还要做好防水层的分格缝构造。

(1) 分格缝构造：分格缝是设置在刚性防水面层上的变形缝，也称为分仓缝。分格缝的作用是将大面积整体浇筑混凝土防水层分割成可以独立变形的单元，防止刚性防水层热胀冷缩裂缝和屋面板产生挠曲变形引起防水层开裂。

分格缝应设置在屋面板变形敏感的部位（见图10-25）。分格缝服务的面积一般控制为20～30$m^2$，间距为3～5m。当建筑进深在10m以内时，可在屋脊设一道纵向缝；当进深大于10m时，宜在坡面某一板缝处再设一道纵向缝（见图10-26）。

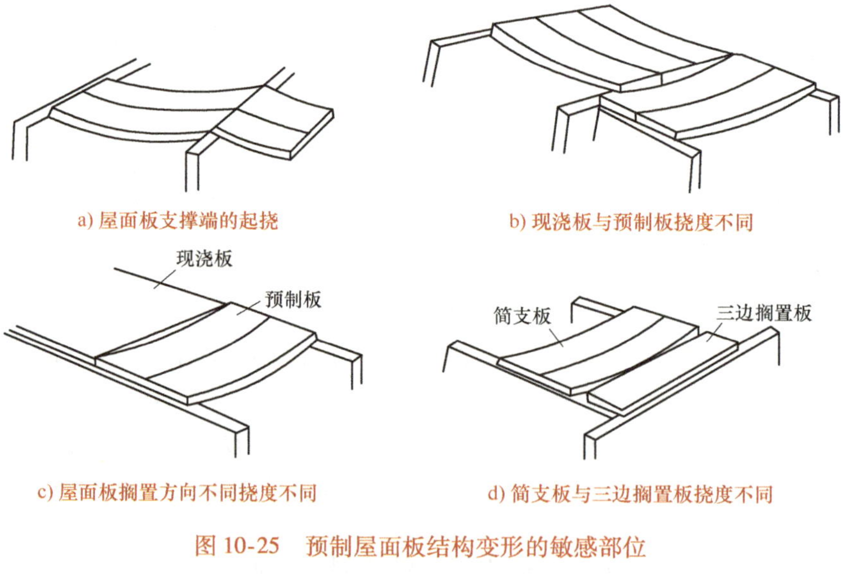


a) 屋面板支撑端的起挠　　b) 现浇板与预制板挠度不同

c) 屋面板搁置方向不同挠度不同　　d) 简支板与三边搁置板挠度不同

图10-25　预制屋面板结构变形的敏感部位

分格缝的构造要点：防水层内的钢筋在分格缝处应断开；屋面板缝用浸过沥青的木丝板等密封材料嵌填，缝口用油膏等嵌填；分格缝的宽度一般为20mm左右，缝内用防水油膏嵌缝（见图10-27）。

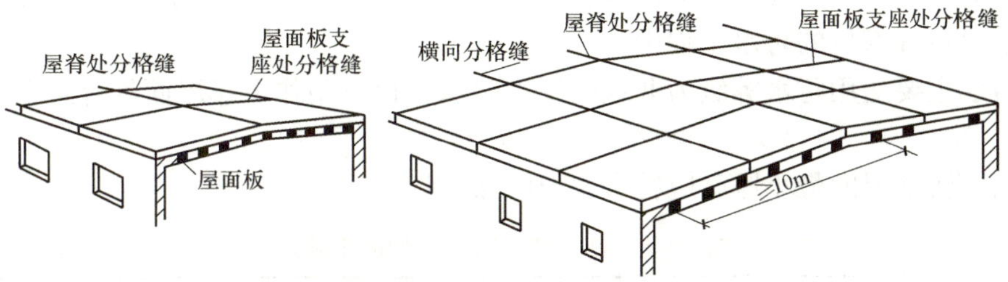


a) 房屋进深小于10m，分格缝的划分　　b) 房屋进深大于10m，分格缝的划分

图 10-26　刚性屋面分格缝的划分

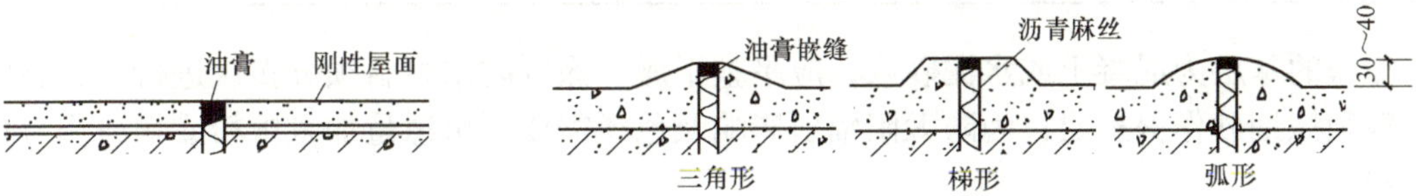


a) 平缝油膏嵌缝　　b) 凸缝油膏嵌缝

图 10-27　分格缝节点构造

(2) 泛水构造：刚性防水屋面的泛水是将刚性防水层直接引伸到垂直墙面，且不留施工缝。泛水应有足够的高度，一般不小于 250mm。刚性防水层与垂直墙面之间须设分格缝，另铺贴附加卷材盖缝，缝内用沥青麻丝等嵌实。

如图 10-28 所示，女儿墙与刚性防水层间留分格缝，使混凝土防水层在收缩和温度变形中不受女儿墙的影响，可有效地防止其开裂，缝内用油膏嵌缝，缝外用附加卷材铺贴至泛水所需高度，并做好压缝收头处理。

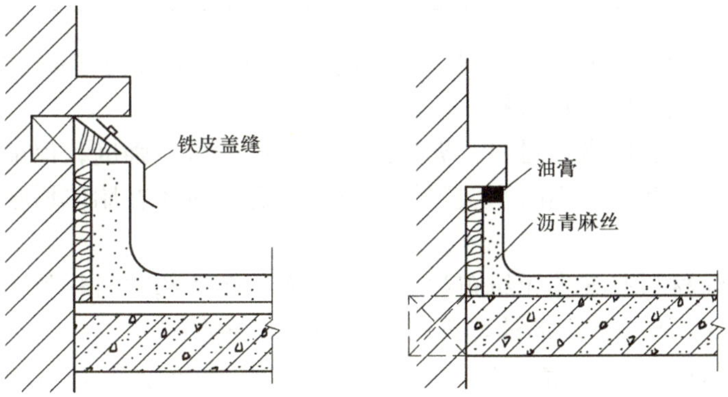


a) 镀锌铁皮盖缝　　b) 油膏嵌缝

图 10-28　刚性防水屋面泛水构造图

## 10.2.5　涂膜防水屋面

涂膜防水是将高分子防水涂料直接涂刷在屋面基层上，形成一层满铺的不透水薄膜层，使屋面具有防水能力。常用的防水涂料有乳化沥青、氯丁橡胶类、丙烯酸树脂类等。涂膜防

水的防水性能好、黏结力强、延伸性大，并且耐腐蚀、耐老化、无毒、冷作业、施工方便，已广泛用于建筑各部位的防水工程中。

涂膜防水主要适用防水等级为Ⅱ级的屋面防水，也可用作Ⅰ级屋面复合防水设防中的一道防水。

每道涂膜防水层的最小厚度应符合表10-5的规定。

表10-5 每道涂膜防水层的最小厚度 （单位：mm）

| 防水等级 | 合成高分子防水涂膜 | 聚合物水泥防水涂膜 | 高聚物改性沥青防水涂膜 |
|---|---|---|---|
| Ⅰ级 | 1.5 | 1.5 | 2.0 |
| Ⅱ级 | 2.0 | 2.0 | 3.0 |

涂膜的基层为混凝土或水泥砂浆，应平整干燥，涂刷防水材料须分多次进行。涂膜的两面一般须撒细砂作保护层；为防太阳辐射影响及色泽需要，可适量加入银粉或颜料作着色保护涂料。

复合防水层是由彼此相容的卷材和涂料组合而成的防水层。

复合防水层最小厚度应符合表10-6的规定。

表10-6 复合防水层最小厚度 （单位：mm）

| 防水等级 | 合成高分子防水卷材+合成高分子防水涂膜 | 自粘聚合物改性沥青防水卷材（无胎）+合成高分子防水涂膜 | 高聚物改性沥青防水卷材+高聚物改性沥青防水涂膜 | 聚乙烯丙纶卷材+聚合物水泥防水胶结材料 |
|---|---|---|---|---|
| Ⅰ级 | 1.2+1.5 | 1.5+1.5 | 3.0+2.0 | (0.7+1.3)×2 |
| Ⅱ级 | 1.0+1.0 | 1.2+1.0 | 3.0+1.2 | 0.7+1.3 |

1）材料。防水涂料的种类很多，按主要成膜物质可分为高分子防水涂料、聚合物水泥防水涂料、高聚物改性沥青防水涂料。

构造层次中需设置胎体增强材料，提高涂膜防水层的抗拉强度，保证胎体增强材料长短边有一定的搭接宽度；此外，当防水层拉伸变形时，还可避免在胎体增强材料接缝处出现断裂现象。

常用的胎体增强材料有聚酯无纺布和化纤无纺布。胎体增强材料长边搭接缝应错开，且不得小于幅宽的1/3，上、下层胎体增强材料不得相互垂直铺设。

2）涂膜防水屋面构造。涂膜防水屋面的基本构造层次与防水卷材屋面类同，自下而上按作用不同有结构层、找坡层、找平层、结合层、保温层、防水层和保护层（图10-29）。

涂膜的基层为混凝土或水泥砂浆，应平整干燥，涂刷防水材料须分多次进行。涂膜的两面一般需撒细砂作保护层，为防太阳辐射影响及色泽需要，可适量加入银粉或颜料作着色保护涂料。涂膜防水屋面的构造做法如图10-30所示。

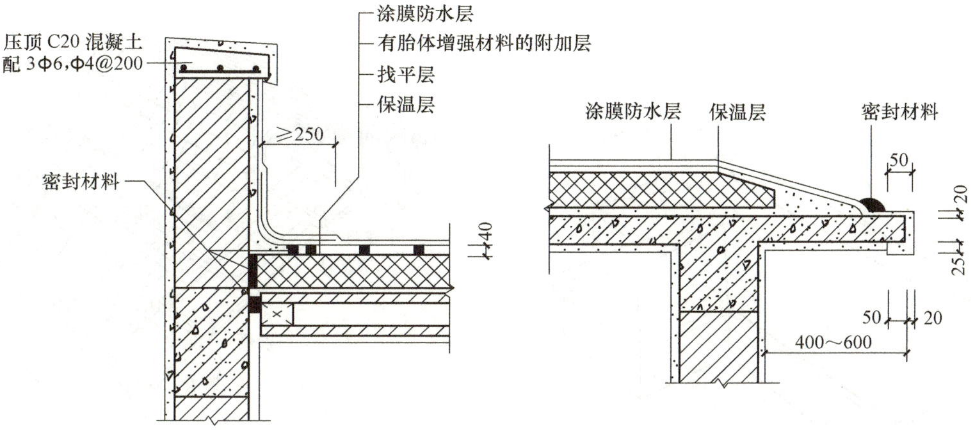


图 10-29　涂膜防水屋面构造

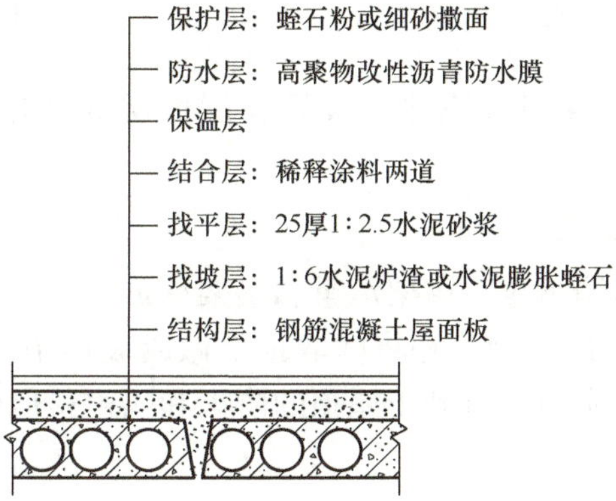


图 10-30　涂膜防水屋面构造做法

## 10.3　坡屋顶构造

### 10.3.1　坡屋顶的特点与组成

1. 坡屋顶的特点　坡屋顶由带有坡度的倾斜面相交而成，斜面相交的阳角为脊，相交的阴角为沟（见图 10-31）。坡屋顶一般采用瓦材防水，瓦材块小、接缝多、易渗漏，所以坡屋顶的坡度一般大于 10°，通常为 30°左右。坡屋顶构造高度大、排水快、防水性能好。

2. 坡屋顶的组成　坡屋顶一般由承重结构和屋面两部分组成，根据需要还可以设保温层、隔热层和顶棚等（见图 10-32）。

（1）承重结构：承重结构主要承受屋面荷载并将其传递到墙或柱子上。承重结构一般由椽子、檩条、屋架或大梁组成。

（2）屋面：屋面是坡屋顶的覆盖层，直接承受雨、雪、风和太阳辐射等作用。屋面一般由屋面材料和基层组成。

（3）顶棚：顶棚是屋顶下面的覆盖层，可使室内上部平整，起装饰和反射光线等作用。

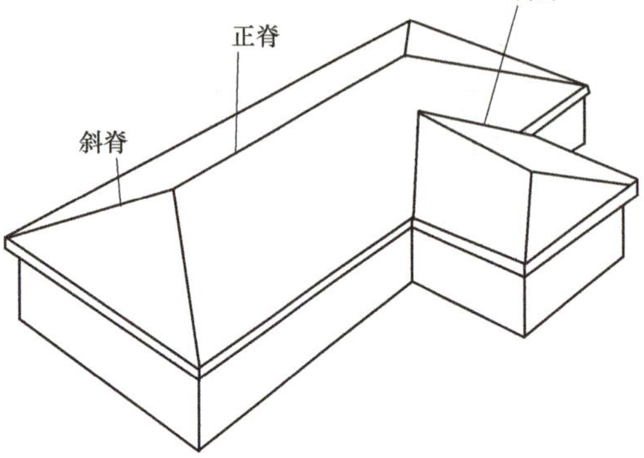


图 10-31 坡屋顶的脊和沟

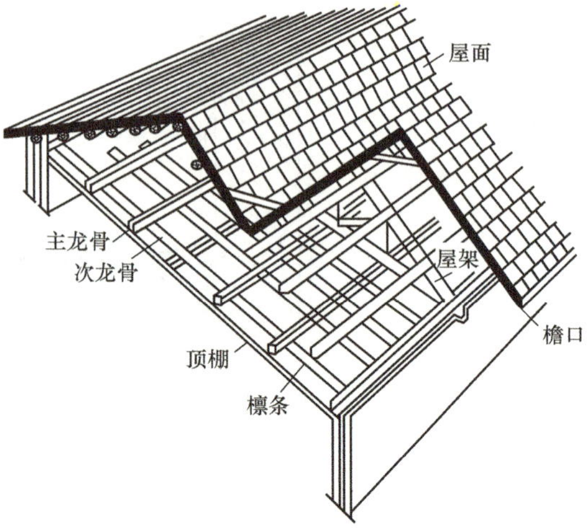


图 10-32 坡屋顶的组成

（4）保温层或隔热层：保温或隔热层设置在屋面层或顶棚处，可根据需要有选择地设置。

## 10.3.2 坡屋顶的承重体系

坡屋顶的承重体系有横墙承重、屋架承重和梁架承重。

1. 横墙承重 也称为硬山搁檩，是将横墙顶部做成坡形用以支承檩条，这种结构形式构造简单、施工方便、节约木材，有利于屋顶的防火和隔声；但横墙间距较小，房间布置不灵活（见图 10-33）。

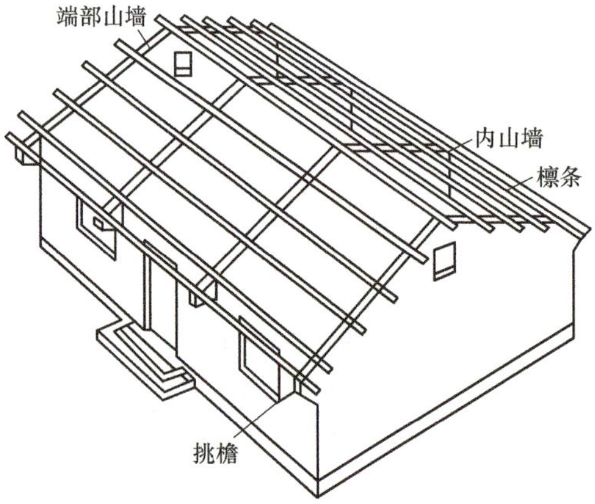


a) 山墙支檩

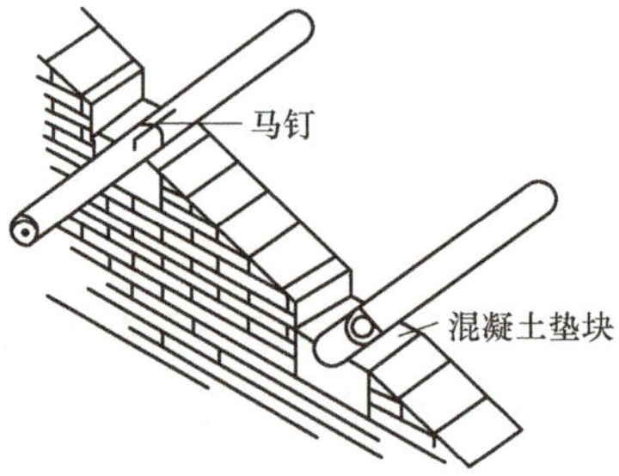


b) 檩条搁置

图 10-33 横墙承重结构

2. 屋架承重 屋架是用在屋顶承重的桁架。屋架搁置在建筑物的外墙或柱子上，屋架上设置檩条和支承，形成屋面承重体系（见图 10-34）。屋架承重方式可以形成较大的内部空间。常用的屋架有三角形、梯形、矩形等形式，当房屋屋顶为平台转角、纵横交接、四面坡和歇山屋顶时可制成异形屋架，如图 10-35 所示。

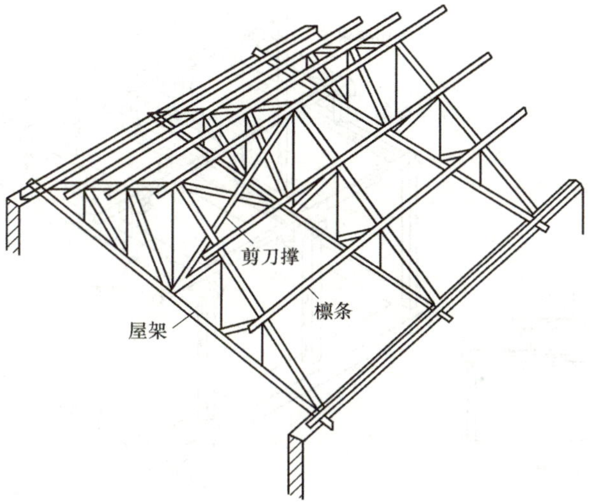


图 10-34 屋架承重结构

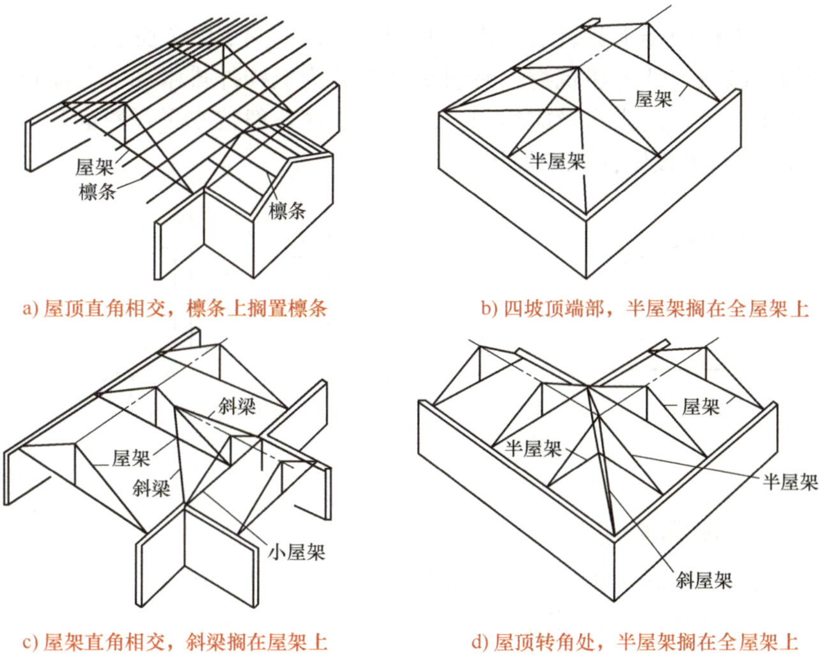


图 10-35 屋架布置

3. 梁架承重 由柱和梁组成排架，檩条搁置于梁间承受屋面荷载并将排架联系成一个完整的骨架（见图 10-36）。梁架承重是我国传统的结构形式，墙体不承重，只起分隔与围护作用，具有整体性强和抗震性能好等特点。但这种结构形式的梁受力不够合理，梁截面需要较大，总体耗木料较多，耐火及耐久性均较差，维修费用高，现已很少采用。

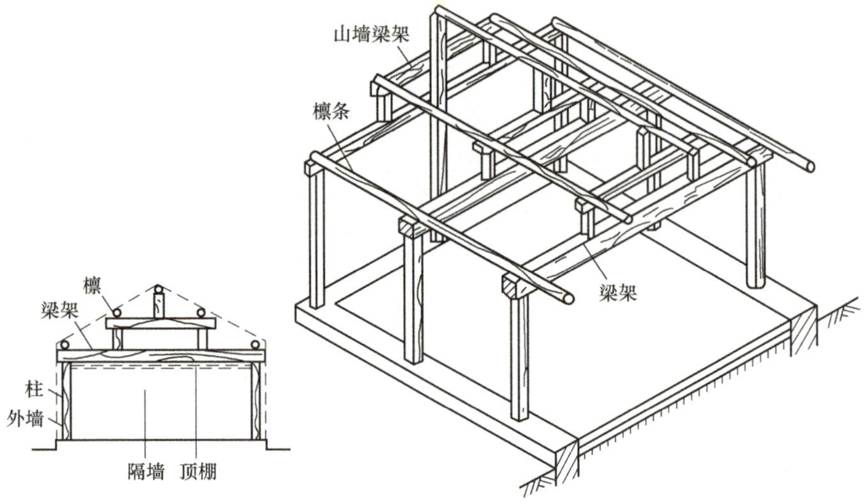


图 10-36 梁架承重结构

### 10.3.3 坡屋顶的排水组织

坡屋顶排水有无组织排水和有组织排水两种形式，如图 10-37 所示。无组织排水一般用于降雨量较少的地区或较低的建筑物。有组织排水分为檐沟外排水和女儿墙檐沟外排水。为使排水顺畅，雨水口负担的排水量应均匀。屋面排水区一般按水平投影面积划分，每个雨水口负担 100 ~ 200$m^2$ 水平投影面积的坡屋面范围。

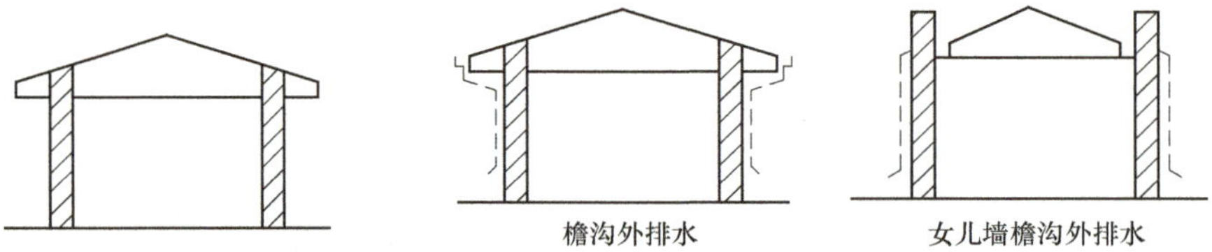


a) 无组织排水 b) 有组织排水

图 10-37 坡屋顶排水方式

### 10.3.4 坡屋顶的屋面构造

坡屋顶的屋面防水材料种类较多，有平瓦、小青瓦、波形瓦等。瓦屋面的构造简单，取材方便，是我国传统建筑常用的屋面构造方式，目前在一些民居建筑、农村建筑和生产辅助建筑中仍得到较多的应用。这里着重介绍平瓦屋面的构造。

1. 平瓦屋面的基层 为铺设屋面材料，应首先在其下做好基层。基层由以下构件组成。

（1）檩条：檩条支承于横墙或屋架上，其断面及间距根据构造需要经结构计算确定。木檩条的跨度一般在 4m 以内，断面为矩形或圆形，木檩条的间距为 500 ~ 700mm；当檩条间采用椽子时，其间距也可放大至 1m 左右。木檩条在山墙上的支承端应以沥青等材料防腐，并垫以混凝土或防腐木垫块，以防潮、防腐和分布压力。

钢筋混凝土檩条的跨度一般为 4m，有的也可达 6m，其断面有矩形、T 形和 L 形等。山墙承檩时，应在山墙上预制混凝土垫块。为便于在檩条上固定瓦屋面的木基层，可在钢筋混凝土檩条上预留直径为 4mm 的钢筋固定木条，木条断面为梯形，尺寸为 40 ~ 50mm 对开，如图 10-38 所示。

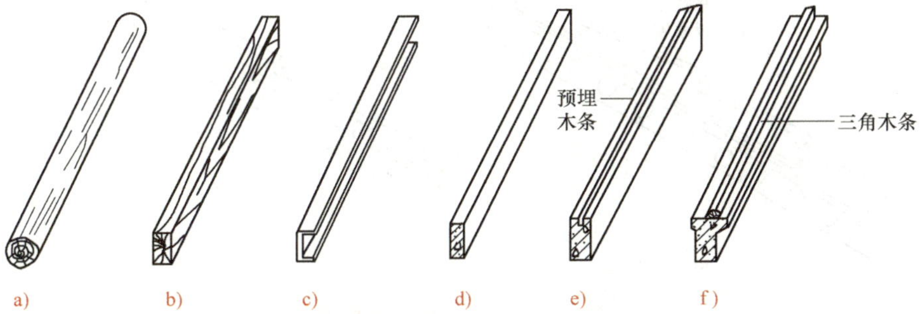


图 10-38 檩条

(2) 椽条：当檩条间距较大，不宜在上面直接铺设屋面板时，可垂直于檩条方向架立椽条。椽条一般用木制，间距一般为 360 ~ 400mm，截面为 50mm × 50mm 左右。

(3) 屋面板：当檩条间距小于 800mm 时，可在檩条上直接铺钉屋面板；檩条间距大于 800mm 时，应先在檩条上架椽条，然后在椽条上铺钉屋面板。

2. 屋面铺设

(1) 实铺瓦屋面：实铺瓦屋面也称为屋面板平瓦屋面，它是在檩条或椽子上铺一层 20mm 厚的屋面板。铺钉时可采用密铺法（不留缝），也可采用稀铺法（望板间留 25mm 宽缝），然后在屋面板上铺一层从檐口到屋脊、平行于屋脊的油毡，搭接长度不小于 80mm，用顺水条钉牢，在顺水条上钉挂瓦条并挂瓦（见图 10-39）。实铺瓦屋面的防水性好，有良好的保温、隔热性能。

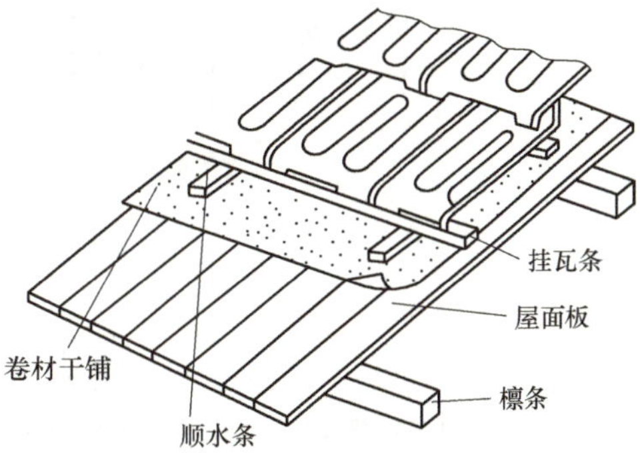


图 10-39 实铺瓦屋面

(2) 钢筋混凝土板瓦屋面：瓦屋面由于保温、防火或造型等的需要，可将预制钢筋混凝土空心板或现浇平板作为瓦屋面的基层盖瓦。盖瓦的方式有两种：一种是在找平层上铺油毡一层，用压毡条钉在嵌在板缝内的木楔上，再钉挂瓦条挂瓦（见图 10-40）；另一种是在屋面板上直接粉刷防水水泥砂浆并贴瓦或陶瓷面砖或平瓦。在仿古建筑中也常常采用钢筋混凝土板瓦屋面。

3. 平瓦屋面细部构造 平瓦屋面应做好檐口、天沟、屋脊等部位的构造处理。

(1) 檐口构造：坡屋顶檐口有挑檐无组织排水、檐沟有组织排水和包檐有组织排水等。挑檐无组织排水一般有砖挑檐、下弦托木或挑檐木挑檐、椽子挑檐和挂瓦板挑檐等几种构造，如图 10-41 所示。

坡屋面檐沟有挑檐檐沟和包檐檐沟，如图 10-42 所示。女儿墙包檐口构造必须设天沟，天沟最好采用预制天沟板，沟内铺卷材防水层，并应将卷材一直铺到女儿墙上形成泛水，泛水做法与卷材屋面相同。

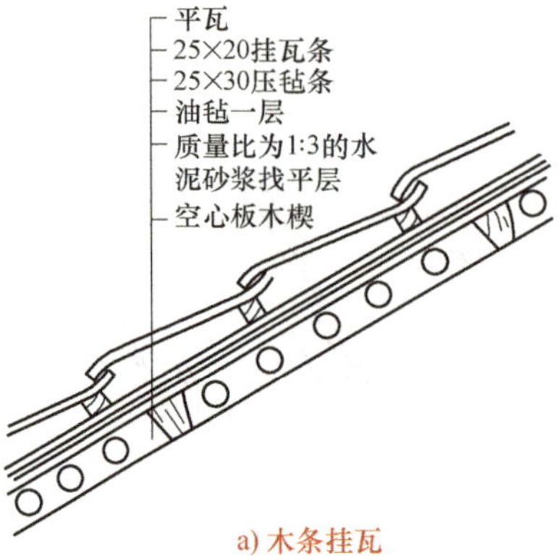


a) 木条挂瓦

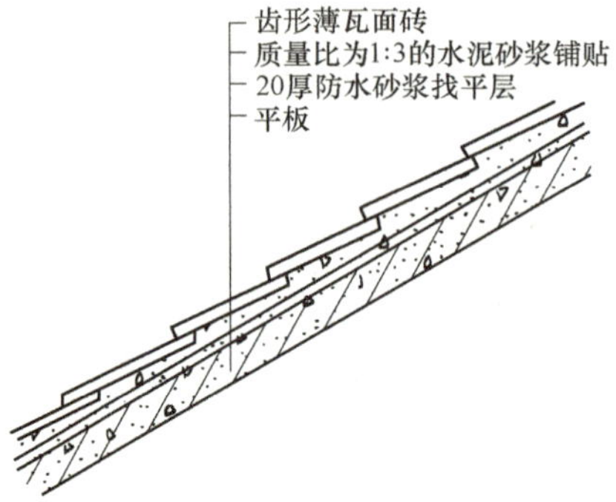


b) 砂浆贴面砖

图 10-40 屋面板盖瓦构造

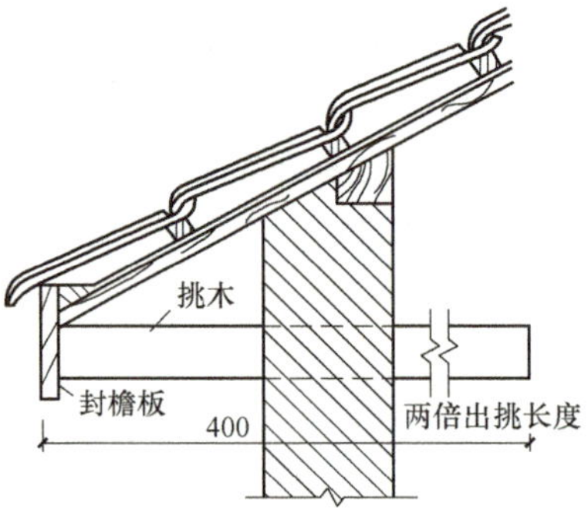


a) 挑檐木挑檐

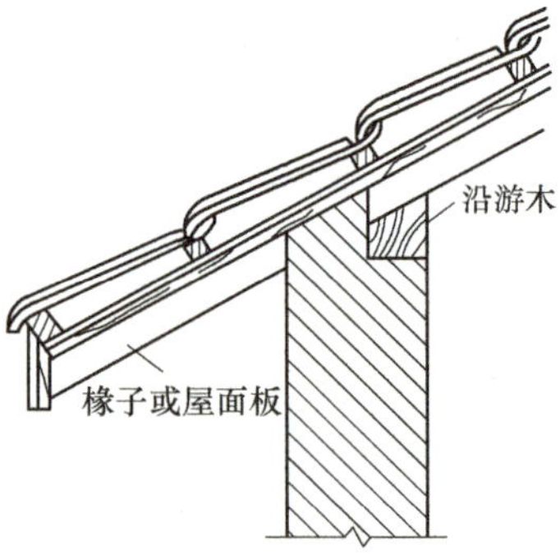


b) 挑椽檐口

图 10-41 挑檐无组织排水构造

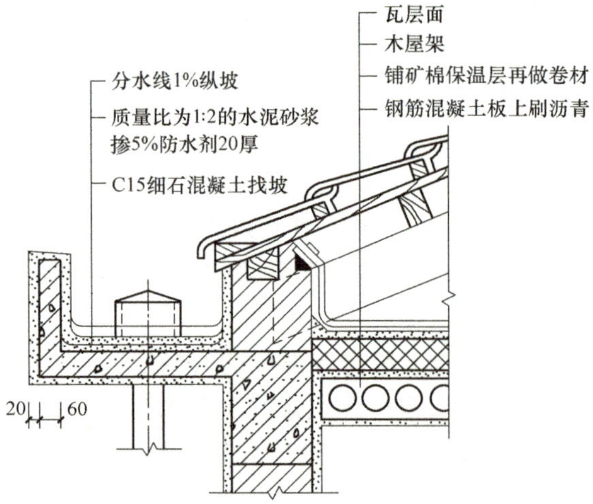


a) 挑檐檐沟

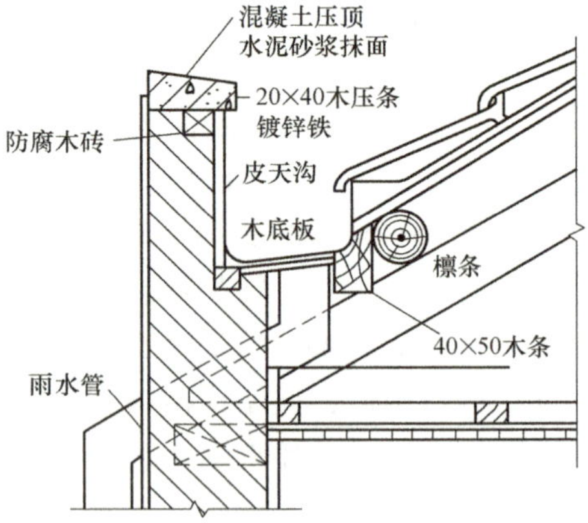


b) 包檐檐口

图 10-42 坡屋面檐沟构造

（2）山墙泛水构造：坡屋顶山墙有硬山山墙、悬山两种形式。

硬山山墙的做法是山墙与屋面等高或高出屋面形成山墙女儿墙。等高做法是山墙砌至屋面高度，屋面铺瓦盖过山墙，然后用水泥麻刀砂浆嵌填，再用质量比为 1∶3 的水泥砂浆抹瓦出线，如图 10-43a 所示。当山墙高出屋面，女儿墙与屋面交接处应作泛水处理，一般用水泥石灰麻刀砂浆抹成泛水，或用镀锌铁皮做泛水。女儿墙顶应做压顶板，以保护泛水，如图 10-43b 所示。

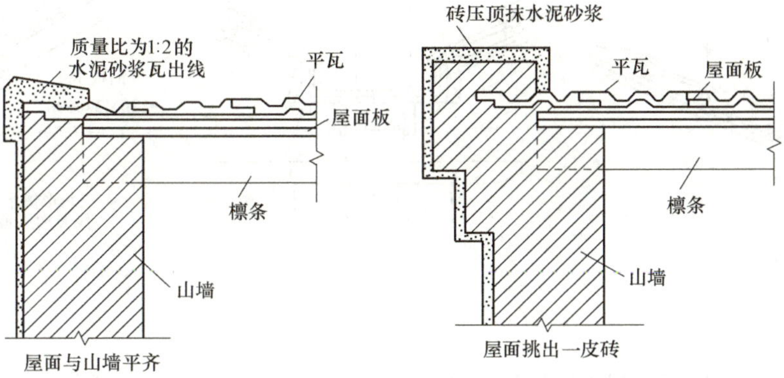


a) 硬山檐口等高做法

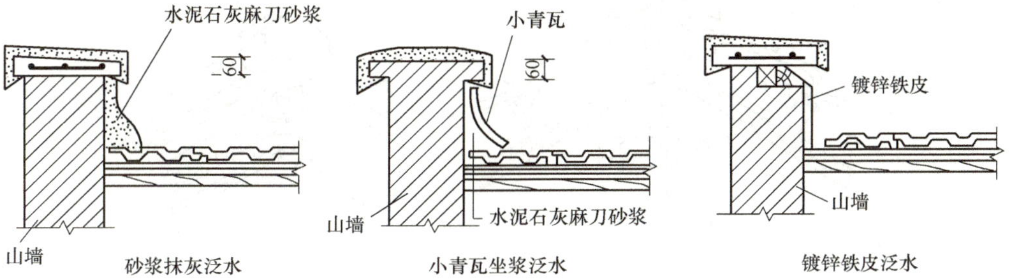


b) 硬山檐口山墙高出屋面做法

图 10-43 硬山檐口泛水构造

悬山屋顶的檐口构造，先将檩条外挑形成悬山，檩条端部钉木封檐板，沿山墙挑檐的一行瓦，应用质量比为 1∶2.5 的水泥砂浆做出披水线，将瓦封固，如图 10-44 所示。

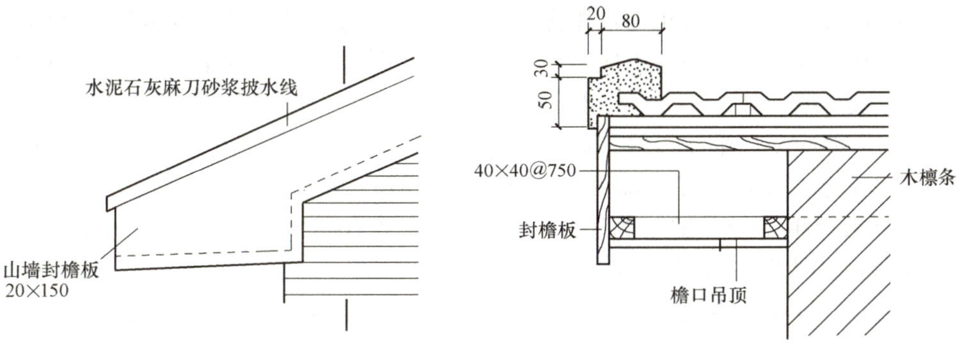


图 10-44 悬山檐口泛水构造

（3）屋脊与斜天沟构造：天沟出现在等高跨或高低跨屋面相交处以及包檐口处，斜沟则出现在两个垂直屋面相交处，构造做法如图10-45所示。天沟及斜沟应有足够的断面面积，其上口宽度宜为300～500mm，沟内一般用镀锌铁皮铺在木天沟板上，并伸入瓦片下至少150mm。檐沟内防水层应从天沟内延伸至立墙上形成泛水。

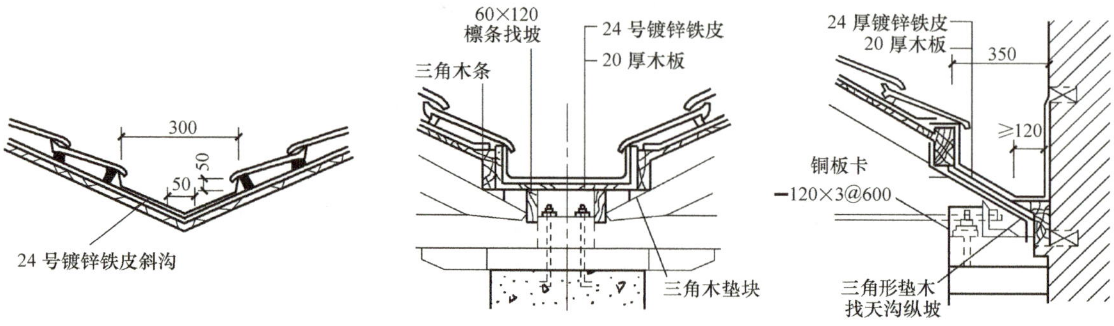


a) 三角形天沟(双跨屋面)　b) 矩形天沟(双跨屋面)　c) 高低跨屋面天沟

图10-45　天沟与斜沟构造

坡屋顶屋脊一般用质量比为1∶2的水泥砂浆窝脊瓦，如图10-46所示。

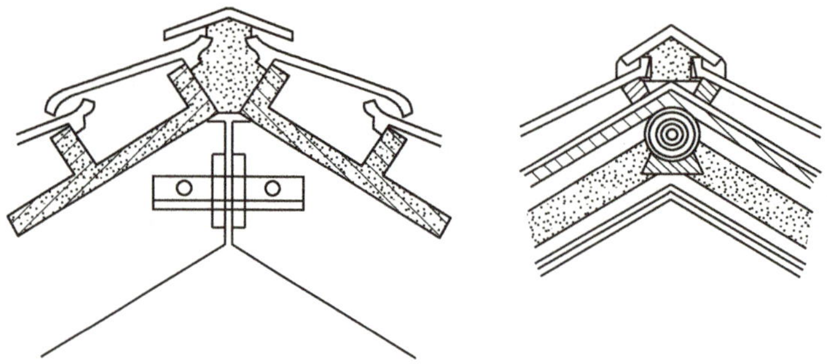

图10-46　屋脊构造

4. 金属瓦屋面　金属瓦屋面是用镀锌铁皮或铝合金瓦做防水层的一种屋面。金属瓦屋面自重轻、防水性能好、使用年限长，常用于大跨度建筑的屋面。

金属瓦的厚度很薄（在1mm以内），铺设这样薄的瓦材必须用钉子固定在屋面板上，屋面板则支撑在檩条上；为防止雨水渗漏，瓦材下应干铺一层油毡。金属瓦与金属瓦间的拼缝连接方式通常采取相互交搭卷折成咬口缝，以避免雨水从缝中渗漏。平行于屋面水流方向的竖缝宜做成咬口缝，如图10-47a、b、c所示。上下两排瓦的竖缝应彼此错开，垂直于屋面水流方向的横缝应采用平咬口缝，如图10-47d、e所示。平咬口缝又分为单平咬口缝和双平咬口缝，后者的防水效果优于前者，当屋面坡度小于或等于30%时应采取双平咬口缝，大于30%时可采用单平咬口缝。为了使立咬口缝能竖直起来，应先在屋面板上钉铁支脚，如图10-47f所示，然后将金属瓦的边折卷固定在铁支脚上。采用铝合金瓦时，支脚和螺钉均应改用铝制品，以免产生电化腐蚀。所有的金属瓦必须相互连通导电，并与避雷针或避雷带连接。

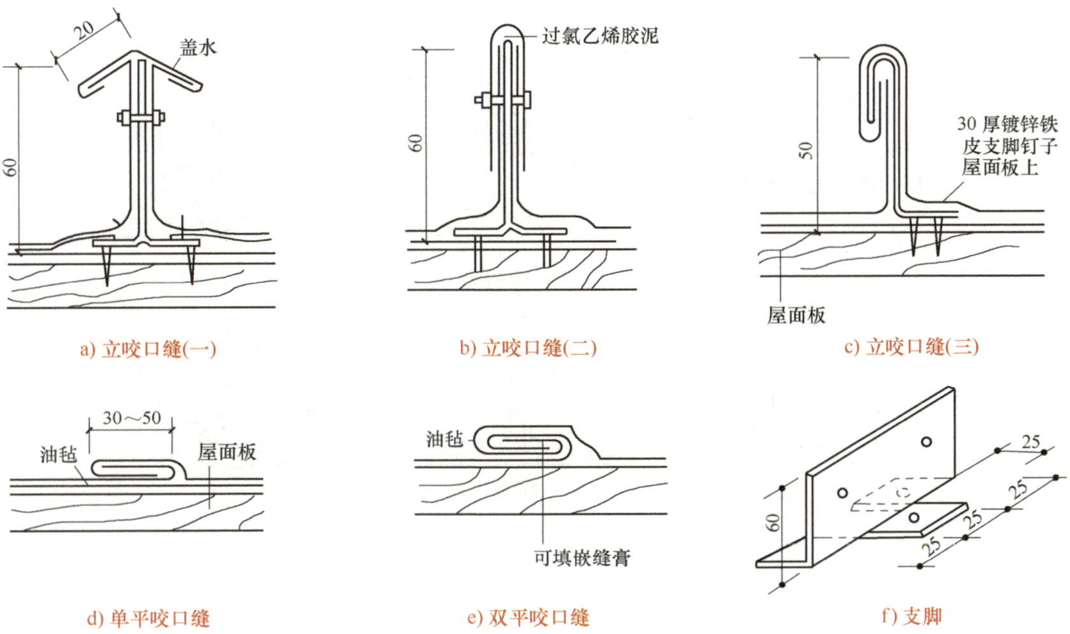


图 10-47 金属瓦屋面瓦材拼缝形式

5. 彩色压型钢板屋面 彩色压型钢板屋面简称彩板屋面，是近十多年来在大跨度建筑中广泛采用的高效能屋面，它不仅自重轻、强度高，而且施工安装方便。彩板主要采用螺栓连接，不受季节气候影响。

（1）单层彩板屋面：单层彩板只有一层薄钢板，用它作屋面时必须在室内一侧另设保温层。根据断面形式不同，单层彩板可分为波形板、梯形板、带肋梯形板。

屋面板的坡度大小与降雨量、板型、拼缝方式有关，一般不小于3°。

屋面板与檩条的连接方法是采用各种螺钉、螺栓等紧固件，把屋面板固定在檩条上。螺钉一般在屋面板的波峰上。当屋面板波高超过35mm时，屋面板先应连接在铁架上，铁架再与檩条相连接，如图10-48所示。

（2）保温夹心彩板屋面：保温夹心彩板是由彩色涂层钢板作表层，自熄性聚苯乙烯泡沫塑料或硬质聚氨酯泡沫作芯材，通过加压、加热、固化制成的夹心板。保温夹心彩板具有防寒、保温、体轻、防水、装饰、承力等多种功能，是一种高效结构材料，主要适用于公共建筑、工业厂房的屋面。

保温夹心彩板在运输、吊装许可条件下，应采用较长尺寸的夹心板，以减少接缝、防止渗漏和提高保温性能，但一般不宜大于9m。

保温夹心板与配件及夹心板之间，全部采用铝拉铆钉连接。铆钉在插入铆孔之前应预涂密封胶，拉铆后的钉头用密封胶封死。顺坡连接缝及屋脊缝以构造防水为主，材料防水为辅。横坡连接缝采用顺水搭接，防水材料密封，上下两块板均应搭在檩条支座上，屋面坡度≤1/10时，上下板的搭接长度为300mm；屋面坡度>1/10时，上下板的搭接长度为200mm。

一般情况下，应使每块板至少有三个支承檩条，以保证屋面板不发生翘曲。在斜交屋脊线处，必须设置斜向檩条，以保证夹心板的斜端头有支承（见图10-49）。

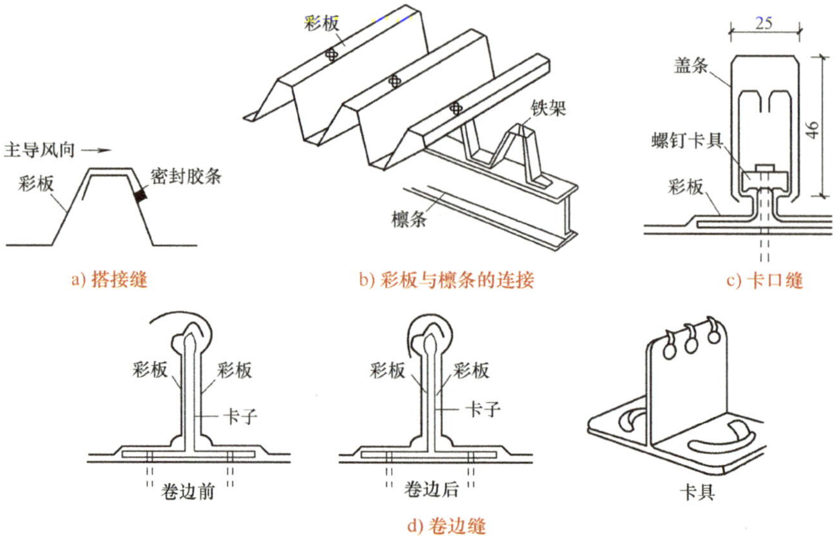


图 10-48 彩色压型钢板屋面的接缝构造

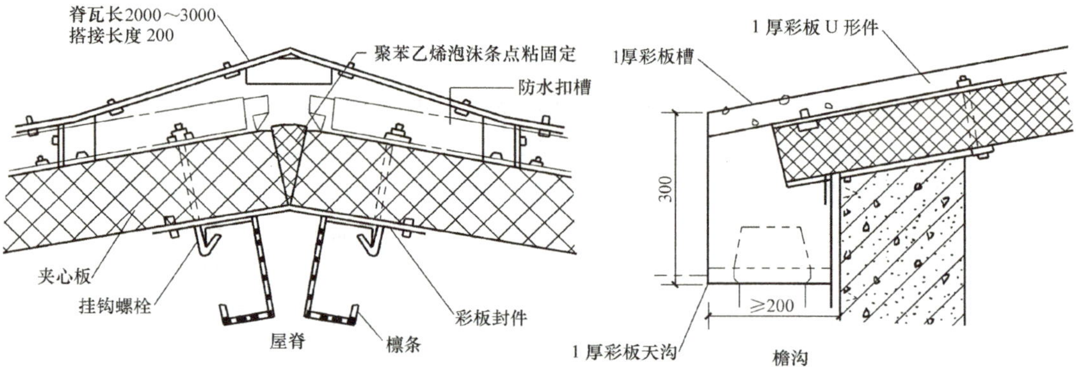


图 10-49 檩条布置

6. 沥青瓦屋面 沥青瓦是以玻璃纤维为胎基，经浸涂石油沥青后，面层热压各色彩砂，背面撒以隔离材料而制成的瓦状材料，形状有方形和半圆形等，又称油毡瓦（见图 10-50）。由于色彩丰富、形状多样，沥青瓦近年来已得到广泛应用。

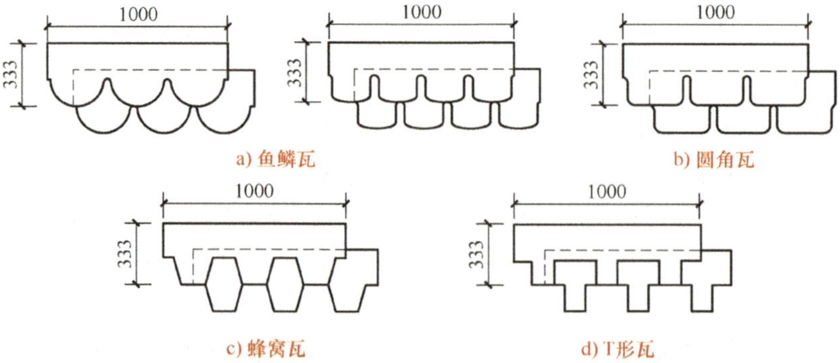


图 10-50 沥青瓦

沥青瓦分为平面沥青瓦（平瓦）和叠合沥青 青瓦（叠瓦）。平瓦适用于防水等级为Ⅱ级的坡屋面，叠瓦适用于防水等级为Ⅰ级和Ⅱ级的坡屋面。沥青瓦屋面的坡度不小于 20%。

沥青瓦屋面的基层可为木基层或钢筋混凝土板（见图 10-51）。当采用木基层时，应在基层上先铺一层卷材垫毡，从檐口往上用油毡钉钉牢，钉帽应盖在垫毡下面，垫毡搭接宽度不小于 50mm，垫毡可采用 350 号石油沥青油毡。当在混凝土基层上铺设油毡瓦时，应在基层表面抹 20mm 厚 1∶3 的水泥砂浆找平层，其上涂抹基层处理剂，进行卷材防水或涂膜防水施工，然后在防水层上面设细石混凝土找平层。如果有保温隔热层，则应将其设置于防水层之上，再设细石混凝土找平层（见图 10-52）。

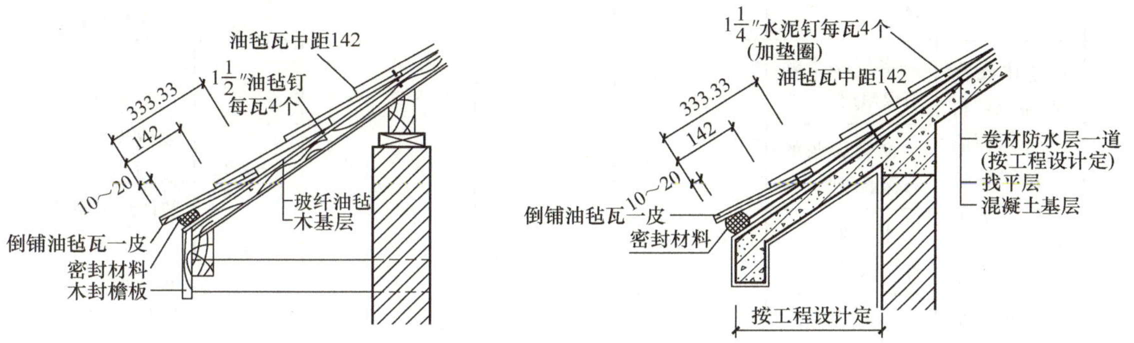


图 10-51　沥青瓦屋面

## 10.4　屋顶的保温与隔热

屋顶也属于房屋的外围护结构，不但有遮风避雨的功能，还有保温与隔热的功能。

### 10.4.1　屋顶保温

在室内外温差较大的环境中，为了防止室内热损失，须在屋顶中增加保温层，以保证室内有一个适于人们生活和工作的环境。保温层的构造方案和材料做法是根据使用要求、气候条件、屋顶的结构形式、防水处理方法、施工条件等综合考虑确定的。

1. 屋面保温材料　应用于屋面保温层的材料有很多，应根据保温材料的来源、经济条件、结构层的重量来定。保温材料一般为质轻、疏松、多孔或纤维的材料，其重量轻、热导率小。保温材料的类型及要求见表 10-7。

表 10-7　保温材料的类型及要求

| 序号 | 保温层类别 | 常用保温材料名称 | 外观质量要求，料径 $\phi$/mm | 要求的体积密度/(kg/m$^3$) | 导热系数/[W/(m·K)] | 抗压强度要求/MPa | 适用范围及说明 |
|---|---|---|---|---|---|---|---|
| 1 | 松散保温材料 | 干铺膨胀蛭石 | 3～15 | <300 | 0.14 | | 适用于平屋顶，不适用于有较大震动或易受冲击的屋面<br>松散材料中的含水率不得超过有关规定 |
| | | 膨胀珍珠岩 | >0.15 | <120 | | | |
| | | 高炉熔渣等 | 5～20 | 500～800 | | | |

（续）

| 序号 | 保温层类别 | 常用保温材料名称 | 外观质量要求，料径 $\phi$/mm | 要求的体积密度/(kg/m³) | 导热系数/[W/(m·K)] | 抗压强度要求/MPa | 适用范围及说明 |
|---|---|---|---|---|---|---|---|
| 2 | 板状保温材料 | 加气混凝土板材 | | | ≤0.12 | ≥1.0 | 适用于带有一定坡度的屋面，保温效果好，对卷材防水层影响小，要求板的外观整齐，厚度允许偏差为±5%，且不大于4mm |
| | | 泡沫塑料类板材 | | | 0.024～0.04 | | |
| | | 膨胀珍珠岩板材等 | | | ≤0.087 | ≥0.3 | |
| 3 | 整体现浇保温材料（指用水泥或沥青等胶结材料与松散保温材料拌制整体浇筑在需要保温的部位） | 水泥膨胀蛭石保温层 | | | | ≥0.2 | 适用于平屋顶或坡度较小的坡屋顶，不宜用于整体封闭保温层<br>由于现场拌制，故增加了现场湿作业 |
| | | 沥青膨胀蛭石保温层 | | | | ≥0.2 | |
| | | 水泥膨胀珍珠岩保温层 | | | | ≥0.2 | |
| | | 沥青膨胀珍珠岩保温层 | | | | ≥0.2 | |

2. 平屋顶的保温构造　根据保温层在屋顶各层次中的位置有如下几种设置方式。

（1）正铺法（也叫内置式保温）：正铺法将保温层设在结构层之上、防水层之下，由于室内采暖的热量直接影响到屋面防水层，因此这种做法也称为热屋顶保温体系。这种形式构造简单，保温层设在冷的一侧，符合热工学原理，目前被广泛采用。正铺法平屋顶保温屋面的构造如图10-52所示。

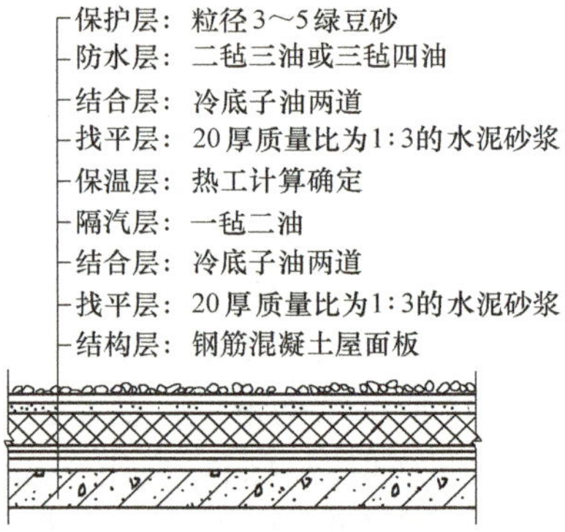

图10-52　正铺法平屋顶保温屋面的构造

正铺法保温屋面在保温层上、下应设找平层和隔汽层。保温层上设找平层是因为卷材防水层要求铺在坚实平整的表面上。保温材料的强度通常较低，表面也不够平整，其上需设找平层后才能使卷材铺设在表面平整的刚性垫层上。冬季室内的湿度比室外大，室内水蒸气将向室外渗透。在屋顶中，当水蒸气透过结构层进入保温层后，会使保温层含水率增加。实验得出，材料的含水率每增加1%，热导率要增加5%左右，致使屋面保温能力下降。由于保温层上面的防水层不透气，保温层中的水分不能散失，保温层会逐渐随着水分的增加而失去保温作用。处理方法是在保温层下设置隔蒸汽层（简称隔汽层），以防止室内水蒸气进入保温层内。隔汽层的一般做法是在结构层上先设找平层（质量比为1:3的水泥砂浆厚20mm左右），再在找平层上做一毡两油或一布四油。

设隔汽层的屋顶，保温层的上、下两面全部被不透水层封住，施工时内部的残留水分没有排泄的途径。为了解决这个问题，可以采用花油法铺设防水层的第一道油毡；还可以在保温层中设置排汽道，道内填塞大粒径的炉渣，既可让水蒸气在其中流动，又可保证防水层坚实可靠。找平层相应位置也应留槽作排汽道，并在其上干铺 200mm 宽的卷材，排汽道间距以 6m 为宜。排汽道应纵横连通，每 36m$^2$ 设一个排汽孔与大气相连。排汽道构造如图10-53 所示。

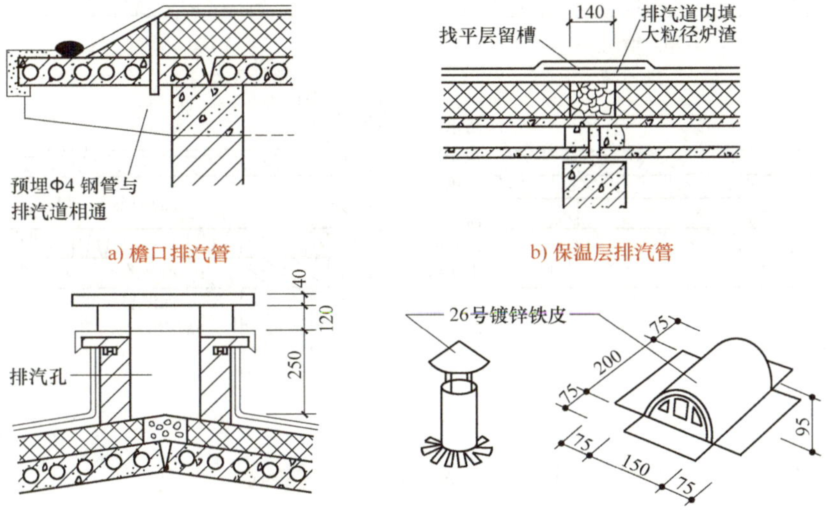


a) 檐口排汽管　b) 保温层排汽管　c) 排汽孔　d) 通风帽

图 10-53　排汽道构造

（2）倒铺法（也叫外置式保温）：倒铺法是将保温层设在防水层上面，其构造层次为保温层、防水层、结构层，如图 10-54 所示。这种方式又称为倒铺法保温，对防水层起到屏蔽和防护作用，使之不受阳光和气候变化的影响，也不易受到来自外界的机械性损伤。

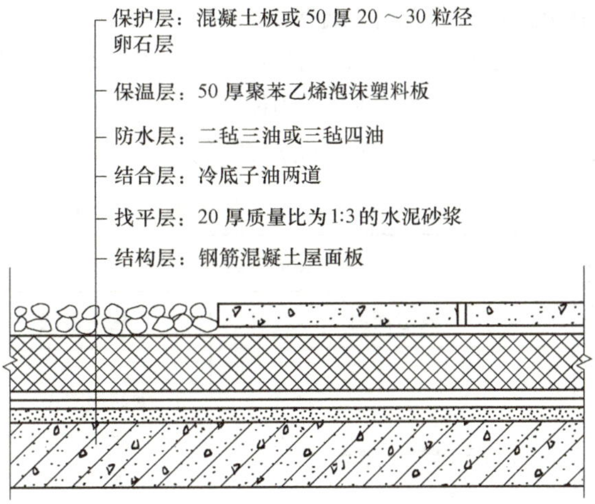


图 10-54　倒铺法平屋顶保温屋面的构造

倒铺法屋面的保温层宜采用憎水性好、吸水率低、堆密度小及热导率小的块状保温材料，如聚苯乙烯泡沫塑料板、聚氨酯泡沫塑料板等，而吸湿性很强的加气混凝土和泡沫混凝土则不宜采用。保温层上设保护层可防止保温层表面受损和延缓其老化过程。保护层应选择有一定重量、足以压住保温层的材料，使之不致被风刮动或被雨水漂浮起来。保护层材料可用大粒径的石子或预制混凝土薄板。

（3）防水层与保温层之间设空气间层：由于室内采暖的热量不能直接影响到屋面防水层，因此设空气间层的做法也称为冷屋顶保温体系，如图 10-55 所示。

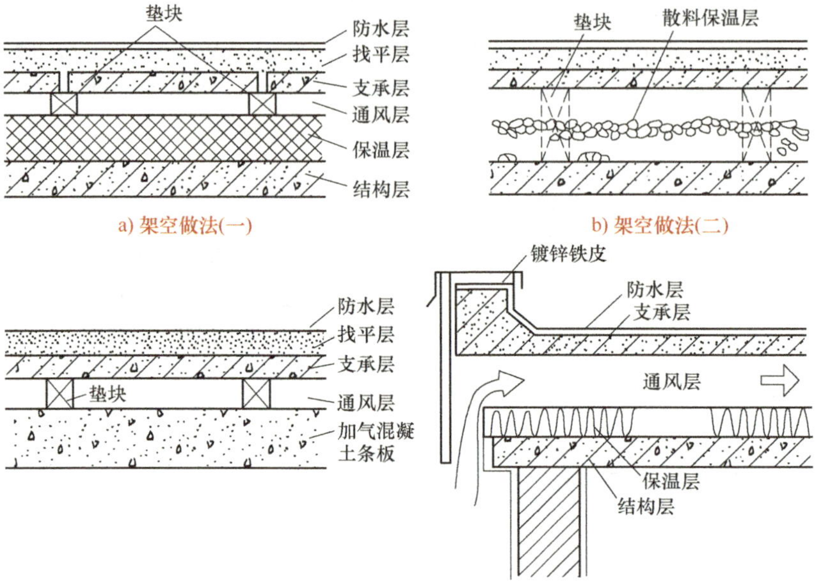


c) 架空做法(三)　　d) 架空做法(四)

图 10-55　平屋顶冷屋面保温构造

平屋顶冷屋面保温的常用做法是用垫块架空预制板，形成空气间层，再在上面设找平层和防水层。空气间层可以带走穿过顶棚和保温层的蒸汽和保温层散发出来的水蒸气，并防止屋顶深部水的凝结、带走太阳辐射热通过屋面防水层传下来的部分热量。空气间层必须保证通风流畅，否则会降低保温效果。

3. 几种新型保温屋面的施工　工程实践中除采用现浇膨胀珍珠岩保温屋面和现浇水泥蛭石保温屋面外，还可采用硬质聚氨酯泡沫塑料保温屋面、饰面聚苯板保温屋面和水泥聚苯板保温屋面等。节能屋面构造及热工指标见表 10-8。

表 10-8　节能屋面构造及热工指标

| 编号 | 屋面构造 | | 保温材料厚度 $\delta$/mm | 屋面总厚度 /mm | 热阻 $R/(m^2 \cdot K \cdot W^{-1})$ | 热惰性指标 $Di$ | 传热系数 $K/[W \cdot (m^2 \cdot K)^{-1}]$ |
|---|---|---|---|---|---|---|---|
| | 构造简图 | 构造做法 | | | | | |
| 1 | 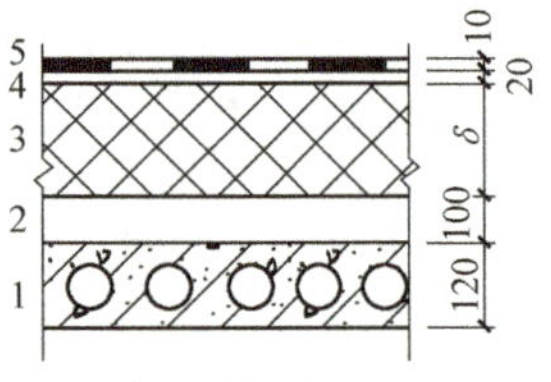 | 1. 钢筋混凝土<br>2. 水泥珍珠岩找坡层<br>3. 憎水型珍珠岩板 [$\rho_0 = 250kg/m^3$, $\lambda_c = 0.10W/(m \cdot K)$]<br>4. 水泥砂浆找平层<br>5. 卷材防水层 | 80<br>100<br>120<br>140<br>160 | 340<br>360<br>380<br>400<br>420 | 4.50<br>4.85<br>5.18<br>5.52<br>5.86 | 1.15<br>1.35<br>1.55<br>1.75<br>1.95 | 0.77<br>0.67<br>0.59<br>0.53<br>0.48 |

（续）

| 编号 | 屋面构造 | | 保温材料厚度 δ/mm | 屋面总厚度 /mm | 热阻 $R/(m^2 \cdot K \cdot W^{-1})$ | 热惰性指标 Di | 传热系数 $K/[W \cdot (m^2 \cdot K)^{-1}]$ |
|---|---|---|---|---|---|---|---|
| | 构造简图 | 构造做法 | | | | | |
| 2 | 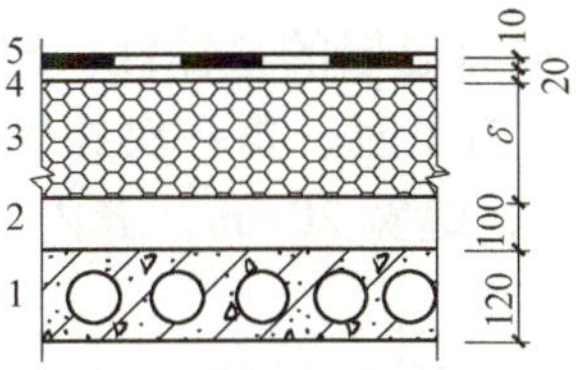 | 1. 钢筋混凝土<br>2. 水泥珍珠岩找坡层<br>3. 水泥聚苯乙烯泡沫塑料板<br>[$\rho_0$ = 300kg/m$^3$，$\lambda_c$ = 0.14W/(m·K)]<br>4. 水泥砂浆找平层<br>5. 卷材防水层 | 120<br>140<br>160<br>180<br>200<br>220 | 380<br>400<br>420<br>440<br>460<br>480 | 5.13<br>5.45<br>5.77<br>6.12<br>6.44<br>6.76 | 1.21<br>1.35<br>1.49<br>1.64<br>1.78<br>1.92 | 0.74<br>0.67<br>0.61<br>0.56<br>0.52<br>0.48 |
| 3 | 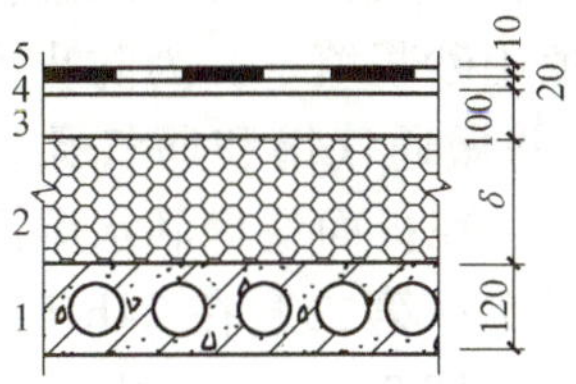 | 1. 钢筋混凝土<br>2. 聚苯乙烯泡沫塑料板<br>[$\rho_0$ = 20kg/m$^3$，$\lambda_c$ = 0.063W/(m·K)]<br>3. 水泥珍珠岩找坡层<br>4. 水泥砂浆找平层<br>5. 卷材防水层 | 50<br>60<br>70<br>80<br>90<br>100 | 310<br>320<br>330<br>340<br>350<br>360 | 3.57<br>3.65<br>3.74<br>3.83<br>3.91<br>4.00 | 1.14<br>1.30<br>1.46<br>1.62<br>1.78<br>1.94 | 0.78<br>0.69<br>0.62<br>0.56<br>0.52<br>0.48 |
| 4 | 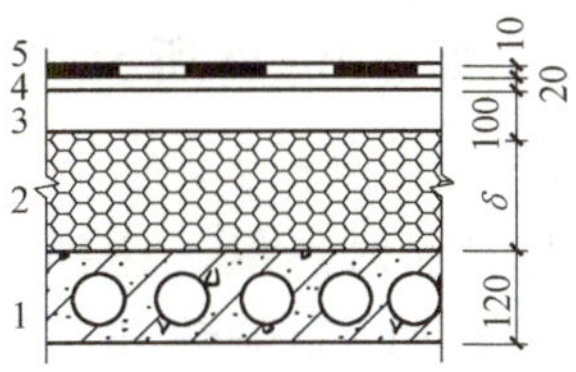 | 1. 钢筋混凝土<br>2. 挤塑型聚苯乙烯泡沫塑料板<br>[$\rho_0$ = 35kg/m$^3$，$\lambda_c$ = 0.04W/(m·K)]<br>3. 水泥珍珠岩找坡层<br>4. 水泥砂浆找平层<br>5. 卷材防水层 | 30<br>40<br>50<br>60<br>70<br>80 | 290<br>300<br>310<br>320<br>330<br>340 | 4.05<br>4.17<br>4.29<br>4.41<br>4.52<br>4.64 | 1.15<br>1.40<br>1.65<br>1.90<br>2.15<br>2.40 | 0.77<br>0.65<br>0.56<br>0.49<br>0.43<br>0.39 |

1）硬质聚氨酯泡沫塑料保温屋面施工时将液体聚氨酯组合料直接喷涂在屋面板上，使硬质聚氨酯泡沫塑料固化后与基层形成无拼接整体保温层。直接喷涂硬质聚氨酯泡沫塑料保温屋面，必须在屋面其他工程全部完工后方可施工。穿过屋面的管道、设备或预埋件，应在直接喷涂前安装好。喷涂的基层表面应牢固、平整、干燥、无油污和尘灰、杂物。非结构找坡的屋面（坡度为1%~3%）及檐口、檐沟、天沟的纵向排水坡度不宜小于5%。可在基层上用质量比为1:3的水泥砂浆找坡。在装配式屋面上，为避免结构变形，将硬质聚氨酯泡沫塑料层拉裂，应沿屋面板的端缝铺设一层宽为300mm的油毡条，再直接喷涂硬质聚氨酯泡沫塑料层。屋面与凸出屋面结构的连接处（泛水处），喷涂在立面上的硬质聚氨酯泡沫塑料层高度不宜小于250mm。

直接喷涂硬质聚氨酯泡沫塑料的边缘尺寸界限要求：喷涂到檐口边缘100mm处；现浇整体檐沟喷涂到檐沟内侧立面与檐沟底面交接处，并与屋面的硬质聚氨酯泡沫塑料层连接成一体，天沟内侧32个面均要喷涂，并与屋面的硬质聚氨酯泡沫塑料层连接成一体；喷涂到雨水口周围内边缘处。水泥砂浆保护层应分格，分格面积不应大于9m$^2$，分格缝应用防腐木条，其宽度不大于15mm。

2）饰面聚苯板是用聚苯乙烯泡沫塑料做保温层，其下用BP黏结剂与屋面基层粘接牢固，其上面抹用ST水泥拌制的水泥砂浆，形成硬质表面，并作为找平层，然后进行上部防水施工。饰面聚苯板铺设前，应先将屋面隔汽层清理干净。铺设时，用料铲或刮刀将膏状的BP黏结剂均匀地抹在隔汽层上，厚度控制在10mm以内，再用磙子找平，然后将聚苯板满贴其上，并用手压揉拍打使板与基层粘接牢固，缝隙内用BP黏结剂塞实抹平，所有接缝处还要用黏结剂贴一条100mm宽的浸胶低碱的玻璃纤维布，以增强保温层的整体性。ST水泥砂浆找平层厚度一般为20mm，可在饰面聚苯板铺贴4h后进行。施工时，要一次抹平压光，并站在跳板上操作，以防压裂饰面聚苯板，分格缝按60mm设置，缝宽20mm，缝内填塞防水油膏，完工后7天内必须浇水养护，以防裂缝产生。

3）水泥聚苯板是由聚苯乙烯泡沫塑料下脚料及回收的旧包装破碎的颗粒，加入适量水泥、EC起泡剂和EC黏结剂，经成形养护而成的板材。铺浆前先在隔汽层上（可用氯丁胶乳沥青）均匀涂刷界面处理剂，然后铺10mm质量比为1∶3的水泥砂浆，即可将保温板材平稳地铺压其上。板与板间自然接铺，对缝或错缝铺砌均可，缝隙用砂浆填塞。为防止大面积屋面热胀冷缩引起开裂，施工时按不大于700m$^2$的面积断开，并做通气槽和通气孔，以确保质量。水泥聚苯板上抹水泥砂浆找平层，是在板材铺设半天后，在板面适量洒水湿润，再在其上刷界面处理剂，第一遍厚8～10mm，刮杆摊平，木抹压实；第二遍在24h后抹灰，厚度为15～20mm。找平层分格缝（纵横间距）按60mm设置，缝宽20mm，缝内填塞防水油膏，完工后7天内必须浇水养护，以防裂缝产生。

4. 坡屋顶的保温构造　坡屋顶的保温材料可根据工程具体要求选用矿渣、膨胀珍珠岩和膨胀蛭石等，保温层可以设置在瓦材下侧、檩条间和顶棚层上，如图10-56所示。

### 10.4.2　屋顶隔热

1. 平屋顶隔热　基本原理是减少直接作用于屋顶表面的太阳辐射热量，达到降温目的。平屋顶隔热常用的构造做法有通风隔热、实体材料隔热、反射降温隔热和蒸发散热隔热等。

（1）通风隔热：通风隔热是在屋顶中设置通风间层，其上层表面可遮挡太阳辐射，并利用风压和热压作用将间层内的热空气带走，达到隔热降温的目的。通风间层一般有屋面架空通风隔热间层和顶棚通风层两种。

架空通风隔热间层设于屋面防水层上，其隔热原理是：一方面利用架空的面层遮挡直射阳光；另一方面架空层内被加热的空气与室外冷空气产生对流，将层内的热量源源不断地排走，从而达到降低室内温度的目的。通常用适当的材料或构件制品做架空隔热层，如预制板、大阶砖（见图10-57），其中最常用的是砖墩架空混凝土板（或大阶砖），如图10-57a所示。

架空层的净空高度应随屋面宽度的坡度大小而变化，屋面宽度的坡度越大，净空越高，但不宜超过360mm，否则架空层内的风速将反而变小，影响降温效果。架空层的净空高度一般以180～240mm为宜。屋面宽度大于10m时，应在屋脊处设置通风桥改善通风效果。

为保证架空层内的空气流通顺畅，其周边应留设一定数量的通风孔，如图10-58a所示是将通风孔留设在对着风向的女儿墙上。如果在女儿墙上开孔有碍于建筑立面造型，也可以在女儿墙500mm宽的范围内不铺架空板，让架空板周边开敞，以利空气对流。

隔热板的支承物可以做成砖垄墙式，如图10-58a所示，也可做成砖墩式，如图10-58b所示。当架空层的通风口能正对当地夏季主导风向时，采用前者可以提高架空层的通风效

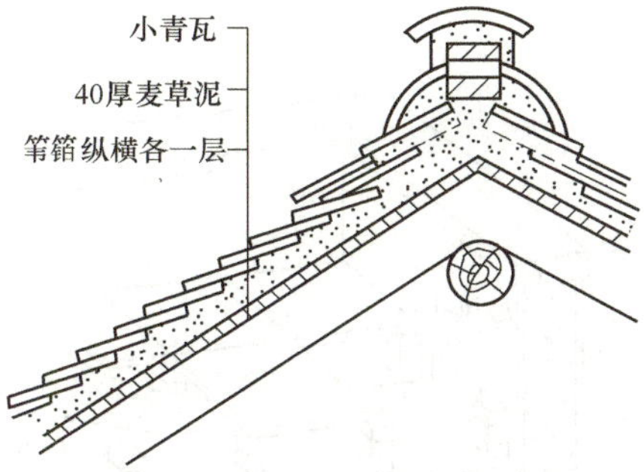


a) 小青瓦保温屋面

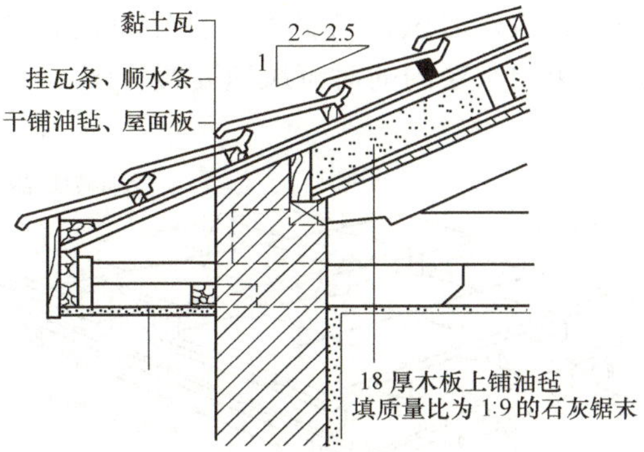


b) 平瓦保温屋面

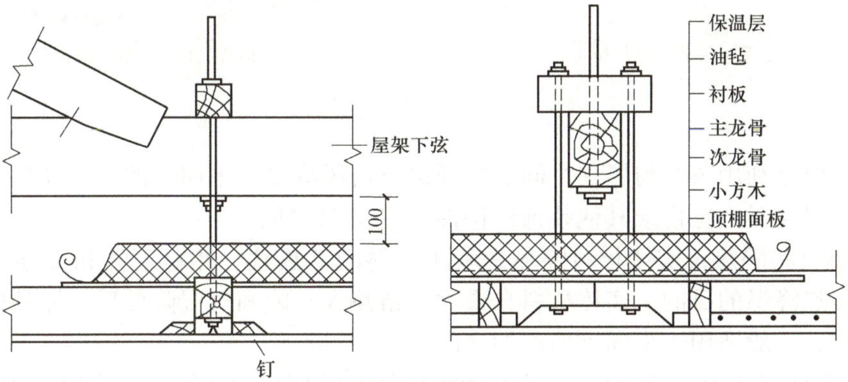


c) 保温顶棚构造

图 10-56 坡屋顶保温顶棚构造

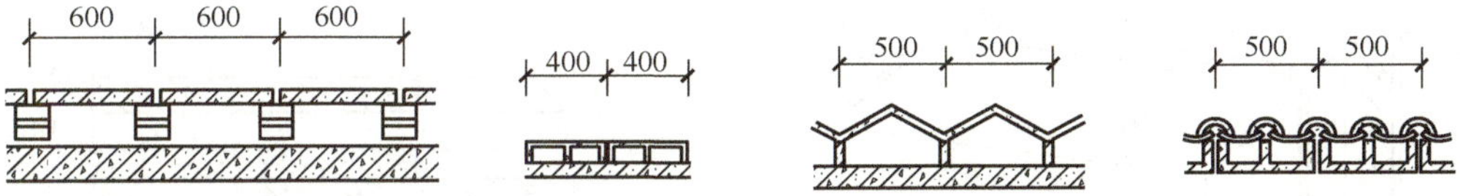


a) 架空预制板(或大阶砖) b) 架空混凝土扇形板 c) 架空钢丝网水泥折板 d) 倒槽板上铺小青瓦

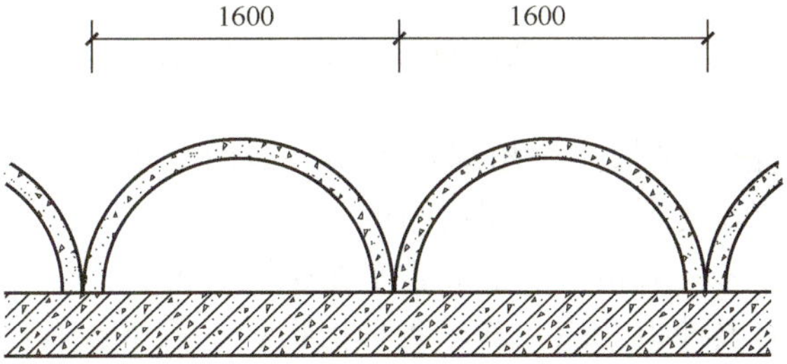


e) 钢筋混凝土半圆拱

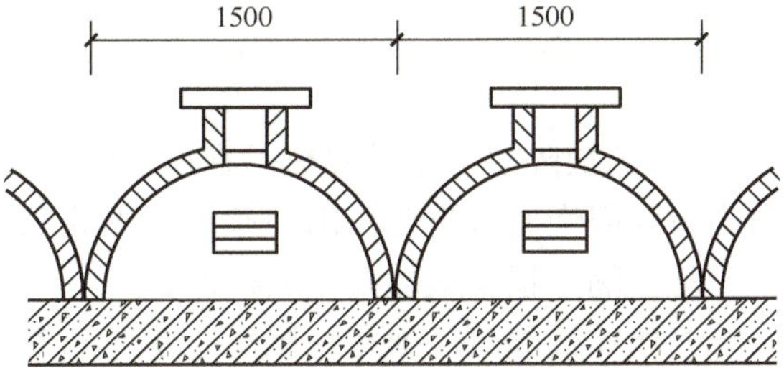


f ) 架1/4厚砖拱

图 10-57 架空通风隔热

果。但当通风孔不能朝向夏季主导风向时，采用砖垄墙式反而不利于通风，这时最好采用砖墩支承架空板方式，这种方式与风向无关，但通风效果不如前者。这是因为砖垄墙架空板通风是一种巷道式通风，只要正对主导风向，巷道内就易形成流速很快的对流风，散热效果好。而砖墩架空层内的对流风速要慢得多。

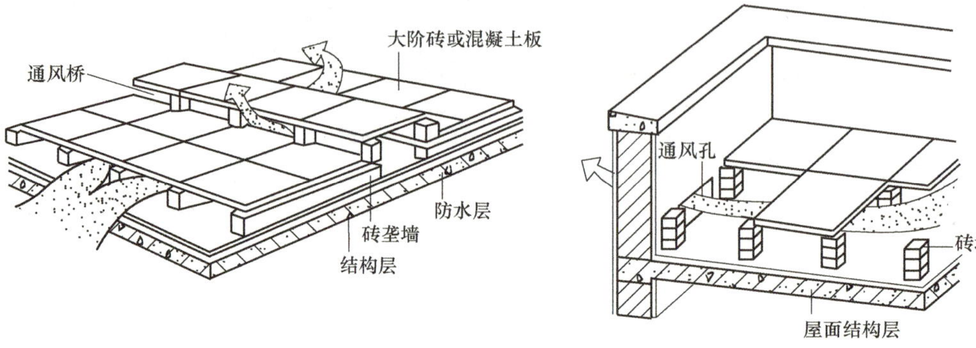


a) 架空隔热小板与通风桥　　b) 架空隔热小板与通风孔

图 10-58　通风桥与通风孔

顶棚通风层是利用顶棚与屋顶之间的空间进行通风降温。平屋顶的通风孔通常开设在外墙上，孔口饰以混凝土花格或其他装饰性构件（见图 10-59）。

（2）实体材料隔热：实体材料隔热是利用材料的蓄热性、热稳定性和传导过程中时间延迟性达到隔热降温的目的。实体材料自重大、蓄热大，晚间气温降低后，屋顶内蓄存的热量会向外散发，一般适用于夜间不使用的房间。

1）大阶砖或混凝土实铺隔热。大阶砖实铺屋面可用做上人屋面，如图 10-60 所示。

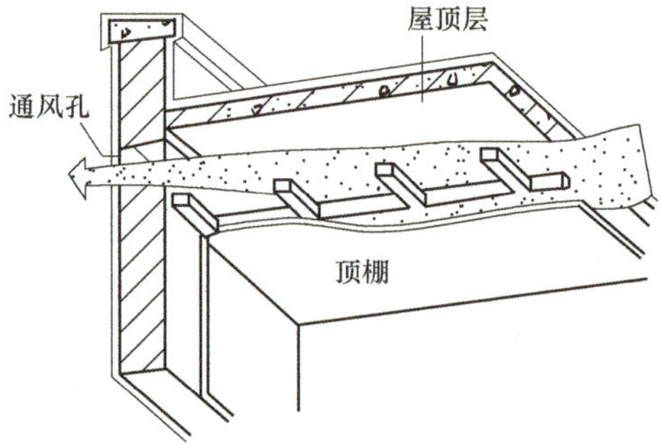


图 10-59　顶棚通风隔热屋面

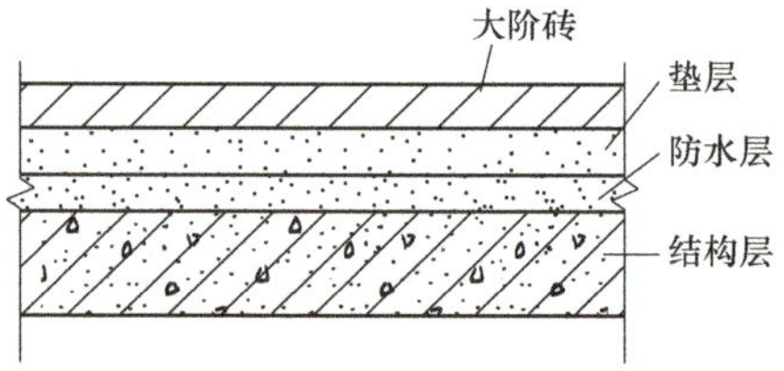


图 10-60　大阶砖实铺屋面

2）植被隔热。植被隔热是在屋面防水层上覆盖种植土种植绿色植物，借助栽培介质及植物吸收阳光进行光合作用和遮挡阳光的双重功效达到隔热降温的目的。

植被隔热根据栽培介质层构造方式不同可分为一般植被隔热和蓄水植被隔热两类。

一般植被隔热屋面是在屋面防水层上直接铺填种植介质，栽培各种植物。一般植被隔热屋面构造如图 10-61 和图 10-62 所示。一般植被隔热屋面的防水层可以采用一道或多道防水设防，但最上面一道应为刚性防水层，要特别注意防水层的防蚀处理。防水层上的分格缝可用一布四涂盖缝，分格缝的嵌缝油膏应选用耐腐蚀性能好的，不宜种植根系发达、对防水层有较强侵蚀作用的植物。植被隔热屋面是一种上人屋面，因而屋顶四周应设女儿墙等作为护栏以利安全。护栏净保护高度不宜小于 1m。

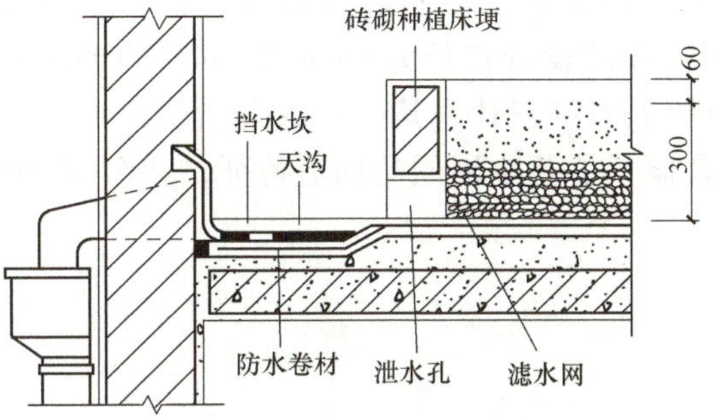


图 10-61 植被隔热屋面构造

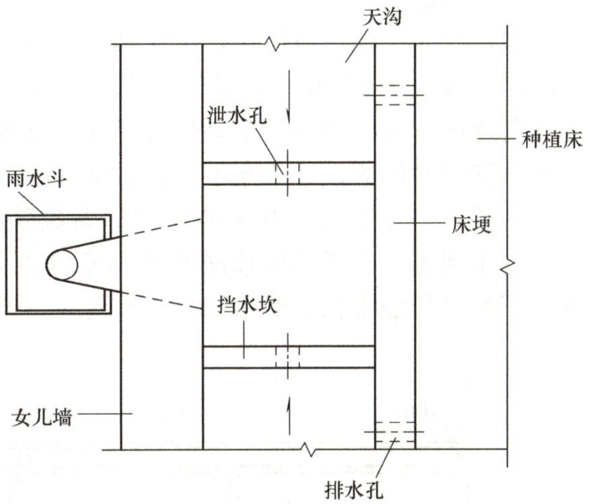


图 10-62 植被隔热屋面的挡水坎

蓄水植被隔热屋面是将一般植被屋面与蓄水屋面结合起来，进一步完善其构造后所形成的一种新型隔热屋面，其基本构造层次如图 10-63 所示。蓄水植被隔热屋面由于有一个蓄水层，因此防水层应采用设置涂膜防水层和配筋细石混凝土防水层的复合防水设施做法，以确保防水质量。由于刚性防水层的分格缝施工质量往往不易保证，因此除女儿墙泛水处应严格按要求做好分格缝外，屋面的其余部分可不设分格缝。屋面刚性防水层最好一次全部浇捣完成，以免渗漏。

植被隔热屋面不但在降温隔热的效果方面优于其他隔热屋面，而且在净化空气、美化环境、改善城市生态、提高建筑综合利用效益等方面都具有极为重要的作用，是一种值得大力推广应用的屋面形式。

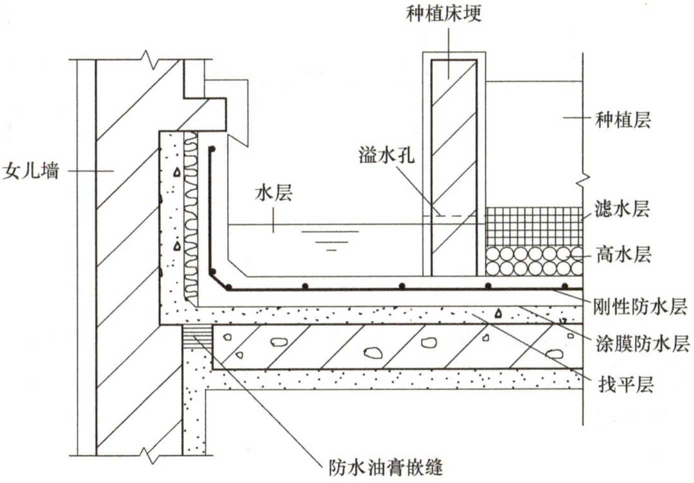


图 10-63 蓄水植被隔热屋面的基本构造

3）蓄水隔热。在平屋顶上蓄积一层水，利用水的蒸发吸收大量太阳辐射和室外气温的热量，而水蒸发，又将热量散发，以减少屋顶吸收热能，达到隔热降温的目的。不仅如此，水面还可反射阳光，减少阳光对屋顶的直射作用。另外，水层长期将防水层淹没，使混凝土防水层处于水的养护下，减少由于变化引起的开裂和防止混凝土的碳化，使沥青和嵌缝胶泥之类的防水材料在水层的保护下推迟老化过程，延长使用年限。

蓄水屋面既可用于刚性防水屋面，也可用于卷材防水屋面。采用刚性防水屋面时应按规定做好分格缝，防水层做好后应及时养护，蓄水后不得断水。采用卷材防水层时，其做法与卷材防水屋面相同，应注意避免在潮湿条件下施工。为保证屋面蓄水深度的均匀，蓄水屋面的坡度不宜大于0.5%。为了便于分区检修和避免水层产生过大的风浪，蓄水屋面应划分为若干蓄水区，每区的边长不宜超过10m。蓄水区间用混凝土做成分仓壁，壁上留过水孔，但在变形缝的两侧应设计成互不连通的蓄水区。当蓄水屋面的长度超过40m时，应做横向伸缩缝一道。分仓壁也可用M10水泥砂浆砌筑砖墙，顶部设置直径为6mm或8mm的钢筋砖带。蓄水屋面与普通平屋顶防水屋面不同的是增加了一壁三孔，其中一壁是指蓄水池的仓壁，三孔是指溢水孔、泄水孔、过水孔。一壁三孔概括了蓄水屋面的构造特征，如图10-64所示。

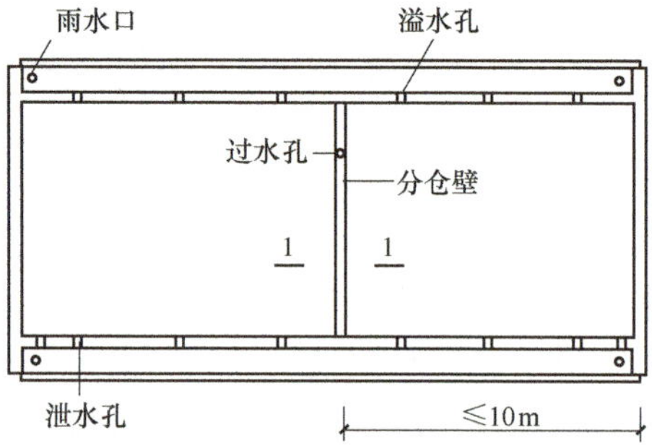


a) 分区蓄水

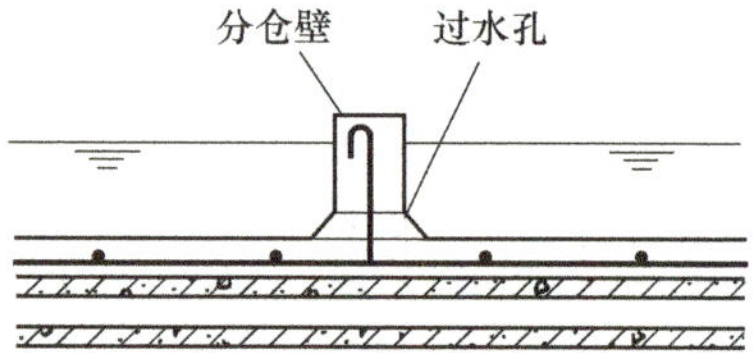


b) 分仓壁

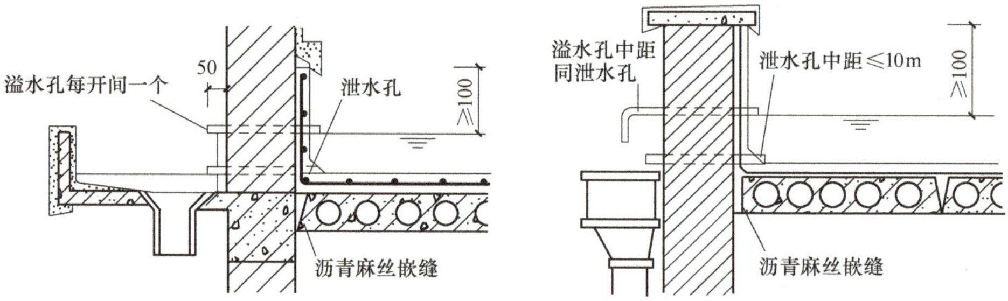


c) 外檐沟及雨水管处

图10-64 蓄水隔热屋面

4）反射降温隔热。反射降温隔热是利用材料的热放射特征来实现隔热降温目的的。一般可采用浅色的砾石、金属板铺或在屋面上涂刷一层白色涂料。铝箔反射屋顶构造如图10-65所示。

5）蒸发散热隔热。蒸发散热隔热是利用屋面上的流水层和水雾层的排泄和蒸发降低屋面温度，如淋水屋面和喷雾屋面。

淋水屋面是在屋脊处装水管，在白天温度高时向屋面上浇水，形成一层流水层，利用流水层的反射吸收和蒸发以及流水的排泄来降低屋面温度。

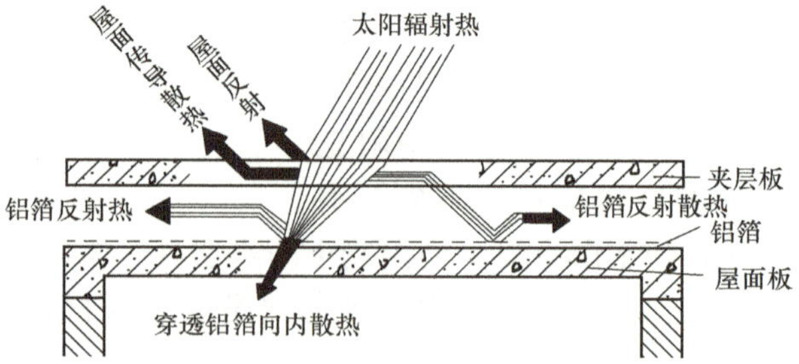


图10-65 铝箔反射屋顶

喷雾屋面是在屋面上系统地安装排列水管和喷嘴。夏日喷出的水在屋面上空形成水雾层，雾结成水滴落下又在屋面上形成一层流水层。水滴落下时，从周围的空气中吸收热量，又同时进行蒸发，因而降低了屋面上空的气温和提高了相对湿度。此外，雾状水滴也多少吸收和反射一部分太阳辐射热，水滴落到屋面后，与淋水屋顶一样，再从屋面上吸收热量后流走，进一步降低了表面温度，因此它的隔热效果更好。

2. 坡屋顶隔热　坡屋顶的通风孔常设在挑檐顶棚处、檐口外墙处、山墙上部，如图 10-66a、b 所示。屋顶跨度较大时还可以在屋顶上开设天窗作为出气孔，以加强顶棚层内的通风，如图 10-66b、c 所示。进气孔可根据具体情况设在顶棚或外墙上。有的地方还利用空心屋面板的孔洞作为通风散热的通道，其进风口设在檐口处，屋脊处设通风桥，如图10-66 d 所示。为保证坡屋顶的隔热效果，可将坡屋顶做成双层，其中上层屋面板用来铺设防水层，下层屋面则用作通风顶棚。通风层的四周仍需设通风孔，由檐口处进风，屋脊处排风，利用空气的流动带走热量。

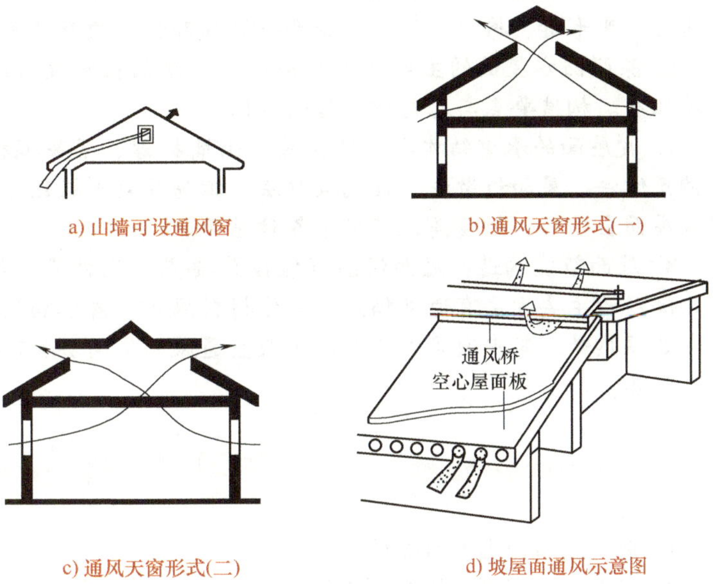


图 10-66　坡屋顶通风隔热

## 单元小结

1. 屋顶按外形分为坡屋顶、平屋顶和其他形式的屋顶。坡屋顶坡度一般大于 10%，平屋顶的坡度小于 5%。屋面按防水材料分为卷材防水屋面、刚性防水屋面、涂膜防水屋面等。卷材防水屋面、混凝土刚性防水屋面和瓦屋面最常用。

2. 屋顶设计的主要任务是解决好防水、保温隔热、坚固耐久、造型美观等问题，其中防水是屋顶设计的核心。

3. 平屋顶的排水组织主要包括排水坡度、排水方式和排水组织设计三方面的内容。排水坡度的确定与建筑物进深尺寸、屋面面积大小及建筑物所处的位置等因素有关。形成屋面坡度的方法有材料找坡、结构找坡；排水方式有无组织排水和有组织排水。划分汇水区域的目的是保证能较均匀合理地布置雨水管。一个汇水区域的面积一般不超过一个雨水管所能担负的排水面积，每根雨水管可排除约 200$m^2$ 的屋面雨水。天沟是屋面上的排水沟，天沟纵坡度不宜小于 1%。

4. 卷材防水屋面的防水层下面须做找平层，上面应做保护层。不上人屋面用绿豆砂保护，上人屋面用地面构成保护层。保温层铺在防水层之下时须在其下做隔汽层，铺在防水卷材之上时则不加，但必须选用不透水的保温材料。油毡屋面的细部构造是防水的薄弱部位，包括泛水、天沟、雨水口、檐口、变形缝等。油毡屋面存在的主要问题是起鼓、流淌、开裂，应采取构造措施加以防止。

5. 混凝土刚性防水屋面主要使用于我国南方地区。为了防止防水层的开裂，应在防水层中加钢筋网片、设置分格缝，在防水层与结构层之间加铺隔离层。分格缝应设在屋面板的支承端、屋面坡度转折处、泛水与立墙的交接处。分格缝之间的距离不应超过6m。泛水、分格缝、变形缝、檐口、雨水口等部位的细部构造须有可靠的防水措施。

6. 涂膜防水屋面的主要防水措施：加大屋面板刚度、防止板缝开裂、板面刷涂料和贴玻璃丝布。构造要点与卷材防水屋面类同。

7. 坡屋面的承重结构有屋架搁檩、山墙搁檩、梁架搁檩三种形式。平瓦屋顶面基层有冷摊瓦做法、屋面板做法、挂瓦板做法、钢筋混凝土板瓦屋面做法。金属瓦屋面和彩色压型钢板屋面自重轻、强度高，可用于各种屋面。

8. 屋面节能构造：屋面保温节能设计要点，几种节能屋面构造做法绘图说明。平屋顶隔热降温的主要方法有通风隔热、实体材料隔热、蓄水隔热、植被隔热、反射降温隔热和蒸发散热隔热等，其中通风隔热有屋面架空通风隔热间层和顶棚通风层两种方式。坡屋顶采用通风隔热。

## 复习思考题

1. 常见的屋顶类型有哪些？
2. 屋顶设计应满足哪些要求？
3. 影响屋顶坡度确定的因素有哪些？屋顶的坡度有几种表示方法？
4. 平屋顶的坡度是如何形成的？各有什么特点？
5. 平屋顶的排水组织有几种方式？各有什么特点？
6. 常见的有组织排水方案有哪几种？适用于何种条件？
7. 卷材屋面的构造层次有哪些？各层次的作用和做法是什么？卷材防水层下面的找平层为何要设分格缝？上人和不上人的卷材屋面在构造层次及做法上有什么不同？
8. 卷材防水屋面的泛水、天沟、檐口、雨水口等细部构造的要点是什么？注意记忆典型构造图。
9. 什么是刚性防水屋面？刚性防水屋面有哪些构造层？各层做法如何？为什么要隔离层？
10. 提高刚性防水层防水性能的措施有哪些？
11. 分仓缝的作用是什么？分仓缝一般设置在什么部位？
12. 保温层在屋顶中的位置有哪几种？各有什么特点？
13. 什么是涂膜防水屋面？
14. 坡屋顶的承重体系有哪些？
15. 沥青瓦屋面的构造特点是什么？
16. 简述金属瓦屋面、彩色压型钢板屋面的优点，用构造图表示接缝构造。
17. 平屋顶和坡屋顶的保温有哪些构造做法（用构造图表示）？各种做法各适用于何种条件？
18. 平屋顶和坡屋顶的隔热有哪些做法（用构造图表示）？各种做法各适用于何种条件？

# 单元11

# 门　　窗

## 综合素质目标

1）回顾我国门窗制造业的发展历程，激发爱国热情。

2）通过门窗设计看建筑领域的技术进步，体会中国经济及生活质量发生的巨大变化，加强民族自豪感和民族自信心。

## 11.1　概述

### 11.1.1　门窗的作用

门窗是装设在墙洞中可启闭的围护构件。门主要是供交通出入并起联系和分隔建筑空间的作用。窗主要是起采光、通风、日照及眺望等作用。门窗均属围护构件，除满足基本使用要求外，还应具有保温、隔热、隔声、防护等功能。此外，门窗的设计对建筑立面起到装饰与美化的作用。

### 11.1.2　门窗设计要求

1. 门窗构造设计　门窗的开启灵活和关闭严密，这一对矛盾的两方面同时体现在门窗的构造设计上，决定了门窗构造的特殊性。

1）门窗不承重，其上部构件的自重及所承受的荷载应由门窗两边的构件承担。

2）门窗缝隙造成的透风、渗水和窜烟火等是进行构造处理的重点所在。

3）门窗因经常开启和关闭易造成振动及变形，其相关的节点需作特殊处理。

4）门窗是隔热、保温和隔声的薄弱环节，因此，除了满足采光和开启的需要外，设计门窗时应合理确定其尺寸大小。

2. 门的尺度　门的尺度通常是指门洞的高度和宽度尺寸。门作为交通疏散通道，其尺度取决于人的通行要求、家具器械的搬运及与建筑物的比例关系等，并要符合《建筑模数协调标准》（GB/T 50002—2013）的规定。

（1）门的高度：不宜小于2100mm。当门设有亮子时，亮子高度一般为300～600mm，则门洞高度为2400～3000mm。公共建筑大门高度可视需要适当提高。

（2）门的宽度：单扇门为700～1000mm，双扇门为1200～1800mm。宽度在2100mm以上时做成三扇门、四扇门或双扇带固定扇的门，因为门扇过宽易产生翘曲变形，同时也不利于开启。辅助房间（如浴厕、储藏室等）门的宽度可窄些，一般为700～800mm。

我国各地区按照建筑模数和使用要求等均有各类门的标准系列尺寸和定型构造通用图，可按需要选用。

3. 窗的尺度　窗的尺度主要取决于房间的采光、通风、构造做法和建筑造型等要求，并要符合现行《建筑模数协调标准》(GB/T 50002—2013）的规定。为使窗坚固耐久，一般平开木窗的窗扇高度为800～1200mm，宽度不宜大于500mm；上下悬窗的窗扇高度为300～600mm；中悬窗窗扇高不宜大于1200mm，宽度不宜大于1000mm；推拉窗高宽均不宜大于1500mm。对一般民用建筑用窗，各地均有通用图，各类窗的高度与宽度尺寸通常采用扩大模数3M数列作为洞口的标志尺寸，需要时只要按所需类型及尺度大小直接选用。

## 11.2　门窗的分类

### 11.2.1　门按开启方式分类

1. 平开门　平开门的铰链装于门扇的一侧，与门框相连，使门扇围绕铰链轴转动。平开门是日常生活中最常见的一种门，其门扇有单扇和双扇两种。平开门的构造简单、制作方便、开关灵活。

弹簧门（自关门）也是平开门的一种，它以弹簧铰链或地弹簧代替普通铰链，借助弹簧的弹力使门扇能自动关闭，因此弹簧门可用于对门有自关要求的场所。

2. 推拉门　推拉门的启闭方式是向左右推拉。推拉门按门扇开启后的位置不同可分为交叠式推拉门、面板式推拉门和内藏式推拉门三种；从安装方法上可分为上挂式、下滑式(此滑轮不承重，只减少下轨移动阻力）以及上挂和下滑相结合式三种形式。在民用建筑中采用推拉门分隔内部空间，既节约空间，又轻便灵活。推拉门也可用作工业建筑中的仓库、车间大门等。推拉门的安装方法可根据门扇的高度来确定：当门扇高度小于4m时，一般采用上挂式，即在门扇的上部装置滑轮，滑轮吊在门过梁的预埋铁轨上；当门扇高度大于4m时，一般采用下滑式，即在门扇下部安装滑轮，滑轮在地面预埋的铁轨上滑行。推拉门构造较复杂，开关时有噪声，封闭性不好，开启速度慢而且不方便，对疏散不利，不能用于安全疏散出口。

3. 折叠门　折叠门可分为侧挂折叠门、侧悬折叠门和中悬折叠门三种。侧挂折叠门无导轨，使用普通铰链，但一般只能挂一扇，且不适用于宽大的门洞。侧悬折叠门有导轨，滑轮装在门扇一边，它的开关比较灵活省力。中悬折叠门有导轨，且将滑轮装在门扇当中，它的优点是推动一扇可牵动多扇，缺点是开关时比较费力。折叠门开启时可节省占地，但构造较复杂，一般可作商业建筑的门或公共空间中的活动隔断。

4. 卷帘门　卷帘门的门扇由条状金属帘板相互铰接组成。卷帘门门洞两侧设有金属导槽，开启时由门洞上部的卷动滚轴将帘板卷入门上端的滚筒。卷帘门适用于不同大小的门洞，具有防火、防盗、开启方便、不占室内外空间等优点；但其制作较复杂、造价较高，故多用于商业建筑及车库。

5. 旋转门　旋转门由固定的弧形门套和垂直旋转的门扇构成。旋转门的门扇可分为三扇或四扇，绕竖轴旋转，如图11-1所示。旋转门可减少热量或冷气的流失，具有良好的保温隔声效果，密封性能优良；但其构造复杂，造价高，且不适用于人流集中出入的公共建筑，它需在旋转门旁附设平开疏散门，以利人流疏散。旋转门可分为普通旋转门和自动旋转门两种。

图 11-1 旋转门

6. 上翻门 上翻门由门扇、平衡装置、导向装置三部分组成，其中平衡装置一般采用重锤平衡或弹簧平衡两种方式，如图 11-2 所示。上翻门对五金零件及安装工艺的要求较高，具有不占使用面积的优点，适用于不经常开关的车库门。

图 11-2 上翻门

7. 伸缩门 伸缩门一般为电动形式，具有防卫功能，通常与门卫值班室相连，以便操作控制。伸缩门适用于公共建筑的大门入口或停车场入口，如图 11-3 所示。

图 11-3 伸缩门

## 11.2.2 窗按开启方式分类

1. 平开窗 平开窗是指窗扇沿水平方向开启的窗，窗扇及铰链与窗框相连，如图 11-4 所示。平开窗分外开窗和内开窗两种。外开窗在开启时不占室内使用空间，且排水问题容易解决，但易损坏。内开窗开启时占用室内空间。平开窗构造简单、开启灵活、维修方便、被广泛运用于民用建筑中。平开窗可以获得最大的通风面积，在迎风向的情况下，可以得到非常好的进风效果。但在侧风的情况下，外开窗如只能将窗扇开至90°，就有可能因部分遮挡而影响进风，不如内开窗的通风效果好。现在生产的塑钢窗一般都采用滑动的铰链在窗上、下冒头上安装，使概念上的平开窗实际上相当于立轴旋转的窗，在窗扇的两侧都留有进风口，可以任意调节窗扇与风入射角的相对位置，使外开窗能开启到180°，通风效果较好。

图 11-4 平开窗

2. 推拉窗 推拉窗是指窗扇沿导轨或滑槽滑动的窗户（见图11-5）。推拉窗可分为垂直推拉窗与水平推拉窗两种形式。水平推拉窗扇受力状态好，适宜安装较大玻璃，所以在现代建筑中较为常见。垂直推拉窗则需要在框的两端设置平衡锤。推拉窗开启时不占室内空间，但其通风面积减小一半。推拉窗虽然进风面积小，但通过两侧的开启面积不同形成压力差，将即使是入射角非常小的风也可导入室内，是采用相当广泛的窗型。

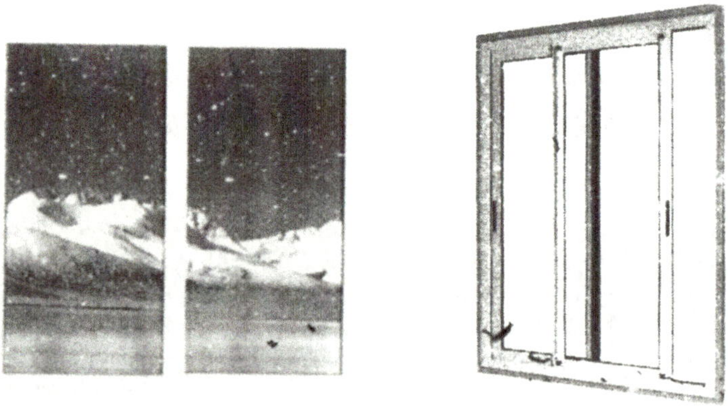

图 11-5 推拉窗

3. 悬窗（翻窗） 悬窗又分上悬、中悬、下悬三种（见图11-6）。上悬窗铰链安装在窗扇上部，一般向外开。上悬窗通风效果较差，即便开启较大的情况下，气流场仍偏于室内空间的上方，在人身体的高度感觉不到风，因此，在夏天不能使人感到凉爽，在冬天也没有寒风刺骨的感觉；加之这种窗的窗扇像倾斜的雨篷，雨不容易进入室内，具有良好的防雨性能，因此，常用在不需经常开启和关闭的场合，如公共走道、楼梯间、卫生间等处，多用作门和窗上的亮子。中悬窗是在窗扇中部装水平转轴，开启时窗扇上部向内，下部向外，绕水平轴旋转，有利于挡雨、通风，常用于高侧窗。中悬窗和上悬窗主要是起换气的作用。下悬窗铰链安装在窗扇下部，一般向内开，虽然通风性能好，但占用室内空间，且不防雨，用得较少。

图 11-6　悬窗

4. 百叶窗　百叶窗是利用木质或金属薄片作百叶片遮挡阳光和视线，并保持自然通风的窗户，多用于卫生间、暗室等部位。现今多被百叶窗帘或夹在双层玻璃中间的百叶装置所替代，如图 11-7 所示。

图 11-7　百叶窗

5. 固定窗　固定窗的窗扇不能开启，只可供采光和眺望之用，不能通风，构造简单，密封性能好，多与门亮子或开启窗配合使用，如图 11-8 所示。

图 11-8　固定窗

### 11.2.3 门窗按所用材料分类

按材料不同，常见的门窗有木质门窗、型材门窗、玻璃门窗等。

1. 木质门窗　木质门窗用于室内的较多，因为大多数木材遇水容易发生翘曲变形，用于外墙上有可能会因变形而难以开启。但木制品易于加工，感官效果良好，用于室内的效果是其他材料难以替代的。

2. 型材门窗　铝合金门窗、镀锌彩板门窗、塑料门窗、钢门窗等都是型材门窗，其中实腹钢门窗因为节能效果和整体刚度都较差，已不再使用；空腹钢门窗采用薄壁型钢制作，较实腹钢门窗具有更大的刚度；铝合金门窗由不同断面型号的铝合金型材和配套零件及密封件加工制成，其自重小，具有相当的刚度，在使用中的变形小，且框料经过氧化着色处理，无须再涂漆和进行表面维修；塑料门窗一般需要在塑料型材内腔加入钢或铝等加强材料，故又称为塑钢门窗。塑料门窗的材料耐腐蚀性能好，使用寿命长，且无须油漆着色及维护保养。中空塑料的保温隔热性能好，制作时断面形状容易控制，有利于加强门窗的气密性、水密性和隔声性能，加上工程塑料良好的耐候性、阻燃性和电绝缘性，使得塑料门窗近年来成为广泛使用的产品类型。

3. 玻璃门窗　玻璃门窗是指采用加厚玻璃无边框的门窗扇构成的门窗，这种门窗通透性好，但密闭性较差。玻璃门窗应用较多，它可使建筑立面具有较强的现代感。

在现代建筑中，对门窗的功能要求越来越高，从而产生不同功能的门窗。门窗若按功能不同还可以分为用于安全防护的防盗门窗、适用不同防火要求的防火门窗、满足一定隔声要求的隔声门窗以及适用有密闭要求设施的密闭门窗等。

### 11.2.4 门窗的组成

门窗通常由门窗框、门窗扇和五金件组合而成。门窗框是门窗固定的部分，而门窗扇是门窗可供开启的部分，五金件则连接、控制、固定门窗的不同部分以及门窗和建筑的其他部分，如墙体等。构成门窗各部分的专业名称主要是沿用传统的木质门窗的称呼，如图11-9所示。

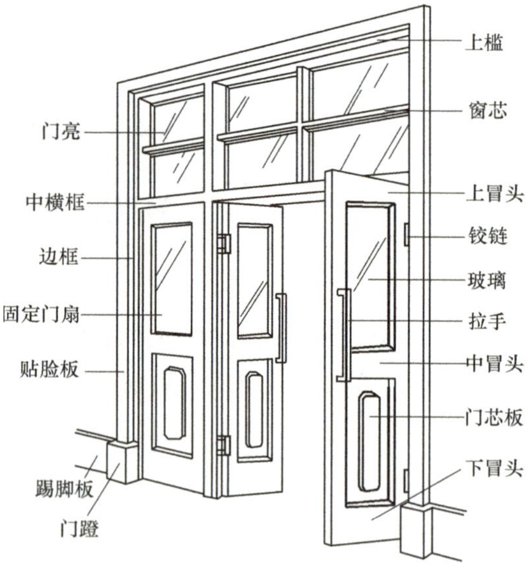


图11-9　门各部分的名称示意图

1. 门窗框　两边的垂直构件称之为边梃，水平构件则从上至下依次分别称之为上槛、中槛和下槛。控制门窗扇关闭时的位置或开启时的角度的构件称为止口条。

2. 门窗扇　门扇主要有两类形式，分别为外露骨架的拼板门、镶玻璃或镶板门以及将骨架包在内部的夹板门。对前者而言，两边的垂直构件称为边梃，水平构件则依次分别称为上冒头、中冒头和下冒头，镶入的板称为门芯板。后者构造较简单，主要是内骨架和面板。窗扇因为采光的原因，绝大部分是镶玻璃窗，其各部分名称同镶玻璃门。有少数窗（如百叶窗），其芯板成角度分块插入，中间留有空隙，起遮挡光线和通风的作用。

3. 门窗五金　门窗五金的种类很多，主要有铰链（又称合页）、插销、拉（执）手、门碰头（门吸）、开窗器、窗钩和门锁等（见图 11-10）。

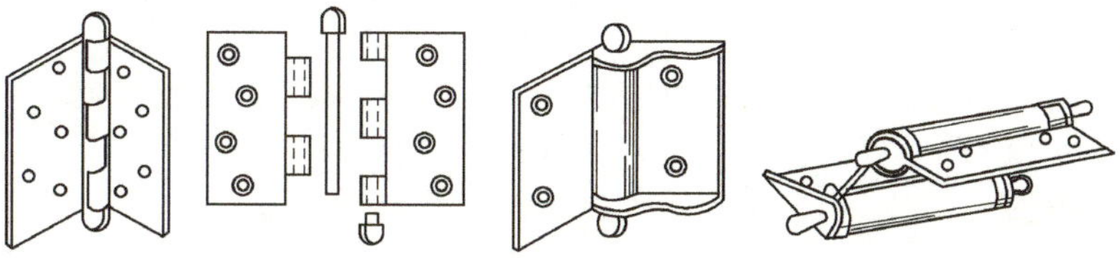

a) 铰链

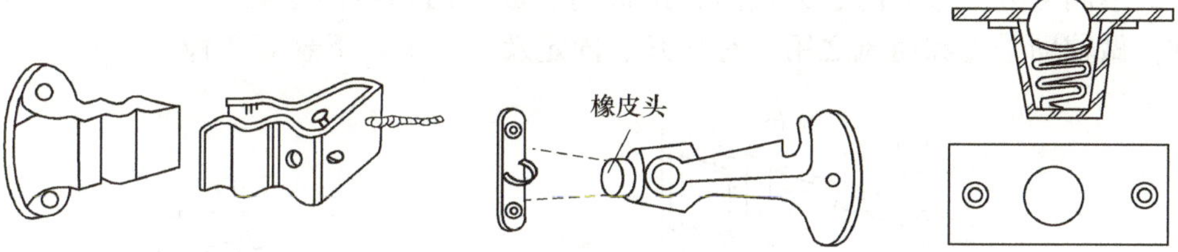


b) 门碰头

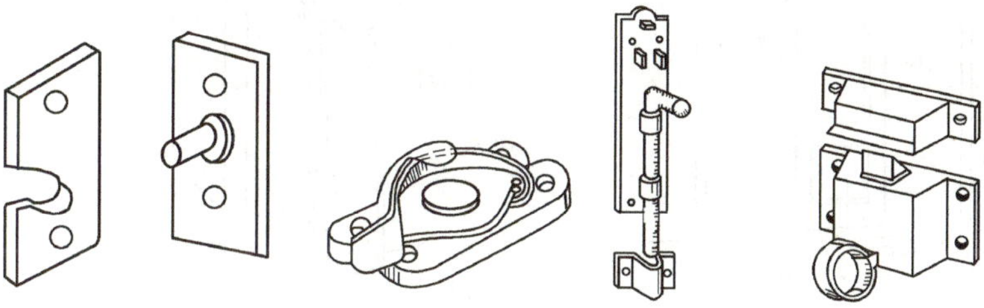

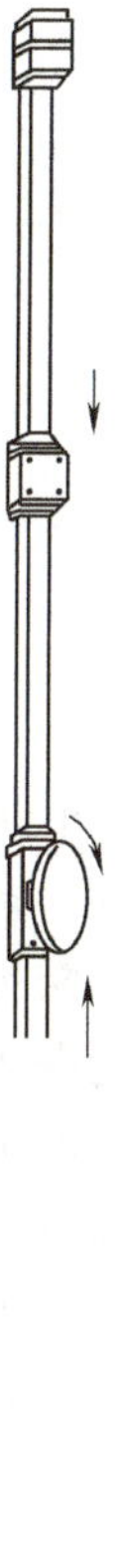

c) 插销

d) 拉手与门锁

图 11-10　门窗五金

4. 附加部分　有一些与门窗有关的附加部分在门窗的防水、防风等方面起着重要的作用，如披水、密封条等；另有一些附加部分虽然应该属于装修构件，但其与门窗的关系密切，如窗台板、贴脸、门窗套等，它们除了起到保护墙角使之不易受损及易于清洁等作用外，主要还用于遮盖门窗框与墙体之间的缝隙，掩盖门窗因经常开启时的振动拉裂其间的粉刷而造成的不良观感。

## 11.3 木门窗

### 11.3.1 平开门的构造

平开门一般由门框、门扇、亮子、五金零件及其附件构成，如图11-11所示。木门按门扇构造方式不同可分为镶板门、夹板门、拼板门、玻璃门和纱门等类型。亮子又称腰头窗，在门上方，做辅助采光和通风之用，有平开、固定及上、中、下悬等几种。

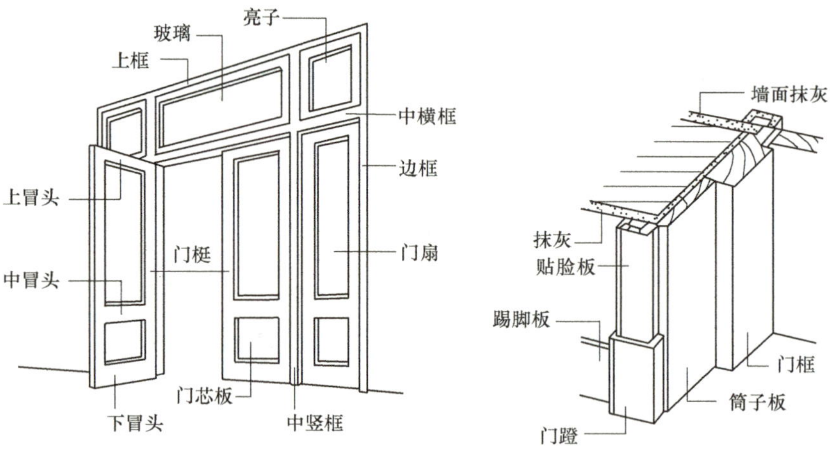


图11-11 平开门的构造

1. 门框　门框又称门樘，一般由两根竖直的边框和上框组成。当门带有亮子时，还有中横框。多扇门则有中竖框，门框的安装如图11-12所示。门框的构造如图11-13所示。有保温、防风、防水、防风沙和隔声要求的门应设下槛。

门框可在墙的中间位置或与墙的一边平齐，一般与开启方向一侧平齐，尽可能方便门扇开启时贴近墙面。门框四周的抹灰极易开裂脱落，因此，在门框与墙结合处应做贴脸板和木压条盖缝，门洞两侧和上方应设筒子板（见图11-11）。

2. 门扇　常用的门扇有镶板门、夹板门、拼板门和推拉门等。

1）镶板门。镶板门（包括玻璃门、纱门）是常用门扇的一种，门扇由边梃、上冒头、中冒头（可做数根）和下冒头组成骨架，内装门芯板而构成（见图11-14）。

当门芯板采用玻璃时，即为玻璃门，可以是半玻门或全玻门。若门芯板换成塑料纱（或铁纱），即为纱门。由于纱门轻，因此门扇骨架用料可小些（见图11-15）。

2）夹板门。夹板门是中间为轻型骨架，两面粘贴面板而成（见图11-16）。门扇面板可用胶合板、塑料面板和硬质纤维板。面板不再是骨架的负担，而是和骨架形成一个整体，共同抵抗变形。

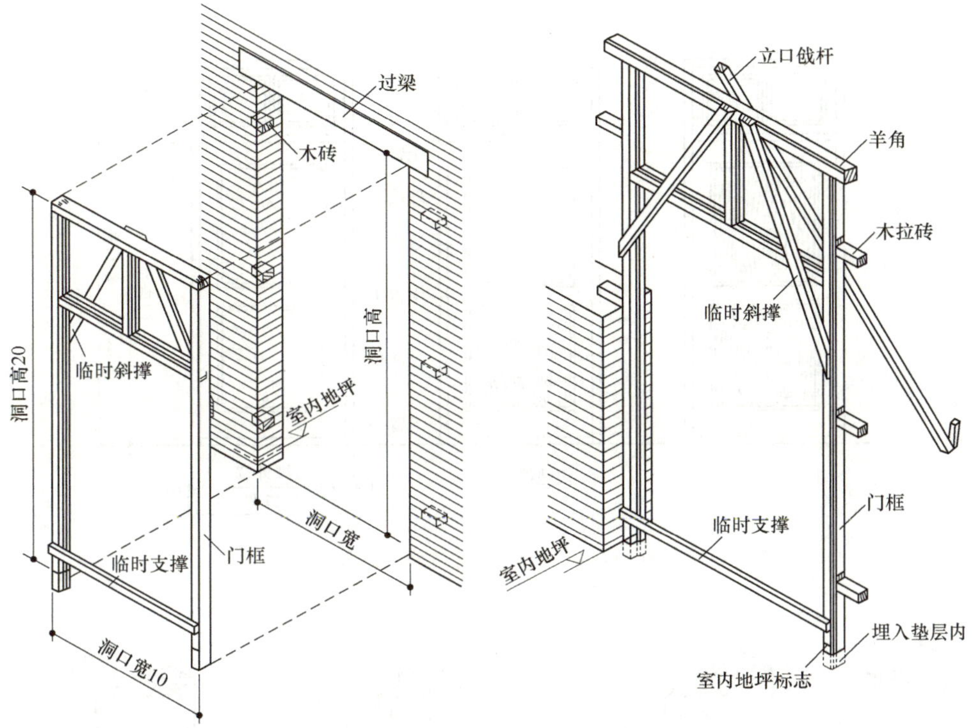


a) 塞口　　b) 立口

图 11-12　门框的安装

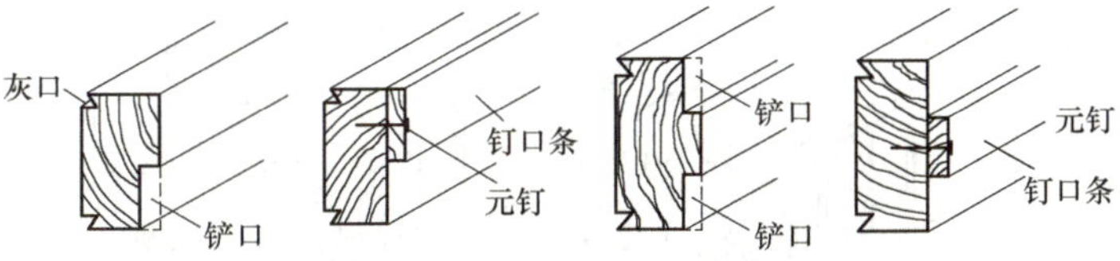


a) 单面铲口　b) 单面钉口　c) 双面铲口　d) 双面钉口

图 11-13　门框的构造

夹板门构造简单、用料省、自重轻、外形简洁，便于工业化生产，在一般民用建筑中广泛用做建筑的内门。

3）拼板门。拼板门的门扇完全由实心木板拼接而成，其拼接方式多采用企口咬接。拼板门的构造如图 11-17 所示。拼板门坚固耐久，材料截面较大，因而自重大。拼板门常用于库房、车间的外门。

4）推拉门。暗装推拉门的构造如图 11-18 所示。

## 11.3.2　平开窗的构造

木窗由窗框、窗扇（玻璃扇、纱扇）、五金（铰链、风钩、插销）及附件（窗帘盒、窗台板、贴脸板）等组成(见图 11-19)。

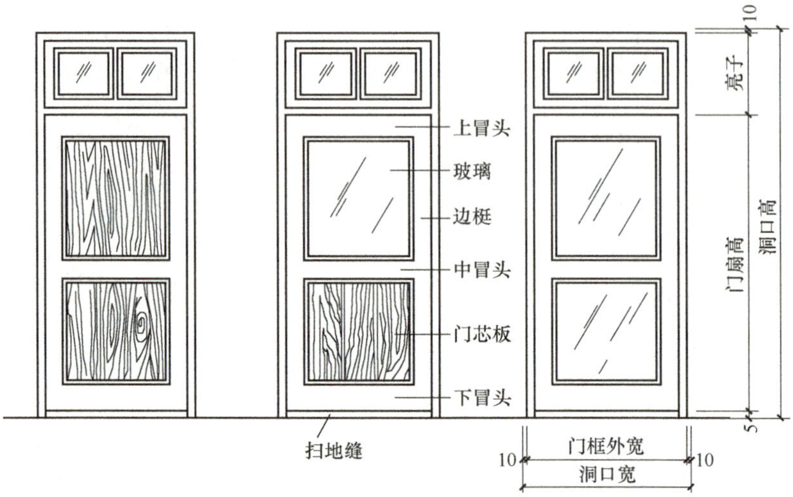


图 11-14 镶板门与玻璃门的构造

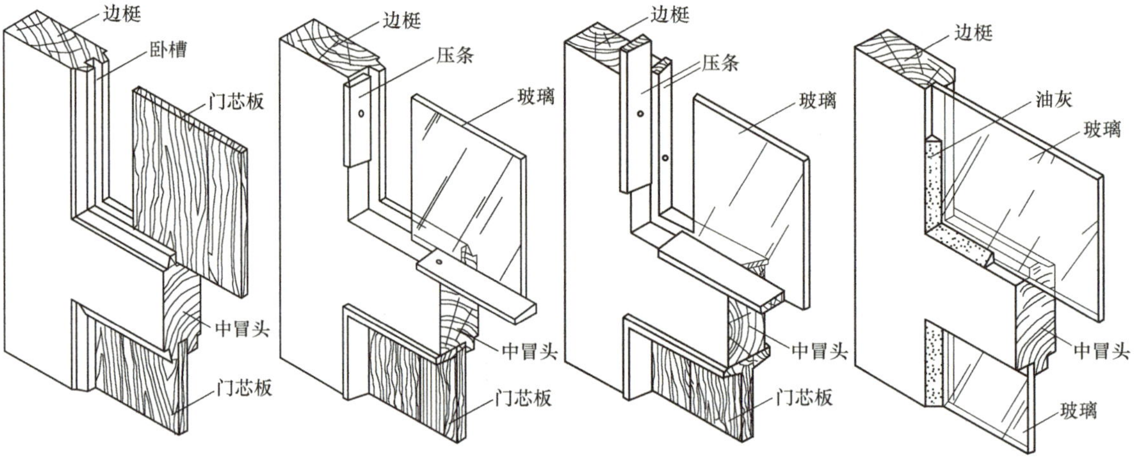


图 11-15 门芯板与玻璃的安装

1. 窗框 最简单的窗框由边框及上、下框所组成。当窗洞尺度较大时，应增加中横框或中竖框：通常在垂直方向有两个以上窗扇时应增加中横框；在水平方向有三个以上的窗扇时，应增加中竖框。窗框的安装如图 11-20 和图 11-21 所示。

窗框在墙上的位置一般是居墙中或与内墙表面平齐。当窗框与内墙表面平齐时，安装时框凸出砖面 20mm，以便墙面粉刷后与抹灰面平齐。框与抹灰面交接处应用贴脸板搭盖，以阻止由于抹灰干缩形成缝隙后风透入室内，同时可增加美观。当窗框立于墙中时，应内设窗台板，外设窗台。当窗框与外墙表面平齐时，靠室内一面设窗台板。窗台板可用木板，也可用预制水磨石板。窗框与墙体的接缝如图 11-22 所示。

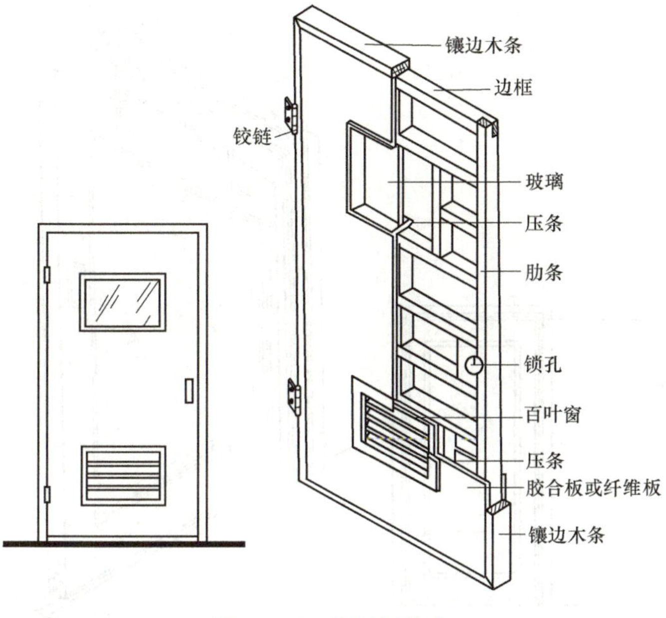


图 11-16 夹板门构造

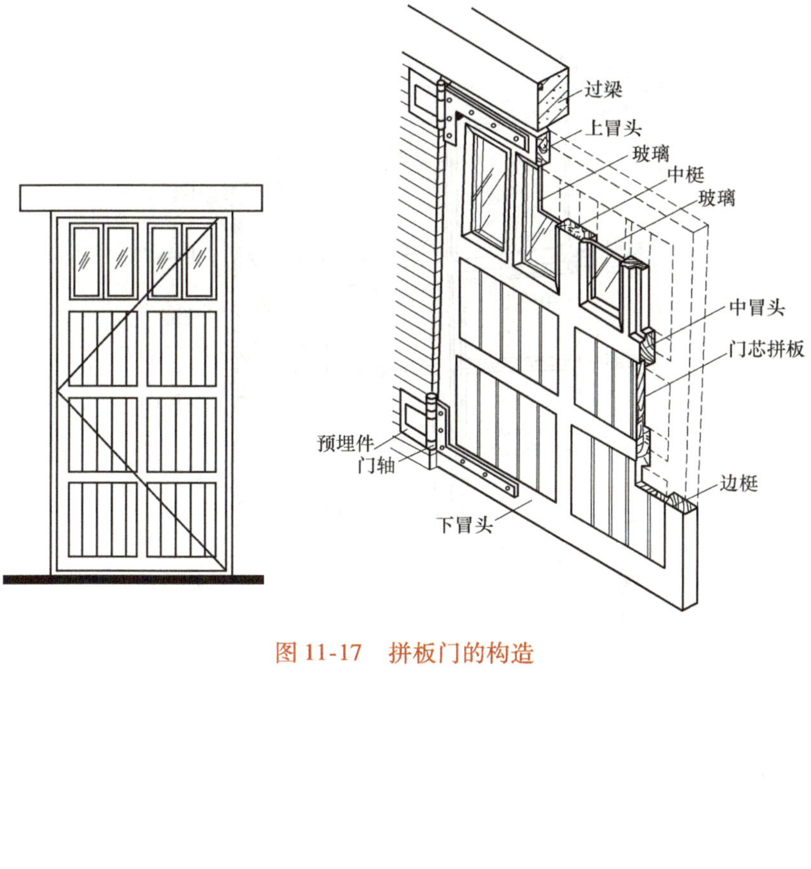


图 11-17 拼板门的构造

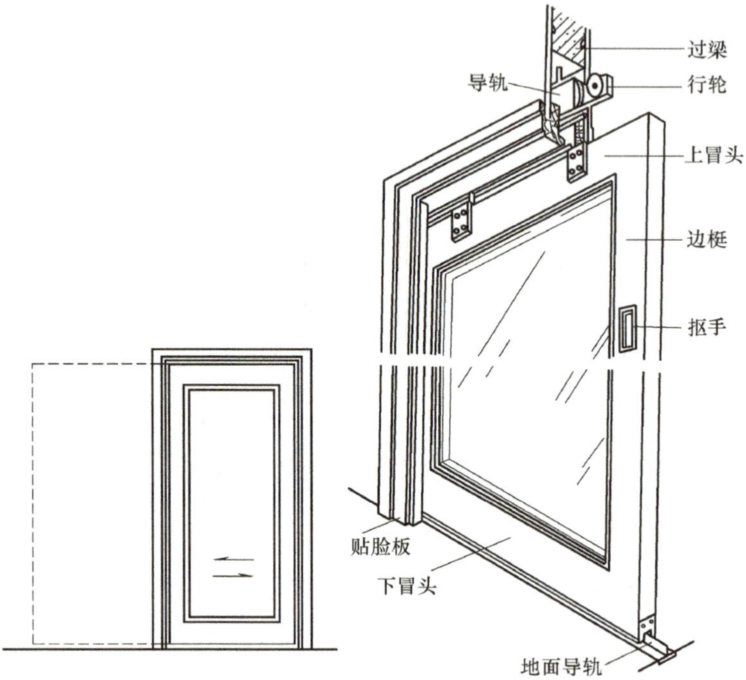


图 11-18 推拉门构造

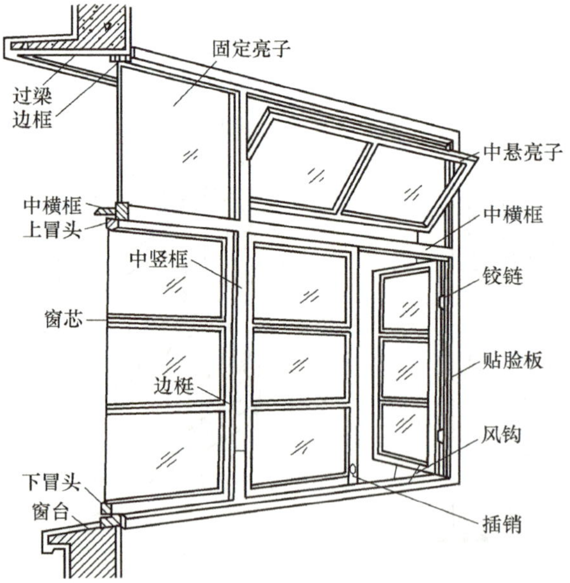


图 11-19 平开窗的构造

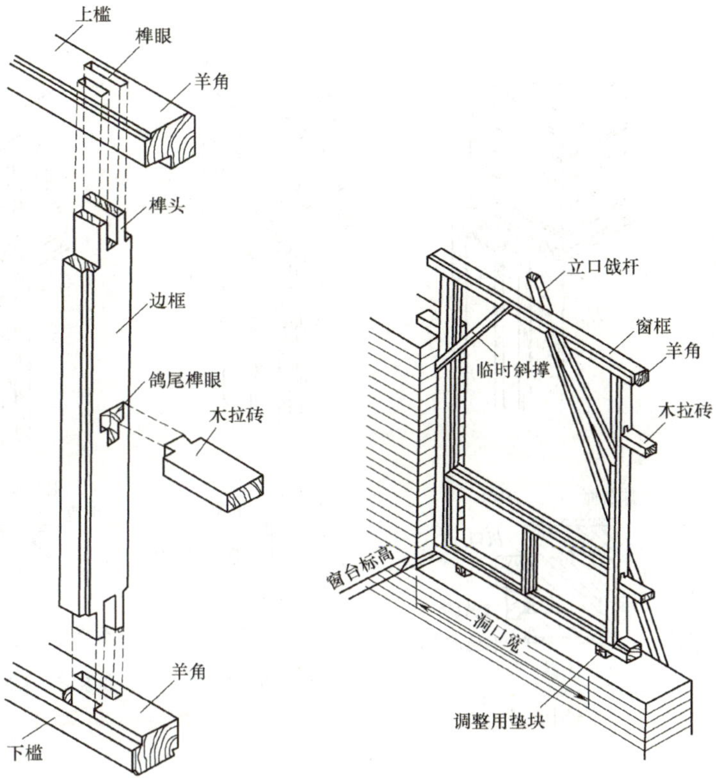


a) 立口窗框构造　　b) 窗框立口施工

图 11-20　窗框的立口安装

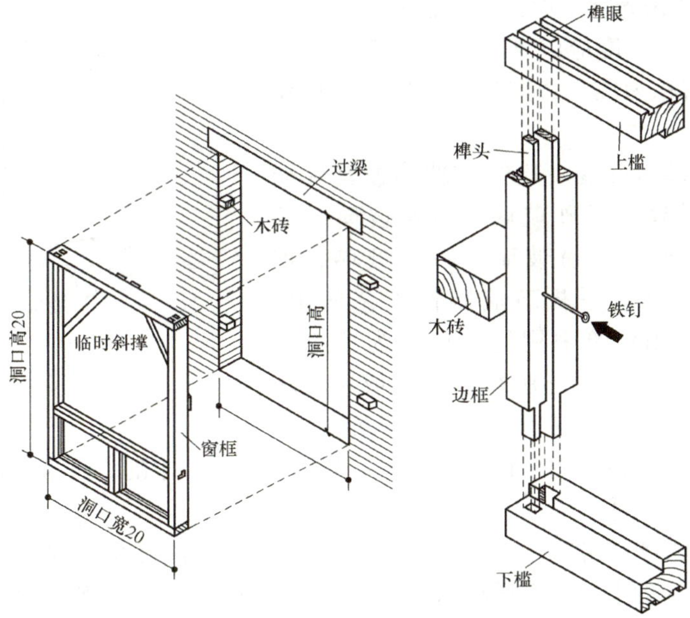


a) 窗框塞口施工　　b) 塞口窗框构造

图 11-21　窗框的塞口安装

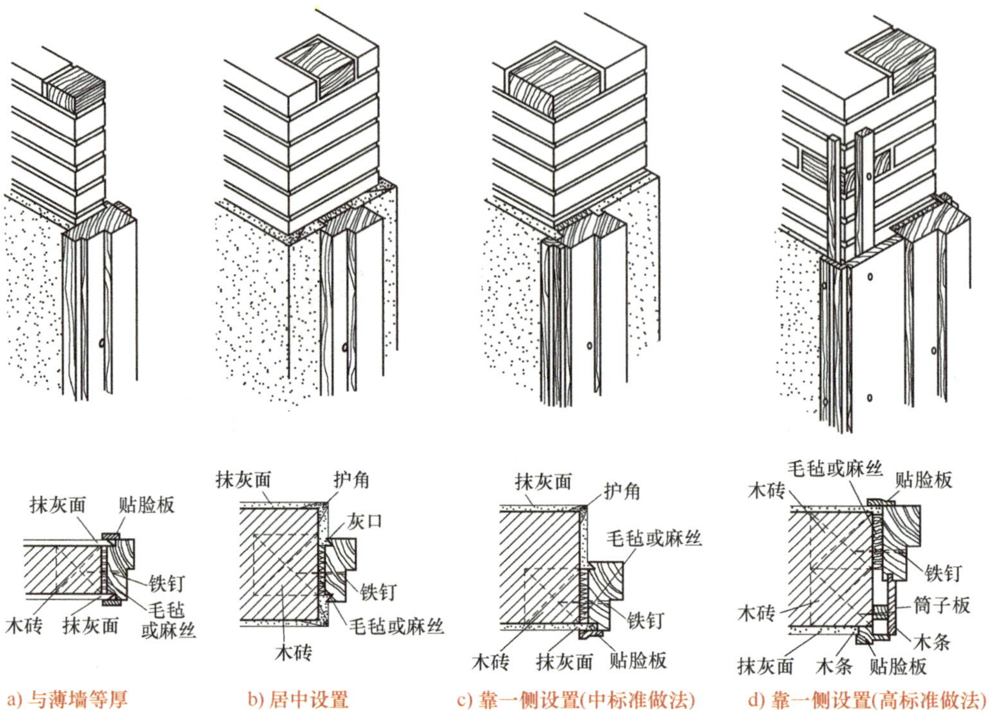


图 11-22 窗框与墙体的接缝处理

2. 窗扇 常见的木窗扇有玻璃窗扇和纱窗扇。窗扇是由上、下冒头和边挺榫接而成，有的还用窗芯（又称窗棂）分格。平开窗扇对口做法如图 11-23 所示。

1）窗户大小按采光需要而设置，窗扇承受风压和自重，它的宽度与高度应以不增大窗框截面用料和过多占据室内面积为准，否则过大、过宽会使窗扇变形。

2）玻璃的选择与安装。建筑用玻璃按其性能可分为普通平板玻璃、磨砂玻璃、压花玻璃（装饰玻璃）、吸热玻璃、反射玻璃、中空玻璃、钢化玻璃和夹层玻璃等。平板玻璃制作工艺简单，价格最便宜，在民用建筑中用得最广。为了遮挡视线的需要，民用建筑也选用磨砂玻璃或压花玻璃。其他几种玻璃则多用于有特殊要求的建筑中。

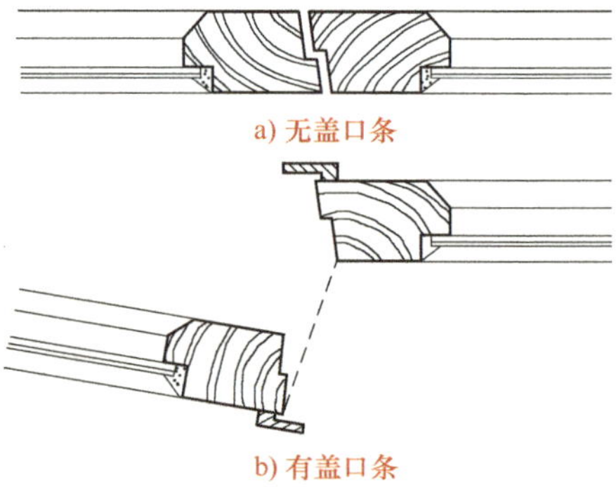


图 11-23 平开窗扇对口做法

玻璃厚薄的选用与窗扇的分格大小有关：分格单块面积小的，可选用薄的；分格单块面积大的，玻璃厚度应大些。

3. 平开窗防风雨构造措施 外开窗窗扇向室外开启。内开窗窗扇向室内开启，防水性差，因此，需在窗扇的下冒头上做披水，窗框的下框设排水孔等特殊处理。

窗框与窗扇间的缝隙易进风沙和雨水，因此，应采取适当密封性的构造措施，如图 11-24 所示。

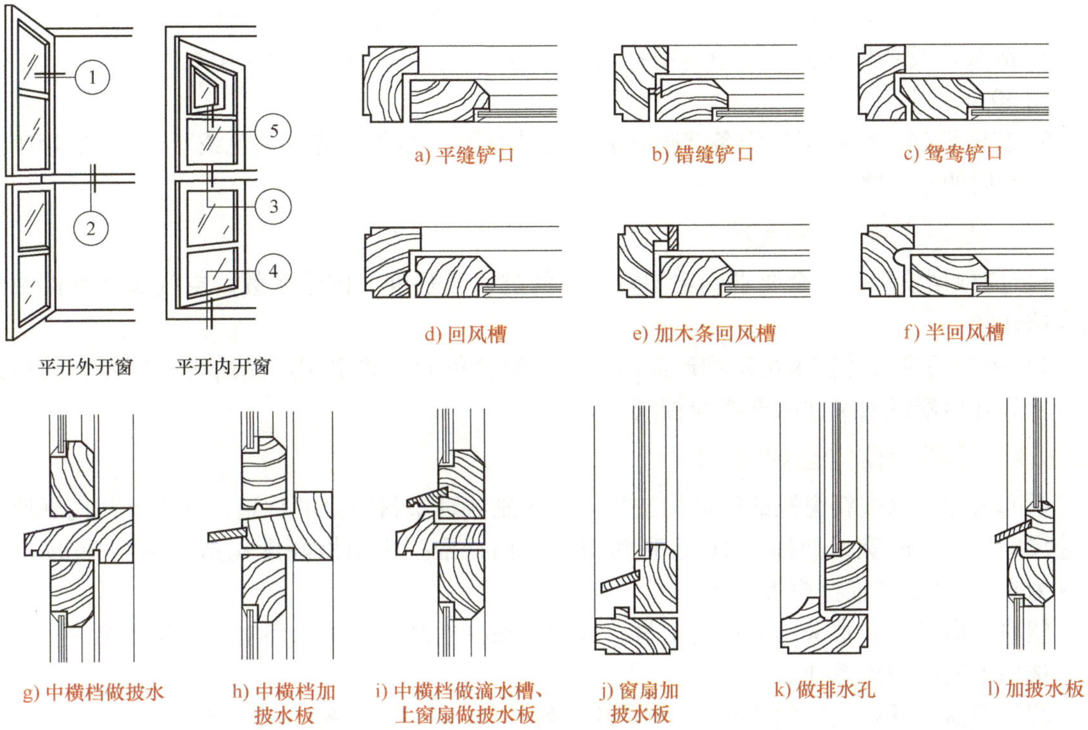


图 11-24 平开窗防风雨构造措施

①—边框与窗扇的密封措施 ②—外开窗中横档披水 ③—内开窗中横档披水 ④—内开窗下框防水与排水 ⑤—气窗披孔

## 11.4 塑料门窗

随着建筑的发展和人们对建筑的舒适性及耐久年限要求的不断提高，木门窗、钢门窗已经不能满足现代建筑对门窗的要求。塑料门窗、铝合金门窗等以其用料省、质量轻、密闭性好、耐腐蚀、坚固耐用、色泽美观、维修费用低而得到了广泛的应用。

塑料门窗是以聚氯乙烯、改性聚氯乙烯或其他树脂为主要原料，以轻质碳酸钙为填料，添加适量助剂和改性剂，经挤压机挤出各种截面的空腹门窗型材，再根据不同的品种规格选用不同的截面异型材料组装而成。由于塑料刚度差，变形较大，因此一般在型材内腔加入钢或铝等材料，以提高抗弯能力，即塑钢门窗，它比全塑门窗刚度更好、重量更轻。

### 11.4.1 塑料门窗的特点

1. 质量轻 塑料门窗用料省，质量轻。

2. 性能好 塑料门窗的密封性好，其气密性为木窗的 3 倍、铝窗的 1.5 倍；热损耗为金属窗的 1/1000；隔声效果比铝窗高 30dB 以上。同时，塑料本身具有耐腐蚀性，经过处理的塑料型材可广泛用于有腐蚀性气体作用下的化工、冶金、制药、造纸、饮料、纺织等工业及沿海盐雾地区的中高档宾馆、办公楼和其他建筑。

3. 具有一定的防火性能　塑料型材不自燃，不助燃，能自熄，氧指数不小于35%。

4. 耐久性及维护性能好　塑料型材表面不用涂料保养，能在40～70℃的环境温度下正常使用30年以上。

5. 装饰性强　塑料型材线条清晰，表面光洁细腻，颜色丰富（白色或彩色），适用于阳光直接照射的建筑物。

### 11.4.2　塑料门窗设计要求

1）应根据使用和安全要求确定塑料门窗的抗风压强度、传热系数、空气渗透性能及雨水渗透性能。

2）组合门窗设计宜采用定型产品门窗作为组合单元。非定型产品的设计应考虑洞口最大尺寸和开启扇最大尺寸的选择与控制。

### 11.4.3　塑料门窗的型材系列

系列名称是以塑料窗框的厚度构造尺寸来区别各种塑料门窗的称谓，如平开门门框厚度构造尺寸为60mm宽，即称为60系列塑料平开门，推拉窗窗框厚度构造尺寸为95mm宽，即称为95系列塑料推拉窗等。

塑料门窗设计通常采用定型的型材，选用时根据地区、气候、环境以及建筑物的使用要求，选用不同的门窗系列。

塑料门窗的系列主要包括60、66平开系列，62、73、77、80（1）、80（2）、85、88和95推拉系列等，多腹腔异型材组装的单框单玻、单框双玻、单框三玻固定窗、平开窗、推拉窗、平开门、推拉门和地弹簧门等门窗。

### 11.4.4　常用塑料门窗构造

1. 平开窗　塑料平开窗的构造和安装分别如图11-25和图11-26所示。

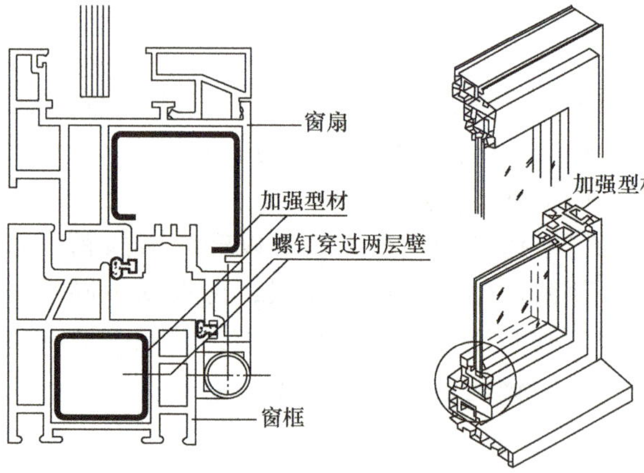


图11-25　塑料平开窗构造图

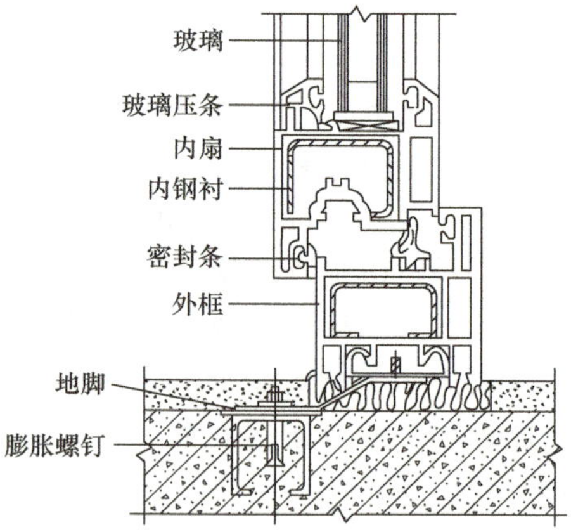


图11-26　塑钢平开窗与门窗洞口安装示例

较为常用的平开窗有60系列和66系列。

1）60系列平开窗主型材为三腔结构，有独立的排水腔，具有保温、隔声、防盗的特点。窗扇可采用单框单玻或单框双玻，既可用于热带，也可用于寒冷地区。

2）66系列平开窗窗扇可安装两层、三层玻璃，采用四腔结构，其保温、隔声、强度与性能高于三腔结构，特别适用于寒冷地区。

2. 推拉窗　推拉窗可用拼料组合成其他形式的窗式门连窗，还可以装配成各种形式的纱窗。塑钢推拉窗构造如图 11-27 所示。塑料推拉窗外形美观，采光面积大，开启不占空间，防水及隔声均佳，并具有很好的气密性和水密性，但通风面积最大只能达到窗口面积的一半。推拉窗广泛用于住宅、宾馆、办公、医疗建筑中。

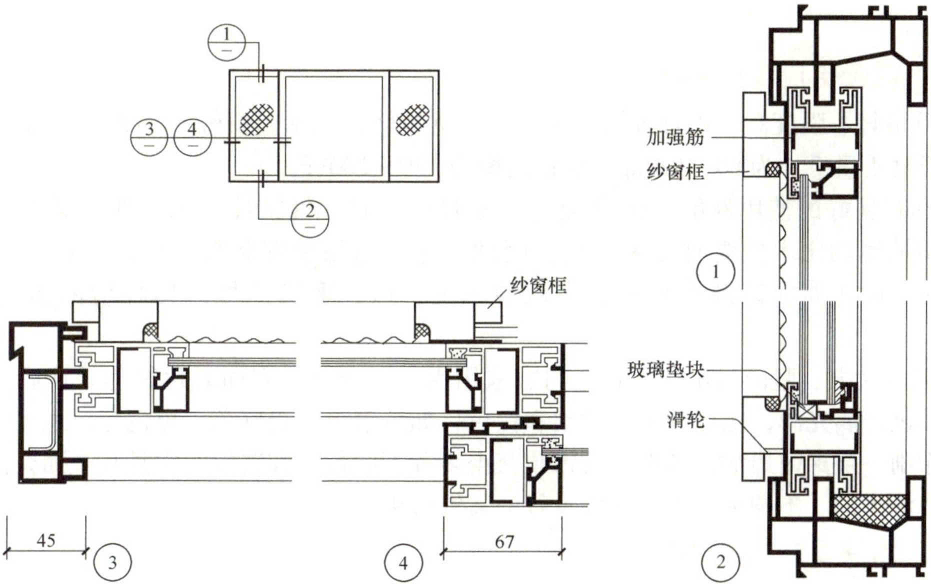


图 11-27　塑钢推拉窗构造

## 11.4.5　塑料门窗的安装

塑料门窗是将型材通过下料、打孔、攻螺纹等一系列工序加工成为门窗框及门窗扇，然后与连接件、密封件、五金件一起组合装配成门窗。

1. 立框　门窗安装时，将门窗框在抹灰前立于门窗洞口处，与墙内预埋件对正，然后用木楔将三边固定，并检验确定门和窗框水平、垂直、无挠曲。

2. 固定　采用连接件将塑料框固定在墙（柱、梁）上，连接件固定可采用预埋件焊接（适用于钢筋混凝土墙）、铁脚连接（砖墙）、金属膨胀螺栓连接（钢筋混凝土墙）和射钉连接（钢筋混凝土墙）等方法。

3. 填缝　塑料门窗框四周与洞口间的缝隙一般采用软质保温材料填塞，如用闭孔泡沫塑料、发泡聚苯乙烯等分层填实，填塞不宜过紧，外表留 5～8mm 深的槽口。

4. 密封　以密封膏密封填塞软质保温材料后留有的槽口。

塑料门窗框四周与洞口间的缝隙填塞软质保温材料，并以密封胶密封可有效地防止门窗框四周形成冷热交换区而产生结露，改善建筑物的隔声、保温功能，避免门窗框直接与混凝土、水泥砂浆接触时的墙体变形对门窗框可能产生的应力，造成门窗变形难以开启。

## 11.5 铝合金门窗

铝合金门窗具有重量轻、强度高、耐腐蚀、密闭性好等优点，在建筑中被广泛应用。各种铝合金门窗都是采用不同断面型号的铝合金型材、配套零件及密封件加工制作而成，各地铝合金加工厂都有各自标准系列产品供选用，有特殊需要时可提供图样，委托加工。

### 11.5.1 铝合金门窗的特点

1. 重量轻、强度高　铝合金门窗用料省、重量轻，比木门窗轻50%左右。每平方米门窗耗用铝材质量平均为80～120kg，而钢门窗为170～200kg。

2. 具有良好的使用性能　铝合金门窗密封性能好，气密性、水密性、隔声性、隔热性、耐腐蚀性均比木门窗有显著提高。因此，它更适用于安装有空调设备和有隔声、保温、隔热、防尘要求以及多暴雨、多风沙、多台风、多腐蚀性气体环境的房间和建筑物中。

3. 美观大方、坚固耐用　铝合金门窗采用铝合金型材经表面氧化着色处理后，既可以保持银白色金属光泽，也可制成多种柔和颜色，如古铜色、暗红色、黑色等，还可以在铝合金表面涂刷一层聚丙烯酸树脂保护装饰膜获得多种不同色彩和花纹。它具有表面光洁、新颖大方、色泽牢固、不褪色、不脱落等良好的装饰效果。

### 11.5.2 铝合金门窗的构造及安装

铝合金门窗是表面处理过的铝材经下料、打孔、铣槽等加工工序制作成门窗框料的构件，再通过与连接件、密封件、五金零件一起组合装配成的门窗，其构造如图11-28所示。铝合金门窗多采用水平推拉开启方式。

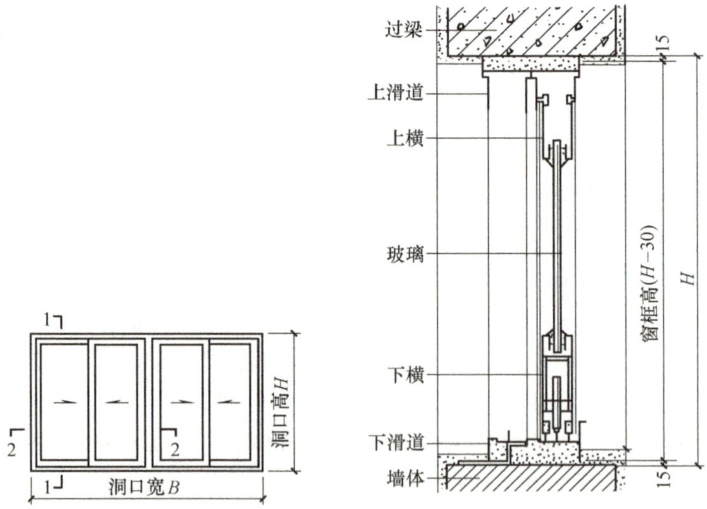

a) 立面图　　b) 1—1剖面图

图11-28　铝合金门窗构造

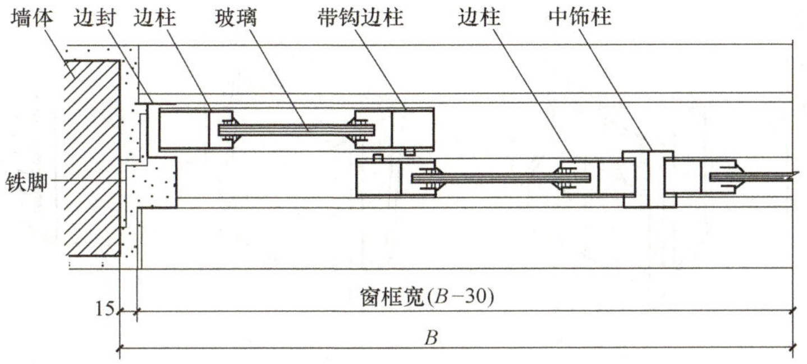


c) 2—2剖面图

图 11-28　铝合金门窗构造（续）

铝合金门窗的安装方式基本同塑料门窗，即先将门窗框在抹灰前立于门窗洞口处，与墙内预埋件对齐后用木楔将各边固定，门窗框经检验横平竖直后，用射钉枪将射钉打入墙或柱、梁上，用连接件将窗扇与门窗框固定，做好铝合金窗安装及缝隙处理。门窗框固定好后，其与门洞四周的缝隙可填入密封材料，如泡沫塑料条、泡沫聚氨酯条、矿棉毡条、玻璃丝毡条等，并用密封膏密封。

铝合金门窗的玻璃可选用 3～8mm 厚度的平板玻璃、镀膜玻璃、钢化玻璃或中空玻璃等，用橡胶压条密封固定。活动窗扇四周都应用橡胶或尼龙密封条密封，以防止金属材质框料的互相碰撞。

## 11.6　遮阳

炎热的夏季，阳光会直接射入室内使室内温度升高，并且产生眩光，室内的过高温度和眩光将直接影响人们的工常工作、学习和生活，因此，遮阳设施是为防止阳光直接照入室内而采取的一种建筑措施。

### 11.6.1　遮阳方式

1. 简易遮阳　即在窗前植树或种植攀缘植物，窗口悬挂窗帘、设置百叶窗、挂苇席帘、支撑遮阳篷布等措施，简易遮阳还可利用雨篷、挑檐、阳台、外廊及墙面花格。

2. 遮阳板　设置在窗前。遮阳板按其形状和位置可分为水平遮阳板、垂直遮阳板、混合遮阳板以及挡板遮阳板等几种基本形式，如图 11-29 所示。遮阳板形式的选择应根据全天候太阳辐射位置和角度而定。选择遮阳板形式的依据如图 11-30 所示。

（1）水平遮阳板：水平遮阳板是在窗口上方设置一定宽度的水平方向的遮阳板，遮挡从窗口上方照射下来的阳光。水平遮阳板适用于北回归线以北地区南向及偏南向的窗口和北回归线以南的低纬度地区的北向及偏北向的窗口。水平遮阳板可做成实心板，也可做成网格板或百叶板。

（2）垂直遮阳板：垂直遮阳板是在窗口两侧设置垂直方向的遮阳板，遮挡从窗口两侧斜射过来的阳光。根据阳光的来向不同，垂直遮阳板可采取不同的做法，如可垂直墙面，也可以与墙面形成一定的夹角。垂直遮阳板适用于偏东、偏西的南向或北向窗口。

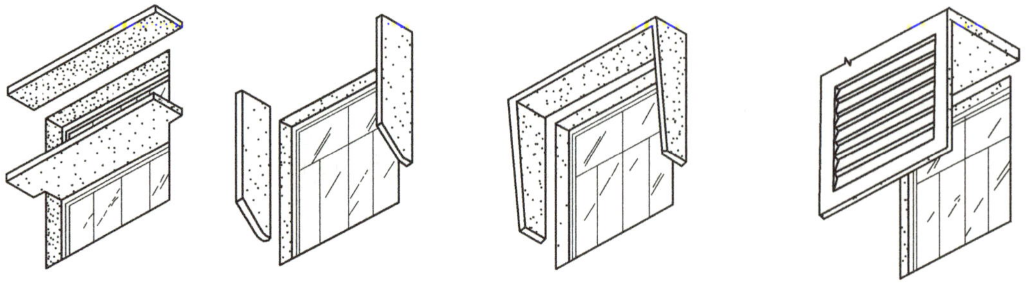


图 11-29 遮阳板的基本形式

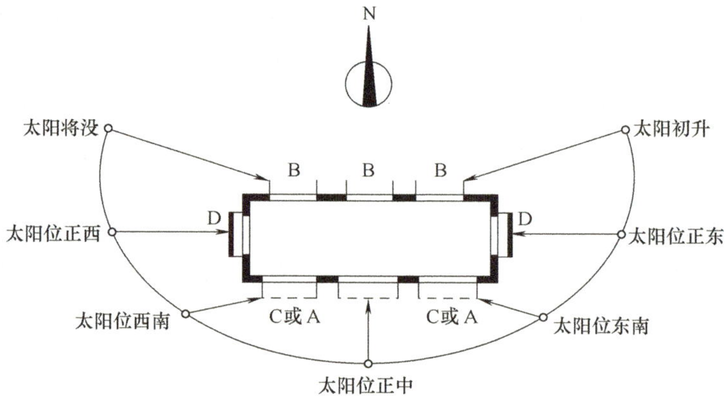


图 11-30 选择遮阳板形式的依据

（3）混合遮阳板：混合遮阳板是水平遮阳板和垂直遮阳板的综合形式，遮挡从窗口两侧及窗口上方射进的阳光，遮阳效果比较均匀。混合遮阳板适用于南向、东南向及西南向的窗口。

（4）挡板遮阳板：挡板遮阳板是在窗口前方离开窗口一定距离设置与窗口平行的垂直挡板。垂直挡板可以有效地遮挡高度角较小的正射窗口的阳光，主要适用于西向、东向的窗口。挡板遮阳板遮挡了阳光，但也遮挡了通风和视线，所以遮阳挡板可以做成格栅式或百叶式。

以上四种基本遮阳形式可以组合使用，形成各种各样的遮阳形式，设计时应根据纬度地区、窗口朝向、房间的使用要求和建筑立面造型来选用遮阳形式。

## 11.6.2 遮阳设施构造设计要点

遮阳设施的使用效果除与遮阳形式有关外，还与构造处理、安装位置、材料及颜色等因素有很大关系，现简要介绍如下。

1. 遮阳的板面组合与构造 遮阳板在满足阻挡直射阳光的前提下，可以有不同的板面组合，以便选择对采光、通风、视野、立面造型和构造等要求都更为有利的形式。水平式遮阳板的几种板面组合形式如图 11-31 所示。

为了减少板底热空气向室内逸散和对采光、通风的影响，通常将遮阳板面全部或部分做

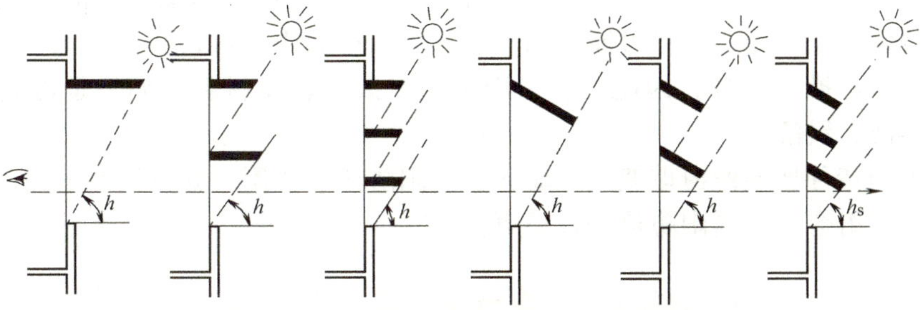


图 11-31　水平式遮阳板的组合形式

成百叶形式；也可中间各层做成百叶，而顶层做成实体，并在前面加吸热玻璃挡板，如图 11-32所示。

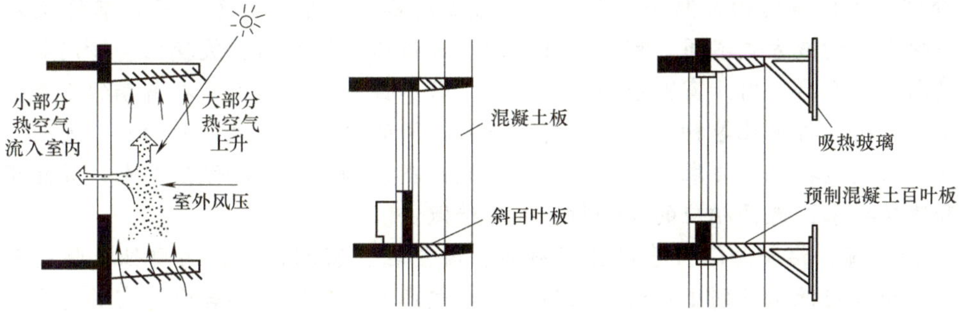


a) 水平百叶板遮阳　b) 竖向百叶板遮阳　c) 水平百叶板结合吸热玻璃挡板遮阳

图 11-32　遮阳板面构造形式

2. 遮阳板的安装位置　遮阳板的安装位置对防热和通风的影响很大。例如将板面紧靠墙面布置时，建筑外墙表面聚集的热空气将由室外导入室内，综合式遮阳时情况更为严重，如图 11-33a 所示。当板面与墙面留一定的距离时，大部分热气将沿墙面排走，如图 11-33b 所示。同样，窗口内侧装布帘、软百叶等遮阳设施时，其所吸收的太阳辐射热大部分散发到室内，如图 11-33c 所示。若改装在窗口外侧，情况则会有较大的改善，如图 11-33d 所示。

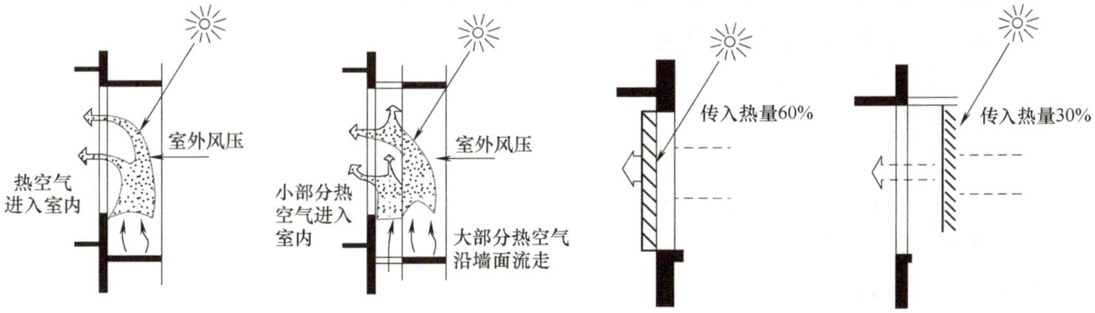


a) 遮阳板直接排出于外墙　b) 遮阳板支离于外墙　c) 内遮阳百叶　d) 外遮阳百叶

图 11-33　遮阳设施的安装位置

3. 材料与颜色　遮阳构件外表面的颜色宜浅，以减少对太阳辐射热的吸收；内表面则应稍暗，以避免产生眩光，应尽可能采用辐射系数较小的构件材料。

遮阳设施多悬挑于室外，因此，应采用坚固耐久的轻质材料。如果是可调节的活动形式，还要求轻便、灵活。

此外，采用特种玻璃做窗玻璃，也能起到遮阳防热的作用。如在构造上加以处理，还可将不同玻璃进行组合，使遮阳防热的效果更佳。

## 单元小结

1. 全面讲述了门窗的种类。门窗均属围护构件，是装设在墙洞中可启闭的建筑构件。门的主要作用是交通联系和分隔建筑空间。要求熟悉室内、外各类门窗的种类和特点，并能根据不同的使用和装饰要求，选择相应的类型。

2. 介绍了木门窗的构造做法。平开门一般由门框、门扇、亮子、五金零件及其附件组成。木门按门扇构造方式不同，可分为镶板门、夹板门、拼板门、玻璃门和纱门等类型。外开窗窗扇向室外开启，内开窗窗扇向室内开启，防水性差，因此，需在窗扇的下冒头上做披水，窗框的下框设排水孔等特殊处理。窗框与窗扇间的缝隙易进风沙和雨水，因此，应采取适当密封性的构造措施。要求熟悉木门窗的常见种类、构造特点和做法要求，并能根据不同的使用和装饰要求，选择相应的装饰材料和构造做法。

3. 塑钢门窗、铝合金门窗等以其用料省、质量轻、密闭性好、耐腐蚀、坚固耐用、色泽美观、维修费用低而得到了广泛的应用。要求熟悉塑钢门窗和铝合金门窗的特点。

4. 遮阳设施是为防止阳光直接照入室内而采取的一种建筑措施。遮阳板按其形状和位置可分为水平遮阳板、垂直遮阳板、混合遮阳板以及挡板遮阳板等几种基本形式。遮阳设施的使用效果除与遮阳形式有关外，还与构造处理、安装位置、材料及颜色等因素有很大关系。要求熟悉各种遮阳形式及其适用的场合，还要了解遮阳设施构造设计的要点。

## 复习思考题

1. 门窗的作用有哪些？门窗的主要要求是什么？
2. 门窗按开启方式不同可分为哪几类？各适用于哪些场所？
3. 门窗按材料和功能不同可分为哪几类？各有何特点？
4. 门窗通常由哪几部分组合而成？
5. 简述平开木门、木窗的组成。
6. 简述门的组成及类型。
7. 常用的木门门扇有哪些类型？
8. 什么是门窗框的塞口安装和立口安装？各有何特点？
9. 平开窗防风雨构造的措施有哪些？
10. 简述塑钢门窗的特点。
11. 铝合金门窗有哪些优点？
12. 窗户遮阳板有哪几种基本形式？各适用于遮挡哪个方向照射下来的阳光？
13. 遮阳设施构造设计要点有哪些？

# 单元12

# 变 形 缝

## 综合素质目标

1）建筑工程最大的魅力来自没有唯一性，正如伸缩缝、沉降缝、防震缝等不同变形缝形式和设置部位，是用来应对和解决不同的变形技术问题。一名合格的工程师应具备积极应对、独立思考、钻研创新的职业精神。

2）回顾老一辈建筑师为祖国建设和中国文化的继承与发扬作出的贡献，激发勇于探索和创新的精神。

## 12.1 概述

受气温变化、地基不均匀沉降以及地震等因素的影响，建筑物结构内部产生附加应力和变形。如处理不当，将会使建筑物产生裂缝甚至倒塌，影响使用与安全。这种情况现有两种解决办法：一种是预先在这些变形敏感部位将结构断开，预留一定缝隙，以保证各部分建筑物在这些缝隙处有足够的变形空间而不造成建筑物的破损，这种将建筑物垂直分割开来的预留缝称为变形缝；另一种是加强建筑物的整体性，使之具有足够的强度和刚度来克服这些破坏应力，不产生破裂。

变形缝的材料及构造应根据其部位和需要分别采取防水、防火、保温、防虫害等保护措施，并保证在产生位移或变形时不受阻挡和不被破坏。高层建筑和防火要求较高的建筑物，其室内变形缝四周的基层，应采用非燃烧体，饰面层也应采用非燃烧体或难燃烧体。变形缝内不应敷设电缆、可燃气体管道和易燃、可燃液体管道；如必须穿过变形缝，应在穿过处设非燃烧体套管，并应采用非燃烧体将套管两端空隙紧密填塞。

变形缝有三种，即伸缩缝、沉降缝和防震缝。

## 12.2 变形缝的设置原则

变形缝最好设置在平面图形有变化处，以利隐蔽处理。

### 12.2.1 伸缩缝的设置

建筑物因温度变化的影响而产生热胀冷缩，在结构内部产生温度应力。当建筑物长度超过一定限度、建筑平面变化较多或结构类型较多时，建筑物会因热胀冷缩变形较大而产生开裂。为预防这种情况的发生，常常沿建筑物长度方向每隔一定距离或在结构变化较大处预留缝隙，将建筑物断开。这种因温度变化而设置的缝隙就称为伸缩缝或温度缝。

伸缩缝要求把建筑物地面以上部分全部断开，基础部分因受温度变化影响较小，不必断开。

伸缩缝的最大间距，应根据不同材料和结构而定，详见有关规范。

砌体房屋和钢筋混凝土结构伸缩缝的最大间距参见表 12-1 和表 12-2 的规定。

**表 12-1 砌体房屋伸缩缝的最大间距** （单位：m）

| 屋顶或楼板层的类别 | | 间距 |
| --- | --- | --- |
| 整体式或装配整体式钢筋混凝土结构 | 有保温层或隔热层的屋顶、楼板层 | 50 |
| | 无保温层或隔热层的屋顶 | 40 |
| 装配式无檩体系钢筋混凝土结构 | 有保温层或隔热层的屋顶、楼板层 | 60 |
| | 无保温层或隔热层的屋顶 | 50 |
| 装配式有檩体系钢筋混凝土结构 | 有保温层或隔热层的屋顶、楼板层 | 75 |
| | 无保温层或隔热层的屋顶 | 60 |
| 瓦材屋顶、木屋顶或楼板、轻钢屋顶 | | 100 |

**表 12-2 钢筋混凝土结构伸缩缝最大间距** （单位：m）

| 项次 | 结构类型 | | 室内或土中 | 露天 |
| --- | --- | --- | --- | --- |
| 1 | 排架结构 | 装配式 | 100 | 70 |
| 2 | 框架结构 | 装配式 | 75 | 50 |
| | | 现浇式 | 55 | 35 |
| 3 | 剪力墙结构 | 装配式 | 65 | 40 |
| | | 现浇式 | 45 | 30 |
| 4 | 挡土墙及地下室墙壁等类结构 | 装配式 | 40 | 30 |
| | | 现浇式 | 30 | 20 |

注：1. 如有充分依据或可靠措施，表中数值可以增减。
2. 当屋面板上部无保温或隔热措施时，框架、剪力墙结构的伸缩缝间距可按表中“露天”栏的数值选用，排架结构可适当按低于“室内或土中”栏的数值选用。
3. 排架结构的柱顶面（从基础底面算起）低于 8m 时，宜适当减少伸缩缝间距。
4. 外墙装配、内墙现浇的剪力墙结构，其伸缩缝最大间距按“现浇式”一栏的数值选用。滑模施工的剪力墙结构，宜适当减小伸缩缝间距。现浇墙体在施工中应采取措施减小混凝土收缩应力。

### 12.2.2 沉降缝的设置

沉降缝是为了预防建筑物各部分由于不均匀沉降引起的破坏而设置的变形缝。沉降缝的设置位置如图 12-1 所示。

有下列情况之一时宜设置沉降缝。

1）同一建筑物相邻部分的高度相差较大或荷载大小相差悬殊或结构形式变化较大，易导致地基沉降不均时。

2）当建筑物各部分相邻基础的形式、宽度及埋置深度相差较大，造成基础底部压力有很大差异，易造成不均匀沉降时。

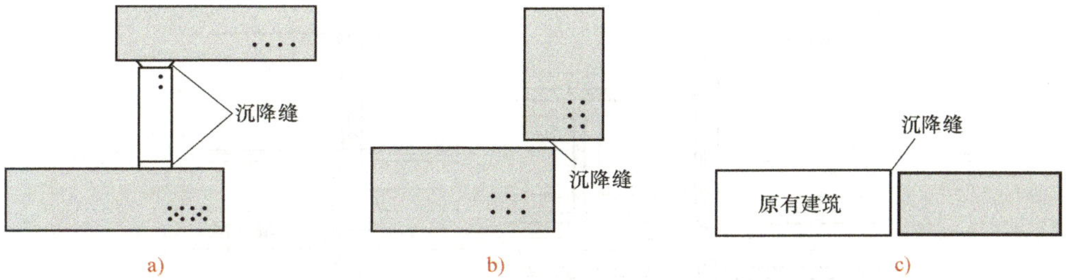


图 12-1 沉降缝的设置位置示意图

3）当建筑物建造在不同地基上，且难于保证均匀沉降时。

4）建筑物体型比较复杂、连接部分又比较薄弱时。

5）新建建筑物与原有建筑物紧相毗连时。

由于沉降缝构造复杂，给建筑、结构设计和施工都带来一定的难度，所以在工程设计时，应尽可能通过合理的选址、地基处理、建筑体型的优化、结构选型和计算方法的调整以及施工程序上的配合（如采用后浇带的办法）来避免或克服不均匀沉降，从而达到不设或少设沉降缝的目的。

### 12.2.3 防震缝的设置

防震缝应根据抗震设防烈度、结构材料种类、结构类型、结构单元的高度和高差情况留有足够的宽度，其两侧的上部结构应完全分开，一般情况下基础可不设防震缝，但在平面复杂的建筑中或与震动有关的建筑各相连部分的刚度差别很大时需将基础分开。具有沉降要求的防震缝也应将基础分开。当设置伸缩缝和沉降缝时，其宽度应符合防震缝的要求。

在地震设防烈度为 7 ~9 度地区，有下列情况之一时需设防震缝。

1）毗邻房屋立面高差大于 6m。

2）房屋有错层，且楼板高差较大。

3）房屋毗邻部分结构的刚度、质量和结构形式均不相同时。

## 12.3 变形缝的构造要点

### 12.3.1 伸缩缝的构造

伸缩缝是将基础以上的构件全部断开并留出适当的缝隙，以保证伸缩缝两侧的建筑构件能在水平方向自由伸缩，缝宽一般为 20 ~40mm。

1. 伸缩缝的结构处理

（1）砖混结构：砖混结构的楼板及屋顶可采用单墙或双墙承重方案（见图 12-2a）。

（2）框架结构：框架结构的伸缩缝构造一般采用悬臂梁方案（见图 12-2b），也可采用双梁双柱方案（见图 12-2c），但施工较复杂。

2. 伸缩缝的节点构造

（1）墙体伸缩缝的构造：根据墙体材料、厚度及施工条件不同，墙体伸缩缝可做成平缝、错口缝、凹凸缝等截面形式（见图 12-3）。

为防止外界自然条件对墙身及室内环境的侵袭，变形缝外墙一侧常用浸沥青的麻丝

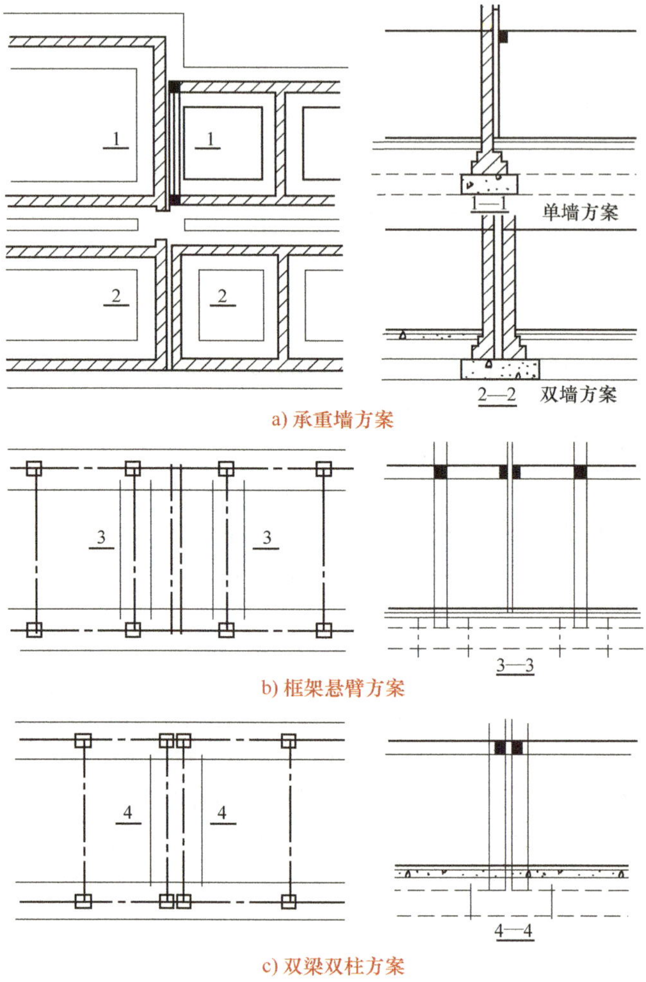


图 12-2 伸缩缝的结构处理

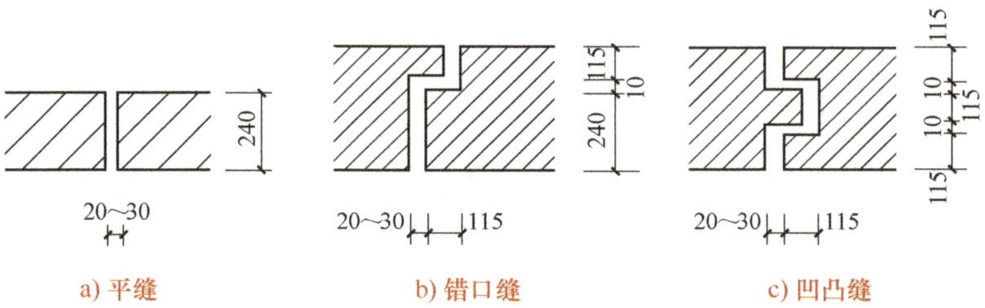


图 12-3 砖墙伸缩缝的截面形式

或木丝板及泡沫塑料条、橡胶条、油膏等有弹性的防水材料塞缝。当缝隙较宽时，缝口可用镀锌铁皮、彩色薄钢板、铝皮等金属调节片作盖缝处理。内墙可选用金属片、塑料片或木盖缝条覆盖。所有填缝及盖缝材料和构造应保证结构在水平方向自由变形而不被破坏（见图 12-4）。图 12-4a ~ 图 12-4c 适用于外墙伸缩缝构造；图 12-4d、e 适用于内墙伸缩缝构造。

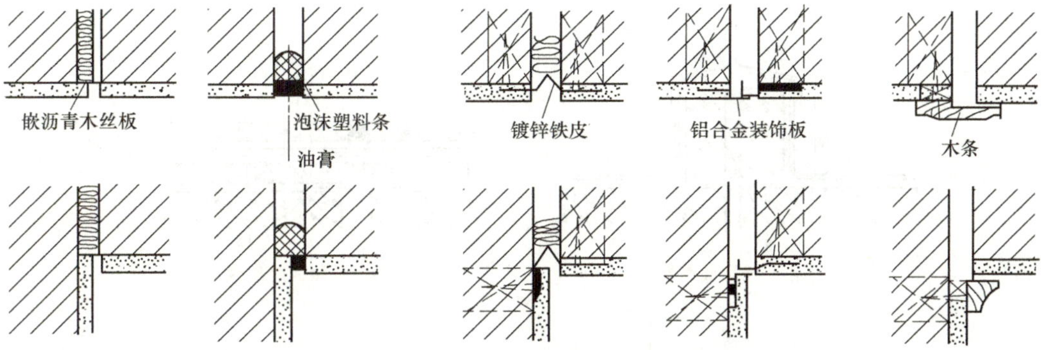


a) 沥青纤维　　b) 油膏　　c) 金属皮　　d) 塑铝或铝合金装饰板　　e) 木条

图 12-4　砖墙伸缩缝构造

（2）楼地板层伸缩缝的构造：楼地板层伸缩缝的位置与缝宽大小应与墙身和屋顶变形缝一致，缝内常用可压缩变形的材料（如油膏、沥青麻丝、橡胶、金属或塑料调节片等）作封缝处理，上铺活动盖板或橡塑地板，以满足地面平整、光洁、防滑、防水及防尘等功能（见图 12-5）。

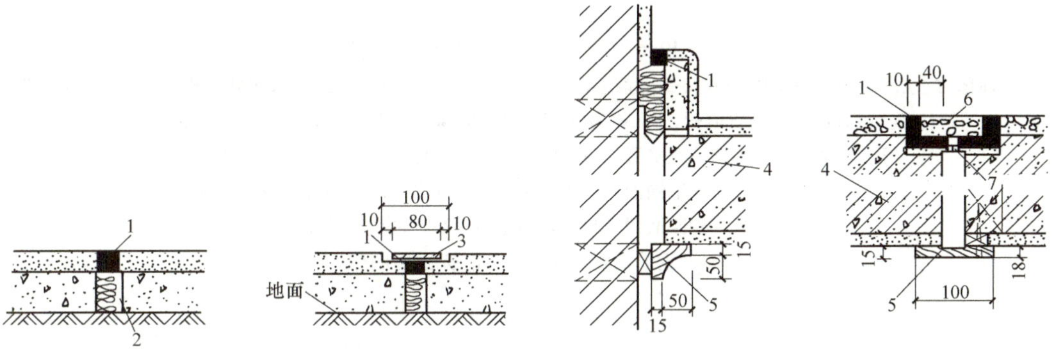


a) 地面油膏嵌缝　　b) 地面钢板盖缝　　c) 楼板靠墙处变形缝　　d) 楼板变形缝

图 12-5　楼地板伸缩缝构造

1—油毡嵌缝　2—沥青麻丝　3—5mm 厚钢板　4—楼板
5—盖缝条　6—预制水磨石板块　7—干铺油毡三层

（3）屋顶伸缩缝的构造：屋顶伸缩缝在同一标高屋顶处或墙与屋顶高低错落处。不上人屋面，一般可在伸缩缝处加砌矮墙并作好防水和泛水处理，盖缝处应能允许自由伸缩而不造成渗漏。上人屋面则采用油膏嵌缝并作好泛水处理。常见屋面伸缩缝构造如图 12-6 ~ 图 12-8所示。由于镀锌铁皮和防腐木砖的构造方式寿命有限，因此近年来逐渐采用涂层、涂塑薄钢板、铝皮、不锈钢皮和射钉、膨胀螺钉等来代替。

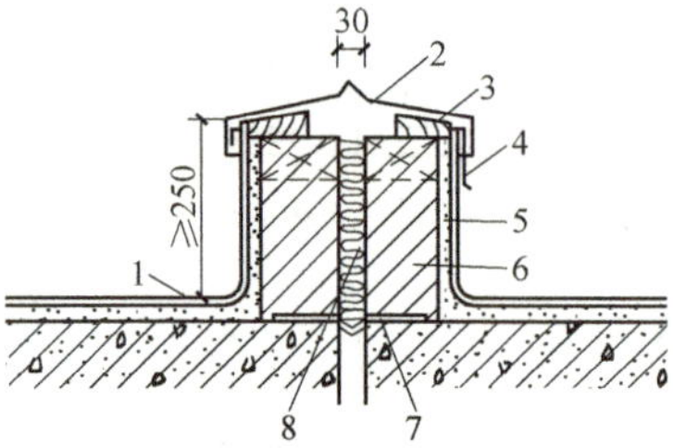


a) 一般平接屋面变形缝

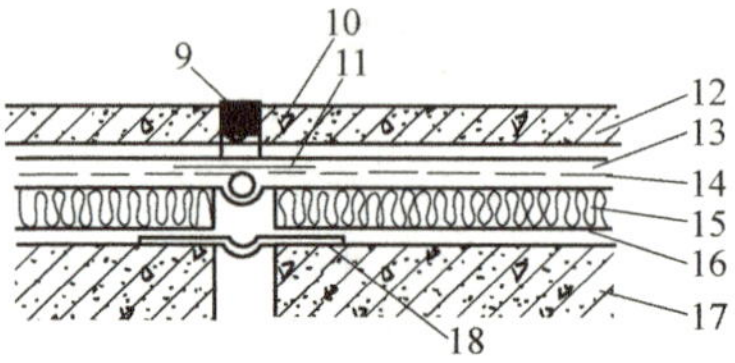


b) 上人屋面变形缝

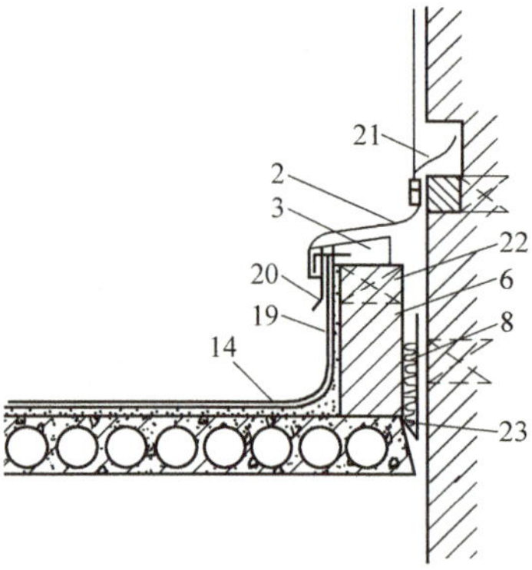


c) 高低缝处变形缝

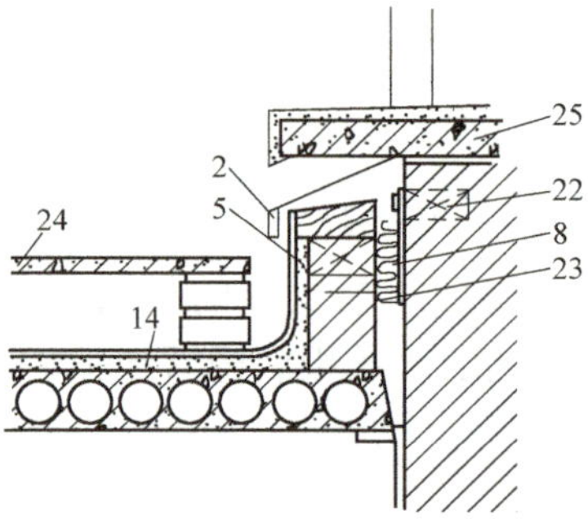


d) 进出口处变形缝

图 12-6 卷材防水屋面伸缩缝构造

1—油毡防水层 2—镀锌铁皮盖板 3—木条 4—铁皮披水板 5—防腐木砖（水泥砂浆找平） 6—半砖墙 7—油毡或铁皮 8—沥青麻丝 9—嵌缝油膏 10—玻璃纤维或泡沫塑料条 11—加铺油毡条 12—混凝土面层 13—找平层 14—防水层 15—保温层 16—找平层或隔汽层 17—结构层 18—平铺油毡 19—水泥砂浆找平 20—镀锌铁皮披水板 21—砂浆嵌固 22—防腐木砖 23—油毡或铁皮 24—钢筋混凝土板 25—钢筋混凝土挑板

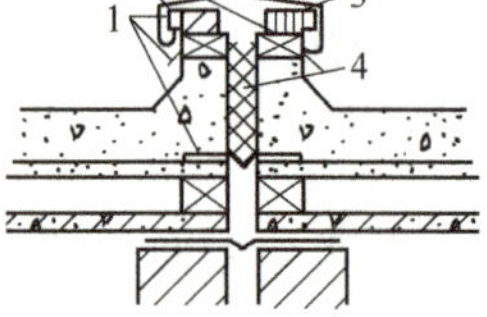


a) 刚性屋面变形缝

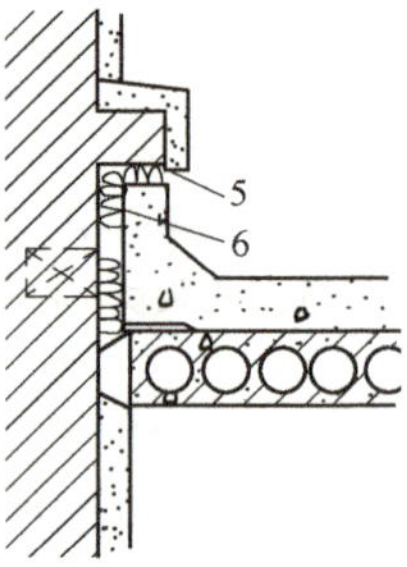


b) 高低缝处变形缝(一)

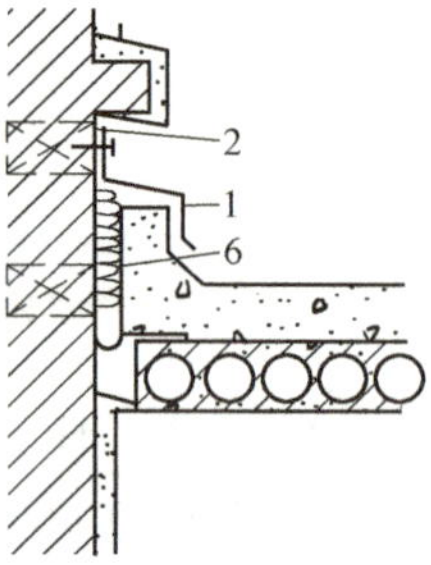


c) 高低缝处变形缝(二)

图 12-7 刚性防水屋面伸缩缝构造

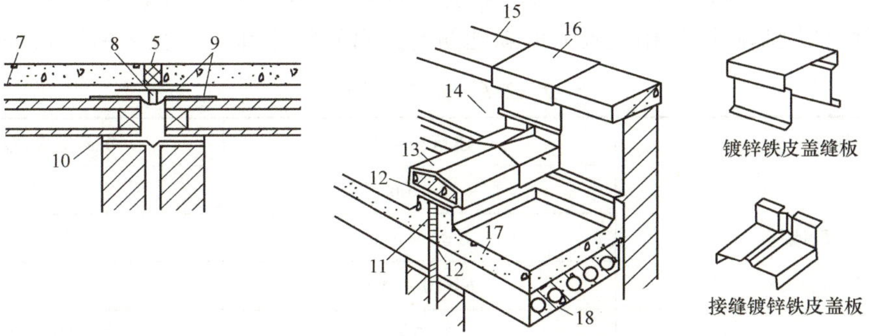


d) 上人屋面变形缝　　e) 变形缝立体图

图 12-7　刚性防水屋面伸缩缝构造（续）

1—镀锌铁皮　2—防腐木砖　3—木条　4—松质板　5—油膏　6—柔性材料　7—浮筑层
8—纤维卷　9—干铺油毡　10—油毡或镀锌铁皮　11—沥青麻丝　12—油毡　13—混凝土压顶
14—女儿墙　15—混凝土压顶　16—镀锌铁皮盖板　17—刚性防水层　18—屋面板

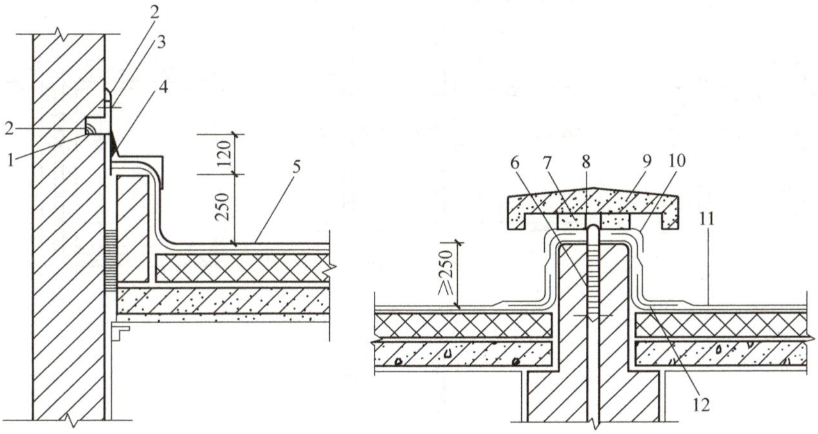


a) 高低跨变形缝　　b) 变形缝防水构造

图 12-8　涂料防水屋面伸缩缝构造

1—水泥钉　2—密封材料　3—金属压条　4—金属或高分子盖板　5—防水层
6—沥青麻丝　7—水泥砂浆　8—衬垫　9—混凝土盖板　10—卷材封盖
11—涂膜防水层　12—有胎体附加层

## 12. 3. 2　沉降缝的构造

沉降缝主要应满足建筑物各部分在垂直方向的自由沉降变形，故应将建筑物从基础到屋顶全部断开。同时，沉降缝也应兼顾伸缩缝的作用，在构造设计时应满足伸缩和沉降的双重要求。

沉降缝的宽度随地基情况和建筑物的高度不同而定，参见表 12-3。

1. 基础沉降缝　基础沉降缝处理应避免因不均匀沉降造成的相互干扰。常见的砖墙条形基础处理方法有双墙偏心基础、挑梁基础和交叉式基础三种方案（见图 12-9）。双墙偏心基础整体刚度大，但基础偏心受力并在沉降时产生一定的挤压力。采用双墙交叉式基础方案，地基受力将有所改进。挑梁基础方案能使沉降缝两侧基础分开较大距离，相互影响较少，当沉降缝两侧基础埋深相差较大或新建筑与原有建筑相邻时，宜采用挑梁基础方案。

**表 12-3 沉降缝的宽度**

| 地基情况 | 建筑物高度 | 沉降缝宽度/mm |
|---|---|---|
| 一般地基 | $h<5$m | 30 |
| | $h=5\sim10$m | 50 |
| | $h=10\sim15$m | 70 |
| 软弱地基 | 2～3 层 | 50～80 |
| | 4～5 层 | 80～120 |
| | 5 层以上 | >120 |
| 湿陷性黄土地基 | — | 30～70 |

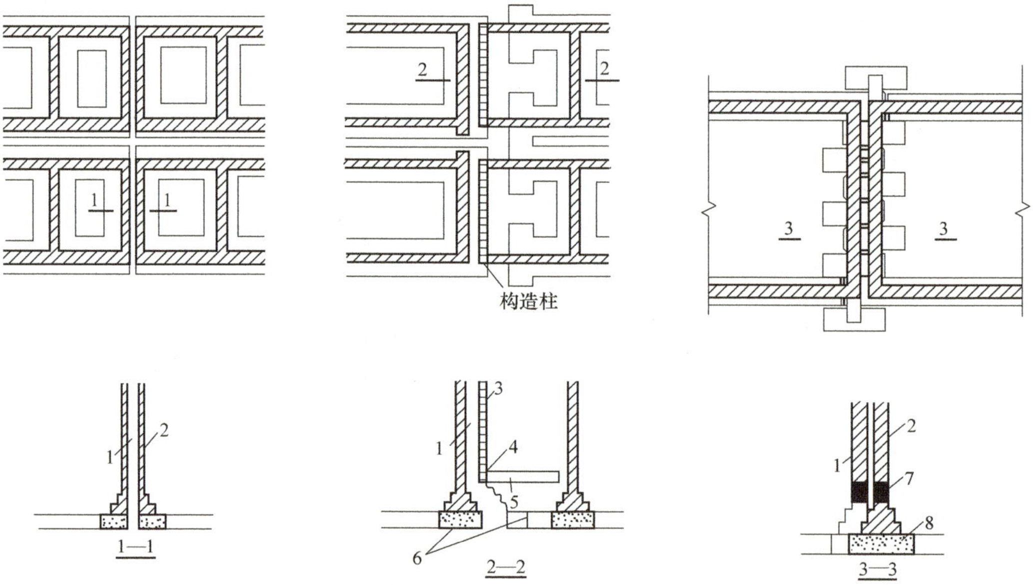


a) 双墙偏心基础沉降缝　　b) 挑梁基础沉降缝　　c) 交叉式基础沉降缝

图 12-9 基础沉降缝处理

1—沉降缝 2—双承重墙 3—轻质隔墙 4—钢筋混凝土梁 5—挑梁 6—条形基础 7—基础梁 8—交叉块形基础

2. 墙体沉降缝 墙体沉降缝盖缝条应满足水平伸缩和垂直沉降变形的要求。墙体沉降缝构造如图 12-10 所示。

楼板层应考虑沉降变形对地面交通和装修带来的影响。

屋顶沉降缝应充分考虑不均匀沉降对屋面防水和泛水带来的影响，泛水金属皮或其他构件应考虑沉降变形与维修余地。屋顶沉降缝构造如图 12-11 所示。

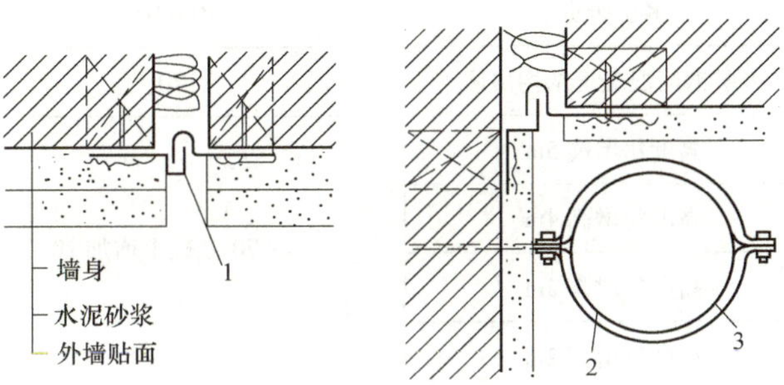


图 12-10　墙体沉降缝构造

1—金属调节片　2—雨水管　3—铁箍

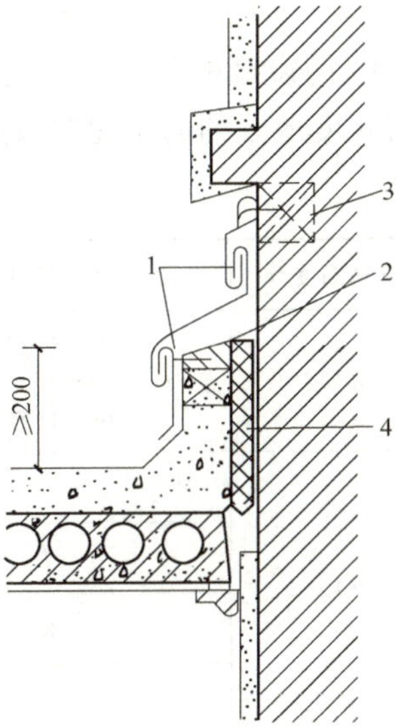


图 12-11　屋顶沉降缝构造

1—金属皮　2—防腐木条

3—防腐木砖　4—松质板

当地下室出现变形缝时，为保持良好的防水性，在结构施工时在变形缝处预埋止水带。止水带有橡胶止水带、塑料止水带及金属止水带等。止水带中间空心圆或弯曲部分须对准变形缝，构造做法有内埋式和可卸式两种（见图 12-12）。

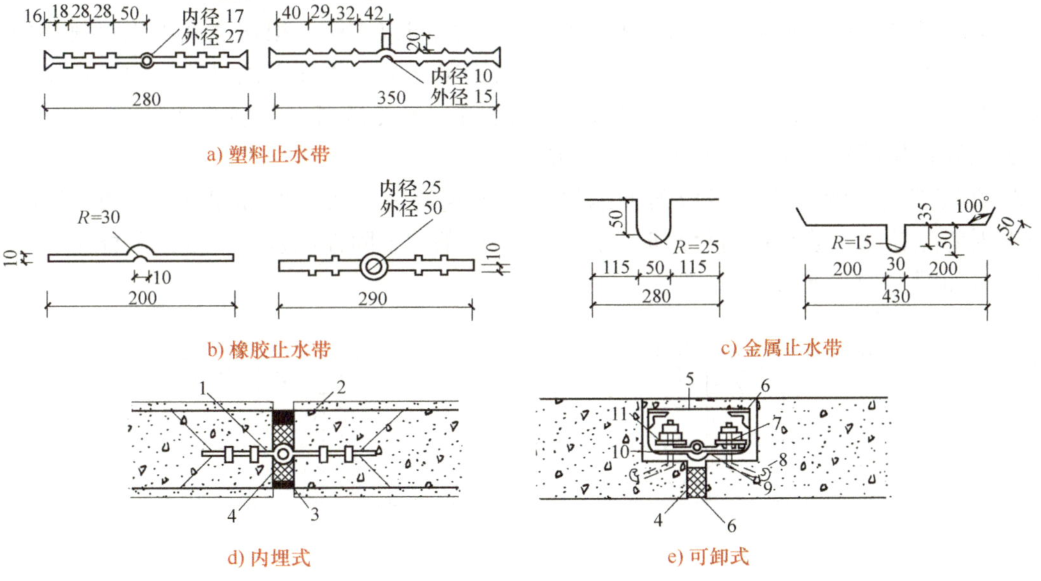


图 12-12　地下室变形缝构造

1—止水带　2—水泥砂浆　3—油膏　4—沥青麻丝　5—混凝土盖板

6—聚氯乙烯胶泥　7—双头螺栓　8—ϕ12@400　9—止水带

10—L 形角钢（10mm×80mm×130mm）　11—6mm×100mm 钢板压条

### 12.3.3 防震缝的构造

1. 防震缝的宽度　防震缝的宽度与房屋高度和抗震设防烈度有关，见表 12-4；设防烈度为 8 度地区的高层建筑按建筑总高度的 1/250 考虑。

表 12-4　防震缝宽度

| 建筑物高度/m | 设计烈度 | 防震缝宽度/mm | |
|---|---|---|---|
| ≤15 | 按设计烈度 | 多层砖房 | 70～100 |
| | 按设计烈度 | 多层钢筋混凝土结构房屋 | 70 |
| >15 | 6 | 高度每增高 5m | 在 70 基础上增加 20 |
| | 7 | 高度每增高 4m | |
| | 8 | 高度每增高 3m | |
| | 9 | 高度每增高 2m | |

2. 防震缝的设置要求　设置防震缝时，应符合下列规定。

1）防震缝两侧结构体系不同时，防震缝宽度应按不利的结构类型确定（如一侧为框架结构体系，另一侧为框架-剪力墙结构体系，则防震缝宽度应按框架结构体系确定）。防震缝两侧的房屋高度不同时，防震缝宽度应按较低的房屋高度确定。

2）当相邻结构的基础存在较大的沉降差时，为防止因缝两侧基础倾斜而使房屋顶部的防震缝宽度变小，宜增大防震缝的宽度。

3）防震缝宜沿房屋全高设置，当不兼作沉降缝时，地下室、基础可不设防震缝，但在与上部防震缝对应处应加强构造和连接。结构单元之间或主楼与裙房之间如无可靠措施，不应采用主楼框架柱设牛腿、低层或裙房屋面或楼面梁搁置在牛腿上的做法，也不应采用牛腿托梁的做法来设置防震缝，因为地震时各单元之间，尤其是高、低层之间的震动情况不同，牛腿支承处容易压碎、拉断，引发严重震害。

3. 防震缝的布置　防震缝应与伸缩缝、沉降缝统一布置，并满足防震缝的设计要求。防震缝因缝隙较宽，故在构造处理时，应考虑盖缝条的牢固性以及适应变形的能力。墙体防震缝构造如图 12-13 所示。

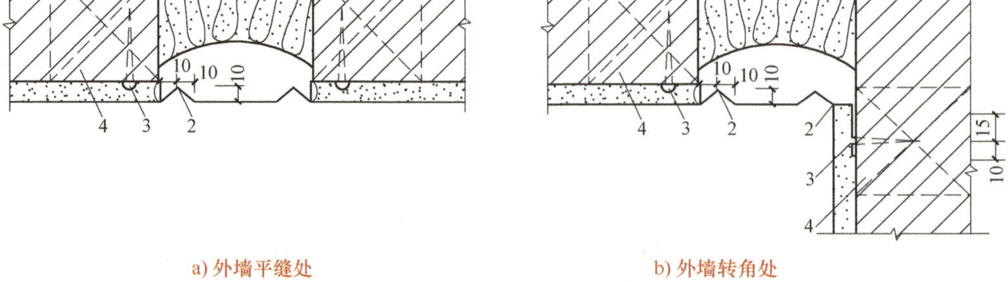


a) 外墙平缝处　　b) 外墙转角处

图 12-13　墙体防震缝构造

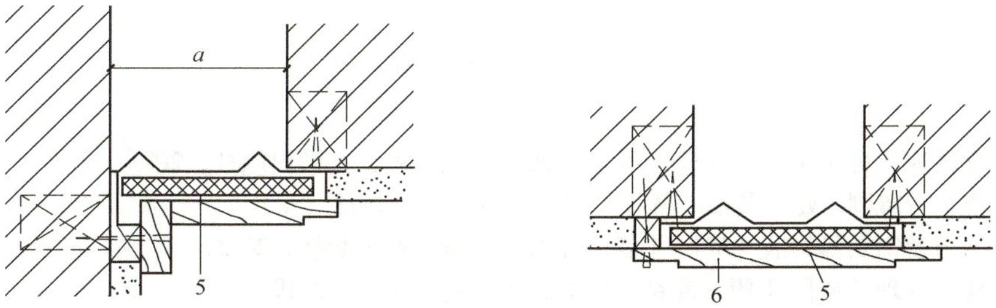


c) 内墙转角处　　d) 内墙平缝处

图 12-13　墙体防震缝构造（续）

1—50mm 厚软质泡沫塑料　2—26 号镀锌铁皮　3—圆头木螺钉（长 35mm）

4—60mm×60mm×120mm 木砖@500mm　5—泡沫塑料　6—木盖缝板

## 单元小结

1. 为防止建筑物受气温变化、地基不均匀沉降以及地震等因素的影响产生附加应力和变形而破坏，预先在这些变形敏感部位将结构断开，预留一定缝隙，以保证各部分建筑物在这些缝隙处有足够的变形空间，这种将建筑物垂直分割开来的预留缝称为变形缝。变形缝有伸缩缝、沉降缝和防震缝三种。

2. 应对温度变化而设置的缝隙称为伸缩缝或温度缝，伸缩缝的最大间距应根据不同材料和结构而定。

3. 沉降缝是为了预防建筑物各部分由于不均匀沉降引起的破坏而设置的。建筑物相邻部分高度、荷载、结构形式、基础、地基等变化较大时，或建筑物体型比较复杂、连接部分又比较薄弱时，新建建筑物与原有建筑物紧相毗连时均应考虑设置沉降缝。

4. 在 8 度和 9 度抗震设防地区，多层砌体房屋建筑立面高差在 6m 以上时，或建筑错层楼板高差较大时，或建筑物相邻各部分结构高度、重量截然不同时宜设防震缝。

5. 伸缩缝缝宽一般为 20～40mm，要求把建筑物地面以上部分全部断开，基础部分因受温度变化影响较小，不必断开。沉降缝应将建筑物从基础到屋顶全部断开，缝宽随地基情况和建筑物的高度不同而定。防震缝应沿建筑物全高设置，多层砌体房屋防震缝宽度可采用 50～100mm，多层和高层钢筋混凝土结构房屋防震缝的最小宽度随建筑总高度和设防烈度增大而增大。

6. 变形缝的盖缝材料及构造应根据其部位和需要分别采取防水、防火、保温、防虫害等保护措施，并保证在产生位移或变形时不受阻挡和不被破坏。

## 复习思考题

1. 建筑物为什么要设置变形缝？变形缝的作用是什么？
2. 简述伸缩缝、沉降缝、防震缝的设置原则。
3. 简述承重结构的伸缩缝处理方案。
4. 绘图表示墙体、楼板、屋顶处的伸缩缝构造。
5. 条形基础沉降缝如何处理？
6. 绘图表示墙体沉降缝构造。
7. 防震缝的宽度与哪些因素有关？

# 参 考 文 献


［1］王雪松，李必瑜. 房屋建筑学［M］. 6版. 武汉：武汉理工大学出版社，2021.

［2］陈宏，张杰，管毓刚. 建筑节能［M］. 北京：知识产权出版社，2019.

［3］冯美宇. 建筑装饰装修构造［M］. 4版. 北京：机械工业出版社，2021.

［4］柳孝图. 建筑物理［M］. 3版. 北京：中国建筑工业出版社，2019.